全国机械行业职业教育优质规划教材（高职高专）
经全国机械职业教育教学指导委员会审定
江苏省高等学校精品教材

数控机床电气控制

第 3 版

主　编　夏燕兰　李　颖
副主编　张婉青
参　编　王文凯　李凤芹
主　审　朱浩连

机 械 工 业 出 版 社

本书是全国机械行业职业教育优质规划教材（高职高专），经全国机械职业教育教学指导委员会审定。本书选取“普通车床控制系统”“普通铣床控制系统”“PLC 控制系统”“数控车床控制系统”等具体工作对象作为课程的主体内容，将普通机床继电器控制系统、PLC 控制系统和数控机床控制系统的分析、设计、安装与调试等内容以真实工作任务及其工作过程为依据进行整合，分成 7 个不同的学习情境，每个学习情境又分为若干个由简单到复杂的基于工作过程的小任务。本书力求使读者通过学习，掌握数控机床电气控制系统的分析与初步设计的技能。

本书可作为高等职业院校数控技术、机械设计与制造、机电一体化技术、电气自动化技术及相关专业的教材，也可作为高等工科院校相关专业的教材，还可供有关工程技术人员参考。

本书配有电子课件，凡使用本书作为教材的教师可登录机械工业出版社教育服务网 www.cmpedu.com 注册后下载。咨询邮箱：cmpgaozhi@sina.com。咨询电话：010-88379375。

图书在版编目（CIP）数据

数控机床电气控制/夏燕兰，李颖主编．—3 版．—北京：机械工业出版社，2017.11（2025.8 重印）

全国机械行业职业教育优质规划教材．高职高专．机械制造与自动化专业

ISBN 978-7-111-58074-4

Ⅰ．①数…　Ⅱ．①夏…②李…　Ⅲ．①数控机床-电气控制-高等职业教育-教材　Ⅳ．①TG659

中国版本图书馆 CIP 数据核字（2017）第 231238 号

机械工业出版社（北京市百万庄大街 22 号　邮政编码 100037）
策划编辑：刘良超　责任编辑：刘良超
责任校对：刘雅娜　封面设计：鞠　杨
责任印制：常天培
河北虎彩印刷有限公司印刷
2025 年 8 月第 3 版第 10 次印刷
184mm×260mm · 19 印张 · 468 千字
标准书号：ISBN 978-7-111-58074-4
定价：55.00 元

电话服务	网络服务
客服电话：010-88361066	机　工　官　网：www.cmpbook.com
010-88379833	机　工　官　博：weibo.com/cmp1952
010-68326294	金　　书　　网：www.golden-book.com
封底无防伪标均为盗版	机工教育服务网：www.cmpedu.com

前　　言

我国职业教育事业发展迅速，培养了大批中高级技能型人才，为提高劳动者素质、推动经济社会发展和促进就业做出了重要贡献。2014 年，《国务院关于加快发展现代职业教育的决定》（国发〔2014〕19 号）要求职业院校要创新人才培养模式：“坚持校企合作、工学结合，强化教学、学习、实训相融合的教育教学活动，推行项目教学、案例教学、工作过程导向教学等教学模式”。因此，必须不断加强教材的建设与改革。

为体现行业的新技术、新方法、新工艺，并适应高职院校学生理实一体化课程的教学，本次修订在第 2 版的基础上，增加了步进电动机、串行主轴、卡盘控制的案例，以真实工作任务及其工作过程为依据，并融合相关职业资格考试对知识、技能和素质的要求，设计出基于工作过程的综合性项目（或任务），便于以工作过程为导向进行教学，实现教、学、做一体化。

本书由南京工业职业技术学院夏燕兰、李颖任主编，南京工业职业技术学院张婉青任副主编，参加编写的人员还有南京工业职业技术学院王文凯、李凤芹。本书由国家数控专家朱浩连高级工程师担任主审。

本书可作为高等职业院校数控技术、机械设计与制造、机电一体化技术、电气自动化技术及相关专业的教材，也可作为高等工科院校相关专业的教材，还可供有关工程技术人员参考。

限于编者的水平，书中难免有错漏之处，恳请读者提出批评意见。

编　者

目　录

学习情境一　机床基本控制电路的分析、接线与调试

任务一　点动控制电路的分析、接线与调试

一、学习目标

1）认识并会选用组合开关、控制按钮、熔断器、接触器、三相笼型异步电动机。
2）能正确分析点动控制电路，并能说出其控制原理。
3）能根据电路图正确安装与调试点动控制电路。

二、任务

本任务是完成点动控制电路的分析、接线与调试。电路控制要求为：按下起动按钮，电动机运转；松开起动按钮，电动机停转。

三、设备

主要元器件见表 1-1。

表 1-1　主要元器件

序　　号	名　　称	数　　量
1	组合开关	1 个
2	熔断器	4 个
3	交流接触器	1 个
4	笼型异步电动机	1 台
5	按钮	1 个
6	电工工具及导线	若干

四、知识储备

1. 组合开关

组合开关因其可实现多组触点组合而得名，实际上它是一种转换开关。组合开关有多对静触片和动触片，分别装在由绝缘材料隔开的胶木或塑料盒内，其静触片固定在绝缘垫板上，动触片套装在有手柄并与其绝缘的转动轴上，转动手柄就可改变触片的通断位置，以达到接通或断开电路的目的。组合开关的结构示意图如图 1-1 所示。

组合开关具有结构紧凑、体积小、操作方便等优点，在机床电气控制中主要用作电源开关，不带负载接通或断开电源，供转换之用；也可以直接控制 5kW 以下的异步电动机的起动、停止等。组合开关不适用于频繁操作的场所，开关的额定电流一般取电动机额定电流的 1.5 ~2.5 倍。

组合开关的图形符号和文字符号如图1-2所示。

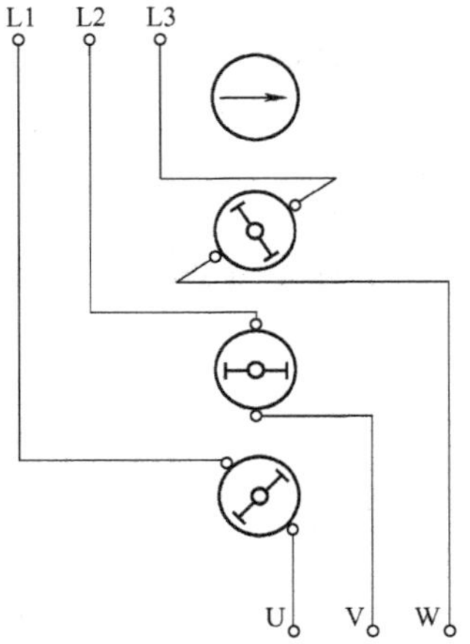

图1-1　组合开关的结构示意图

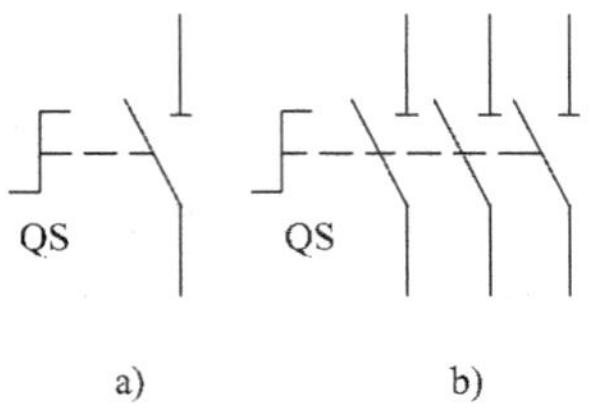

图1-2　组合开关的图形符号和文字符号

a）单极　b）三极

组合开关分为单极、双极和三极，主要根据电源种类、电压等级、所需触点数及电动机容量进行选用。组合开关的常用产品有HZ5、HZ10系列。HZ5系列额定电流有10A、20A、40A和60A四种。HZ10系列额定电流有10A、25A、60A和100A四种，适用于交流380V以下、直流220V以下的电气设备中。

2. 控制按钮

控制按钮是一种结构简单、使用广泛的手动主令电器，在控制电路中，发出手动指令远距离控制其他电器，再由其他电器去控制主电路或转移各种信号，也可以直接用来转换信号电路和电气联锁电路等。

控制按钮一般由按钮帽、复位弹簧、触点和外壳等部分组成，通常制成具有常开触点和常闭触点的复合式结构，其结构如图1-3所示，每个按钮中触点的形式和数量可按需要装配成1常开、1常闭到6常开、6常闭形式。指示灯按钮内可装入信号灯显示信号，紧急式按钮装有蘑菇形钮帽，以便于紧急操作；另外还有旋钮式、钥匙式按钮。为便于识别各个按钮的作用，避免误操作，通常在按钮帽上涂以不同颜色，以示区别。一般用红色表示停止，绿色表示起动和运行。

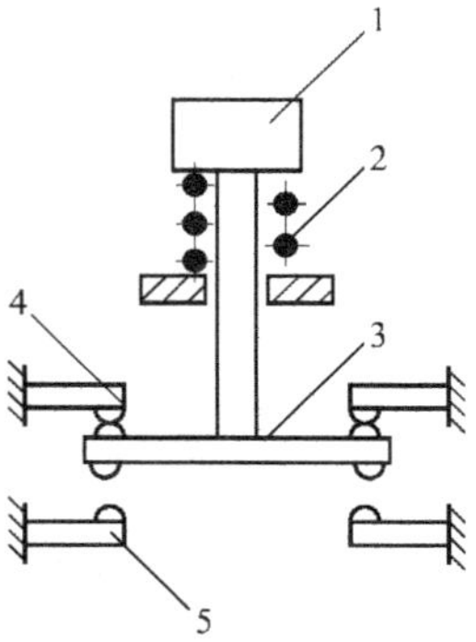

图1-3　按钮结构示意图

1—按钮帽　2—复位弹簧　3—动触点

4—常闭静触点　5—常开静触点

按钮的图形符号和文字符号如图1-4所示。当按下按钮时，先断开常闭触点，然后才接通常开触点；按钮释放后，在复位弹簧作用下使触点复位。按钮接线没有进线和出线之分，直接将所需的触点连入电路即可。在没有按动按钮时，接在常开触点接线柱上的电路是断开的，接在常闭触点接线柱上的电路是接通的；当按下按钮时，两种触点的状态改变，同时也使与之相连的电路状态改变。

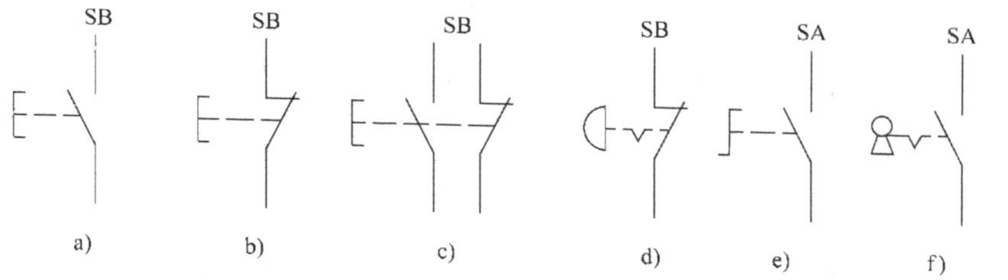

图 1-4　按钮的图形符号和文字符号

a）一般式常开触点　b）一般式常闭触点　c）复合式　d）急停式　e）旋钮动合式　f）钥匙动合式

常用的按钮种类有 LA2、LA18、LA19、LA20、LA25 等系列。

按钮选择的主要依据是使用场所、所需要的触点数量、种类及颜色。

3. 熔断器

熔断器是一种利用金属导体作为熔体串联于电路中，当电路发生短路或严重过载时，熔体自身发热而熔断，从而分断电路的电器。熔断器主要用于短路保护，是最简单有效的保护电器。

熔断器一般由熔体（或熔管）和底座等组成。熔断器的类型分为插入式、螺旋式和封闭管式三种。机床电路中常用 RL1 系列螺旋式熔断器、RC1 系列插入式熔断器和 RT0、RT18 系列封闭管式熔断器等产品，其外形如图 1-5 所示。熔断器的图形符号及文字符号如图 1-6 所示。

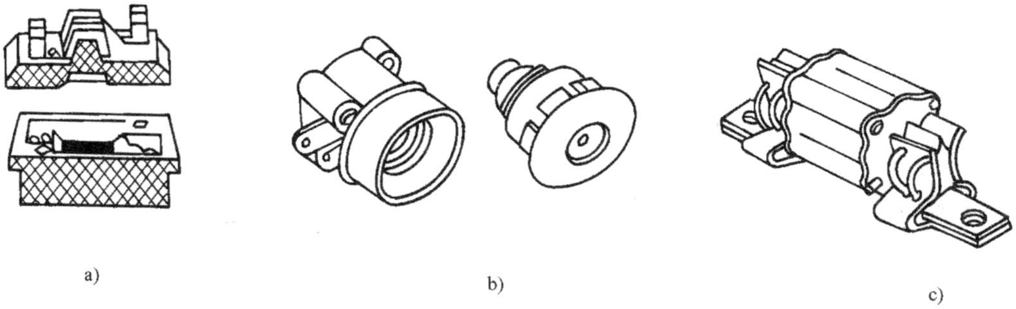

图 1-5　常见的几种熔断器

a）RC1 系列插入式熔断器　b）RL1 系列螺旋式熔断器　c）RT0 系列有填料封闭管式熔断器

（1）熔断器的主要参数

1）额定电压。额定电压是指熔断器长期工作时和分断后能够承受的电压，其值一般等于或大于电气设备的额定电压。

2）额定电流。额定电流是指熔断器长期工作时，设备部件温升不超过规定值时所能承受的电流。厂家为了减少熔断器的尺寸规格，一般熔管的额定电流等级比较少，熔体的额定电流等级比较多，即在一个额定电流等级的熔管内可以分装多种额定电流等级的熔体，但熔体的额定电流最大不能超过熔管的额定电流。

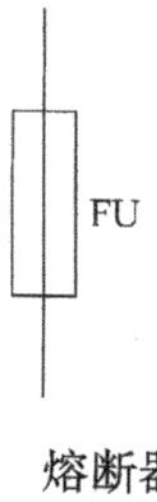

图 1-6　熔断器的图形符号及文字符号

3）极限分断能力。极限分断能力是指熔断器在规定的额定电压和功率因数（或时间常数）的条件下，能分断的最大电流值。在电路中出现的最大电流值一般是指短路电流值，所以，极限分断能力也反映了熔断器分断短路电流的能力。

RT18 系列熔断器的主要技术参数见表 1-2。

表 1-2 RT18 系列熔断器的主要技术参数

型 号	熔断体额定电流/A	质量/kg
RT18—32	2, 4, 6, 10, 16, 20, 25, 32	0.075
RT18—32X	2, 4, 6, 10, 16, 20, 25, 32	0.075
RT18—63	2, 4, 6, 10, 16, 20, 25, 32, 40, 50, 63	0.18
RT18—63X	2, 4, 6, 10, 16, 20, 25, 32, 40, 50, 63	0.18

(2) 熔断器的选择 选择熔断器时主要是选择熔断器的类型、额定电压、额定电流及熔体的额定电流。

1) 根据使用场合来选择熔断器的类型。例如，作电网配电用，应选择一般工业用熔断器；作硅器件保护用，应选择保护半导体器件熔断器；供家庭使用，宜选用瓷插式或半封闭插入式熔断器。

2) 熔断器的额定电压必须等于或高于熔断器工作电路的额定电压，额定电流必须等于或高于熔断器工作电路的额定电流。

3) 电路保护用熔断器熔体的额定电流，基本上可按电路的额定负载电流来选择，但其额定分断能力必须大于电路中可能出现的最大故障电流。

4) 在电动机回路中作短路保护时，熔体的额定电流可按下列情况确定。

对于单台直接起动的电动机电路，应按下式计算：

$$I_{fu}=(1.5\sim2.5)I_N$$

式中 I_{fu}——熔体的额定电流；

I_N——电动机的额定电流。

对于多台直接起动的电动机电路，应按下式计算

$$I_{fu}=(1.5\sim2.5)I_{Nmax}+\sum I_N$$

式中 I_{Nmax}——功率最大的一台电动机额定电流；

$\sum I_N$——其余电动机额定电流之和。

另外，为防止发生越级熔断，上、下级（即供电干、支线）熔断器间应有良好的协调配合，应进行较详细的整定计算和校验。

4. 接触器

接触器是一种用来频繁地接通或分断带有负载的主电路（如电动机）的自动控制电器。接触器由电磁机构、触点系统、灭弧装置及其他部件四部分组成。其中电磁机构由线圈、动铁心和静铁心组成；触点系统包括 1 ~3 对主触点（通断主电路）、4 ~6 对辅助触点（通断控制电路）。

接触器工作原理是：当线圈通电后，静铁心产生电磁吸力将动铁心（衔铁）吸合，衔铁带动触点系统动作，使常闭触点断开、常开触点闭合。当线圈断电时，电磁吸力消失，衔铁在反作用弹簧力的作用下释放，触点系统随之复位。

接触器按其主触点通过电流的种类不同，分为直流接触器和交流接触器两种，机床上应用最多的是交流接触器。目前我国常用的交流接触器主要有国产的 CJ20、CJX1、CJX2 等系

列以及引进德国BBC公司制造技术生产的B系列、德国SIEMENS公司的3TB系列等。交流接触器外形图如图1-7所示。接触器的图形符号及文字符号如图1-8所示。

图1-7　交流接触器外形图

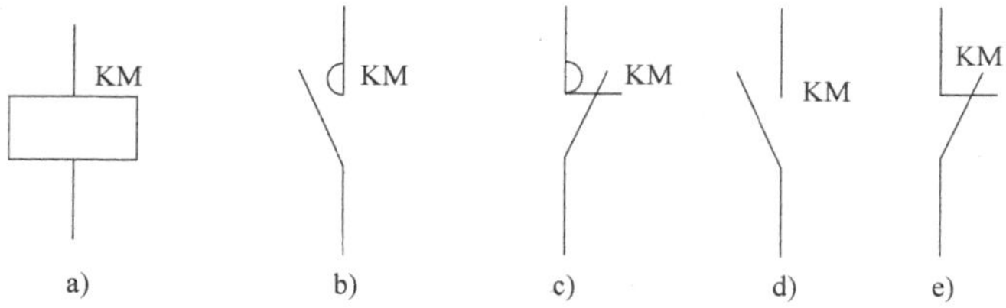

图1-8　接触器的图形符号及文字符号
a）线圈　b）常开主触点　c）常闭主触点
d）常开辅助触点　e）常闭辅助触点

（1）接触器的主要技术参数

1）额定电压。接触器铭牌上标出的额定电压是指主触点的额定电压。

2）额定电流。接触器铭牌上标出的额定电流是指主触点的额定电流。

3）接通和分断能力。接通和分断能力是指接触器主触点在规定条件下能可靠地接通和分断的电流值。在此电流值以下，接触器接通时主触点不应发生熔焊；接触器分断时主触点不应发生长时间的燃弧。若超出此电流值，则熔断器、断路器等保护电器会将电流分断。

接触器的使用类别不同，对主触点的接通和分断能力的要求也不一样。接触器的使用类别是根据其不同的控制对象（负载）和所需的控制方式所规定的。常见的接触器使用类别及其典型用途见表1-3。

表1-3　常见接触器使用类别及其典型用途

电流类型	使用类别代号	典型用途
交流	AC1	无感或微感负载、电阻炉
	AC2	绕线转子异步电动机的起动和停止
	AC3	笼型异步电动机的起动和停止
	AC4	笼型异步电动机的起动、反接制动、反向和点动
直流	DC1	无感或微感负载、电阻炉
	DC3	并励电动机的起动、反接制动、反向和点动
	DC5	串励电动机的起动、反接制动、反向和点动

接触器的使用类别代号通常标注在产品的铭牌上或使用说明书中。表1-3中要求接触器主触点达到的接通和分断能力为：

① AC1和DC1类允许接通和分断1倍额定电流。

② AC2、DC3和DC5类允许接通和分断4倍额定电流。

③ AC3类允许接通6倍额定电流和分断1倍额定电流。

④ AC4类允许接通和分断6倍额定电流。

4）额定操作频率。额定操作频率是指每小时的操作次数。交流接触器最高操作频率为600次/h，而直流接触器最高操作频率为1200次/h。操作频率直接影响到接触器的电寿命和灭弧罩的工作条件，对于交流接触器还影响到线圈的温升。

5）线圈电压。线圈电压也是接触器的一个主要参数，选用时是必须考虑的，交流接触器线圈电压常用的有220V和380V（50Hz），直流接触器线圈电压常用的有110V和220V。

表1-4为CJX1系列交流接触器的规格及参数。

表1-4 CJX1系列交流接触器的规格及参数

接触器型号 技术参数			CJX1—9 （3TB40）			CJX1—12 （3TB41）			CJX1—16 （3TB42）			CJX1—22 （3TB43）		
辅助触点				NO	NC		NO	NC		NO	NC		NO	NC
订货号			CJX1—9/10	1	—	CJX1—12/10	1	—	CJX1—16/10	1	—	CJX1—22/10	1	—
			CJX1—9/01	—	1	CJX1—12/01	—	1	CJX1—16/11	1	1	CJX1—22/11	1	1
			CJX1—9/11	1	1	CJX1—12/11	1	1	CJX1—16/20	2	—	CJX1—22/20	2	—
			CJX1—9/22	2	2	CJX1—12/22	2	2	CJX1—16/22	2	2	CJX1—22/22	2	2
50Hz时吸引线圈电压/V			24，36，42，48，110，127，220，380											
额定绝缘电压/V			660			660			660			660		
（380V时）额定工作电流/A	AC3		9			12			16			22		
	AC4		3.3			4.3			7.7			8.5		
辅助触点额定工作电流/A	AC-11	380V/220V	1/1.6			1/1.6			1/1.6			1/1.6		
	DC-11	220V	0.16			0.16			0.16			0.16		
可控电动机功率/kW	AC3	220V	2.2			3			4			5.5		
		380V	4			5.5			7.5			11		
		660V	5.5			7.5			11			11		
	AC4	380V	1.4			1.9			3.5			4		
		660V	2.4			3.3			6			6.6		
操作频率/（次·h^{-1}）	AC3		1200			600			600			600		
	AC4		300			300			300			300		
吸引线圈功率/VA	吸合		10			10			10			10		
	起动		68			68			68			68		

（2）交流接触器的选择　选择交流接触器时主要考虑主触点的额定电压、额定电流、辅助触点的数量与种类、吸引线圈的电压等级、操作频率等。

1）根据接触器所控制负载的工作任务（轻任务、一般任务或重任务）来选择相应使用类别的接触器。

① 如果负载为一般任务（控制中小功率笼型电动机等），选用AC3类接触器。

② 如果负载为重任务（电动机功率大，且动作较频繁），选用AC4类接触器。

③ 如果负载为一般任务与重任务混合的情况，则应根据实际情况选用AC3或AC4类接触器。

④ AC2类接触器一般不宜控制AC3及AC4类负载，因为AC2类接触器的接通能力较低，在频繁接通AC3及AC4类负载时容易发生触点熔焊现象。

2）交流接触器的额定电压（主触点的额定电压）一般为500V或380V两种，应高于或等于负载电路的电压。

3）根据电动机（或其他负载）的功率和操作情况来确定接触器主触点的电流等级。

① 接触器的额定电流（主触点的额定电流）有 5A、10A、20A、40A、63（60）A、100A 和 150A、200A、250A、315A、400A 和 630A 等多种，应大于或等于被控电路的额定电流。

② 电动机类负载可按以下经验公式计算：

$$I_C = \frac{P_N}{KU_N}$$

式中　I_C——接触器的主触点电流，单位为 A；

P_N——电动机的额定功率，单位为 W；

U_N——电动机的额定电压，单位为 V；

K——经验系数，$K=1\sim1.4$。

4）接触器线圈的电流种类（交流和直流两种）和电压等级应与控制电路相同。交流接触器线圈电压一般为 36V、110V、127V、220V、380V 等几种。

5）触点数量和种类应满足主电路和控制电路的要求。

5. 三相笼型异步电动机

三相笼型异步电动机由定子和转子两个基本部分组成。定子主要由定子铁心、定子绕组和机座组成，转子主要由转子绕组和转子铁心组成。当三相定子绕组接入三相对称交流电源后，将在气隙中产生一个旋转磁场，此旋转磁场切割转子导体，产生感应电流。流有感应电流的转子导体在旋转磁场的作用下产生转矩，使转子旋转。根据左手定则可判断出转子的旋转方向与旋转磁场的旋转方向相同。小型低压三相笼型异步电动机的外形如图 1-9 所示，图形符号如图 1-10 所示。

图 1-9　小型低压三相笼型异步电动机的外形

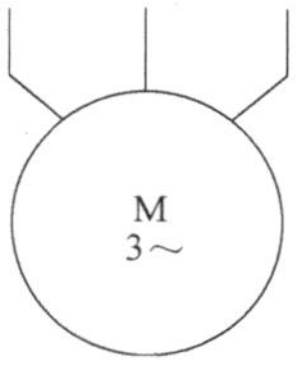

图 1-10　三相笼型异步电动机的图形符号

一般电动机的铭牌上有名称、型号、功率、电压、电流、频率、转速、接法、工作方式、绝缘等级、产品编号、重量、生产厂和出厂年月等。

三相异步电动机的定子绕组有星形（Y）联结和三角形（△）联结两种。若电压为 380V，接法为△联结，表示定子绕组的额定线电压为 380V，应接成△联结。若电压为 380V/220V，接法为Y/△，表明电源线电压为 380V 时，应接成Y联结；电源线电压为 220V 时，应接成△联结。

电流是指电动机绕组的输入电流。如果写两个电流值，则分别表示定子绕组在两种接法时的输入电流。

YE3 系列电动机是全国统一设计的产品，它具有效率高、起动转矩大、噪声低、振动小、性能优良、外形美观等优点，功率等级和安装尺寸符合国际电工委员会标准。表 1-5 列出了部分 YE3 系列三相异步电动机的性能参数。

表1-5 部分YE3系列三相异步电动机的性能参数（额定电压380V，50Hz）

型 号	额定功率/kW	额定电流/A	额定转速/r·min⁻¹	额定效率(%)	功率因数	堵转转矩与额定转矩之比	堵转电流与额定电流之比	最大转矩与额定转矩之比
同步转速3000r/min								
YE3-63M1-2	0.18	0.53	2720	63.9	0.80	2.2	5.5	2.2
YE3-63M2-2	0.25	0.70	2720	67.1	0.81	2.2	5.5	2.2
YE3-71M1-2	0.37	1.0	2740	69.0	0.81	2.2	6.1	2.2
YE3-71M2-2	0.55	1.4	2740	72.3	0.82	2.2	6.1	2.2
YE3-80M1-2	0.75	1.7	2870	80.7	0.82	2.2	7.0	2.3
YE3-80M2-2	1.1	2.4	2875	82.7	0.83	2.2	7.3	2.3
YE3-90S-2	1.5	3.2	2880	84.2	0.84	2.2	7.6	2.3
YE3-90L-2	2.2	4.6	2880	85.9	0.85	2.2	7.6	2.3
YE3-100L-2	3	6.0	2880	87.1	0.87	2.2	7.8	2.3
YE3-112M-2	4	7.8	2915	88.1	0.88	2.2	8.3	2.3
YE3-132S1-2	5.5	10.6	2935	89.2	0.88	2.0	8.3	2.3
YE3-132S2-2	7.5	14.4	2930	90.1	0.88	2.0	7.9	2.3
YE3-160M1-2	11	20.6	2950	91.2	0.89	2.0	8.1	2.3
同步转速1500r/min								
YE3-63M1-4	0.12	0.45	1310	55.8	0.72	2.1	4.4	2.2
YE3-63M2-4	0.18	0.64	1310	58.6	0.73	2.1	4.4	2.2
YE3-71M1-4	0.25	0.81	1330	63.6	0.74	2.1	5.2	2.2
YE3-71M2-4	0.37	1.1	1330	65.3	0.75	2.1	5.2	2.2
YE3-80M1-4	0.55	1.4	1430	80.6	0.75	2.3	6.5	2.3
YE3-80M2-4	0.75	1.8	1430	82.5	0.75	2.3	6.6	2.3
YE3-90S-4	1.1	2.6	1430	84.1	0.76	2.3	6.8	2.3
YE3-90L-4	1.5	3.5	1430	85.3	0.77	2.3	7.0	2.3
YE3-100L1-4	2.2	4.8	1440	86.7	0.81	2.3	7.6	2.3
YE3-100L2-4	3	6.3	1440	87.7	0.82	2.3	7.6	2.3
YE3-112M-4	4	8.4	1455	88.6	0.82	2.2	7.8	2.3
YE3-132S-4	5.5	11.2	1465	89.6	0.83	2.0	7.9	2.3
YE3-132M-4	7.5	15.0	1465	90.4	0.84	2.0	7.5	2.3
YE3-160M-4	11	21.5	1470	91.4	0.85	2.0	7.7	2.3
YE3-160L-4	15	28.8	1470	92.1	0.86	2.0	7.8	2.3
YE3-180M-4	18.5	35.3	1470	92.6	0.86	2.0	7.8	2.3
YE3-180L-4	22	41.8	1470	93.0	0.86	2.0	7.8	2.3
同步转速1000r/min								
YE3-71M1-6	0.18	0.76	850	54.6	0.66	1.9	4.0	2.0
YE3-71M2-6	0.25	0.97	850	57.4	0.68	1.9	4.0	2.0
YE3-80M1-6	0.37	1.2	910	68.0	0.70	1.9	5.5	2.0
YE3-80M2-6	0.55	1.6	925	72.0	0.71	1.9	5.8	2.1
YE3-90S-6	0.75	2.0	945	78.9	0.71	2.0	6.0	2.1
YE3-90L-6	1.1	2.8	950	81.0	0.73	2.0	6.0	2.1

（续）

型　号	额定功率/kW	额定电流/A	额定转速/r·min^{-1}	额定效率（%）	功率因数	堵转转矩与额定转矩之比	堵转电流与额定电流之比	最大转矩与额定转矩之比
同步转速 1000r/min								
YE3－100L－6	1.5	3.8	950	82.5	0.73	2.0	6.5	2.1
YE3－112M－6	2.2	5.4	965	84.3	0.74	2.0	6.6	2.1
YE3－132S－6	3	7.2	975	85.6	0.74	1.9	6.8	2.1
YE3－132M1－6	4	9.5	975	86.8	0.74	1.9	6.8	2.1
YE3－132M2－6	5.5	12.7	975	88.0	0.75	1.9	7.0	2.1
YE3－160M－6	7.5	16.2	980	89.1	0.79	1.9	7.0	2.1
YE3－160L－6	11	23.1	980	90.3	0.80	1.9	7.2	2.1
YE3－180L－6	15	30.9	980	91.2	0.81	1.9	7.3	2.1
同步转速 750r/min								
YE3－80M1－8	0.18	0.80	700	56.0	0.61	1.8	3.3	1.9
YE3－80M2－8	0.25	1.1	700	59.0	0.61	1.8	3.3	1.9
YE3－90S－8	0.37	1.4	695	66.0	0.61	1.8	4.0	1.9
YE3－90L－8	0.55	2.0	695	70.0	0.61	1.8	4.0	2.0
YE3－100L1－8	0.75	2.3	705	73.5	0.67	1.8	4.0	2.0
YE3－100L2－8	1.1	3.2	705	76.5	0.69	1.8	5.0	2.0
YE3－112M－8	1.5	4.2	715	77.5	0.70	1.8	5.0	2.0
YE3－132S－8	2.2	5.9	730	80.0	0.71	1.8	6.0	2.2
YE3－132M－8	3	7.6	730	82.5	0.73	1.8	6.0	2.2
YE3－160M1－8	4	9.8	725	85.0	0.73	1.9	6.0	2.2
YE3－160M2－8	5.5	13.1	725	86.0	0.74	1.9	6.0	2.2
YE3－160L－8	7.5	17.4	730	87.5	0.75	1.9	6.0	2.2
YE3－180L－8	11	25.0	725	89.0	0.75	1.9	6.5	2.2
同步转速 600r/min								
YE3－315S－10	45	99	590	92.0	0.75	1.5	6.2	2.0
YE3－315M－10	55	120	590	92.5	0.75	1.5	6.2	2.0
YE3－315L1－10	75	161	590	93.0	0.76	1.5	5.8	2.0
YE3－315L2－10	90	190	590	93.4	0.77	1.5	5.9	2.0
YE3－355M1－10	110	228	595	93.8	0.78	1.3	6.0	2.0
YE3－355M2－10	132	273	595	94.2	0.78	1.3	6.0	2.0
YE3－355L1－10	160	331	595	94.2	0.78	1.3	6.0	2.0
YE3－355L－10	185	383	595	94.2	0.78	1.3	6.0	2.0
YE3－355L2－10	200	414	595	94.2	0.78	1.3	6.0	2.0

6. 电气原理图的画法与阅读方法

（1）电气原理图的画法　电气控制系统是由许多电器元件按一定的要求和方法连接而成的。为了便于电气控制系统的设计、安装、调试、使用和维护，将电气控制系统中各电器元件及其连接电路用一定的图形表达出来，这就是电气控制系统图。

电气控制系统图主要包括电气原理图、电气设备总装接线图、电器元件布置图与接线图。在画图时，应遵循简明易懂的原则，采用统一规定的图形符号、文字符号和标准画法来绘制。

1）常用电气图形符号和文字符号的标准。在电气控制系统图中，电器元件的图形符号和文字符号必须使用国家统一规定的图形符号和文字符号。当前执行的最新国家标准是 GB/T 4728.1～4728.13—2005～2008《电气简图用图形符号》、GB/T 6988.1～6988.5—2006～2008《电气技术用文件的编制》、GB/T 21654—2008《顺序功能表图用 GRAFCET 规范语言》。电气图中常用图形符号和文字符号见附录。

2）电气原理图的画法规则。电气原理图是为了便于阅读和分析控制电路、根据简单清晰的原则、采用电器元件展开的形式绘制成的表示电气控制电路工作原理的图形。电气原理图只表示所有电器元件的导电部件和接线端点之间的相互关系，并不是按照各电器元件的实际布置位置和实际接线情况来绘制的，也不反映电器元件的大小。下面结合图 1-11 所示的电动机点动电气原理图说明绘制电气原理图的基本规则和应注意的事项。

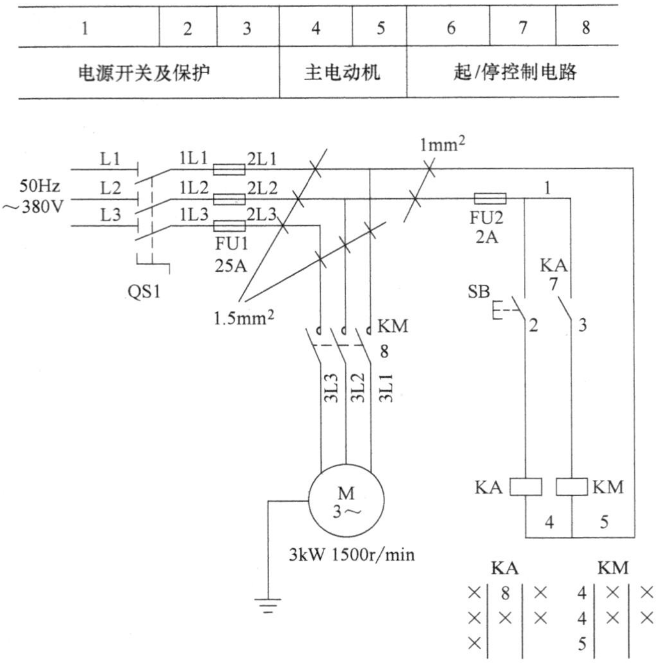

图 1-11　电动机点动电气原理图

① 电气原理图一般分为主电路和控制电路两部分，主电路就是从电源到电动机绕组的大电流通过的路径；控制电路由接触器等的吸引线圈、辅助触点以及按钮的触点等组成，控制电路中通过的电流较小。绘制电气原理图时线条粗细应一致，有时为了区分某些电路功能，可以采用不同粗细的线条，如主电路用粗实线表示，画在左边（或上部）；控制电路用细实线表示，画在右边（或下部）。

② 在原理图中，各电器元件不画实际的外形图，而采用国家规定的统一标准来画，文字符号也要符合国家标准；属于同一电器的线圈和触点，都要用同一文字符号表示；当使用相同类型电器时，可在文字符号后加注阿拉伯数字序号来区分。

③ 原理图中，各电器元件和部件在控制电路中的位置应根据便于阅读的原则安排；同一电器的各个部件可以不画在一起。

④ 电器元件和设备的可动部分在图中通常均以自然状态画出。所谓自然状态是指各种电器在没有通电和外力作用时的状态。对于接触器等是指其线圈未加电压；而对于按钮、限位开关等，则是指其尚未被压合。

⑤ 在原理图中，有直接电联系的交叉导线的连接点要用黑圆点表示；无直接电联系的交叉导线，交叉处不能画黑圆点。

⑥ 在原理图中，无论是主电路还是控制电路，各电器元件一般应按动作顺序从上到下、从左到右依次排列，可水平布置或垂直布置。

画原理图时要求层次分明，各电器元件以及它们的触点安排要合理，并应保证电气控制线路运行可靠、节省连接导线以及施工、维修方便。

3）图面区域的划分。图面分区时，竖边从上到下用拉丁字母、横边从左到右用阿拉伯数字分别编号。分区代号用该区域的字母和数字表示。图 1-11 上方的自然数列是图区横向编号，是为了便于检索电路、方便阅读分析而设置的。图区横向编号下方的“电源开关及保护”等字样，表明它对应的下方元件或电路的功能，以便于理解全电路的工作原理。

4）符号位置的索引。在较复杂的电气原理图中，在继电器、接触器等的线圈的文字符号下方要标注其触点位置的索引；而在触点文字符号下方要标注其线圈位置的索引。符号位置的索引，采用图号、页次和图区编号的组合索引法，索引代号的组成如下：

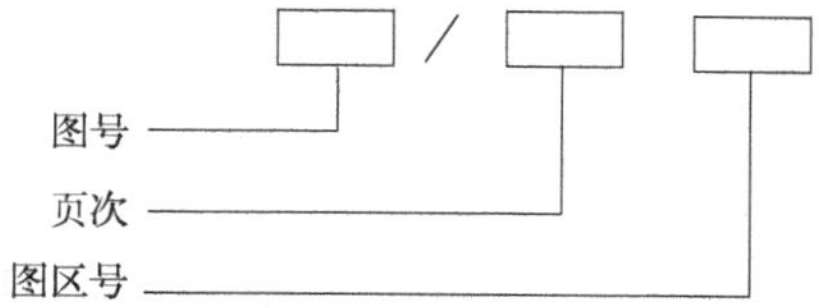

当某一元件相关的各符号元素出现在不同图号的图样上，而当每个图号仅有一页图样时，索引代号可省去页次。当与某一元件相关的各符号元素出现在同一图号的图样上，而该图号有几张图样时，索引代号可省去图号。因此，当与某一元件相关的各符号元素出现在只有一张图样的不同图区时，索引代号只用图区号表示。

图 1-11 图区 5 中接触器主触点 KM 下面的 8，即为最简单的索引代号，它指出 KM 的线圈位置在图区 8。

在电气原理图中，继电器、接触器等元件的线圈与触点的从属关系，应用附图表示。即在原理图中相应线圈的下方，给出触点的图形符号，并在其下面注明相应触点的索引代号，对未使用的触点用“×”表明。有时也可采用省去触点图形符号的表示法，如图 1-11 图区 7 中 KA 线圈和图区 8 中 KM 线圈下方的是中间继电器 KA 和接触器 KM 相应触点的位置索引。

在继电器 KA 触点的位置索引中，左栏为主触点所在图区号（主触点没有使用），中栏为辅助常开触点所在图区号（一个在图区 8，另一个没有使用），右栏为辅助常闭触点所在图区号（两个触点均未使用）。在接触器 KM 触点的位置索引中（有两个主触点在图区 4，另一个主触点在图区 5），中栏和右栏的辅助常开触点及辅助常闭触点均未使用。

5）电气原理图中技术数据的标注。电器元件的技术数据，除在电器元件明细表中标明外，有时也可用小号字体标在其图形符号的旁边，如图 1-11 中图区 3 中熔断器熔体的额定电流为 25A。

（2）电气原理图阅读和分析方法　阅读电气原理图的方法主要有两种：查线读图法和逻辑代数法。

1）查线读图法。查线读图法又称直接读图法或跟踪追击法。它是按照电路，根据生产过程的工作步骤依次读图。其读图步骤如下：

① 了解生产工艺与执行电器的关系。在分析电路之前，应该熟悉生产机械的工艺情况，

充分了解生产机械要完成哪些动作，这些动作之间又有什么联系；然后进一步明确生产机械的动作与执行电器的关系，必要时可以画出简单的工艺流程图，为分析电路提供方便。

② 分析主电路。在分析电路时，一般应先从电动机着手，根据主电路中有哪些控制元件的主触点、电阻等大致判断电动机是否有正反转控制、制动控制和调速要求等。

③ 分析控制电路。通常对控制电路应按照由上往下或由左往右的顺序依次阅读，可以按主电路的构成情况，把控制电路分解成与主电路相对应的几个基本环节，依次分析，然后把各环节串起来。首先，记住各信号元件、控制元件或执行元件的原始状态；然后设想按动了操作按钮，电路中有哪些元件受控动作；这些动作元件的触点又是如何控制其他元件动作的，进而查看受驱动的执行元件有何运动；再继续追查执行元件带动机械运动时，会使哪些信号元件状态发生变化。在读图过程中，特别要注意各元件间的相互联系和制约关系，直至将电路全部看懂为止。

查线读图法的优点是直观性强、容易掌握，因而得到广泛应用。其缺点是分析复杂电路时容易出错，叙述也较长。

2）逻辑代数法。逻辑代数法又称间接读图法，是通过对电路的逻辑表达式的运算来分析控制电路的，其关键是正确写出电路的逻辑表达式。

逻辑变量及其函数只有“1”“0”两种取值，用来表示两种不同的逻辑状态。接触器控制电路的元件都是两态元件，它们只有“通”和“断”两种状态，如开关的接通和断开、线圈的通电或断电、触点的闭合或断开等均可用逻辑值表示。因此，接触器控制电路的基本规律是符合逻辑代数的运算规律的，是可以用逻辑代数来帮助设计和分析的。

通常把接触器等线圈通电或按钮受力（其常开触点闭合接通），用逻辑“1”表示；把线圈失电或按钮未受力（其常开触点断开），用逻辑“0”表示。

在接触器控制电路中，表示触点状态的逻辑变量称为输入逻辑变量；表示接触器等受控元件状态的逻辑变量称为输出逻辑变量。输出逻辑变量是根据输入逻辑变量经过逻辑运算得出的。输入、输出逻辑变量的这种相互关系称为逻辑函数关系，也可用真值表来表示。

① 逻辑与。逻辑与用触点串联来实现。图1-12a所示的KM1和KM2触点串联电路实现了逻辑与运算，只有当触点KM1与KM2都闭合，即KM1 = 1与KM2 = 1时，线圈KM3才得电，KM3 = 1。否则，若KM1或KM2有一个断开，即有一个为“0”，电路就断开，KM3 = 0。其逻辑关系为

$$KM3 = KM1 \cdot KM2$$

逻辑与的运算规则是：$0 \cdot 0 = 0$；$0 \cdot 1 = 1 \cdot 0 = 0$；$1 \cdot 1 = 1$。

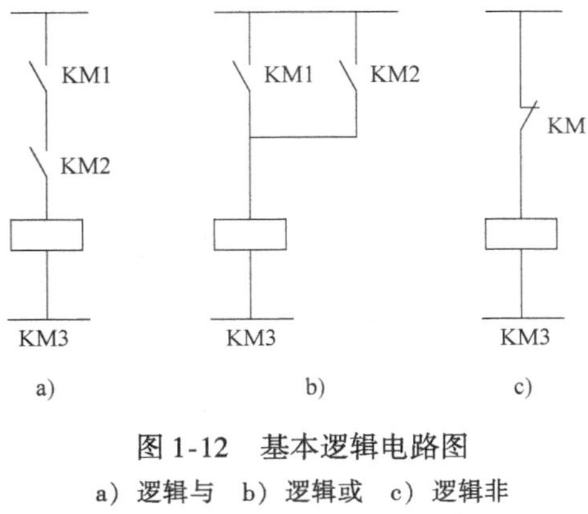

图1-12 基本逻辑电路图

a）逻辑与 b）逻辑或 c）逻辑非

② 逻辑或。逻辑或用触点并联电路实现。图1-12b所示的KM1和KM2触点并联电路实现逻辑或运算，当触点KM1或KM2任一个闭合，即KM1 = 1或KM2 = 1时，线圈KM3才得电，KM3 = 1。其逻辑关系为

$$KM3 = KM1 + KM2$$

逻辑或的运算规则是：$0 + 0 = 0$；$0 + 1 = 1 + 0 = 1$；$1 + 1 = 1$。

③ 逻辑非。逻辑非实际上就是触点状态取反。图 1-12c 所示为电路实现逻辑非运算，当常闭触点 KM1 闭合，则 KM3 =1，线圈得电吸合。当常闭触点 KM1 断开，则 KM3 =0，线圈不得电。其逻辑关系为

$$KM3 = \overline{KM1}$$

逻辑非运算规则是：$0 = \overline{1}$；$1 = \overline{0}$。

逻辑代数法读图的优点是：各电器元件之间的联系和制约关系在逻辑表达式中一目了然。通过对逻辑函数的具体运算，一般不会遗漏或看错电路的控制功能。而且采用逻辑代数法，可为电路采用计算机辅助分析提供方便。该方法的主要缺点是：对于复杂的电路，其逻辑表达式很繁琐冗长。

五、点动控制电路的分析

小型异步电动机可采用直接起动方式，起动时将电动机的定子绕组直接接在额定电压的交流电源上。点动控制就是直接起动的一种方式。

图 1-13 所示为电动机点动控制电路，图中组合开关 QS、熔断器 FU1、交流接触器 KM 的主触点与电动机组成主电路，主电路中通过的电流较大。控制电路由熔断器 FU2、起动按钮 SB、接触器 KM 的线圈组成，控制电路中流过的电流较小。

控制电路的工作原理如下：接通电源开关 QS，按下起动按钮 SB，接触器 KM 的吸引线圈通电，常开主触点闭合，电动机定子绕组接通三相电源，电动机起动。松开起动按钮，接触器线圈断电，主触点断开，切断三相电源，电动机停止。

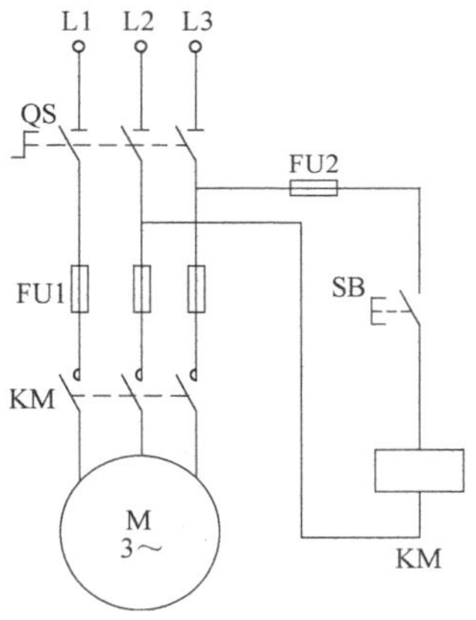

图 1-13　电动机点动控制电路

电路中，所有电器的触点都按电器没有通电和没有外力作用时的初始状态画出，如接触器的触点按线圈不通电时的状态画出；按钮按不受外力作用时的状态画出。

六、点动控制电路的接线与调试

1）查看各电器元件质量情况，详细观察各电器元件外部结构，了解其使用方法，并进行安装。

2）按图 1-13 所示正确连接电路，按照从上到下、从左到右、先连接主电路、再连接控制电路的顺序进行接线。

3）对照电路图检查电路是否有掉线、错线，接线是否牢固。学生要自行检查和互检，确认安装的电路正确，无安全隐患，经指导老师检查后方可通电实验。切记要严格遵守安全操作规程，确保人身安全。

4）接通总电源，合上组合开关，压下点动按钮，观察电动机的动作情况。

5）松开点动按钮，观察电动机的动作情况。

6）断开组合开关，断开总电源。

七、考核与评价

在自觉遵守安全文明生产规程的前提下，根据学习情境的能力目标，确定不同阶段的考核方式及分数权重，考核标准见表1-6。

表1-6　考核标准

教学内容	评价要点	评价标准	评价方式	考核方式	分数权重
学习情境一任务一	电路分析	正确分析电路原理	教师评价	答辩	0.2
	电路连接	按图接线正确、规范、合理		操作	0.3
	调试运行	按照要求和步骤正确调试电路		操作	0.3
	工作态度	认真、主动参与学习	小组成员互评	口试	0.1
	团队合作	具有与团队成员合作的精神		口试	0.1

八、知识拓展——刀开关

刀开关又称闸刀开关，是结构最简单、应用最广泛的一种手动电器元件。主要用于接通和切断长期工作设备的电源及不经常起动及制动、容量小于7.5kW的异步电动机。

刀开关主要由操作手柄、触刀、触点座和底座组成。图1-14所示为HK系列瓷底胶盖刀开关的结构图，该系列刀开关没有专门的灭弧设备，用胶木盖来防止电弧灼伤人手，拉闸和合闸时应动作迅速，使电弧较快地熄灭，以减轻电弧对刀片和触座的灼伤。

刀开关分为单极、双极和三极。刀开关在电气原理图中的图形符号及文字符号如图1-15所示。

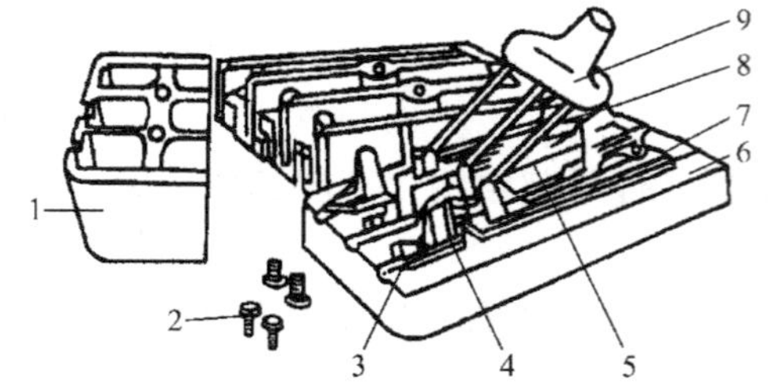

图1-14　HK系列瓷底胶盖刀开关

1—胶盖　2—胶盖紧固螺钉　3—进线座　4—静触点　5—熔体　6—瓷底　7—出线座　8—动触点　9—瓷柄

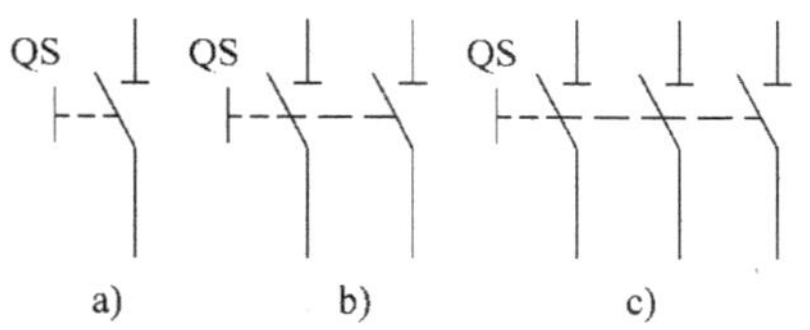

图1-15　刀开关的图形符号及文字符号

a）单极　b）双极　c）三极

刀开关的主要技术参数有：

（1）额定电压　指在规定条件下，刀开关长期工作中能承受的最高电压值。

（2）额定电流　指在规定条件下，刀开关在合闸位置允许长期通过的最大工作电流值。

（3）通断能力　指在规定条件下，刀开关在额定电压时能接通和分断的最大电流值。

（4）电寿命　指在规定条件下，刀开关不经维修或更换零件的额定负载操作循环次数。

在选择刀开关时，应使其额定电压等于或大于电路的额定电压，其电流应等于或大于电路的额定电流。当用刀开关控制电动机时，其额定电流要大于电动机额定电流的3倍。

目前生产的刀开关常用系列有HD、HK和HS等。

在安装刀开关时，要保证刀开关在合闸状态下手柄向上，不能倒装或平装。倒装时，手柄有可能会自动下滑而引起误合闸，造成人身伤亡或损坏设备的事故。接线时，应将电源进线端接在静触点一边的端子上，负载应接在动触点一边的出线端子上。这样，拉开闸后刀开关与电源隔离，便于检修。

九、习题与思考题

1. 什么是电气原理图？简述电气原理图画法规则。
2. 试述接触器的功能和基本原理。
3. 简述点动控制电路的工作原理。

任务二　点动/长动控制电路的分析、接线与调试

一、学习目标

1）认识并会选用热继电器、中间继电器及断路器，正确理解长动控制电路原理。

2）正确分析点动/长动控制电路，并能说出其控制原理。

3）能根据电路图正确安装与调试点动/长动控制电路。

二、任务

本任务是完成点动/长动控制电路的分析、接线与调试。电路控制要求为：使电动机既具有点动运转控制功能，又具有连续运转控制功能（按下起动按钮，电动机运转，松开起动按钮，电动机继续运转；按下停止按钮，电动机停转）。

三、设备

主要元器件见表1-7。

表1-7　主要元器件

序　　号	名　　称	数　　量
1	组合开关	1个
2	熔断器	4个
3	交流接触器	1个
4	热继电器	1个
5	笼型异步电动机	1台
6	按钮	3个
7	电工工具及导线	若干

四、知识储备

1. 继电器

继电器是一种根据电量参数（电压、电流）或非电量参数（时间、温度、压力等）的变化自动接通或断开控制电路，以完成控制或保护任务的电器元件。

虽然继电器与接触器都是用来自动接通或断开电路，但是它们仍有很多不同之处。继电器可以对各种电量或非电量的变化做出反应，而接触器只能在一定的电压信号下动作；继电器用于切换小电流的控制电路，而接触器则用来控制大电流电路，因此，继电器触点容量较小（不大于5A）。

继电器用途广泛、种类繁多。按反应的参数可分为电流继电器、时间继电器、热继电器和速度继电器等；按动作原理可分为电磁式、电动式、电子式等。

（1）热继电器　电动机在实际运行中，短时过载是允许的，但如果长期过载或断相运行等都会因电动机的电流超过其额定值而引起电动机严重发热，将损坏绕组的绝缘结构，缩短电动机的使用寿命，严重时甚至会烧毁电动机绕组。因此必须采取过载保护措施，最常用的方法是利用热继电器进行过载保护。

热继电器是一种利用电流的热效用原理进行工作的保护电器。图1-16所示为热继电器的结构示意图，它主要由驱动元件、双金属片、触点和动作机构等组成。双金属片是由两种膨胀系数不同的金属片碾压而成，受热后膨胀系数较高的主动层向膨胀系数低的被动层方向弯曲。热继电器工作原理如下：驱动元件与电动机定子绕组串联，绕组电流即为流过驱动元件的电流。当电动机正常工作时，驱动元件产生的热量虽能使双金属片11弯曲，但不足以使其触点动作。当过载时，流过驱动元件的电流增大，其产生的热量增加，使双金属片11产生的弯曲位移增大，从而推动导板13，带动温度补偿双金属片15和与之相连的动作机构，使热继电器触点动作，切断电动机控制电路。图1-16中由片簧1、2及弓簧3构成一组跳跃机构；凸轮9可用来调节动作电流的大小；补偿双金属片15则用于补偿周围环境温度变化的影响，当周围环境温度变化时，主双金属片和与其采用相同材料制成的补偿双金属片会产生同一方向的弯曲，可使导板与补偿双金属片之间的推动距离保持不变。此外，热继电器可通过调节螺钉14选择自动复位或手动复位。

热继电器的图形符号和文字符号如图1-17所示。

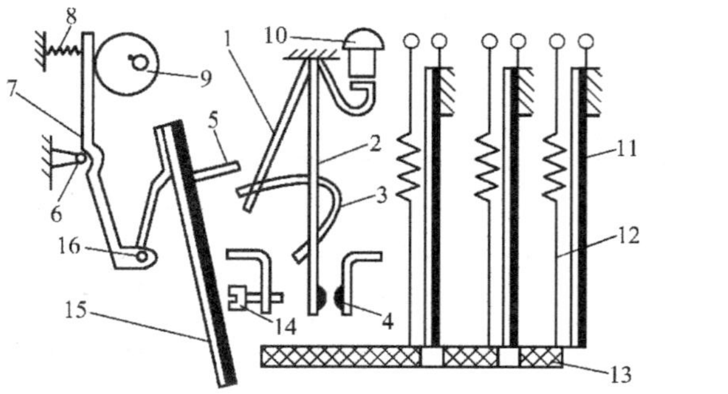

图1-16　热继电器结构示意图

1、2—片簧　3—弓簧　4—触点　5—推杆　6—固定转轴　7—杠杆　8—压簧　9—凸轮　10—手动复位按钮　11—双金属片　12—驱动元件　13—导板　14—调节螺钉　15—补偿双金属片　16—轴

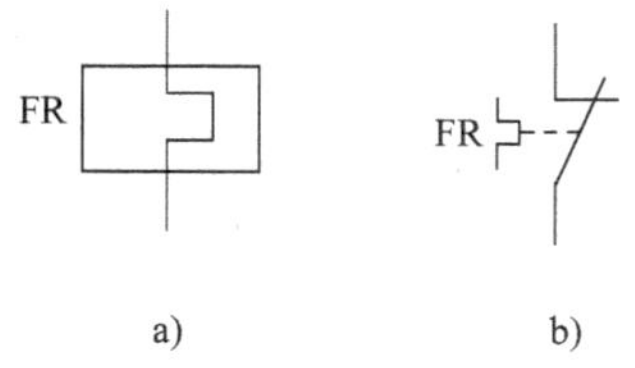

图1-17　热继电器图形符号及文字符号

a）驱动元件　b）常闭触点

热继电器由于其热惯性，当电路短路时不能立即动作切断电路，因此不能用作短路保护。常用的热继电器有 JR0、JR10 系列。表 1-8 是 JR0—40 型热继电器的技术数据，它的额定电压为 500V，额定电流为 40A，它可以配用 0.64～40A 范围内 10 种电流等级的驱动元件。每一种电流等级的驱动元件都有一定的电流调节范围，一般应调节到与电动机额定电流相等，以便更好地起到过载保护作用。

表 1-8　JR0—40 型热继电器的技术数据

型　号	额定电流/A	驱动元件等级	
		额定电流/A	电流调节范围/A
JR0—40	40	0.64	0.4～0.64
		1	0.64～1
		1.6	1～1.6
		2.5	1.6～2.5
		4	2.5～4
		6.4	4～6.4
		10	6.4～10
		16	10～16
		25	16～25
		40	25～40

热继电器选用是否得当，直接影响着其对电动机的过载保护的可靠性。选用时应按电动机的额定电流来确定热继电器的型号及驱动元件的额定电流等级。例如，电动机额定电流为 8.1A，若选用 JR0—40 型热继电器，驱动元件电流等级为 10A，由表 1-8 可知，电流调节范围为 6.4～10A，因此可将其电流整定为 8.1A。

（2）中间继电器　电磁式继电器是电气控制设备中用得最多的一种继电器，其主要结构和工作原理与接触器相似。图 1-18 所示为电磁式继电器的典型结构图。

中间继电器是电磁式继电器的一种，它具有触点数多（多至 6 对或更多）、触点电流容量相对较大（额定电流 5A 左右）、动作灵敏（动作时间不大于 0.05s）等特点。其主要用途是当其他电器的触点数量或触点容量不够时，可借助中间继电器来增加它们的触点数量或触点容量，起到中间信号转换的作用。

中间继电器的图形符号和文字符号如图 1-19 所示。常用的中间继电器有 JZ7、JZ8 等系列，其技术数据见表 1-9。

中间继电器主要依据被控制电路的电压等级、触点的数量、种类及容量来选用。

1）线圈电源形式和电压等级应与控制电路一致。如数控机床的控制电路采用直流 24V 供电，则应选择线圈额定工作电压为 24V 的直流继电器。

2）按控制电路的要求选择触点的类型（常开或常闭）和数量。

3）继电器的触点额定电压应大于或等于被控制电路的电压。

4）继电器的触点电流应大于或等于被控制电路的额定电流。

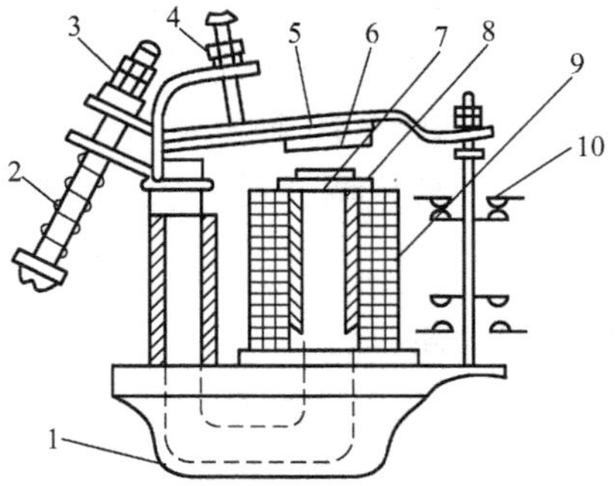

图 1-18　电磁式继电器的典型结构图

1—底座　2—反力弹簧　3、4—调节螺钉　5—非磁性垫片　6—衔铁　7—铁心　8—极靴　9—电磁线圈　10—触点

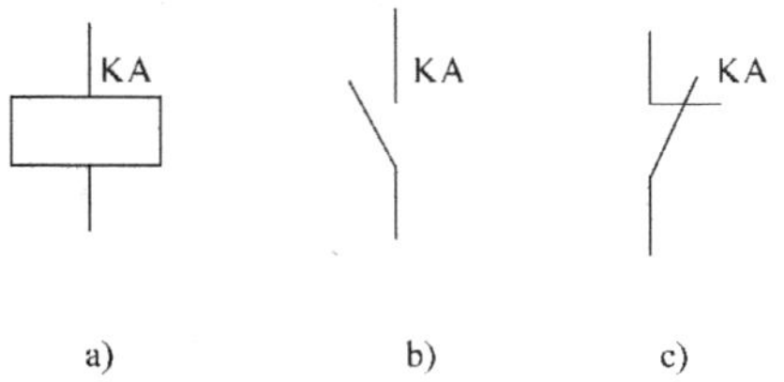

图 1-19　中间继电器的图形符号及文字符号

a）线圈　b）常开触点　c）常闭触点

表 1-9　JZ7、JZ8 系列中间继电器技术数据

型　号	线圈参数			触点数
	额定电压/V		消耗功率	
	交　流	直　流		
JZ7—44 JZ7—62 JZ7—80	12、24、36、48、110、127、220、380、420、440、500	—	12VA	4 开 4 闭 6 开 2 闭 8 开
JZ8—62 JZ8—44 JZ8—26	110、127、220、380	12 24 48 110 220	交流 10VA 直流 7.5W	6 开 2 闭 4 开 4 闭 2 开 6 闭

2. 低压断路器

低压断路器俗称为自动空气开关，是将控制和保护的功能合为一体的电器。它常作为不频繁接通和断开的电路的总电源开关或部分电路的电源开关，当发生过载、短路或欠电压故障时，能自动切断电路，有效地保护串接在它后面的电气设备，并且在分断故障电流后一般不需要更换零部件。因此，低压断路器在数控机床上使用越来越广泛。

低压断路器的主要参数有额定电压、额定电流、极数、脱扣器类型及其额定电流整定范围、电磁脱扣器整定范围及主触点的分断能力等。以下重点介绍数控机床常用的两种低压断路器。

（1）塑料外壳式断路器　塑料外壳式断路器由手柄、操作机构、脱扣装置、灭弧装置及触点系统等组成，它们全部安装于塑料外壳内，组成一体。

机床常用的 DZ20、DZ15、DZ5—20、DZ5—50 等系列塑料外壳式断路器（以下简称断路器），适用于交流电压 500V 以下和直流电压 220V 以下不频繁地接通和断开的电路。低压断路器工作原理图如图 1-20 所示，图中选用了过电流和欠电压两种脱扣器。当电路正常工作时，断路器的主触点靠操作机构手动（或电动）合闸或分闸，即接通或分断正常工作电流。当断路器合闸后，主触点合上，此时，过电流脱扣器的衔铁是释放的，欠电压脱扣器的衔铁是吸合的，它们都使自由脱扣器的主触点锁在闭合位置上。若电路发生短路或过电流故障时，过电流脱扣器的衔铁被吸合，使自由脱扣机构自动脱扣，断路器自动跳闸，主触点分离，及时有效地切除故障电流；若电网电压过低或为零时，欠电压脱扣器的衔铁被迫释放，同样使自由脱扣机构动作，断路器分断电路。这样，当电路过电流或欠电压时，断路器都能自由切断电源，保证了电路及电路中设备的安全。

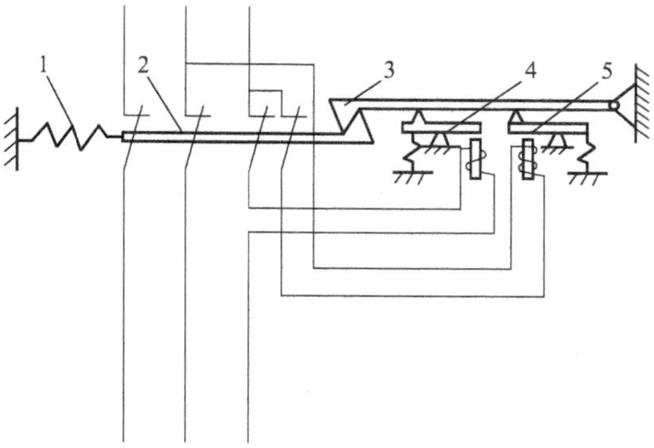

图 1-20　低压断路器工作原理图
1—释放弹簧　2—主触点　3—钩子
4—过电流脱扣器　5—欠电压脱扣器

以 DZ15 系列低压断路器为例，其适用于交流 50Hz、额定电压为 220V 或 380V、额定电流至 100A 的电路，用作配电、电动机的过载及短路保护，此可作为电路不频繁转换及电动机不频繁起动之用。表 1-10 为 DZ15 系列低压断路器的规格及参数。

表 1-10　DZ15 系列低压断路器的规格及参数

型　号	壳架额定电流/A	额定电压/V	极　数	脱扣器额定电流/A	额定短路通断能力/kA
DZ15—40/1901	40	220	1	6，10，16，20，25，32，40	3
DZ15—40/2901		380	2		
DZ15—40/3901		380	3		
DZ15—40/3902		380	3		
DZ15—40/4901		380	4		
DZ15—63/1901	63	220	1	10，16，20，25，32，40，50，63	5
DZ15—63/2901		380	2		
DZ15—63/3901		380	3		
DZ15—63/3902		380	3		
DZ15—63/4901		380	4		

（2）小型断路器　小型断路器主要用于照明配电系统和控制电路。机床常用 MB1—63、DZ30—32、DZ47—60 等系列的小型断路器。如 DZ47—60 高分断小型断路器适用于照明配电系统或电动机的配电系统，主要用于交流 50Hz/60Hz、单极 230V，二、三、四极 400V 电路的过载和短路保护，同时也可以在正常情况下不频繁地通断电路。

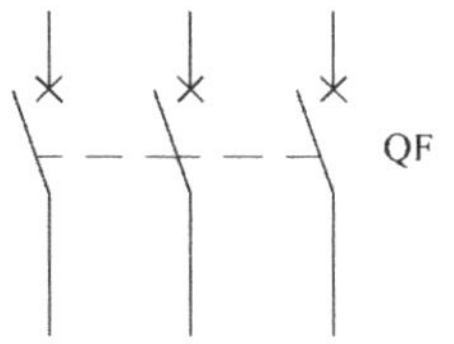

图 1-21　低压断路器电气图形符号及文字符号

低压断路器电气图形符号及文字符号如图 1-21 所示。

低压断路器的选择主要从以下几方面考虑。

1）额定电压和额定电流应不小于电路的正常工作电压和工作电流。

2）各脱扣器的整定。

① 热脱扣器的整定电流应与所控制的负载额定电流相等。

② 欠电压脱扣器的额定电压等于主电路的额定电压，脱扣电压设定为主电路额定电压的70%左右。

③ 电流脱扣器又称过电流脱扣器，整定电流应大于负载正常工作时的尖峰电流，对于电动机负载，通常按起动电流的1.7倍整定。

使用低压断路器实现短路保护要比使用熔断器优越。因为当电路短路时，若采用熔断器保护，很有可能只有一相电源的熔断器熔断，造成断相运行。对于低压断路器来说，电路短路时，电磁脱扣器自动脱扣，将三相电源同时切断，进行短路保护，故障排除后可重复使用。低压断路器与刀开关配熔断器相比，所占面积小、安装方便、操作安全，所以低压断路器在机床自动控制中应用广泛。

3. 长动控制电路

图1-22所示为三相异步电动机长动控制电路，它的工作原理是：接通电源开关QS，按下起动按钮SB2时，接触器KM吸合，主电路接通，电动机M起动运行。同时并联在起动按钮SB2两端的接触器辅助常开触点也闭合，故即使松开按钮SB2，控制电路也不会断电，电动机仍能继续运行。这种依靠接触器自身的辅助触点来使其线圈保持通电的现象称为“自锁”或“自保”。按下停止按钮SB1时，KM线圈断电，接触器所有常开触点断开，切断主电路，电动机停转。

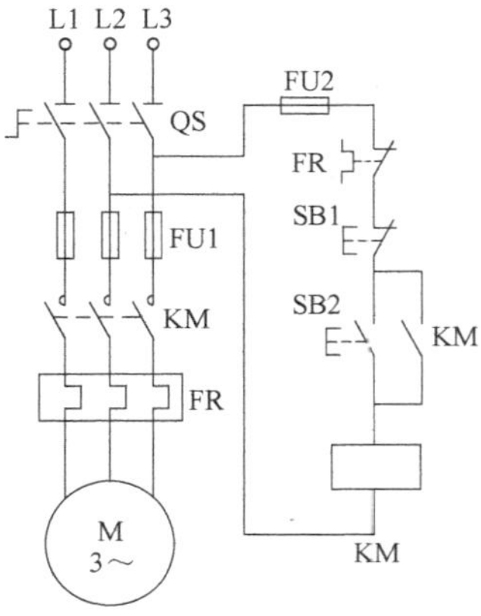

图1-22 三相异步电动机长动控制电路

五、点动/长动控制电路的分析

在实际生产中，往往需要既可以点动又可以长动的控制电路。其主电路相同，但控制电路可以有多种，如图1-23所示。

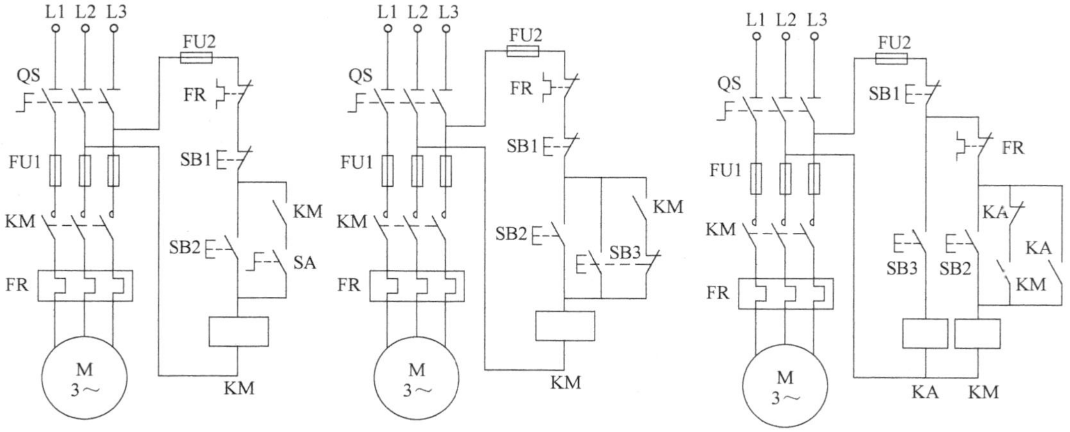

a) b) c)

图1-23 点动和长动控制电路

a）用开关控制 b）用复合按钮控制 c）用中间继电器控制

比较图 1-23 所示的三种控制电路，图 1-23a 比较简单，它是以开关 SA 的断开与闭合来区别点动与长动的；由于起动均用同一按钮 SB2 控制，若疏忽了开关 SA 的动作，就会混淆长动与点动的作用。图 1-23b 虽然将点动按钮 SB3 与长动按钮 SB2 分开了，但当接触器铁心因油腻或剩磁而发生缓慢释放时，可能会使点动变成长动，故虽简单但并不可靠。图 1-23c 采用中间继电器实现点动控制，可靠性大大提高，点动时按 SB3，中间继电器 KA 的一个常闭触点断开接触器 KM 的自锁触点，另一个常开触点使 KM 通电，电动机点动；连续控制时，按 SB2 即可。

六、点动/长动控制电路的接线与调试

1）查看各电器元件质量情况，详细观察各电器元件外部结构，了解其使用方法，并进行安装。

2）按图 1-23a 所示的电路图正确连接电路，按照从上到下、从左到右、先连接主电路、再连接控制电路的顺序进行接线。

3）对照电路图检查电路是否有掉线、错线，接线是否牢固。学生要自行检查和互检，确认安装的电路正确和无安全隐患，经指导老师检查后方可通电实验。切记要严格遵守安全操作规程，确保人身安全。

4）接通总电源，合上组合开关，按照以下步骤操作并注意观察点动和长动现象的区别。

① 将旋钮 SA 设置到闭合状态，按下按钮 SB2 再松开，观察电动机的动作情况；按下停止按钮 SB1，观察电动机的动作情况。

② 将旋钮 SA 设置到打开状态，按下按钮 SB2，观察电动机的动作情况；松开按钮 SB2，观察电动机的动作情况。

5）断开组合开关 QS，断开总电源。

七、考核与评价

在自觉遵守安全文明生产规程的前提下，根据学习情境的能力目标，确定不同阶段的考核方式及分数权重，考核标准见表 1-11。

表 1-11 考核标准

教学内容	评价要点	评价标准	评价方式	考核方式	分数权重
学习情境一任务二	电路分析	正确分析电路原理	教师评价	答辩	0.2
	电路连接	按图接线正确、规范、合理		操作	0.3
	调试运行	按照要求和步骤正确调试电路		操作	0.3
	工作态度	认真、主动参与学习	小组成员互评	口试	0.1
	团队合作	具有与团队成员合作的精神		口试	0.1

八、知识拓展——两地控制电路

在实际控制中往往要求对一台电动机能实现两地控制，即在甲、乙两个地方都能对电动机实现起动与停止控制。实现两地控制的基本原理为在控制电路中将两个起动按钮的常开触点并联连接，将两个停止按钮的常闭触点串联连接。图1-24所示为对一台电动机实现两地控制的电路，其中按钮SB1、SB3位于甲地，按钮SB2、SB4位于乙地。

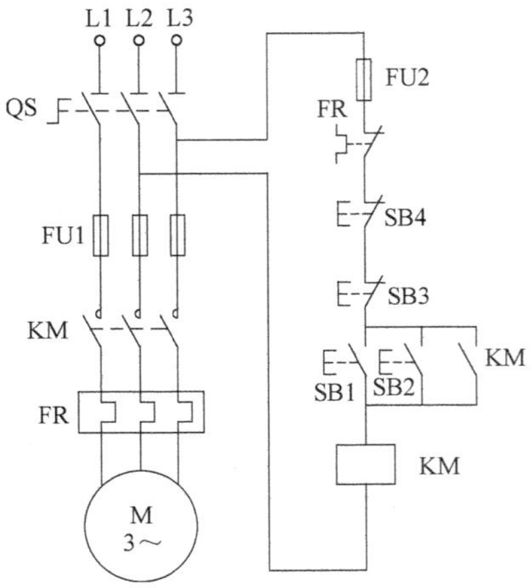

图1-24 对一台电动机实现两地控制的电路

九、习题与思考题

1. 简述长动控制电路的工作原理。
2. 简述点动/长动控制电路的工作原理。
3. 中间继电器和接触器有何区别？在什么条件下可用中间继电器来代替接触器起动电动机？
4. 断路器有什么功能和特点？
5. 什么叫“自锁”？试举例说明其作用。
6. 热继电器只能作电动机的长期过载保护而不能作短路保护，而熔断器则相反，为什么？
7. 试设计一个采取两地操作的既可点动又可连续运行的电动机控制电路。

任务三 自动往返控制电路的分析、接线与调试

一、学习目标

1）认识并会选用行程开关，正确理解接触器单互锁正反转及双重互锁正反转控制电路的原理。

2）能正确分析自动往返控制电路，并能说出其控制原理。

3）能根据电路图正确安装与调试自动往返控制电路。

二、任务

本任务是完成自动往返控制电路的分析、接线与调试。电路控制要求为：如图1-25所示，按下起动按钮后，工作台在位置A和位置B之间做自动往返运动，直至按下停止按钮开关后方能停止运行。

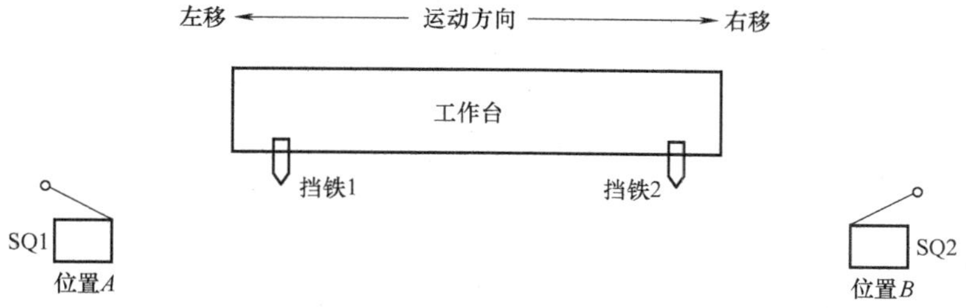

图 1-25　工作台自动往返示意图

三、设备

主要元器件见表 1-12。

表 1-12　主要元器件

序　号	名　称	数　量
1	组合开关	1 个
2	熔断器	4 个
3	交流接触器	2 个
4	热继电器	1 个
5	行程开关	2 个
6	笼型异步电动机	1 台
7	按钮	3 个
8	电工工具及导线	若干

四、知识储备

1. 行程开关

行程开关又称位置开关或限位开关，其作用是将机械位移转换成电信号，使电动机运行状态发生改变，即按一定行程自动停车、反转、变速或循环，以此来控制机械运动或实现安全保护。

行程开关有两种类型：直动式（按钮式）和旋转式。二者结构基本相同，由操作头、传动系统、触点系统和外壳组成，主要区别在传动系统。当运动机构的挡铁压到行程开关的滚轮上时，转动杠杆连同转轴一起转动，凸轮撞动撞块使得常闭触点断开，常开触点闭合；挡铁移开后，复位弹簧使其复位。图 1-26 所示为直动式行程开关的结构示意图。行程开关的图形符号和文字符号如图 1-27 所示。

行程开关的工作原理和按钮相同，区别在于它的操纵不是靠手的按压，而是利用机械运动部件的挡铁碰压而使触点动作。

目前国内生产的行程开关有 LXK3、3SE3、LX19、LX32、JL33 等系列，其中 3SE3 系列为引进西门子公司技术生产的，该系列行程开关额定电压为 500V、额定电流为 10A，其机械、电气寿命比普通行程开关更长。表 1-13 列出了 LX32 系列行程开关主要技术参数。

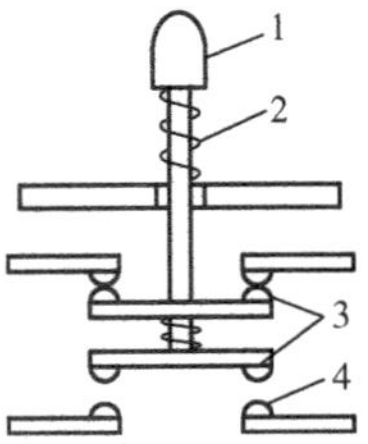

图1-26 直动式行程开关的结构示意图

1—顶杆 2—弹簧 3—动触点 4—静触点

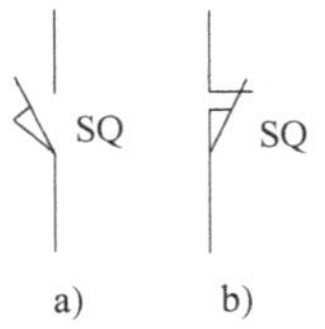

图1-27 行程开关的图形符号和文字符号

a) 动合触点 b) 动断触点

表1-13 LX32系列行程开关主要技术参数

额定工作电压/V		额定发热电流/A	额定工作电流/A		额定操作频率/次·h^{-1}
直 流	交 流		直 流	交 流	
220、110、24	380、220	6	0.046（220V时）	0.79（380V时）	1200

在实际应用中，行程开关的选择主要从以下几方面考虑：

1）根据机械位置对开关的要求。

2）根据控制对象对开关触点数目的要求。

为了克服触点式行程开关可靠性较差、使用寿命短和操作频率低的缺点，现在很多设备开始采用无触点式行程开关，也叫接近开关。接近开关有一对常开和一对常闭触点，它不仅能代替触点式行程开关来完成行程控制和限位保护，还可以用于高频记数、测速、液面控制、零件尺寸检测、加工程序的自动衔接等场合。接近开关大多由一个高频振荡器和一个整形放大器组成，其工作原理和图形符号、文字符号如图1-28所示，当金属物体接近感应面时，金属物体产生涡流，吸收了振荡器的能量，使振荡减弱以致停振。振荡与停振两种不同状态则由整形放大器转换成二进制的开关信号，从而达到检测位置的目的。

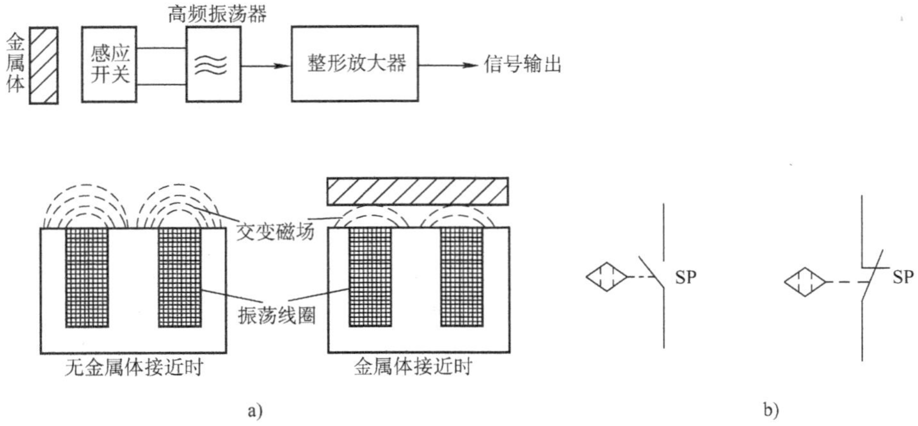

图1-28 接近开关的工作原理和图形符号、文字符号

a) 工作原理 b) 图形符号、文字符号

接近开关外形结构多种多样。其电子线路装调后用环氧树脂密封，具有良好的防潮防腐性能。它既能无接触且无压力地发出检测信号，又具有灵敏度高、频率响应快、重复定位精

度高、工作稳定可靠、使用寿命长等优点，在自动控制系统中已获得广泛应用。其主要系列型号有 LJ6、LXJ6、LXJ18 和 3SG、LXT3 等。

接近开关的选用主要从以下几方面考虑：

1）因价格高，接近开关仅用于工作频率高、可靠性及精度要求均较高的场合。

2）按动作距离要求选择型号、规格。

2. 接触器互锁正反转控制电路的分析

许多生产机械都需要正、反两个方向的运动。例如机床工作台的前进与后退、主轴的正转与反转、起重机吊钩的上升与下降等，这就要求电动机可以正反转。对于三相异步电动机只要将三相电源进线中任意两相对调，即可实现反转。这可由两个接触器 KM1、KM2 控制。必须指出的是 KM1 和 KM2 的主触点决不允许同时接通，否则将会造成电源短路的事故。因此，在正转接触器的线圈 KM1 通电时，不允许反转接触器的线圈 KM2 通电。同样，在线圈 KM2 通电时，也不允许线圈 KM1 通电。这就是互锁保护，这一要求可由控制电路来保证。

接触器互锁正反转控制电路如图 1-29 所示，其工作原理是：合上电源开关 QS，按下正转起动按钮 SB2，接触器 KM1 线圈通电自锁，其辅助常闭触点断开，切断了接触器 KM2 的控制电路，KM1 主触点闭合，主电路按顺相序接通，电动机正转。此时若按下停止按钮 SB1，KM1 线圈断电，其常开触点断开，电动机停转。KM1 辅助常闭触点恢复闭合，为电动机反转做好准备；若再按下反转起动按钮 SB3，则 KM2 线圈通电自锁，主电路按逆相序接通，电动机反转。同理，KM2 的常闭触点切断了 KM1 的控制电路，使 KM1 线圈无法通电。接触器辅助触点这种互相制约的关系称为“互锁”或“联锁”。这种互锁关系，能保证即使某一接触器发生触点熔焊或有杂物卡住故障，KM1 与 KM2 的主触点也不会同时闭合，不会发生短路事故。

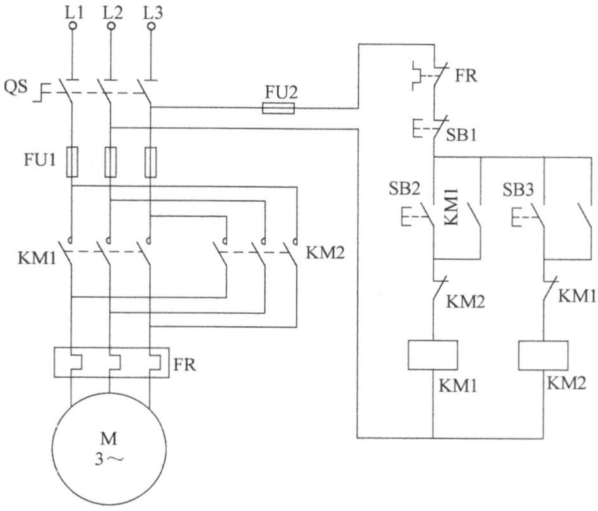

图 1-29　接触器互锁正反转控制电路

这种电路的主要缺点是操作不方便，为了实现其正反转，必须先按下停止按钮，然后再按起动按钮才行，即工作方式为“正转—停止—反转”。

3. 双重互锁正反转控制电路的分析

如图 1-30 所示，控制电路是既有接触器的电气互锁，又有按钮开关的机械互锁的正反转控制电路，其工作原理是：合上电源开关 QS，按下 SB2，接触器 KM1 得电吸合，电动机正转；此时若按下 SB3，则其常闭触点先断开 KM1 线圈回路，KM1 常闭触点恢复闭合，接着 SB3 常开触点后闭合，接触器 KM2 得电吸合，电动机反转。由于双联按钮在结构上保证常闭触点先断开、常开触点后闭合，所以能实现直接正反转的要求，这种互锁被称为机械互锁。因该电路中又有电气互锁，故称为双重互锁电路，应用较广。

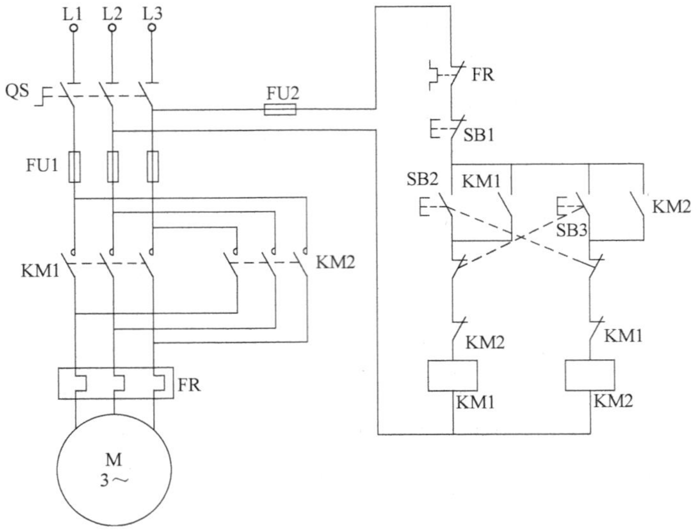

图 1-30 双重互锁的正反转控制电路

五、自动往返控制电路的分析

在生产过程中，常需要控制生产机械运动部件的行程。例如龙门刨床的工作台、组合机床的滑台，需要在一定的行程范围内自动地往返循环。反映运动部件运动位置的控制，称为行程控制。实现行程控制所使用的主要电器是行程开关。

图 1-31 所示为利用行程开关实现的电动机正反转自动循环控制电路，机床工作台的往返循环由电动机驱动，当运动到达一定的行程位置时，利用挡铁压行程开关来实现电动机正反转。图中，SQ1 与 SQ2 分别为工作台右行与左行限位开关；SB2 与 SB3 分别为电动机正转与反转起动按钮。

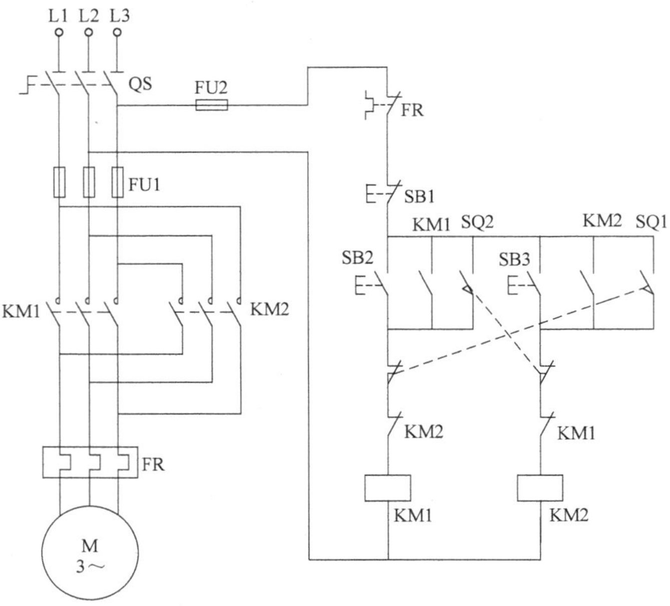

图 1-31 电动机正反转自动循环控制电路

按正转起动按钮 SB2，接触器 KM1 通电吸合并自锁，电动机正转使工作台右移。当运动到右端时，挡铁压下右行限位开关 SQ1，其常闭触点使 KM1 断电释放，同时其常开触点使 KM2 通电吸合并自锁，电动机反转使工作台左移。当运动到挡铁压下左行限位开关 SQ2 时，使 KM2 断电释放，KM1 又得电吸合，电动机又正转使工作台右移，如此循环往复。SB1 为自动循环停止按钮。

从以上分析来看，工作台每经过一个往复循环，电动机要进行两次转向改变，因而电动机的传动轴将受到很大的冲击力，容易损坏。此外，当循环周期很短时，电动机很频繁地换向和起动，会因过热而损坏。因此，上述电路只适用于循环周期长且电动机的传动轴有足够强度的拖动系统中。

六、自动往返控制电路的接线与调试

1）查看各电器元件质量情况，详细观察各电器元件外部结构，了解其使用方法，并进行安装。

2）按图1-31所示正确连接电路，按照从上到下、从左到右、先接主电路、再连接控制电路的顺序进行接线。

3）对照电路图检查电路是否有掉线、错线，接线是否牢固。学生要自行检查和互检，特别是要检查异步电动机三相电源是否短路。确认安装的电路正确和无安全隐患，经指导老师检查后方可通电实验。切记要严格遵守安全操作规程，确保人身安全。

4）接通总电源，合上组合开关，压下按钮SB2，观察电动机的运转方向及工作台移动方向；当工作台上安装的挡铁压下右行限位开关SQ1时，观察电动机的运转方向及工作台移动方向；当工作台上安装的挡铁压下左行限位开关SQ2时，观察电动机的运转方向及工作台移动方向。压下停止按钮SB1，电动机停转。

5）在工作台没有压到限位开关SQ2情况下，压下按钮SB3，观察电动机及工作台的动作情况（参照步骤4）；压下停止按钮SB1，电动机停转。

6）断开组合开关，断开总电源。

七、考核与评价

在自觉遵守安全文明生产规程的前提下，根据学习情境的能力目标，确定不同阶段的考核方式及分数权重，考核标准见表1-14。

表1-14　考核标准

教学内容	评价要点	评价标准	评价方式	考核方式	分数权重
学习情境一任务三	电路分析	正确分析电路原理	教师评价	答辩	0.2
	电路连接	按图接线正确、规范、合理		操作	0.3
	调试运行	按照要求和步骤正确调试电路		操作	0.3
	工作态度	认真、主动参与学习	小组成员互评	口试	0.1
	团队合作	具有与团队成员合作的精神		口试	0.1

八、知识拓展

1. 零电压与欠电压保护

当电动机正在运行时，如果电源电压因某种原因消失，那么在电源电压恢复时，电动机若自行起动，就可能造成生产设备的损坏，甚至造成人身事故。对电网来说，许多电动机同时自行起动会引起很大的电流及电压降。防止电压恢复时电动机自行起动的保护叫零电压保护。

在电动机运转时，电源电压过分地降低会引起电动机转速下降甚至停转。同时，在负载转矩一定时，电流就会增加。此外，由于电压的降低将会引起一些电器元件的释放，造成控制电路不正常工作，可能产生事故。因此需要在电压下降到最小允许电压值时将电动机电源切除，这就叫欠电压保护。

一般采用电压继电器来进行零电压和欠电压保护，中间继电器和接触器也具有零电压保护功能。

2. 双速电动机控制电路

采用双速电动机能简化齿轮传动的变速箱，这在车床、磨床、镗床等机床中应用很多。双速电动机是通过改变定子绕组接线的方法来获得两个同步转速的。

图 1-32 所示为 4/2 极双速电动机定子绕组接线示意图，在图 1-32a 中，将定子绕组的 U1、V1、W1 接电源，而 U2、V2、W2 接线端悬空，则三相定子绕组接成三角形，每相绕组中的两个线圈串联，电流参考方向如图中箭头方向所示，磁场具有四个极（即两对极），电动机为低速。若将接线端 U1、V1、W1 连在一起，而 U2、V2、W2 接电源，则三相定子绕组变为双星形，每相绕组中的两个线圈并联，电流参考方向如图 1-32b 中箭头所示，磁场变为两个极（即一对极），电动机为高速。

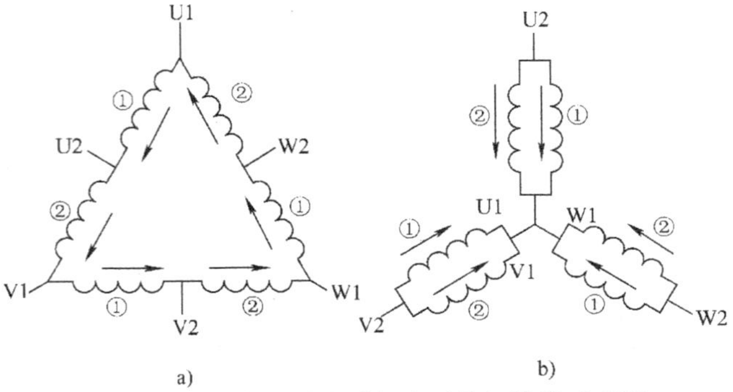

图 1-32　4/2 极双速电动机定子绕组接线示意图
a）三角形联结　b）双星形联结

图 1-33 所示为双速电动机采用复合按钮联锁的高、低速直接转换的控制电路，按下低

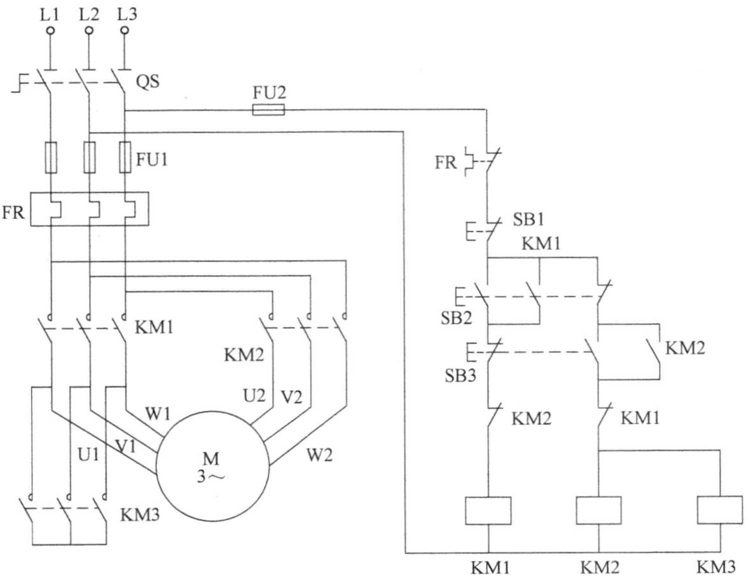

图 1-33　双速电动机的控制电路

速起动按钮 SB2，接触器 KM1 通电吸合，电动机定子绕组接成三角形，电动机以低速运转；若按下高速起动按钮 SB3，则 KM1 断电释放，并接通 KM2 和 KM3，电动机定子绕组接成双星形，电动机以高速运转。

九、习题与思考题

1. 什么叫“互锁”？试举例说明其作用。
2. 为什么电动机要设置零电压和欠电压保护？
3. 简述接触器互锁的正反转控制电路的工作原理。
4. 简述双重互锁的正反转控制电路的工作原理。
5. 有两台笼型异步电动机 M1 和 M2，要求它们既可分别起动和停止，也可以同时起动和停止。试设计其控制电路。

任务四 Y—△减压起动控制电路的分析、接线与调试

一、学习目标

1）认识并会正确选用时间继电器和脚踏开关。
2）能正确分析Y—△减压起动控制电路，并能说出其控制原理。
3）能根据电路图正确安装与调试Y—△减压起动控制电路。

二、任务

本任务是完成Y—△减压起动控制电路的分析、接线与调试。控制要求如下：按下起动按钮，电动机（正常运行时定子绕组为△联结）定子绕组联结成Y减压起动；正常运行时，定子绕组联结成△，全压运行；按下停止按钮，电动机停转。

三、设备

主要元器件见表 1-15。

表 1-15 主要元器件

序 号	名 称	数 量
1	组合开关	1 个
2	熔断器	4 个
3	热继电器	1 个
4	交流接触器	3 个
5	笼型异步电动机	1 台
6	按钮	2 个
7	时间继电器	1 个
8	电工工具及导线	若干

四、知识储备

1. 时间继电器

从得到输入信号起，经过一定的延时后才输出信号的继电器称为时间继电器。时间继电器有通电延时型和断电延时型两种，通电延时时间继电器是线圈通电，触点延时动作；断电延时时间继电器是线圈断电，触点延时动作。

时间继电器获得延时的方法有多种，按其工作原理可分为电磁式、空气阻尼式、电动式和电子式等。

时间继电器的图形符号和文字符号如图1-34所示。

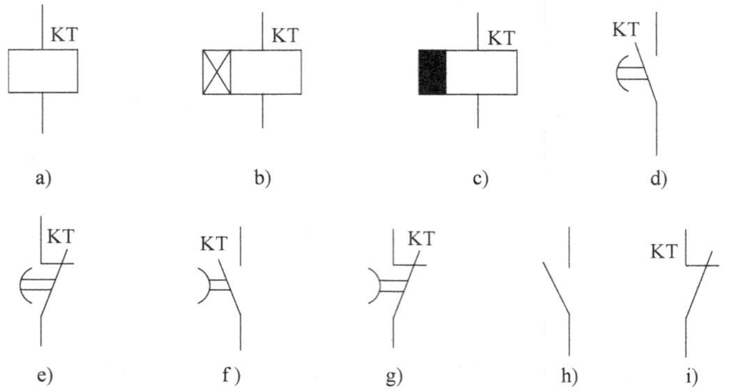

图1-34　时间继电器的图形符号和文字符号

a）线圈（简易图）　b）通电延时线圈　c）断电延时线圈　d）延时闭合常开触点　e）延时断开常闭触点　f）延时断开常开触点　g）延时闭合常闭触点　h）瞬动常开触点　i）瞬动常闭触点

常用的空气阻尼式时间继电器为JS23系列。表1-16为JS23系列时间继电器的技术参数。

表1-16　JS23系列时间继电器的技术参数

额定工作电压/V		AC：380　DC：220					
额定工作电流/A		AC：380V时瞬动0.79；DC：220V时瞬动0.27					
触点数	型号	延时动作触点数量				瞬动触点数量	
		通电延时		断电延时			
		常开	常闭	常开	常闭	常开	常闭
	JS23—1	1	1	—	—	4	0
	JS23—2	1	1	—	—	3	1
	JS23—3	1	1	—	—	2	2
	JS23—4	—	—	1	1	4	0
	JS23—5	—	—	1	1	3	1
	JS23—6	—	—	1	1	2	2
延时范围/s		0.2～30；10～180（气囊延时）					
线圈额定电压/V		AC：110、220、380					
电寿命		瞬动触点100万次（交、直流）；延时触点AC：100万次；DC：50万次					

2. 时间继电器的选用

时间继电器形式多样，各具特点，选用时应从以下几方面考虑：

1）根据控制电路对延时触点的要求选择延时方式（即通电延时型或断电延时型）。

2）根据延时范围和精度要求选择继电器类型。

3）根据使用场合、工作环境选择时间继电器的类型。如电源电压波动大的场合可选空气阻尼式继电器或电动式时间继电器；电源频率不稳定的场合不宜选用电动式继电器；环境温度变化大的场合不宜选用空气阻尼式继电器和电子式时间继电器。

五、Y—△减压起动控制电路的分析

对于功率较大的电动机，当电动机容量超过供电变压器容量的一定比例时，一般都应采用减压起动，以防止过大的起动电流引起电源电压的下降。

定子侧减压起动常用的方法之一为Y—△减压起动。Y—△减压起动仅用于正常运行时定子绕组为△联结的电动机。Y—△起动时，电动机绕组先接成Y联结，待转速达到一定数值时，再将线路切换成△联结。这种方法可使每相定子绕组所承受的电压在起动时降低到电源电压的 $1/\sqrt{3}$，其电流为直接起动时的 1/3。由于起动电流减小，起动转矩也同时减小到直接起动的 1/3。所以这种方法一般只适用于空载或轻载起动的场合。

Y—△减压起动控制电路如图 1-35 所示，其工作原理如下：先合上电源开关 QS，按下起动按钮 SB2，接触器 KM1、KM3 线圈得电，KM1、KM3 的主触点闭合，使电动机定子绕组连接成星形，接入三相电源进行减压起动；同时，时间继电器 KT 线圈得电，经一段延时后，其延时断开常闭触点 KT 断开，KM3 失电，而延时闭合常开触点 KT 闭合，KM2 线圈得电并自锁，电动机绕组连接成三角形全压运行。

图 1-35 中 KM3 动作后，它的常闭触点将 KM2 的线圈电路断开，这样防止了 KM2 再动作。同样，KM2 动作后，它的常闭触点将 KM3 的线圈电路断开，可防止 KM3 再动作。这种互锁关系，可保证起动过程中 KM2 与 KM3 的主触点不能同时闭合，以防止电源相间短路。KM2 的常闭触点同时也使时间继电器 KT 断电。

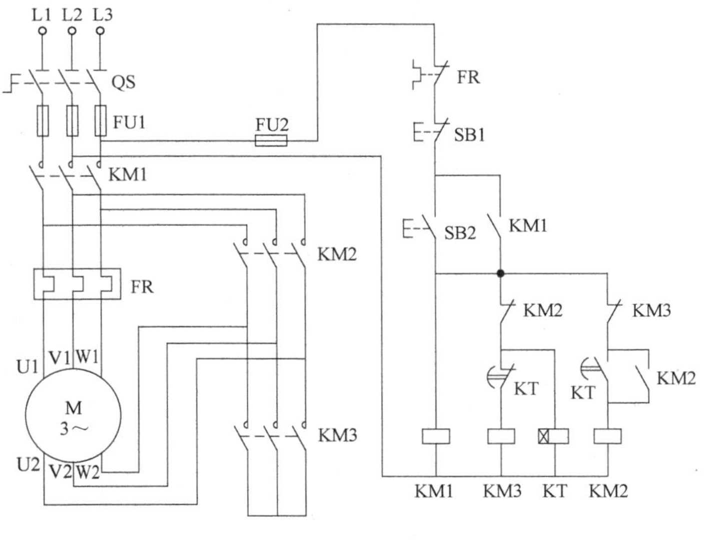

图 1-35　Y—△减压起动控制电路

六、Y—△减压起动控制电路的接线、调试与排除故障

1）查看各电器元件质量情况，详细观察各电器元件外部结构，了解其使用方法，并进行安装。

2）按图1-32所示正确连接电路，按照从上到下、从左到右、先接主电路、再连接控制电路的顺序进行接线。

3）对照电路图检查线路是否有掉线、错线，接线是否牢固。学生要自行检查和互检，确认安装的电路正确和无安全隐患，经指导老师检查后方可通电实验。切记要严格遵守安全操作规程，确保人身安全。

4）合上组合开关，按下起动按钮，观察电动机的动作情况。

5）在电动机停止的情况下，调整时间继电器的延时时间，重新起动电动机，观察电动机的动作情况。

6）按下停止按钮，观察电动机的动作情况。

7）断开组合开关，断开总电源。

七、考核与评价

在自觉遵守安全文明生产规程的前提下，根据学习情境的能力目标，确定不同阶段的考核方式及分数权重，考核标准见表1-17。

表1-17　考核标准

教学内容	评价要点	评价标准	评价方式	考核方式	分数权重
学习情境一任务四	电路分析	正确分析电路原理	教师评价	答辩	0.2
	电路连接	按图接线正确、规范、合理		操作	0.3
	调试运行	按照要求和步骤正确调试电路		操作	0.3
	工作态度	认真、主动参与学习	小组成员互评	口试	0.1
	团队合作	具有与团队成员合作的精神		口试	0.1

八、知识拓展

1. 串电阻（或电抗器）减压起动

电动机正常运行时定子绕组按星形联结，不能采用Y—△方法作减压起动，这时，可采用定子电路串联电阻（或电抗器）的减压起动方法，控制电路如图1-36所示。在电动机起动时，将电阻（或电抗器）串联在定子绕组与电源之间，由于串联电阻（或电抗器）起到了分压作用，电动机定子绕组上所承受的电压只是额定电压的一部分，这样就限制了起动电流，当电动机的转速上升到一定值时，再将电阻（或电抗器）短接，电动机便在额定电压下正常运行。

图1-36中，合上电源开关QS，按下起动按钮SB2，接触器KM1和时间继电器KT的线圈同时得电，KM1闭合自锁，KM1主触点闭合，电动机串联电阻（或电抗器）减压起动。其后，KT的常开延时闭合触点延时闭合，KM2线圈得电，KM2主触点闭合，电阻（或电抗器）被短接，电动机开始以额定电压运转。

图1-37所示电路中，接触器KM2得电后，其常闭触点将KM1和KT的线圈电路断电，同时KM2自锁。这样，电动机起动后，只有KM2得电，使电动机正常运行。

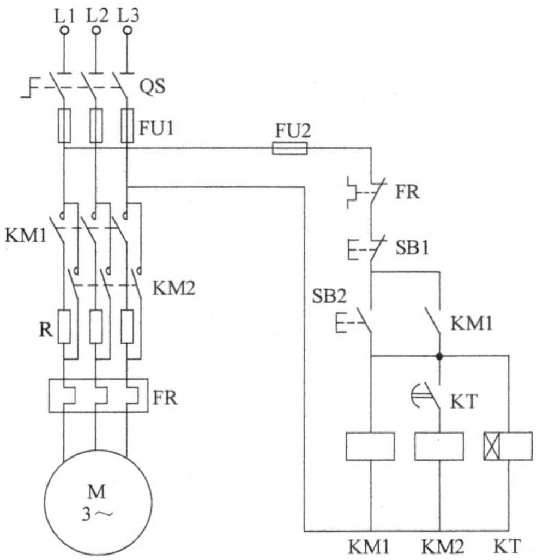

图 1-36　串电阻（或电抗器）减压起动控制电路（1）

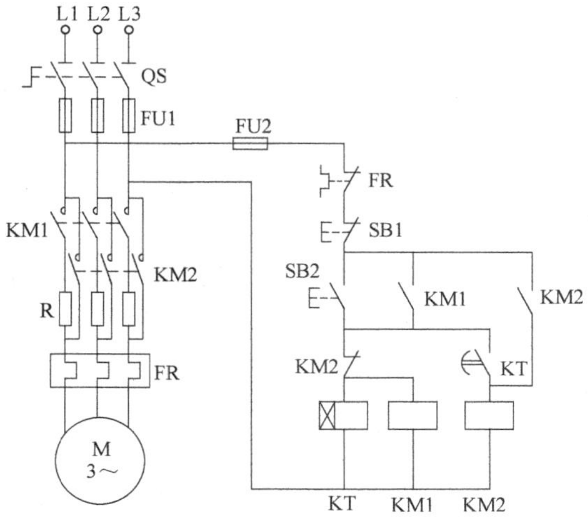

图 1-37　串电阻（或电抗器）减压起动控制电路（2）

2. 脚踏开关

脚踏开关是一种特定形式的微动开关，它是将脚踏板和微动开关组合在一起的控制电器，其外形如图 1-38 所示。图 1-39 所示为脚踏开关电气图形符号和文字符号。常用脚踏开关的规格型号见表 1-18。

图 1-38　脚踏开关外形图

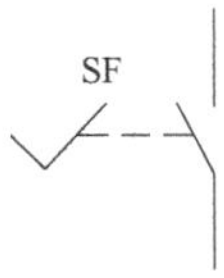

图 1-39　脚踏开关电气图形符号和文字符号

表 1-18　常用脚踏开关的规格型号

型　号	形　式	特　性
YDT1—01	无防护罩	内装 1 只双断点行程开关，当脚踏板踏下时瞬动作，可控制 2 个回路，接通或关断，动作力约 4kg
YDT1—11	有防护罩	
YDT1—02	无防护罩	内装 2 只双断点行程开关，当脚踏板踏下时瞬动作，可控制 4 个回路，接通或关断，动作力约 4kg
YDT1—12	有防护罩	

九、习题与思考题

1. 根据下面要求，分别绘出控制电路（M1 和 M2 都是三相笼型异步电动机）。
1）电动机 M1 先起动，经过一定时间延时后 M2 能自行起动。
2）电动机 M1 先起动，经过一定时间延时后 M2 能自行起动，M2 起动后，M1 立即停转。
2. 给出时间继电器的图形符号和文字符号，并举例简述其功能。

任务五 反接制动控制电路的分析、接线与调试

一、学习目标

1）认识并会正确选用速度继电器和变压器。
2）能正确分析反接制动控制电路，并能说出其控制原理。
3）能根据电路图正确安装与调试反接制动控制电路。

二、任务

本任务是完成反接制动控制电路的分析、接线与调试。电路控制要求为：按下起动按钮，电动机运行；按下停止按钮，电动机处于反接制动状态，转速下降到接近零时及时切断反相序电源，电动机停转。

三、设备

主要元器件见表 1-19。

表 1-19 主要元器件

序 号	名 称	数 量
1	组合开关	1 个
2	熔断器	4 个
3	热继电器	1 个
4	交流接触器	2 个
5	笼型异步电动机	1 台
6	按钮	2 个
7	速度继电器	1 个
8	电工工具及导线	若干

四、知识储备

1. 速度继电器

速度继电器又称为反接制动继电器。它主要用于笼型异步电动机的反接制动控制电路

中，当反接制动的转速下降到接近零时能自动地及时切断电源，其外形如图 1-40 所示。

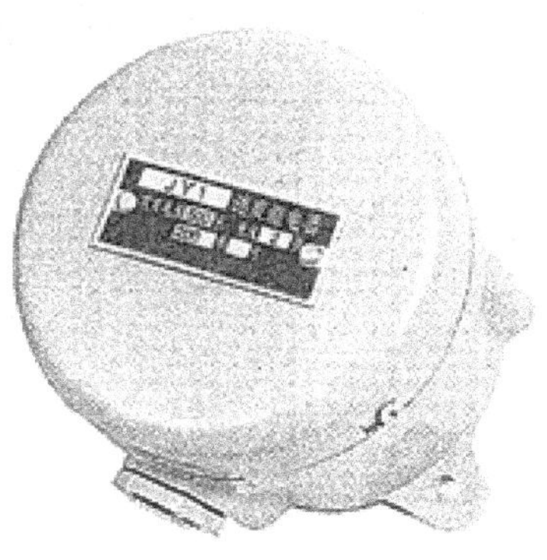

图 1-40　速度继电器外形图

速度继电器的结构示意图如图 1-41 所示。从结构上看，速度继电器主要由定子、转子和触点三部分组成。定子由硅钢片叠成，并装有笼型绕组；转子是一个圆柱形永久磁铁。速度继电器的轴与电动机的轴相连接，转子固定在轴上，定子与电动机轴同轴。当电动机转动时，速度继电器的转子随之转动，绕组切割磁场产生感应电动势和电流，此电流和永久磁铁的磁场作用产生转矩，使定子向轴的转动方向偏摆，和定子装在一起的摆锤推动动触点动作，使常闭触点断开、常开触点闭合。当电动机转速下降到接近零时，转矩减小，定子柄在弹簧力的作用下恢复原位，动触点也复位。

速度继电器的图形符号和文字符号如图 1-42 所示。

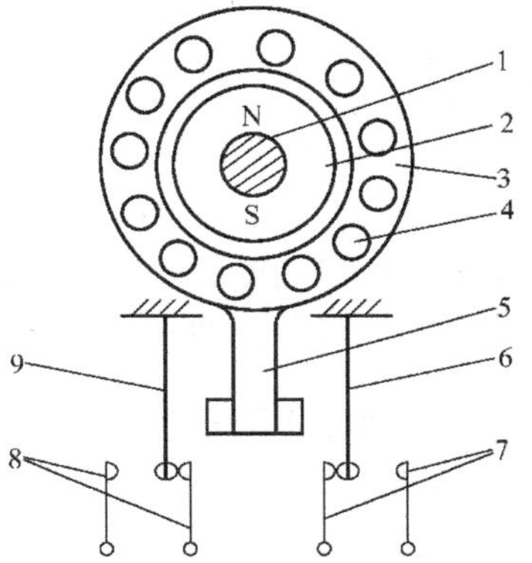

图 1-41　速度继电器的结构示意图

1—主轴　2—转子　3—定子　4—绕组

5—摆锤　6、9—簧片　7、8—静触点

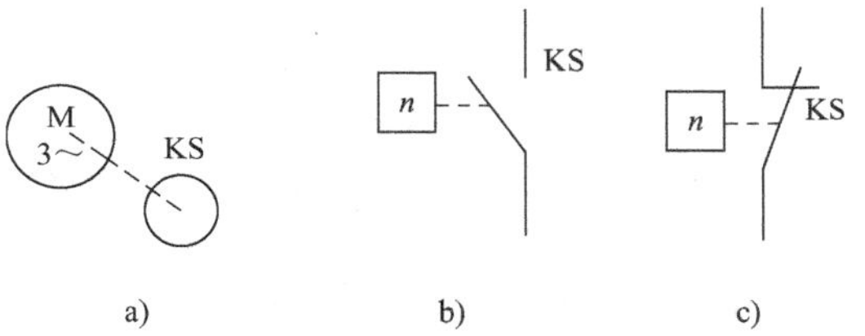

图 1-42　速度继电器的图形符号和文字符号

a）与电动机同轴连接的转子　b）常开触点　c）常闭触点

机床上常用的速度继电器有 JY1 型和 JFZ0 型两种，其技术数据见表 1-20。一般速度继电器的动作转速为 120r/min，触点的复位转速为 100r/min。调整反力弹簧的拉力即可改变触点动作或复位时的转速，从而准确地控制相应的电路。

表 1-20　JY1 型和 JFZ0 型速度继电器技术数据

型　号	触点容量		触点数量		额定工作转速 /r · min^{-1}	允许操作频率 /次 · h^{-1}
	额定电压/B	额定电流/A	正转时动作	反转时动作		
JY1	380	2	1 组转换触点	1 组转换触点	100 ~ 3600	<30
JFZ0					300 ~ 3600	

2. 变压器

变压器是一种将某一数值的交流电压变换成频率相同但数值不同的交流电压的静止电器。

(1) 变压器的类型

1) 机床控制变压器。机床控制变压器适用于频率50~60Hz、输入电压不超过交流660V的电路，常作为各类机床、机械设备中一般电器的控制电源、局部照明及指示灯的电源，其外形如图1-43所示。

2) 三相变压器。在三相交流系统中，三相电压的变换可用一台三相变压器来实现。在数控机床中三相变压器主要是给伺服驱动系统供电。

单相、三相变压器的图形符号及文字符号如图1-44所示。

图1-43 控制变压器外形图

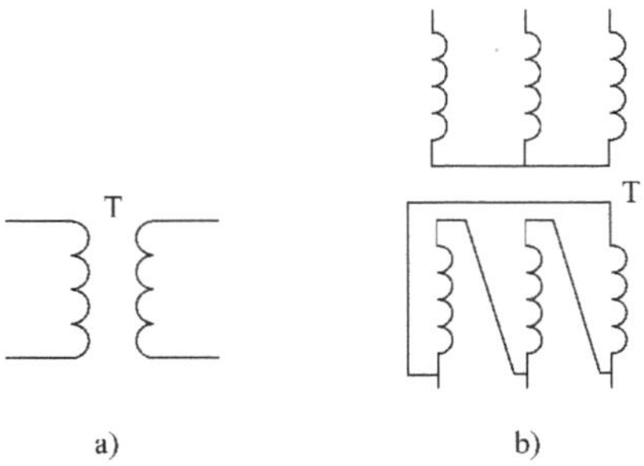

图1-44 变压器的图形符号及文字符号
a) 单相变压器 b) 三相变压器

机床上常用的变压器有BK系列，主要有BK—50、BK—100、BK—150、BK—300、BK—400、BK—500、BK—1000等型号。

(2) 变压器的选择 变压器的选择主要是依据变压器的额定值。

1) 根据实际情况选择一次（侧）额定电压 U_1（380V，220V），再选择二次（侧）额定电压 U_2。二次（侧）额定值是指一次（侧）加额定电压时，二次（侧）的空载输出电压，二次（侧）带有额定负载时输出电压下降5%左右，因此选择输出额定电压时应略高于负载额定电压。

2) 根据实际负载情况，确定各二次（侧）绕组额定电流 I_2。一般绕组的额定输出电流应大于或等于额定负载电流。

3) 二次（侧）额定容量 P(kW) 由总容量确定。根据经验公式

$$P = K\sum P_i$$

式中 P_i——电磁元件的吸持功率和灯等负载消耗的功率，单位为kW；

K——变压器的容量储备系数，$K=1.1\sim1.25$。

五、反接制动控制电路的分析

三相异步电动机从切断电源到完全停止旋转，由于惯性的关系，总要经过一段时间，这往往不能适应某些生产机械工艺的要求（如卷扬机、机床设备等），无论是从提高生产效率，还是从安全及工艺要求等方面考虑，都要求能对电动机进行制动控制，即能迅速使电动机停机、定位。三相异步电动机的制动方法一般有两大类，即机械制动和电气制动。机械制

动是用机械装置来强迫电动机迅速停车，如电磁抱闸、电磁离合器等；电气制动实质上在电动机接到停车命令时，同时产生一个与原来旋转方向相反的制动转矩，迫使电动机转速迅速下降。电气制动控制电路包括反接制动和能耗制动控制电路。

反接制动是利用改变电动机电源的相序，使定子绕组产生相反方向的旋转磁场，因而产生制动转矩的一种制动方法。反接制动的特点是制动迅速、效果好，但冲击电流较大，通常仅适用于10kW以下的电动机。为了减小冲击电流，通常要求在电动机主电路中串接一定的电阻以限制反接制动电流，这个电阻称为反接制动电阻。反接制动电阻的接线方法有对称和不对称两种，采用对称电阻接法可以在限制制动转矩的同时，也限制制动电流，而采用不对称制动电阻的接法，只是限制制动转矩，未加制动电阻的那一相仍具有较大的电流。反接制动的另一要求是在电动机转速接近于零时，及时切断反相序电源，以防止反向再起动。

图1-45为三相异步电动机反接制动控制电路。起动时，按下起动按钮SB2，接触器KM1通电并自锁，电动机M通电旋转。在电动机正常运转时，速度继电器KS的常开触点闭合，为反接制动做好了准备。停车时，按下停止按钮SB1，常闭触点断开，接触器KM1线圈断电，电动机M脱离电源，由于此时电动机的惯性很大，KS的常开触点依然处于闭合状态，所以SB1常开触点闭合时，反接制动接触器KM2线圈通电并自锁，其主触点闭合，使电动机定子绕组得到与正常运转相序相反的三相交流电源，电动机进入反接制动状态，使电动机转速迅速下降，当电动机转速接近于零时，速度继电器常开触点复位，接触器KM2线圈电路被切断，反接制动结束。

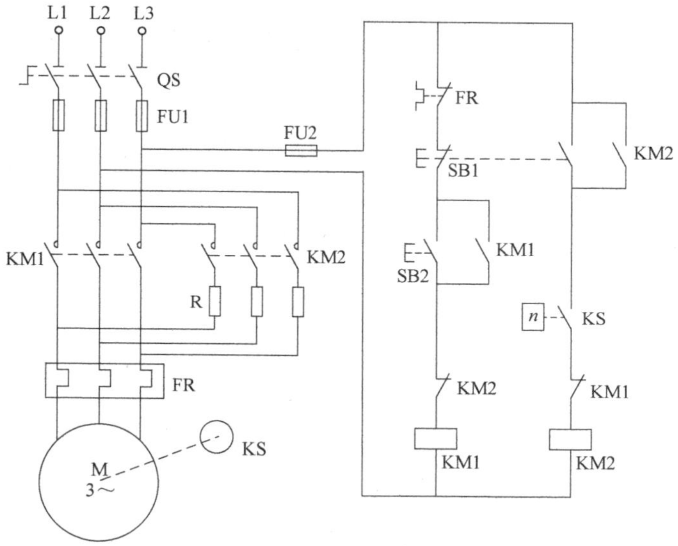

图1-45　三相异步电动机的反接制动控制电路

六、反接制动控制电路的接线、调试、排除故障

1）查看各电器元件质量情况，详细观察各电器元件外部结构，了解其使用方法，并进行安装。

2）按图1-45所示正确连接线路，按照从上到下，从左到右，先接主电路，再连接控制电路的顺序进行接线。

3）对照线路图检查是否有掉线、错线，接线是否牢固。学生自行检查和互检，确认安装的电路正确和无安全隐患，经指导老师检查后方可通电实验。切记严格遵守安全操作规程，确保人身安全。

4）合上组合开关，按下起动按钮，观察电动机的动作情况。

5）按下制动按钮，观察电动机的动作情况。

6）断开组合开关，断开总电源。

七、考核与评价

在自觉遵守安全文明生产规程的前提下，根据学习情境的能力目标，确定不同阶段的考核方式及分数权重，考核标准见表1-21。

表1-21 考核标准

教学内容	评价要点	评价标准	评价方式	考核方式	分数权重
学习情境一任务五	电路分析	正确分析电路原理	教师评价	答辩	0.2
	电路连接	按图接线正确、规范、合理		操作	0.3
	调试运行	按照要求和步骤正确调试电路		操作	0.3
	工作态度	认真、主动参与学习	小组成员互评	口试	0.1
	团队合作	具有与团队成员合作的精神		口试	0.1

八、知识拓展

1. 直流稳压电源

直流稳压电源的功能是将非稳定交流电源变成稳定直流电源，其外形图如图1-46所示。

图1-46 直流稳压电源外形图

在数控机床电气控制系统中，需要稳压电源给驱动器、控制单元、直流继电器、信号指示灯等提供直流电源。在数控机床中主要使用开关电源。常用的直流稳压电源有SD系列，该产品型号说明如图1-47所示。

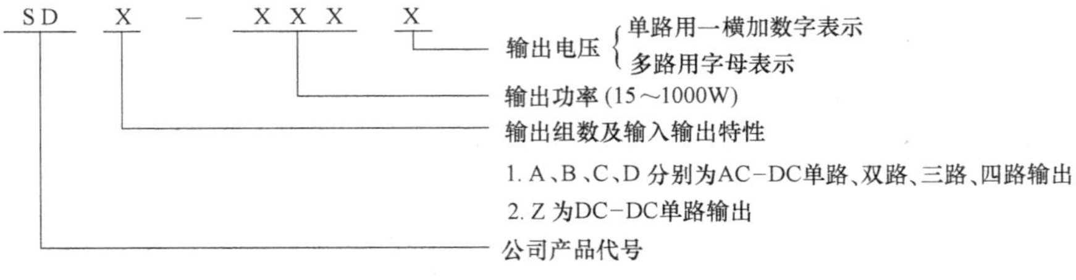

图1-47 SD系列直流稳压电源型号说明

SDA系列直流稳压电源技术参数见表1-22。

表 1-22　SDA 系列直流稳压电源技术参数

型号 SDA	功率 /W	输出电压/电流									外形尺寸
		+5V	+7.5V	+9V	+12V	+13.8V	+15V	+24V	+27V	+48V	
15[ ]	15	3A	2A	1.7A	1.3A	1.1A	1A	0.7A	—	—	A
25[ ]	25	5A	3.3A	28A	2.1A	1.8A	1.7A	1.1A	—	0.5A	B
35[ ]	35	7A	4.5A	4A	3A	2.5A	2.4A	1.5A	1.3A	0.72A	C
50[ ]	50	10A	6.5A	5.5A	4.2A	3.6A	3.4A	2.1A	2A	1A	D
100[ ]	100	20A	13.5A	11A	8.5A	7.4A	6.7A	4.5A	3.7A	2.2A	E
150[ ]	150	30A	20A	16.5A	12.5A	11A	10A	6.5A	5.5A	3.2A	F
200[ ]	200	40A	27A	22A	16.5A	14.8A	13.3A	8.3A	7.4A	4.2A	H
250[ ]	250	—	—	—	20A	18A	16A	10A	9.2A	5.6A	H
300[ ]	300	60A	40A	33A	25A	22A	20A	12.5A	11A	6.2A	I
320[ ]	320	50A	36A	44A	25A	22A	20A	12.5A	11A	6.5A	K
400[ ]	400	—	—	—	33A	30A	26A	16.6A	14.8A	8.3A	I
500[ ]	500	—	—	—	40A	36A	32A	20A	18A	10A	P
750[ ]	750	—	—	—	—	—	—	31A	27.8A	15.6A	J

开关电源被称作高效节能电源，因为其内部电路工作在高频开关状态，所以自身消耗的能量很低，电源效率可达 80% 左右，比普通线性稳压电源高近一倍。目前生产的无工频变压器的中、小功率开关电源，仍普遍采用脉冲宽度调制器（简称脉宽调制器，PWM）或脉冲频率调制器（简称脉频调制器，PFM）专用集成电路。它们是利用体积很小的高频变压器来实现电压变化及电网的隔离，代替笨重且损耗较大的工频变压器。图 1-48 所示为开关电源的电气图形符号和文字符号。

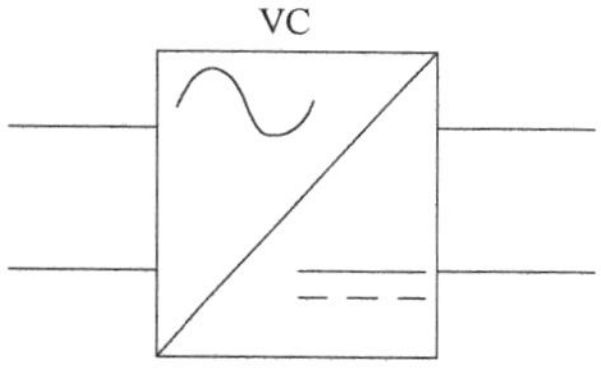

图 1-48　开关电源的电气图形符号及文字符号

选择开关电源时，需要考虑电源的输出电压路数、电源的尺寸及环境条件等因素。

2. 能耗制动控制电路

所谓能耗制动，就是在电动机脱离三相交流电源之后，在电动机定子绕组上立即加一个直流电压，利用转子感应电流与静止磁场的作用产生制动转矩，以达到制动的目的。能耗制动可用时间继电器进行控制，也可用速度继电器进行控制。

图 1-49 所示为用时间继电器控制的单向能耗制动控制电路。在电动机正常运行的时候，若按下停止按钮 SB1，接触器 KM1 断电释放，电动机脱离三相交流电源，同时，接触器 KM2 线圈通电，直流电源经接触器 KM2 的主触点而加入定子绕组。时间继电器 KT 线圈与接触器 KM2 线圈同时通电并自锁，于是电动机进入能耗制动状态。当其转子的惯性速度接近于零时，时间继电器延时打开的常闭触点断开接触器 KM2 线圈电路。由于 KM2 常开辅助触点复位，时间继电器 KT 线圈的电源也被断开，电动机能耗制动结束。图中 KT 的瞬时常开触点的作用是当 KT 线圈发生断线或机械卡住故障时，在按下按钮 SB1 后电动机能迅速制动，两相的定子绕组不致长期接入能耗制动的直流电流。

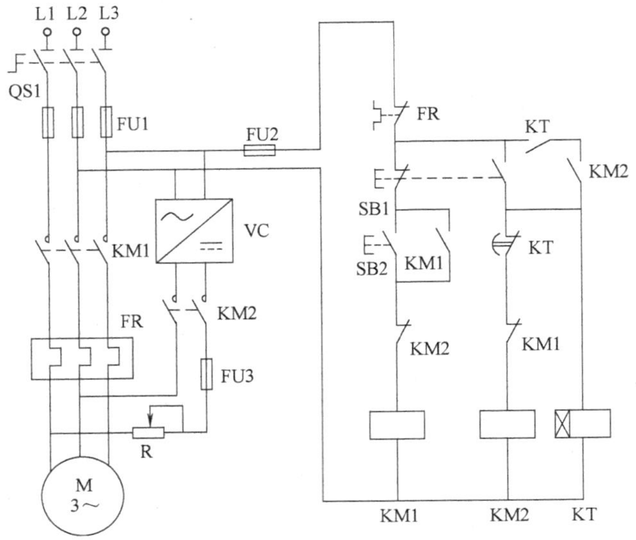

图1-49 用时间继电器控制的单向能耗制动控制电路

能耗制动比反接制动消耗的能量少，其制动电流也比反接制动电流小得多，但能耗制动的制动效果不及反接制动的明显，同时其需要一个直流电源，控制电路相对比较复杂，通常能耗制动适用于电动机容量较大和起动、制动频繁的场合。

九、习题与思考题

1. 某机床主轴由一台笼型异步电动机带动，要求：

1）主轴能正反转，而且能够反接制动。

2）有短路、零电压及过载保护。试绘出控制电路。

2. 写出速度继电器的图形和文字符号，并举例简述其功能。

学习情境二　普通机床控制电路的分析与故障诊断

任务一　C650 型卧式车床控制电路的分析与故障诊断

一、学习目标

1）了解电气原理图阅读和分析的步骤，掌握机床电气故障检修的方法。
2）正确分析 C650 型卧式车床电气原理。
3）能够初步诊断 C650 型卧式车床电路的常见故障。

二、任务

本任务是分析 C650 型卧式车床的电气原理，并诊断 C650 型卧式车床常见的电气故障。

三、设备

设备及工具清单见表 2-1。

表 2-1　设备及工具清单

序　号	名　称	数　量
1	机床智能化实训考核装置	1 台
2	C650 型卧式车床电路模块	1 块
3	万用表	1 块
4	其他电工工具	若干

四、知识储备

1. 电气控制电路分析的内容与步骤

（1）电气控制电路分析内容　机床的电气控制电路是由各种主令电器、接触器、继电器、保护装置和电动机等，按照一定的控制要求用导线连接而成的。机床的电气控制，不仅要求能够实现起动、正反转、制动和调速等基本要求，更要满足生产工艺的各项要求，还要保证机床各运动的相互协调和准确，并具有各种保护装置，工作可靠，实现自动控制。

电气控制电路是电气控制系统的核心技术资料，通过对这些技术资料的分析可以掌握机床电气控制电路的工作原理、技术指标、使用方法、维护要求等。分析的具体内容和要求如下。

1）设备说明书。设备说明书由机械（包括液压部分）与电气两部分组成。在分析时首先要阅读这两部分说明书，了解以下内容。

① 设备的构造，主要技术指标，机械、液压和气动部分的工作原理。

② 电气传动方式，电动机和执行电器的数目、规格型号、安装位置、用途及控制要求。

③ 设备的使用方法，各操作手柄、开关、旋钮、指示装置的布置以及在控制电路中的作用。

④ 清楚了解与机械、液压部分直接关联的电器（行程开关、电磁阀、电磁离合器、传感器等）的位置、工作状态及与机械、液压部分的关系，并了解它们在控制中的作用。

2）电气控制原理图。这是控制电路分析的核心内容。

在分析电气原理图时，必须阅读其他技术资料，例如只有通过阅读说明书才能了解各种电动机及执行元件的控制方式、位置及作用，各种与机械有关的行程开关和主令电器的状态等。

在原理图分析中还可以通过所选用的电器元件的技术参数，分析出控制电路的主要参数和技术指标，如可估计出各部分的电流、电压值，以便在调试及检修设备中合理地使用仪表。

3）电气设备总装接线图。阅读分析总装接线图，可以了解系统的组成分布状况，各部分的连接方式，主要电气部件的布置和安装要求，导线和穿线管的规格型号等。这是安装设备不可缺少的资料。

阅读分析总装接线图要和阅读分析说明书、电气原理图结合起来。

4）电器元件布置图与接线图。这是制造、安装、调试和维护电气设备必须具备的技术资料。在调试和检修中可通过布置图和接线图方便地找到各种电器元件和测试点，进行必要的调试、检测和维修保养。

（2）电气原理图阅读和分析的步骤　在详细阅读了设备说明书，了解了电气控制系统的总体结构、电动机和电器元件的分布状况及控制要求等内容后，便可以阅读分析电气原理图了。

1）分析主电路。从主电路入手，根据每台电动机和执行电器的控制要求去分析它们的控制内容，控制内容包括起动、转向控制、调速、制动等。

2）分析控制电路。根据主电路中各电动机和执行电器的控制要求，逐一找出控制电路中的控制环节，利用前面学过的典型控制环节的知识，按功能不同将控制电路“化整为零”来进行分析。

3）分析辅助电路。辅助电路包括电源指示、各执行元件的工作状态显示、参数测定、照明和故障报警等部分，它们大多是由控制电路中的元件来控制的，所以在分析辅助电路时，要对照控制电路进行分析。

4）分析联锁及保护环节。机床对于安全性及可靠性有很高的要求，为实现这些要求，除了合理地选择拖动和控制方案外，在控制电路中还设置了一系列电气保护和必要的电气联锁。

5）总体检查。经过“化整为零”，逐步分析了每一局部电路的工作原理以及各部分之间的控制关系后，还必须用“集零为整”的方法，检查整个控制电路，以免遗漏。特别要从整体角度去进一步检查和理解各控制环节之间的联系，清晰地理解原理图中每一个电器元件的作用、工作过程及主要参数。

2. 机床电气故障检修的方法（一）

（1）机床电气设备的日常维护保养

1）电动机的日常维护保养。

① 电动机应保持清洁。

② 在正常运行时，检查负载电流是否正常，三相电流是否平衡。

③ 经常检查电动机的振动、噪声、气味是否正常。

④ 定期用绝缘电阻表检查绝缘电阻。

⑤ 经常检查电动机的接地装置。

⑥ 经常检查电动机的温升是否正常。

⑦ 检查电动机的引出线是否绝缘良好、连接可靠。

2）控制设备的日常维护保养。

① 电气控制箱的门、盖、锁及门框周围的耐油密封垫均应良好。

② 操纵台上的所有操纵按钮、手柄都应保持清洁完好。

③ 检查接触器、继电器是否完好。

④ 试验位置开关是否起作用。

⑤ 检查各电器的整定值是否符合要求。

⑥ 检查各线路接头是否可靠连接，是否被腐蚀。

⑦ 检查电气控制箱及导线通道的散热情况是否良好。

⑧ 检查各类指示信号装置和照明装置是否完好。

（2）电气故障检修的逻辑分析法

1）分析电路时通常先从主电路入手，了解工业机械各运动部件和机构采用了几台电动机拖动，与每台电动机相关的电器元件有哪些，采用了何种控制，特别是要注意电气、液压和机械之间的配合。

2）根据电动机主电路所用电气元件的文字符号、图区号及控制要求，找到相应的控制电路。

3）结合故障现象和电路工作原理，进行认真分析排查，即可迅速判定故障发生的可能范围。

当故障的可疑范围较大时，不必按部就班地逐级进行检查，这时可在故障范围内的中间环节进行检查，来判断故障究竟是发生在哪一部分，从而缩小故障范围，提高检修速度。

（3）电气故障检修的观察法　当机床发生电气故障后，切忌盲目动手检修。在检修前，通过问、看、摸、听来了解故障前后的操作情况和故障发生后出现的异常现象，以便根据故障现象判断出故障发生的部位，进而准确地排除故障。

1）询问操作者故障前后电路和设备的运行状况及故障发生后的症状，如故障经常发生还是偶尔发生；是否有响声、冒烟、火花、异常振动等现象；故障发生前有无切削力过大和频繁起动、停止、制动等情况；有无经过保养检修或改动电路等。

2）查看故障发生后是否有明显的报警信号和现象；熔断器的熔体是否熔断；保护电器是否脱扣动作；接线是否脱落；线圈是否过热烧毁等。

3）在刚切断电源后，触摸电动机、变压器、电磁线圈以及熔断器是否过热。

4）在安全前提下通电试车，听电动机、接触器和继电器的声音是否正常。

五、认识C650型卧式车床

1. 主要结构与运动分析

图2-1所示为C650型卧式车床结构示意图。它主要由床身、主轴变速箱、尾架、进给箱、丝杠、光杠、刀架和溜板箱等组成。

车削加工的主运动是主轴通过卡盘或顶尖带动工件的旋转运动，它承受切削加工时的主要切削功率。进给运动是溜板箱带动刀架的纵向或横向直线运动。车床的辅助运动包括刀架的快速进给与快速退回、尾架的移动与工件的夹紧松开等。

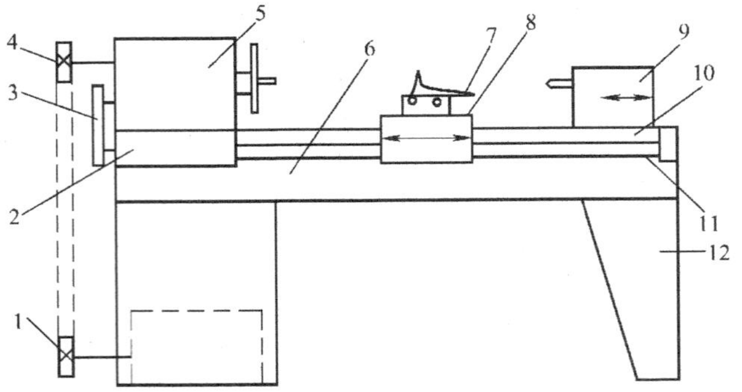

图2-1　C650型卧式车床结构示意图

1、4—带轮　2—进给箱　3—交换齿轮架　5—主轴变速箱　6—床身　7—刀架　8—溜板箱　9—尾架　10—丝杠　11—光杠　12—床腿

车削加工时，根据工件材料、刀具种类、工件尺寸和工艺要求等来选择不同的切削速度，这就要求主轴能在相当大的范围内调速。目前大多数中小型车床采用三相笼型异步电动机拖动，主轴的变速是靠齿轮箱的机械有级调速来实现的。

车削加工时，一般不要求反转，但在车螺纹时，为避免乱扣，要反转退刀，所以C650型卧式车床通过主电动机的正反转实现主轴的正反转；为保证螺纹的加工质量，要求工件的旋转速度与刀具的移动速度之间具有严格的比例关系，为此，C650型卧式车床溜板箱与主轴变速箱之间通过齿轮传动来连接，用同一台电动机拖动。

C650型卧式车床的床身较长，为了提高工作效率，车床刀架的快速移动由一台单独的电动机来拖动，并采用点动控制。

进行车削加工时，刀具的温度高，需用切削液来进行冷却。为此，车床备有一台冷却泵电动机来拖动冷却泵，以实现刀具的冷却。

2. 电力拖动形式及控制要求

（1）主轴的旋转运动　C650型卧式车床的主运动是工件的旋转运动，由主电动机拖动，其功率为30kW。主电动机由接触器控制实现正反转，通过主轴变速机构的操作手柄，可使主轴获得各种不同的速度。为提高工作效率，主电动机采用了反接制动。

（2）刀架的进给运动　溜板箱带着刀架的直线运动为进给运动。刀架的进给运动由主轴电动机带动，用进给箱调节加工时的纵向和横向进给量。

（3）刀架的快速移动　为了提高工作效率，车床刀架的快速移动由一台单独的快移电动机拖动，其功率为2.2kW，采用点动控制。

（4）冷却系统　车床内装有一台不调速、单向旋转的三相异步电动机拖动冷却泵，供给刀具切削时使用的切削液。

六、C650 型卧式车床电气控制电路分析

C650 型卧式车床电气控制原理图如图 2-2 所示。

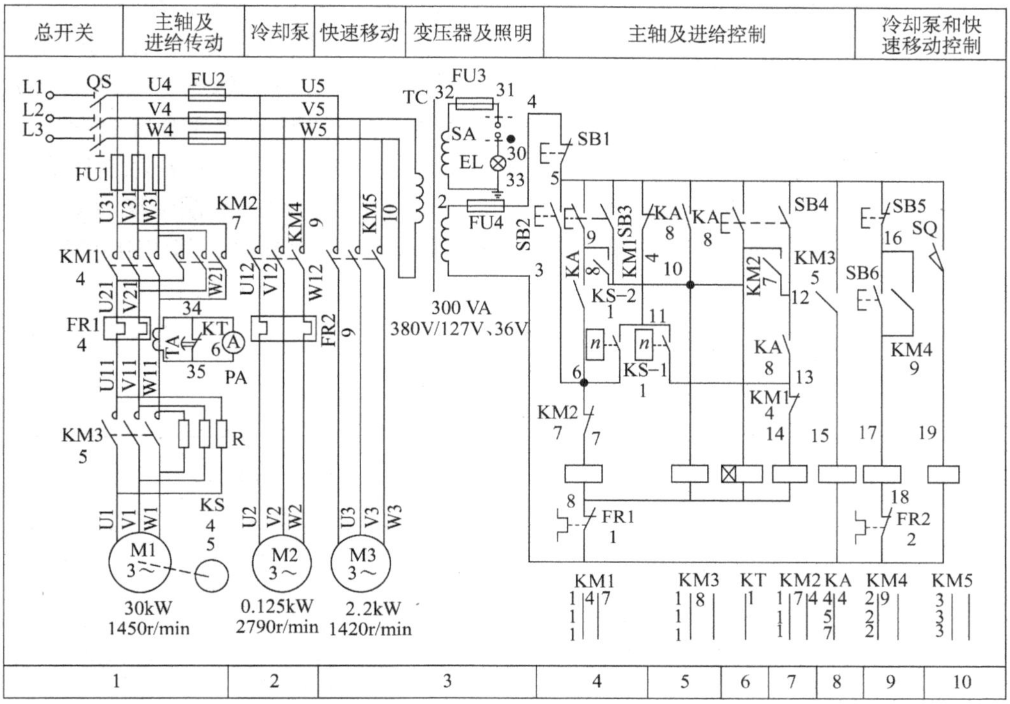

图 2-2　C650 型卧式车床电气控制原理图

1. 主电路

图 2-2 中组合开关 QS 为电源开关。FU1 为主电动机的短路保护用熔断器，FR1 为其过载保护用热继电器。R 为限流电阻，在主轴点动时，限制起动电流，在停车反接制动时，又起限制过大的反向制动电流的作用。电流表 PA 用来监视主电动机的绕组电流，由于主电动机功率很大，故 PA 接入电流互感器 TA 回路。当主电动机起动时，电流表 PA 被短接，只有当正常工作时，电流表 PA 才指示绕组电流。机床工作时，可调整切削用量，使电流表的电流接近主电动机额定电流的对应值（经 TA 后减小了的电流值），以便提高工作效率和充分利用电动机的潜力。KM1、KM2 为正反转接触器，KM3 是用于短接电阻 R 的接触器，由它们的主触点控制主电动机。

图 2-2 中 KM4 为控制冷却泵电动机 M2 的接触器，FR2 为 M2 的过载保护用热继电器。KM5 为控制快速移动电动机 M3 的接触器，由于 M3 点动短时运转，故不设置热继电器。

2. 控制电路

（1）主轴电动机的点动控制　如图 2-3 所示，当按下点动按钮 SB2 不松开→接触器 KM1 线圈通电→KM1 主触点闭合→主轴电动机 M1 进行降压起动和低速运转（限流电阻 R 串联在电路中）。当松开 SB2→KM1 线圈随即断电→主轴电动机 M1 停转。

（2）主轴电动机的正反转控制　虽然主电动机的额定功率为 30kW，但只是切削时消耗

功率较大，起动时负载很小，起动时间很短，起动电流并不很大，所以在非频繁点动的一般工作时，仍然采用了全压直接起动。

如图2-4所示，按下正向起动按钮SB3→KM3线圈通电→KM3主触点闭合→短接限流电阻R，另有一个常开辅助触点KM3（5—15，此号表示触点两端的线号）闭合→KA线圈通电→KA常开触点（5—10）闭合→KM3线圈自锁保持通电→把电阻R切除，同时KA线圈也保持通电。另一方面，当SB3尚未松开时，由于KA的另一个常开触点（9—6）已闭合→KM1线圈通电→KM1主触点闭合→KM1的辅助常开触点（9—10）也闭合（自锁）→主电动机M1全压正向起动运行。这样，当松开SB3后，由于KA的两个常开触点闭合，其中KA（5—10）闭合使KM3线圈继续通电，KA（9—6）闭合使KM1线圈继续通电，故可形成自锁通路。在KM3线圈通电的同时，通电延时时间继电器KT通电，其作用是使电流表避免受起动电流的冲击。

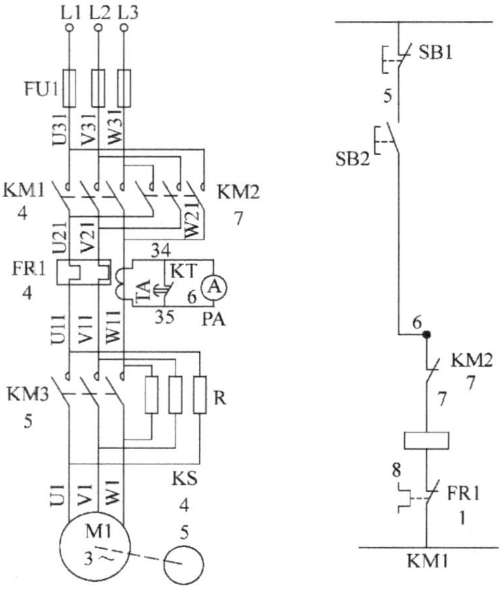

图2-3　C650型卧式车床主轴电动机点动控制电路

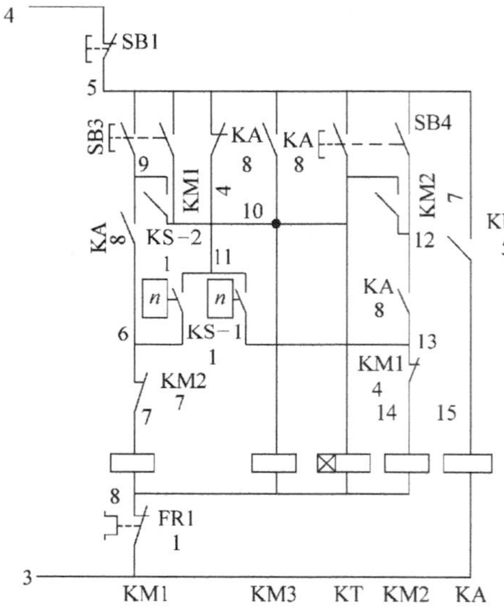

图2-4　C650型卧式车床主轴电动机正反转及反接制动控制电路

图2-4中SB4为反向起动按钮，反向起动过程与正向类似，请读者自己分析。

（3）主电动机的反接制动控制　C650型卧式车床采用反接制动方式，用速度继电器KS进行检测和控制。

假设原来主电动机M1正转运行（见图2-4），则KS－1（11—13）闭合，而反向常开触点KS－2（6—11）依然断开。当按下反向总停按钮SB1（4—5）后，原来通电的KM1、KM3、KT和KA就随即断电，它们的所有触点均被释放而复位。然而当SB1松开后，反转接触器KM2立即通电，电流通路是：

4（线号）→SB1常闭触点（4—5）→KA常闭触点（5—11）→KS正向常开触点KS－1（11—13）→KM1常闭触点（13—14）→KM2线圈（14—8）→FR1常闭触点（8—3）→3（线号）。

这样，主电动机M1就串接电阻R进行反接制动，正向速度很快降下来，当速度降到很低时（$n \leqslant 100$r/min），KS 的正向常开触点 KS－1（11—13）断开复位，从而切断了上述电流通路。至此，正向反接制动就结束了。

反向反接制动过程同正向类似，请读者自己分析。

（4）主轴电动机负载检测及保护环节　C650 型卧式车床采用电流表检测主轴电动机定子电流。为防止起动电流的冲击，采用时间继电器 KT 的常闭通电延时断开触点连接在电流表的两端，为此，KT 延时应稍长于起动时间。而当制动停车时，按下停止按钮 SB1，KM3、KA、KT 线圈相继断电释放，KT 触点瞬时闭合，将电流表短接，不会受到反接制动电流的冲击。

（5）刀架快速移动控制　图 2-2 中，转动刀架手柄，限位开关 SQ（5—19）被压动而闭合，使得快速移动接触器 KM5 线圈通电，快速移动电动机 M3 就起动运转，而当刀架手柄复位时，M3 随即停转。

（6）冷却泵控制　图 2-2 中，按 SB6（16—17）按钮→接触器 KM4 线圈通电并自锁→KM4 主触点闭合→冷却泵电动机 M2 起动运转；按下 SB5（5—16）→接触器 KM4 线圈断电→M2 停转。

3. 辅助电路（照明电路和控制电源）

图 2-2 中 TC 为控制变压器，二次侧有两路，一路为 127V，提供给控制电路；另一路为 36V（安全电压），提供给照明电路。置灯开关 SA（30—31）于通状态时，照明灯 EL（30—33）点亮；置 SA 为断状态时，EL 就熄灭。

4. C650 型卧式车床电气控制电路的特点

从上述分析中可知，C650 型卧式车床的电气电路有以下几个特点：

1）主轴的正反转是通过电气方式实现的，而不是通过机械方式，从而简化了机械结构。

2）主电动机的制动采用了电气反接制动形式，并用速度继电器进行控制。

3）控制回路由于电器元件很多，故通过控制变压器 TC 同三相电网进行电隔离，提高了操作和维修时的安全性。

4）采用时间继电器 KT 对电流表 PA 进行保护。当主电动机正向或反向起动以后，KT 通电，延时时间尚未到时，PA 会被 KT 延时常闭触点（34—35）短路，避免了大起动电流的冲击，延时到后，才有电流指示。

5）中间继电器 KA 起着扩展接触器 KM3 触点的作用。从电路中可见到 KM3 的常开触点（5—15）直接控制 KA，故 KM3 和 KA 的触点的闭合和断开情况相同。从图 2-2 中可见，KA 的常开触点用了 3 个（9—6、5—10、12—13），常闭触点用了 1 个（5—11），而 KM3 的辅助常开触点只有两个，故不得不增设中间继电器 KA 进行扩展。可见，电气电路要考虑电器元件触点的实际情况，在电路设计时更应引起重视。

七、C650 型卧式车床的操作

（1）机床通电　合上电源开关 QS，机床通电；再合上机床照明开关 SA，照明灯 EL 亮。

（2）主轴电动机控制

1）正向起动。按下主轴正向起动按钮 SB3，观察主轴正转的动作情况。

2）停止。按下主轴制动按钮 SB1，观察主轴制动的动作情况。

3）反向起动。按下主轴反向起动按钮 SB4，观察主轴反转的动作情况。

4）停止。按下主轴制动按钮SB1，观察主轴制动的动作情况。

5）点动。按下主轴点动按钮SB2，观察主轴的动作情况，然后松开点动按钮SB2，观察主轴的动作情况。

（3）刀架快移电动机控制　按下限位开关SQ，观察刀架快移电动机的动作情况，然后松开限位开关SQ，观察刀架快移电动机的动作情况。

（4）冷却泵控制　按下冷却泵起动按钮SB6，观察冷却泵的动作情况，然后按下冷却泵停止按钮SB5，观察冷却泵的动作情况。

（5）机床断电　断开机床照明开关SA，断开电源开关QS。

八、C650型卧式车床的故障诊断

当机床发生故障时，首要任务是通过观察现象，准确判断故障点，找到故障发生的原因。

（1）故障现象：主轴不能正转

1）观察故障现象并做好记录（见表2-2）。

表2-2　主轴故障分析表

序号	观察现象			故障点
	照明灯	主轴电动机	电气控制箱	
1	亮	不能运转	KM1吸合	KM1主触点损坏
2			KM1不吸合	FU4熔断
3				KM1线圈损坏
4				KM1线圈接线脱落

2）分析故障现象，可能的原因如下。

主电路：三相电源、组合开关QS、FU1、KM1主触头、FR1驱动元件、KM3主触点等断线或元件损坏。

控制电路：TC、FU4、SB1、SB3、KM3线圈、KM3辅助触点、KA线圈、KA触点、KM2常闭触点、KM1线圈、FR1常闭触点断线或元件损坏。

3）故障诊断及排除。车床主轴电动机故障诊断及排除流程图如图2-5所示。

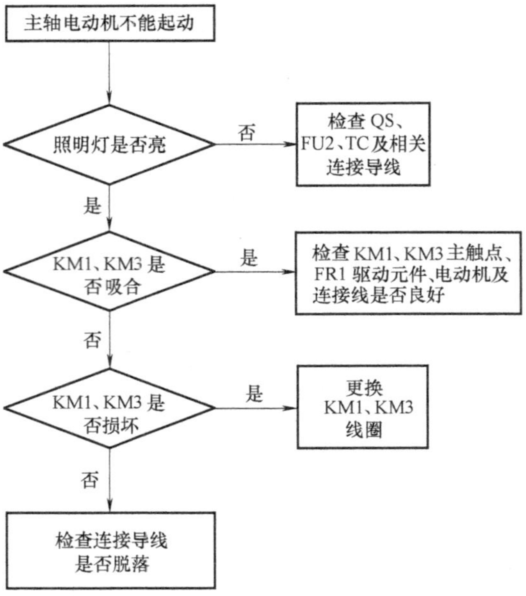

图2-5　车床主轴电动机故障诊断及排除流程图

按照故障诊断排查流程找出故障点填入表2-2。

（2）故障现象：刀架快速移动电动机不能起动

1）观察故障现象并做好记录（见表2-3）。

表 2-3　刀架故障分析表

序　号	观察现象		故障点
	刀架快速移动电动机	电气控制箱	
1	不能起动	KM5 吸合	KM5 常开触点损坏
2		KM5 不吸合	SQ 损坏
3			KM5 线圈的接线脱落
4			KM5 线圈损坏

2）分析故障现象，可能的原因如下。

主电路：三相电源、组合开关 QS、FU2、KM5 主触点、电动机等断线或元件损坏。

控制电路：TC、FU4、SB1、SQ、KM5 线圈断线或元件损坏。

3）车床刀架电动机故障诊断及排除流程图如图 2-6 所示。

按照故障诊断排查流程找出故障点填入表 2-3。

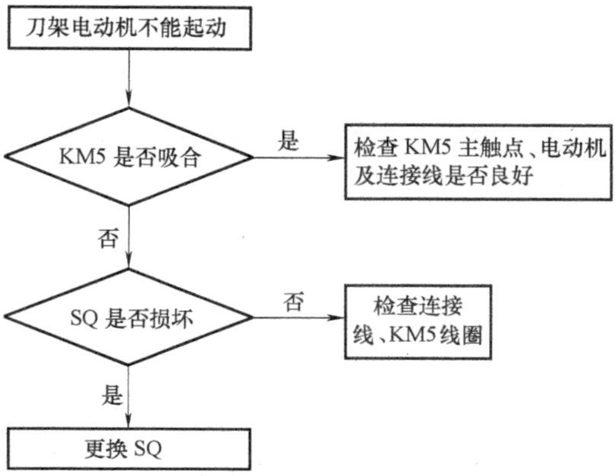

图 2-6　车床刀架电动机故障诊断及排除流程图

九、考核与评价

在自觉遵守安全文明生产规程的前提下，根据学习情境的能力目标，确定不同阶段的考核方式及分数权重，考核标准见表 2-4。

表 2-4　考核标准

教学内容	评价要点	评价标准	评价方式	考核方式	分数权重
学习情境二任务一	电路分析	正确分析电路原理	教师评价	答辩	0.2
	诊断故障	准确查找故障之处		操作	0.3
	排除故障	及时排除故障		操作	0.3
	工作态度	认真、主动参与学习	小组成员互评	口试	0.1
	团队合作	具有与团队成员合作的精神		口试	0.1

十、习题与思考题

1. 简述电气原理图分析的一般步骤。
2. 简述 C650 型卧式车床按下反向起动按钮 SB4 后的起动工作原理。
3. 简述 C650 型卧式车床反向运行时的反接制动工作原理。

任务二　XA6132 型卧式万能铣床控制电路的分析与故障诊断

一、学习目标

1）掌握机床电气故障检修的方法。

2）正确分析 XA6132 型卧式万能铣床的电气原理。

3）能够初步诊断 XA6132 型卧式万能铣床电路的常见故障。

二、任务

本任务是分析 XA6132 型卧式万能铣床的电气原理，并能诊断 XA6132 型卧式万能铣床常见的电气故障。

三、设备

设备及工具清单见表 2-5。

表 2-5　设备及工具清单

序　号	名　称	数　量
1	机床智能化实训考核装置	1 台
2	XA6132 型卧式万能铣床电路模块	1 块
3	万用表	1 块
4	其他电工工具	若干

四、知识储备——机床电气故障检修的方法

1. 万用表电阻法测量故障

万用表电阻法检测故障的方法是一种常用的寻找电气故障的方法，安全有效。在测量检查时，首先切断电源，然后将万用表的转换开关置于倍率适当的电阻档，并逐段测量电路。如果测得某两点间电阻值很大，即说明该两点间接触不良或导线断路。如果测得电器元件电阻值与正常值不同，即说明元件有损坏。如果测得某两点间电阻值很小，即说明该两点间有短路或导通。

在电阻法测量时，一定要先切断电源，测量时注意所测电路要与其他电路断开，否则所测电阻值不准确。测量电器元件的电阻时，要选择适当的倍率档位，以保证测量的准确性。

2. 万用表电压法测量

万用表电压法测量是机床维修中用来准确确定故障点的一种检查方法，快捷有效。在测量检查时，首先接通机床电源，按正常步骤操作机床，当某一控制电路功能出现问题时，不用切断电源，根据被测电路的情况，将万用表的转换开关置于交流电压或直流电压的档位，选择好量程，根据诊断逐段测量电路。如果测得某两点间电压值为正常值，即说明该两点之前的电路是导通的；如果测得电器元件两点间电压值与正常值不同，即说明该两点间的电路

接触不良或元器件有损坏；如果测得某两点间的电压为0V，即说明该两点间电路有断路情况。

在用电压法测量时，因为不用切断电源，属于带电测量，测量前应该仔细检查万用表的测量表棒是否绝缘良好，插口是否牢靠。测量时要注意操作动作准确，保证人身安全，防止触电。测量中应注意测量电路的电压值，不同的控制电路采用的电压值和类型不同，选择好量程后，测量时电压的档位是不能带电切换的，如果量程过大或过小，应该停止测量，选择好适当的档位，再进行测量。

五、认识 XA6132 型卧式万能铣床

在金属切削机床中，铣床在数量上占第二位，仅次于车床。铣床主要用于加工零件的平面、斜面、沟槽等型面，装上分度头后，可以加工齿轮或螺旋面，装上回转工作台则可以加工凸轮和弧形槽。铣床的种类很多，有卧铣、立铣、龙门铣、仿形铣以及各种专用铣床等。现以应用较为广泛的 XA6132 型卧式万能铣床为例进行分析。

1. 主要结构与运动分析

XA6132 型卧式万能铣床具有效率高、故障率低、操作方便、维护简单和价格低廉等特点，其主要技术参数见表 2-6。

表 2-6　XA6132 型卧式万能铣床主要技术参数

主要技术参数	单　位	XA6132
工作台尺寸	mm	1320 × 320
三向行程（X/Y/Z）	mm	700 × 255 × 320（手动） 680 × 240 × 300（机动）
主轴中心线至工作台距离	mm	30 ~ 350
主轴中心至床身垂直导轨的距离	mm	215 ~ 470
主轴转速范围	r/min	18（级）：30 ~ 1500
工作台进给范围（X/Y/Z）	mm/min	18（级）：23.5 ~ 1180/23.5 ~ 1180/8 ~ 394
工作台快速移动速度（X/Y/Z）	mm/min	2300/2300/770
外形尺寸	mm	2294 × 1770 × 1665
电动机功率	kW	7.5
净重/毛重	kg	2650/2950

其结构如图 2-7 所示。

XA6132 型卧式万能铣床除主运动和较复杂的进给运动外，还有其他辅助运动，如回转工作台的旋转，回转工作台是为了扩大机床的生产能力而安装的附件。另外该床运动较多，电气控制较复杂，为保证能够安全可靠地工作，必须设置完善的联锁与保护。

2. 电力拖动形式及控制要求

1）XA6132 型卧式万能铣床的主轴传动系统在床身内部，进给系统在升降台内，而且主运动与进给运动之间没有速度比例协调的要求。故采用单独传动，即主轴和工作台分别由主轴电动机、进给电动机拖动。而工作台进给与快速移动由进给电动机拖动，经电磁离合器传动来获得。

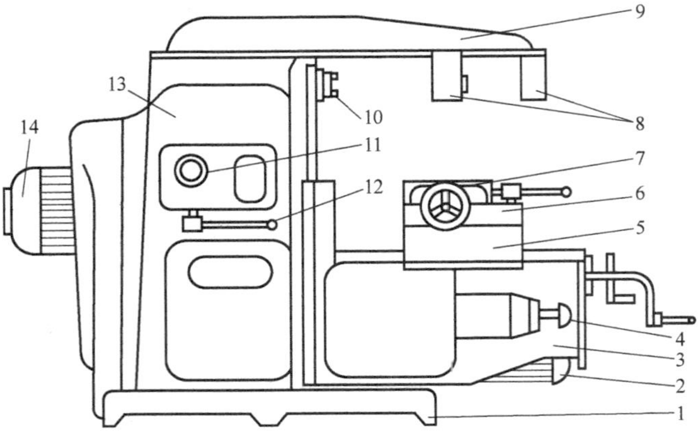

图 2-7 XA6132 型卧式万能铣床外形简图

1—底座 2—进给电动机 3—升降台 4—进给变速手柄及数字盘 5—床鞍 6—回转工作台 7—工作台 8—刀杆支架 9—悬梁 10—主轴 11—主轴变速数字盘 12—主轴变速手柄 13—床身 14—主轴电动机

2）主轴电动机处于空载下起动，为能进行顺铣和逆铣加工，要求主轴能实现正、反转，但旋转方向不需经常改变，仅在加工前预选转动方向，在加工过程中方向不改变。

3）铣削加工是多切削刃不连续切削。为减轻负载波动的影响，往往在主轴传动系统中加入飞轮，使转动惯量加大，但为实现主轴快速停车，主轴电动机应设有停车制动。同时，主轴在上刀时，也应使主轴制动，为此 XA6132 型卧式万能铣床采用电磁离合器控制主轴停车制动和主轴上刀制动。

4）工作台的垂直、横向和纵向三个方向的运动由一台进给电动机拖动，而三个方向的选择是由操纵手柄改变传动链来实现的。每个方向又有正、反向的运动，这就要求进给电动机能正、反转。而且，同一时间只允许工作台有一个方向的移动，故应有联锁保护。

5）使用回转工作台时，工作台不得移动，即回转工作台的旋转运动与工作台上下、左右、前后六个方向的运动之间有联锁控制。

6）为适应铣削加工需要，主轴转速与进给速度应有较宽的调节范围。XA6132 型卧式万能铣床采用机械变速，通过改变变速箱的传动比来实现较宽的调速区间，为保证变速时齿轮易于啮合，减少齿轮端面的冲击，要求变速时电动机有冲动控制。

7）根据工艺要求。主轴旋转和工作台进给应有先后顺序控制，即进给运动要在铣刀旋转之后进行，加工结束后必须在铣刀停转前停止进给运动。

8）应有冷却泵电动机拖动冷却泵，为铣削加工提供切削液。

9）为适应铣削加工时操作者的正面与侧面操作要求，对主轴电动机的运行与停止及工作台的快速移动控制，机床应具有两地操作的功能。

10）工作台上下、左右、前后六个方向的运动应有限位保护。

11）设有局部照明电路。

六、XA6132 型卧式万能铣床电气控制电路分析

XA6132 型卧式万能铣床电气控制原理图如图 2-8 所示。这种机床控制电路的显著特点是控制由机械部分和电气部分密切配合进行。因此在分析电气原理图之前必须详细了解各转

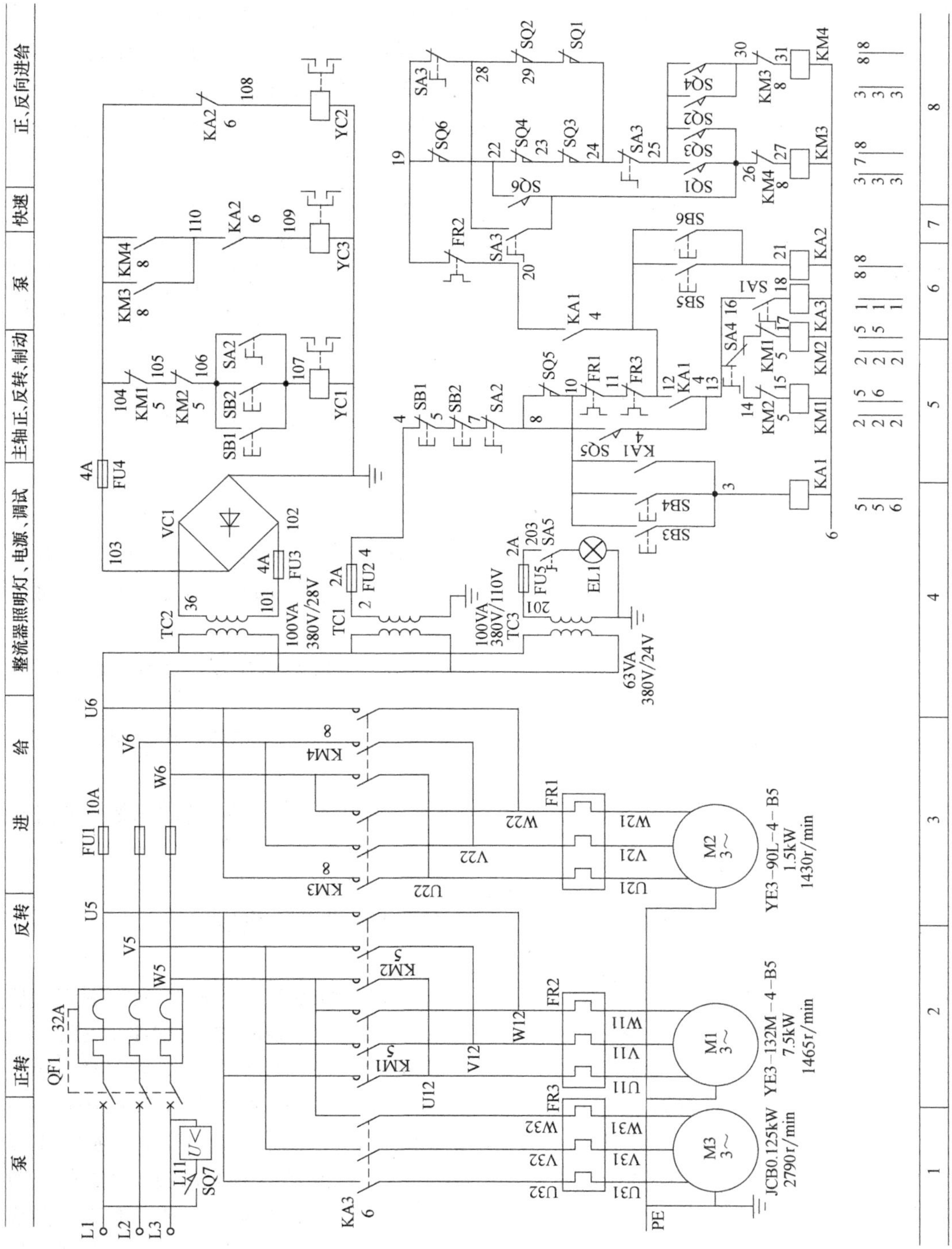

图2-8　XA6132型卧式万能铣床电气控制原理图

换开关、行程开关的作用，各指令开关的状态以及与相应控制手柄的动作关系。表2-7、表2-8分别列出了工作台纵向（左右）进给限位开关SQ1、SQ2，工作台横向（前后）、升降（上下）进给限位开关SQ3、SQ4的工作状态，其中，“+”表示开关闭合，“-”表示开关断开。SA1是冷却泵控制开关，SA2为主轴上刀制动开关，SA3为回转工作台转换开关，其有“接通”与“断开”两个位置，3对触点，SA4是主轴换向开关，SA5是照明灯开关。SQ6、SQ7分别是工作台进给变速和主轴变速冲动开关，由各自的变速控制手柄和变速手轮控制。

表2-7 工作台纵向（左右）进给限位开关工作状态

纵向手柄 / 触点	向 左	中间（停）	向 右
SQ1-1	-	-	+
SQ1-2	+	+	-
SQ2-1	+	-	-
SQ2-2	-	+	+

表2-8 工作台横向（前后）、升降（上下）进给限位开关工作状态

升降、横向手柄 / 触点	向前（向下）	中间（停）	向后（向上）
SQ3-1	+	-	-
SQ3-2	-	+	+
SQ4-1	-	-	+
SQ4-2	+	+	-

1. 主电路

由图2-8可知，主电路中共有三台电动机，其中M1为主轴拖动电动机，M2为工作台进给拖动电动机，M3为冷却泵拖动电动机。QF1为电源总开关，SQ7实现打开电气柜即断电保护。各电动机的控制过程分别是：

1）主轴电动机M1由正、反接触器KM1、KM2实现正、反向运行直接起动，由热继电器FR2实现长期过载保护。

2）进给电动机M2由接触器KM3、KM4实现正、反向运行直接起动，由热继电器FR1实现长期过载保护。

3）冷却泵电动机M3由继电器KA3实现直接起动，由热继电器FR3实现长期过载保护。

2. 控制电路

由于控制电器较多，所以控制电压为110V，由控制变压器TC1供给。

（1）主拖动控制电路

1）主轴电动机的起动控制。主轴电动机M1由正反转接触器KM1、KM2来控制正、反转全压起动，而由主轴换向开关SA4来预选电动机的正、反转。由停止按钮SB1或SB2，起动按钮SB3或SB4与KM1、KM2构成主轴电动机正反转两地操作控制电路。起动时，应将电源开关QF1闭合，再把换向开关SA4扳到主轴所需的旋转方向，然后按下起动按钮SB3或SB4（3—10），中间继电器KA1线圈通电并自锁，触点KA1（12—13）闭合，使KM1或KM2线圈通电吸合，其主触点接通主轴电动机，M1实现全压起动。而KM1或KM2的一对辅助触点KM1（104—105）或KM2（105—106）断开，主轴电动机制动电磁摩擦离合器线圈YC1电路断开。继电器的另一触点KA1（12—20）闭合，为工作台的进给与快速移动做好准备。

2）主轴电动机的制动控制。由主轴停止按钮SB1或SB2（106—107），正转接触器

KM1 或反转接触器 KM2 以及主轴制动电磁摩擦离合器 YC1 构成主轴制动停车控制环节。电磁摩擦离合器 YC1 安装在主轴传动链中与主轴电动机相联的第一根传动轴上，主轴停车时，按下 SB1 或 SB2，KM1 或 KM2 线圈断电释放，主轴电动机 M1 断开三相交流电源；同时 YC1 线圈通电，产生磁场，在电磁吸力作用下将摩擦片压紧产生制动，使主轴迅速制动。当松开 SB1 或 SB2 时，YC1 线圈断电，摩擦片松开，制动结束。这种制动方式迅速、平衡，制动时间不超过 0.5s。

3）主轴上刀或换刀时的制动控制。在主轴上刀或更换铣刀时，主轴电动机不得旋转，否则将发生严重事故。为此，电路设有主轴上刀制动环节，它是由主轴上刀制动开关 SA2 控制的。在主轴上刀或换刀前，将 SA2 扳到“接通”位置。触点 SA2（7—8）断开，使主轴起动控制电路断电，主轴电动机不能起动旋转；而另一触点 SA2（106—107）闭合，接通主轴制动电磁离合器 YC1 线圈，使主轴处于制动状态。上刀换刀结束后，再将 SA2 扳至“断开”位置，触点 SA2（106—107）断开，解除主轴制动状态，同时，触点 SA2（7—8）闭合，为主电动机起动做准备。

4）主轴变速冲动控制。主轴变速操纵箱装在床身左侧窗口上，变速应在主轴旋转方向预选之后进行。变换主轴转速的操作顺序如下：

① 将主轴变速手柄压下，使手柄的榫块自槽中滑出，然后拉动手柄使榫块落到第二道槽内为止。

② 转动变速刻度盘，把所需转速对准指针。

③ 把手柄推回原来位置，使榫块落进槽内。

在将变速手柄推回原位置时，将瞬间压下主轴变速行程开关 SQ5，使触点 SQ5（8—13）闭合，触点 SQ5（8—10）断开。于是 KM1 或 KM2 线圈瞬间通电吸合。其主触点瞬间接通主轴电动机瞬时点动，利于齿轮啮合，当变速手柄榫块落入槽内时 SQ5 不再受压，触点 SQ5（8—13）断开，切断主轴电动机瞬时点动电路，主轴变速冲动结束。

主轴变速行程开关 SQ5 是为主轴旋转时进行变速而设的，此时无需按下主轴停止按钮，只需将主轴变速手柄拉出，压下 SQ5，就断开了主轴电动机的正转或反转接触器线圈电路，电动机自然停车，然后再进行主轴变速操作，电动机进行变速冲动，完成变速。变速完成后需再次起动电动机，主轴将在新选择的转速下起动旋转。

（2）进给拖动控制电路　工作台进给方向的左右纵向运动，前后的横向运动和上下的垂直运动，都是由进给电动机 M2 的正、反转来实现的。而正、反转接触器 KM3、KM4 分别是由行程开关 SQ1、SQ3 与 SQ2、SQ4 来控制的，行程开关又是由两个机械操作手柄控制的。这两个机械操作手柄，一个是纵向机械操作手柄，另一个是垂直与横向操作手柄。扳动机械操作手柄，在完成相应的机械挂档的同时，压合相应的行程开关，从而接通接触器，起动进给电动机，拖动工作台按预定方向运动。由于快速移动继电器 KA2 线圈处于断电状态，而进给移动电磁离合器 YC2 线圈通电，工作台的运动是工作进给。

纵向机械操作手柄有左、中、右三个位置，垂直与横向机械操作手柄有上、下、前、后、中五个位置。SQ1、SQ2 为与纵向机械操作手柄有机械联系的行程开关；SQ3、SQ4 为与垂直、横向操作手柄有机械联系的行程开关。当这两个机械操作手柄处于中间位置时，SQ1 ~ SQ4 都处在未被压下的原始状态，当扳动机械操作手柄时，将压下相应的行程开关。

SA3 为圆工作台转换开关，其有“接通”与“断开”两个位置，三对触点。当不需要回转工作台时，SA3 置于“断开”位置，此时两个常闭触点 SA3（19—28）、（24—25）闭合，常开触点 SA3（26—28）断开。当使用回转工作台时，SA3 置于“接通”位置，此时两个常闭触点 SA3（19—28）、（24—25）断开，常开触点 SA3（26—28）闭合。

在起动进给电动机之前，应先起动主轴电动机，即合上电源开关 QF1，按下主轴起动按钮 SB3 或 SB4，中间继电器 KA1 线圈通电并自锁，为起动进给电动机作准备。

1）工作台纵向进给运动的控制，若需工作台向右工作进给，将纵向进给操作手柄扳向右侧，在机械上通过联动机构接通纵向进给离合器，在电气部分压下行程开关 SQ1，SQ1 常开触点（25—26）闭合，SQ1 常闭触点（24—29）断开，后者切断通往 KM3、KM4 的另一条通路，前者使进给电动机 M2 的接触器 KM3 线圈通电吸合，M2 正向起动旋转，拖动工作台向右工作进给。KM3 的电流通路（见图 2-9）为：

19（线号）→SQ6（19—22）→SQ4（22—23）→SQ3（23—24）→SA3（24—25）→SQ1（25—26）→KM4 常闭互锁触点（26—27）→KM3 线圈（27—6）→6（线号）。

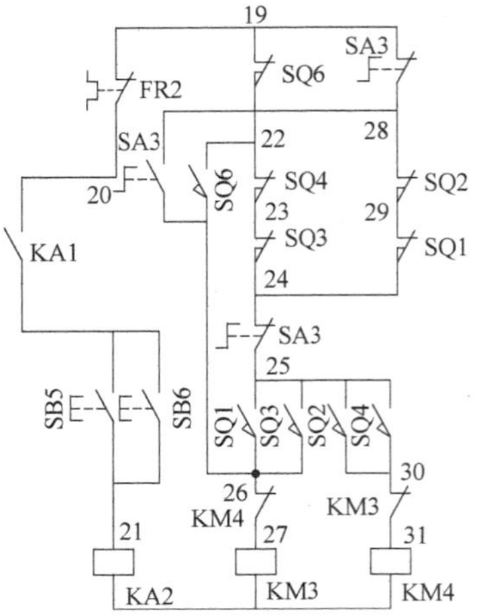

图 2-9 XA6132 型万能铣床工作台移动控制

向右工作进给结束，将纵向进给操作手柄由右位扳到中间位置，行程开关 SQ1 不再受压，SQ1 常开触点（25—26）复位断开，KM3 线圈断电释放，M2 停转，工作台向右进给停止。

工作台向左进给的电路与向右进给时相仿。此时是将纵向进给操作手柄扳向左侧，在机械挂档的同时，电气上压下的行程开关 SQ2，反转接触器 KM4 线圈通电，进给电动机反转，拖动工作台向左进给，当将纵向操作手柄由左侧扳向进给操作手柄扳回中间位置时，向左进给结束。

2）工作台向前与向下进给运动的控制。将垂直与横向进给操作手柄扳到“向前”位置，在机械部分接通了横向进给离合器，在电气部分压下行程开关 SQ3，常开触点 SQ3（25—26）闭合，常闭触点 SQ3（23—24）断开，正转接触器 KM3 线圈通电吸合，进给电动机 M2 正向转动，拖动工作台向前进给。KM3 通电的电流通路（见图 2-9）为：

19（线号）→SA3（19—28）→SQ2（28—29）→SQ1（29—24）→SA3（24—25）→SQ3（25—26）→KM4 常闭互锁触点（26—27）→KM3 线圈（27—6）→6（线号）。

向前进给结束，将垂直与横向进给操作手柄扳回中间位置，SQ3 不再受压，KM3 线圈断电释放，M2 停止旋转，工作台向前进给停止。

工作台向下进给电路的工作情况与“向前”时完全相同，只是将垂直与横向操作手柄扳到“向下”位置，在机械部分接通垂直进给离合器，电气部分仍压下行程开关 SQ3，KM3 线圈通电吸合，M2 正转，拖动工作台向下进给。

3）工作台向后与向上进给的控制，电路情况与向前或向下进给运动的控制相仿，只是将垂直与横向操作手柄扳到“向右”或“向上”位置，在机械部分接通垂直或横向进给离合器，在电气部分都是压下行程开关 SQ4，反向接触器 KM4 线圈通电吸合，进给电动机 M2

反向起动旋转，拖动工作台实现向后或向上的进给运动。当操作手柄扳回中间位置时，进给结束。

4）进给变速冲动控制。进给变速冲动只有在主轴起动后，纵向进给操作手柄和垂直与横向操作手柄置于中间位置时才可以进行。

进给变速箱是一个独立部件，装在升降台的左边，进给变速是由进给操作箱来控制的，进给操作箱位于进给变速箱前方。进给变速的操作顺序是：

① 将蘑菇形手柄拉出。

② 转动手柄，把刻度盘上所需的进给速度值对准指针。

③ 把蘑菇形手柄向前拉到极限位置，此时借变速孔盘推压行程开关 SQ6。

④ 将蘑菇形手柄推回原位，此时 SQ6 不再受压。

就在蘑菇形手柄向前拉于极限位位置，在反向推回之前，SQ6 压下，触点 SQ6（22—26）闭合。此时，正向接触器 KM3 线圈瞬时通电吸合，进给电动机瞬间点动正向旋转，获得变速冲动。KM3 通电的电流通路为：

19（线号）→SA3（19—28）→SQ2（28—29）→SQ1（29—24）→SQ3（24—23）→SQ4（23—22）→SQ6（22—26）→KM4 常闭互锁触点（26—27）→KM3 线圈（27—6）→6（线号）。

如果一次瞬间点动时齿轮仍未进入啮合状态，此时变速手柄不能复原。可再次拉出手柄并再次推回。实现再次瞬间点动，直到齿轮啮合为止。

5）进给方向快速移动的控制，进给方向的快速移动是由电磁离合器改变传动链来获得的。先开动主轴，将进给操作手柄扳到所需移动方向对应位置，则工作台按操作手柄选择的方向以选定的进给速度作工作进给。此时如按下快速移动按键 SB5 或 SB6，接通快速移动继电器 KA2 电路，而触点 KA2（109—110）闭合，快速移动电磁离合器 YC3 线圈通电，工作台按原运动方向作快速移动。松开 SB5 或 SB6，快速移动立即停止，仍以原进给速度继续进给，所以，快速移动为点动控制。

（3）回转工作台的控制　回转工作台的回转运动是由进给电动机经传动机构驱动的，使用工作台时，首先把回转工作台转换开关 SA3 扳到“接通”位置。按下主轴起动按键 SB3 或 SB4，KA1 或 KM2 线圈通电吸合，主轴电动机起动旋转。进给电动机因接触器 KM3 线圈通电而旋转，拖动回转工作台单向回转。此时工作台的两个进给机械操作手柄均处于中间位置。工作台不动，只拖动回转工作台回转。这时，KM3 的通电电流通路为：

19（线号）→SQ6（19—22）→SQ4（22—23）→SQ3（23—24）→SQ1（24—29）→SQ2（29—28）→SA3（28—26）→KM4 常闭互锁触点（26—27）→KM3 线圈（27—6）→6（线号）。

（4）冷却泵和机床照明的控制　冷却泵电动机 M3 通常在铣削加工时由冷却泵转换开关 SA1 控制，当 SA1 扳到“接通”位置时，冷却泵起动继电器 KA3 线圈通电吸合，M3 起动旋转，并由热继电器 FR3 作长期过载保护。

照明由照明变压器 TC3 供给 24V 安全电压，并由控制开关 SA5 控制照明灯 EL。

3. 控制电路的联锁与保护

XA6132 型卧式万能铣床的电气控制电路较为复杂，为保证机床安全可靠地工作，电路应具有完善的联锁与保护。

1）主运动与进给运动的顺序联锁。进给电气控制电路接在中间继电器触点 KA1 之后，就保证了只有在起动主轴电动机后才可起动进给电动机，而当主轴电动机停止时，进给电动机也立即停止。

2）工作台6个运动方向的联锁。SQ1 或 SQ2 行程开关压下，断开支路28－24（线号），但 KM3 或 KM4 仍可经支路22－24（线号）供电。若此时再扳动垂直与横向操作手柄，又将 SQ3 或 SQ4 行程开关压下，将支路22－24（线号）断开，使 KM3 或 KM4 电路断开，进给电动机无法起动。从而实现了工作台6个方向之间的联锁。

3）工作台与回转工作台的联锁，回转工作台的运动必须与工作台6个方向的运动有可靠的联锁，否则将造成刀具与机床的损坏。这里由选择开关 SA3 来实现其相互间的联锁。当使用回转工作台时，选择开关 SA3 置于“接通”位置，若此时又操纵纵向或垂直与横向进给操作手柄，将压下 SQ1～SQ4 行程开关中的任意一个，于是断开了 KM3 线圈电路，进给电动机停止，回转工作台也停止。若工作台正在运动，扳动回转工作台选择开关 SA3 于“接通”位置，断开了 KM3 或 KM4 线圈电路，进给电动机也立即停止。

4）工作台进给运动与快速运动的联锁。工作台进给运动与快速运动分别由电磁离合器 YC2 与 YC3 传动，而 YC2 与 YC3 是由快速进给继电器 KA2 控制的，利用 KA2 的常开触点与常闭触点实现工作台工作进给与快速运动的联锁。

5）具有完善的保护，完善的保护有以下五种：

① 熔断器 FU1、FU2、FU3、FU4、FU5 实现相应电路的短路保护。

② 热继电器 FR1、FR2、FR3 实现相应电动机的长期过载保护。

③ 断路器 QF1 实现整个电路的过电流保护、欠电压保护等。

④ 工作台6个运动方向的限位保护采用机械与电气相配合的方法来实现，当工作台左、右运动到预定位置时，安装在工作台前方的挡铁将撞动纵向操作手柄，使其从左位或右位返回到中间位置，使工作台停止，实现工作台左右运动的限位保护。

在铣床床身导轨旁设置了上、下两块挡铁，当升降台上下运动到一定位置时，挡铁撞动垂直与横向操作手柄，使其回到中间位置，实现工作台垂直运动的限位保护。

工作台横向运动的限位保护由安装在工作台左侧底部挡铁来撞动垂直与横向操作手柄，使其回到中间位置，实现工作台运动横向的限位保护。

4. XA6132 型卧式万能铣床电气控制电路的特点

从以上分析可知，XA6132 型卧式万能铣床电气控制电路有以下特点：

1）主轴电动机能够正、反转运行，以实现顺铣、逆铣。

2）主轴具有停车制动功能。

3）主轴变速箱在变速时具有变速冲动功能，即瞬时点动。

4）进给电动机能够双向运行。

5）主轴电动机与进给电动机具有联锁，以防在主轴没有运转时，工作台进给损坏刀具或工件。

6）回转工作台进给与工作台进给具有互锁，以防损坏刀具或工件。

7）工作台各进给方向具有互锁，以防损坏工作台进给机构。

8）工作台进给变速箱在变速时同样具有变速冲动功能。

9）主轴制动、工作台的工进和快进由相应的电磁离合器接通对应的机械传动链实现。

10）具有完善的电气保护。

11）采用两地控制，操作方便。

七、XA6132 型卧式万能铣床的操作

（1）机床上电　合上电源开关 QF1，机床上电；再合上机床照明开关 SA5，照明灯 EL1 亮。

（2）主轴电动机控制

1）SA4 置正转位置，按下 SB3 按钮（或 SB4 按钮），观察电动机正转情况；按下 SB1 按钮（或 SB2 按钮），观察电动机制动情况。

2）SA4 置反转位置，按下 SB3 按钮（或 SB4 按钮），观察电动机反转情况；按下 SB1 按钮（或 SB2 按钮），观察电动机制动情况。

3）瞬时压动 SQ5 行程开关，观察主轴电动机瞬动情况。

（3）工作台移动控制　将 SA3 置于使用普通工作台位置，主轴电动机处于运行状态。

1）将十字手柄置于中间零位。操作纵向（左右）手柄扳向右，观察工作台进给情况，此时按下 SB5（或 SB6），观察工作台进给的速度；操作纵向（左右）手柄扳向左，观察工作台进给情况，此时按下 SB5（或 SB6），观察工作台进给的速度。

2）将纵向手柄置于中间位置。操作十字手柄向前（或向后），观察工作台进给情况，此时按下 SB5（或 SB6），观察工作台进给的速度；操作十字手柄向上（或向下），观察工作台进给情况，此时按下 SB5（或 SB6），观察工作台进给的速度。

3）将纵向手柄、十字手柄置于中间零位，瞬间压动 SQ6 行程开关，观察进给电动机瞬动情况。

（4）回转工作台回转运动控制　将纵向手柄、十字手柄置于中间零位，主轴电动机处于运行状态，将转换开关 SA3 扳到回转工作台位置，观察回转工作台工作情况。

（5）冷却泵控制　合上转换开关 SA1，观察冷却泵工作情况。

（6）机床断电　断开机床照明开关 SA5，断开电源开关 QF1。

八、XA6132 型卧式万能铣床的故障诊断

（1）故障现象：主轴不能正向起动

1）观察故障现象并做好记录（见表 2-9）。

表 2-9　主轴故障分析表

序号	观察现象			故障点
	照明灯	主轴电动机	电气控制箱内部	
1	亮	不能运转	KM1 吸合	KM1 主触头接线脱落
2			KM1 不吸合	KM2 常闭触点接线脱落
3				KM1 线圈损坏
4				KM1 线圈接线脱落

2）分析故障现象，可能的原因如下。

主电路：三相电源、QF1、KM1 主触头、FR1 驱动元件等断线或元件损坏。

控制电路：TC1、FU2、SB1、SB2、SA2、SQ5、SB3（或SB4）、KA1线圈、KA1常开触点、FR1、FR3常闭触点、SA4、KM2常闭触点、KM1线圈以及连线断线或元件损坏。

3）故障诊断。铣床主轴故障诊断的流程图如图2-10所示。

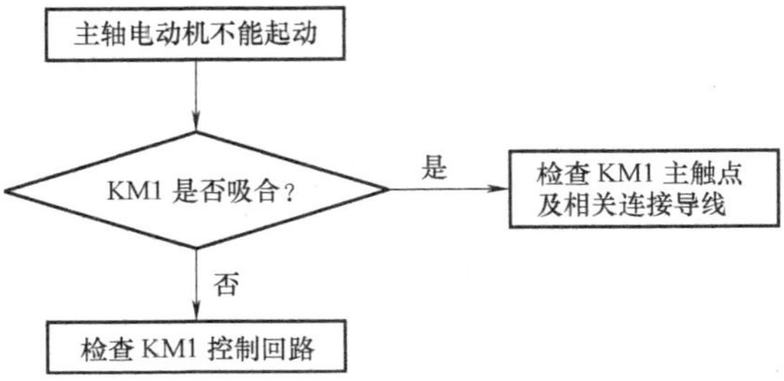

图2-10 铣床主轴故障诊断的流程图

按照故障诊断流程找出故障点填入表2-9。

（2）故障现象：工作台不能正常进给

1）观察故障现象并做好记录（见表2-10）。

表2-10 工作台故障分析表

序号	观察现象		故障点
	工作台	电气控制箱内部	
1	不能向任何方向进给	KM3、KM4不吸合	FR2常闭触点脱线
2		KM3、KM4吸合	FR2驱动元件脱线
3			M2电动机损坏

2）分析故障现象，可能的原因如下。

主电路：三相电源、QF1、FU1、KM3（或KM4）主触点、FR2驱动元件、M2电动机断线或元件损坏。

控制电路：TC1、FU2、SB1、SB2、SA2、SQ5、KA1常开触点、SA3、KM4常闭触点（或KM3常闭触点）、KM3线圈（或KM4线圈）、FR1、FR2、FR3常闭触点断线或元件损坏。

3）故障诊断。铣床工作台故障诊断流程图如图2-11所示。

按照故障诊断流程找出故障点填入表2-10。

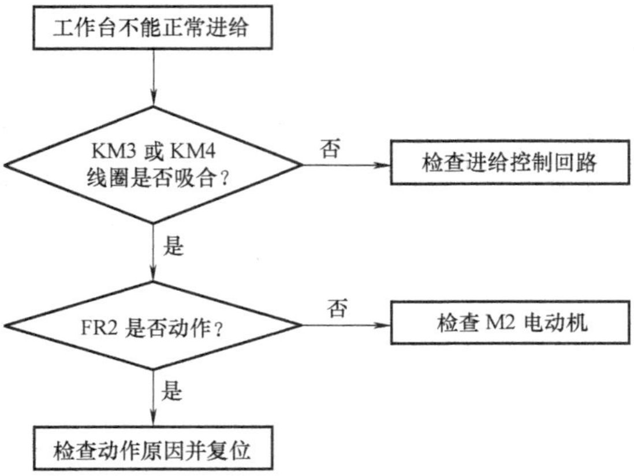

图2-11 铣床工作台故障诊断流程图

九、考核与评价

在自觉遵守安全文明生产规程的前提下，根据学习情境的能力目标，确定不同阶段的考核方式及分数权重，考核评定标准见表2-11。

表2-11　考核标准

教学内容	评价要点	评价标准	评价方式	考核方式	分数权重
学习情境二任务二	电路分析	正确分析电路原理	教师评价	答辩	0.2
	诊断故障	准确查找故障之处		操作	0.3
	排除故障	及时排除故障		操作	0.3
	工作态度	认真、主动参与学习	小组成员互评	口试	0.1
	团队合作	具有与团队成员合作的精神		口试	0.1

十、习题与思考题

1. XA6132型卧式万能铣床电气控制电路中为什么设置主轴及进给变速冲动？简述主轴变速冲动的工作原理。
2. 简述XA6132型卧式万能铣床中工作台和回转工作台联锁保护的原理。
3. 简述XA6132型卧式万能铣床工作台向左移动的工作原理。

学习情境三　普通机床控制电路的设计

一、学习目标

1）了解机床电气控制系统设计的内容与步骤，掌握电力拖动方案的确定原则以及电气原理图设计的方法。

2）根据机床控制要求，设计机床电气原理图，正确计算电器元件参数，合理选择电器元件。

二、任务

本任务是设计CW6163型卧式车床控制电路。具体任务包括设计电气原理图，计算电气元器件参数，选择元器件等。

CW6163型卧式车床是性能优良、应用广泛的普通小型车床，工件最大车削直径为630mm，工件最大长度为1500mm，其主轴运动的正反转依靠两组机械式摩擦片离合器完成，主轴的制动采用液压制动器，进给运动的纵向左右运动、横向前后运动以及快速移动都集中由一个手柄操作。其电气控制系统的要求是：

1）由于工件的最大长度较长，为了减少辅助工作时间，除了配备一台主轴运动电动机以外，还应配备一台刀架快速移动电动机，主轴移动的起停要求两地操作。

2）由于切削时会产生高温，故需配备一台普通冷却泵电动机。

3）需要一套局部照明装置以及一定数量的工作状态指示灯。

根据上面的控制要求可知，本系统需配备三台电动机，分别为：

（1）主轴电动机M1　型号为YE3160M—4三相异步电动机，性能指标为11kW、380V、21.5A、1470r/min。

（2）冷却泵电动机M2　型号为JCB—22三相异步电动机，性能指标为0.125kW、380V、0.43A、2790r/min。

（3）快速移动电动机M3　型号为YE390S—4三相异步电动机，性能指标为1.1kW、380V、2.6A、1430r/min。

三、设备

设备及工具清单见表3-1。

表3-1　设备及工具清单

序　号	名　称	数　量
1	机床智能化实训装置	1台
2	万用表	1块
3	其他电工工具	若干

四、知识储备

生产机械种类繁多，其电气控制设备各异，但电气控制系统的设计原则和设计方法基本相同。任何机床电气控制系统的设计都包含两个基本方面：一个是满足生产机械和工艺的各种控制要求，另一个是满足电气控制装置本身的制造、使用以及维修的需要。因此，电气控制系统设计包括原理设计与工艺设计两个方面。前者一般比较受重视，因为它决定一台设备的使用效能和自动化程度，即决定着生产机械设备的先进性、合理性。而工艺设计的合理性、先进性决定着电气控制设备的生产可行性和经济性、造型美观和使用、维修方便与否，因此两者同样重要。

正确的设计思想和工程观点是高质量完成设计任务的保证。任何一台机械设备的结构形式和使用效能都与其电气自动化程度有着十分密切的关系，因此机床电气设计与机械设计要同时进行并密切配合。对于电气设计人员来说，必须对机床机械结构、加工工艺有一定的了解。这样才能设计出符合要求的电气控制设备。

1. 机床电气控制系统设计的原则与步骤

（1）机床电气控制系统设计的原则　在设计过程中应遵循以下几个原则：

1）最大限度满足机床和工艺对电气控制的要求。

2）在满足控制要求的前提下，设计方案应力求简单、经济和实用，不宜盲目追求自动化和高指标。

3）妥善处理机械与电气的关系。很多生产机械是采用机电结合控制方式来实现控制要求的，要从工艺要求、制造成本、机械电气结构的复杂性和使用维护等方面协调处理好二者的关系。

4）把电气系统的安全性和可靠性放在首位，确保使用安全、可靠。

5）合理地选用电器元件。

（2）机床电气控制系统设计的基本内容　机床电气控制系统设计包含原理设计与工艺设计两个部分。

1）原理设计内容。电气控制系统原理设计内容主要包括：

① 拟定电气控制系统设计任务书。

② 选择拖动方案、控制方式和电动机。

③ 设计并绘制电气原理图和选择电器元件，制订元器件明细表。

④ 对原理图各连接点进行编号。

⑤ 编写设计说明书。

电气原理图是整个设计的中心环节，是工艺设计和制订其他技术资料的依据。

2）工艺设计内容。工艺设计的主要目的是便于组织电气控制装置的制造，实现原理设计要求的各项技术指标，为设备的调试、维护、使用提供必要的图样资料。工艺设计主要内容是：

① 根据电气原理图及选定的电器元件，绘制电气设备总装接线图。

② 设计并绘制电器元件布置图。

③ 设计并绘制电器元件的接线图。

④ 设计并绘制电气箱及非标准零件图。

⑤ 列出所用各类元器件及材料清单。

⑥ 编写设计说明书和使用维护说明书。

(3) 机床电气控制系统设计的一般步骤 设计程序一般是先进行原理设计再进行工艺设计，通常电气控制系统的设计程序按以下步骤进行。

1) 拟定设计任务书。电气控制系统设计的技术条件，通常是以电气设计任务书的形式加以表达的，电气设计任务书是整个系统设计的依据，拟定电气设计任务书，应聚齐电气、机械工艺、机械结构三方面的设计人员，根据所设计的机械设备的总体技术要求，共同商讨，拟定方案。

在电气设计任务书中，应简要说明所设计的机械设备的型号、用途、工艺过程、技术性能、传动要求、工作条件、使用环境等。除此以外，还应说明以下技术指标及要求。

① 给出机械及传动结构简图、工艺过程、负载特性、动作要求、控制方式、调速要求及工作条件。

② 给出电气保护、控制精度、生产效率、自动化程度、稳定性及抗干扰要求。

③ 给出设备布局、安装、照明、显示和报警方式等要求。

④ 目标成本、经费限额、验收标准及方式等。

2) 选择电力拖动方案与控制方式。电力拖动方案与控制方式的确定是设计的重要部分。电力拖动方案是指根据生产工艺要求、生产机械的结构、运动要求、负载性质、调速要求以及投资额等条件去确定电动机的类型、数量、拖动方式，并拟定电动机起动、运行、调速、转向和制动等控制要求，作为电气控制原理图设计及电器元件选择的依据。

3) 选择电动机。拖动方案确定以后，就可以进一步选择电动机的类型、数量、结构形式以及容量、额定电压和额定转速等。

4) 设计电气原理图并合理选用元器件，编制元器件目录清单。

5) 设计电气设备制造、安装和调试所必需的各种施工图样。

6) 编写说明书。

2. 电力拖动方案的确定和电动机的选择

(1) 电力拖动方案的确定 电力拖动方案选择是电气设计主要内容之一，也是以后各部分设计内容的基础和先决条件。首先根据机床工艺要求及结构确定电动机的数量，然后根据机床运动机构要求的调速范围来选择调速方案。

1) 拖动方式的选择。电力拖动方式有单独拖动和分立拖动两种。电气传动发展的趋势是电动机逐步接近工作机构，形成多电动机的拖动方式。如有些机床，主轴、刀架、工作台都分别由单独电动机拖动。这样不仅能缩短机械传动链，提高传动效率，便于自动化，而且也能使总体结构得到简化。在具体选择时，应根据工艺及结构具体情况决定电动机的数量。

2) 调速方案的选择。金属切削机床的主运动和进给运动都要求具有一定的调速范围。为此，可采用机械调速、液压调速或电气调速方案。在选择调速方案时，可参考以下几点：

① 重型或大型设备的主运动及进给运动，应尽可能采用无级调速。这有利于简化机械结构，缩小齿轮箱体积，降低制造成本，提高机床利用率。

② 精密机械设备，如坐标镗床、精密磨床、数控机床等，为了保证加工精度，便于自动控制，也应采用电气无级调速方案。

电气无级调速一般采用晶闸管—直流电动机调速系统。但直流电动机与交流电动机相比，体积大、造价高、维护困难。因此，随着电力电子技术的发展，交流变频调速已成为无级调速的新宠，其调速性能完全可以和直流调速相媲美。要经全面经济技术指标分析后，再决定是否采用交流变频调速方案。

③ 一般中小型设备，如普通机床，没有特殊要求时，可选用经济、简单、可靠的三相笼型异步电动机，配以适当级数的齿轮变速箱。为简化结构，扩大调速范围，也可采用多速异步电动机。

3）电动机调速性质应与负载特性相适应。机床设备的各个工作机构具有各自不同的负载特性，如机床的主运动为恒功率负载，而进给运动为恒转矩负载。在选择电动机调速方案时，要使电动机的调速性质与生产机械的负载特性相适应，以使电动机得到充分合理的利用。如双速笼型异步电动机，当定子绕组由三角形联结改成双星形联结时，转速增加一倍，功率却增加很少，因而适用于恒功率传动；当定子绕组由单星形联结改成双星形联结时，转速和功率都增加一倍，而电动机所输出的转矩保持不变，因而适用于恒转矩传动。

（2）拖动电动机的选择　电动机的选择包括电动机种类、结构形式、电动机额定转速和额定功率的选择。

1）电动机选择的基本原则。

① 电动机的机械特性应满足生产机械的要求，要与负载特性相适应，以保证加工过程运行稳定并具有一定的调速范围与良好的起动、制动性能。

② 电动机的结构形式应满足机械设计提出的安装要求，并适应周围环境的工作条件。

③ 工作过程中电动机容量应能得到充分利用，即温升尽可能达到或接近额定温升。

2）根据生产机械调速要求选择电动机种类。电动机分为直流电动机和交流电动机两种。交流笼型异步电动机结构简单、价格便宜、维护工作量小，但起动及调速性能不如直流电动机。因此在满足生产需要的场合应首先选用交流笼型异步电动机，若在起动和调速等方面不能满足要求时，才考虑选用直流电动机。近年来，随着电力电子及控制技术的发展，交流调速装置的性能与成本已能与直流调速装置相媲美，越来越多的直流调速应用领域被交流调速占领，在过去由直流电动机拖动的场合现在大部分都采用交流电动机拖动。

电动机选择的依据是：

① 对于一般无特殊调速指标要求的机床，应优先采用笼型异步电动机。

② 对于要求电气调速的机床，应根据调速技术要求，如调速范围、调速平滑性、调速级数和机械特性来选择电动机的种类。

a. 若调速范围 $D=2\sim3$（这里 $D=n_{max}/n_{min}$，额定负载下），调速级数不大于4，一般采用可变极数的双速或多速笼型异步电动机。

b. 若 $D=3\sim10$，且要求平滑调速时，在容量不大的情况下，应采用带滑差离合器的笼型异步电动机。

c. 若 $D=10\sim100$，可采用晶闸管直流或交流调速电动机。

3）根据工作环境选择电动机的结构形式。

① 在正常环境条件下，一般采用防护式电动机；在人员及设备安全有保证的前提下，可采用开启式电动机。

② 在空气中存在较多粉尘的场所，宜用封闭式电动机。

③ 在较潮湿的场所，应尽量选用带防潮措施的电动机。

④ 在高温场所，应尽量选用相应绝缘等级的电动机，并加强通风，改善电动机的工作条件。

⑤ 在易燃、易腐蚀的场所，应相应地选用防爆型及防腐型电动机。

4）根据生产设备的速度选择电动机的额定转速。在选用笼型感应电动机的额定转速时，应满足工艺条件要求。笼型异步电动机的同步转速有3000r/min、1500r/min、1000r/min、750r/min、600r/min等几种。

一般情况下应选用同步转速为1500r/min的电动机，因为此转速下的电动机适应性强，而且功率因数和效率也较高。对应一定容量，转速选得越低，则电动机的体积就越大，价格也越高，且功率因数和效率也越低。但转速选得太高，则增加了机械部分的复杂程度。

5）根据工作方式选择电动机的容量。正确选择电动机的容量是电动机选择中的关键问题。由于生产机械拖动负载的变化、散热条件的不同，准确选择电动机额定功率是一个多因素、较为复杂的过程。

电动机容量选得过大是一种浪费，且功率因数降低；选得过小，会使电动机因过载运行而降低使用寿命。

① 电动机容量选择的原则是：

a. 对于恒定负载长期工作制的电动机，其容量的选择应保证电动机的额定功率大于等于负载所需要的功率。

b. 对于变动负载长期工作制的电动机，其容量的选择应保证当负载变到最大时，电动机仍能给出所需要的功率，同时电动机的温升不超过允许值。

c. 对于短时工作制的电动机，其容量的选择应按照电动机的过载能力来选择。

d. 对于重复短时工作制的电动机，其容量的选择原则上可按照电动机在一个工作循环内的平均功耗来选择。

② 电动机容量选择的依据是机床的负载功率。若机床总体设计中确定的机械传动功率为P_1，则所需电动机的功率为

$$P = P_1/\eta$$

式中 η——机械传动效率，$\eta = 0.6 \sim 0.85$。

然而，机床的实际载荷是经常变化的，而每个负载的工作时间也不尽相同，并且P_1往往是工程估算得出的，η也是一个经验数据，所以在实际确定时，大多采用调查统计类比法。这种方法就是对机床主拖动电动机进行实测、分析，找出电动机容量与机床主要数据的关系，据此作为选择电动机容量的依据。对常见的机床有（以下经验公式中功率P的单位均为kW）：

a. 卧式车床

$$P = 36.5D^{1.54}$$

式中 D——工件最大直径，单位为m。

b. 立式车床

$$P = 20D^{0.88}$$

式中 D——工件最大直径，单位为m。

c. 摇臂钻床

$$P = 0.0646D^{1.19}$$

式中　D——工件最大直径，单位为 mm。

d. 外圆磨床

$$P = 0.1KB$$

式中　B——砂轮宽度，单位为 mm，当砂轮主轴采用滚动轴承时，$K = 0.8 \sim 1.1$，采用滑动轴承时，$K = 1.0 \sim 1.3$。

e. 卧式铣镗床

$$P = 0.004D^{1.7}$$

式中　D——镗杆直径，单位为 mm。

f. 龙门铣床

$$P = 0.006B^{1.15}$$

式中　B——工作台宽度，单位为 mm。

3. 电气原理图设计的方法

电气原理图设计有两种方法：经验设计法和逻辑设计法。

（1）经验设计法　经验设计法又叫分析设计法，它是根据生产机械的工艺要求和生产过程，选择适当的基本环节或典型电路综合而成的电气控制电路。

一般不太复杂的电气控制电路都可以按照这种方法进行设计。该方法易于掌握，便于推广。但在设计的过程中需要反复修改设计草图，才能得到最佳设计方案。

一般的生产机械电气控制电路设计包含主电路、控制电路和辅助电路等的设计。其基本设计步骤：

1）主电路设计。主要考虑电动机的起动、点动、正反转、制动和调速。

2）控制电路设计。包括基本控制电路的设计以及选择控制参量，主要考虑如何满足电动机的各种运转功能和生产工艺要求。

3）联锁保护环节设计。主要考虑如何完善整个控制电路的设计，包含各种联锁环节以及短路、过载、过电流、欠电压等保护环节。

4）电路的综合审查。反复审查所设计的控制电路是否满足设计原则和生产工艺要求。在条件允许的情况下，进行模拟实验，逐步完善整个电气控制电路的设计，直至满足生产工艺要求。

（2）逻辑设计法　逻辑设计法是利用逻辑代数这一数学工具来进行电路设计，即根据生产机械的拖动要求及工艺要求，将控制电路中的接触器、继电器等电器元件线圈的通电与断电、触点的闭合与断开以及主令元件的接通与断开等均看成逻辑变量，并根据控制要求将它们之间的关系用逻辑函数关系式来表达，然后再运用逻辑函数基本公式和运算规律进行简化，最后进一步检查和完善，即能获得需要的控制电路。

4. 机床电气控制电路设计需注意的问题

一般来说，当生产机械的电力拖动方案和控制方案确定以后，即可以进行电气控制电路的设计工作。电气控制电路是生产机械的重要组成部分，对生产机械能否正确可靠地工作起着决定性的作用。因此必须正确设计电气控制电路，合理选用电器元件，使电气控制系统满足生产工艺的要求。电气控制电路设计中应注意以下几个问题。

(1) 合理选择控制电路电流种类与控制电压数值　在控制电路比较简单的情况下，可直接采用电网电压，即交流 220V、380V（50Hz）供电，以省去控制变压器。对于具有 5 个以上电磁线圈（例如接触器、继电器等）的控制电路，应采用控制变压器降低电压，或用直流低电压控制，既节省安装空间，又便于采用晶闸管无触点器件，具有动作平稳可靠、检修操作安全等优点。对于微机控制系统，应注意弱电控制与强电电源之间的隔离，一般情况下，不要共用零线，以免引起电源干扰。照明、显示及报警等电路应采用安全电压。

交流标准控制电压等级为：380V、220V、127V、110V、48V、36V、24V、6.3V。

直流标准控制电压等级为：220V、110V、48V、24V、12V。

(2) 正确选择电器元件　在电器元件选用中，尽可能选用标准电器元件，同一用途尽可能选用相同型号。电气控制系统的先进性总是与电器元件的不断发展、更新紧密联系的，因此设计人员必须关注电器元件的新发展，不断收集新产品资料，以便及时用于控制系统设计中，使控制电路在技术指标、稳定性、可靠性等方面得到进一步提高。

(3) 合理布线，力求使控制电路简单、经济　在满足生产工艺要求的前提下，使用的电器元件越少，电气控制电路中所涉及的触点的数量也越少，因而控制电路就越简单。同时，还可以提高控制电路的工作可靠性，降低故障率。

1）合并同类触点。在图 3-1a 和图 3-1b 中，实现的控制功能一致，但图 3-1b 比图 3-1a 少了 1 对触点。合并同类触点时应注意所有触点的容量应大于 2 个线圈电流之和。

2）利用转换触点的方式。利用具有转换触点的中间继电器将 2 对触点合并成 1 对触点，如图 3-2 所示。

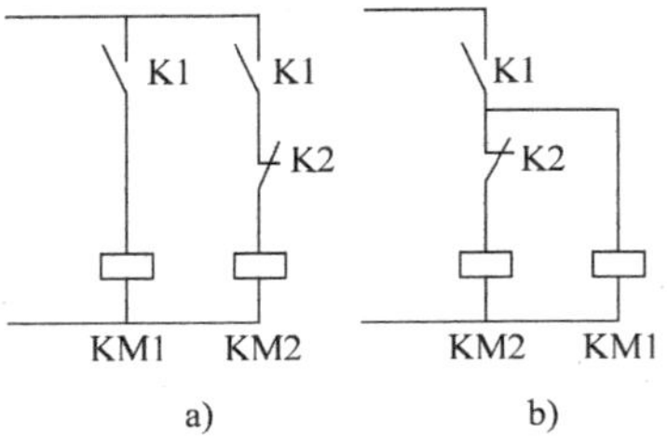

图 3-1　同类触点合并

a）不合理　b）合理

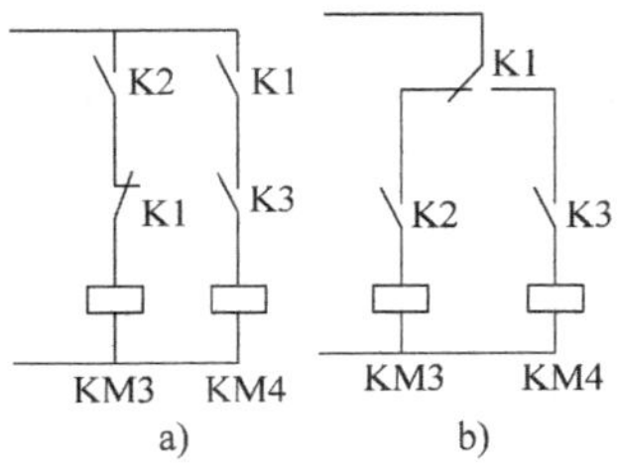

图 3-2　中间继电器的应用

a）不合理　b）合理

3）尽量缩短连接导线的数量和长度。在设计电气控制线路时，应根据实际环境条件，合理考虑并安排各种电气设备和电器元件的位置及实际连线，以保证各种电气设备和电器元件之间的连接导线的数量最少，导线的长度最短。

如图 3-3a 和图 3-3b 所示，仅从控制原理上分析，没有什么不同，但若考虑实际接线，图 3-3a 就不合理，因为按钮装在操作台上，接触器装在电气柜内，从电气柜到操作台需引 4 根导线。图 3-3b 合理，因为它将起动按钮和停止按钮直接相连，从而保证了 2 个按钮开关之间的距离最短，导线连接最短，而且从电气柜到操作台只需引出 3 根导线。所以一般都将起动按钮和停止按钮直接连接。

特别要注意，同一电器的不同触点在电路中应尽可能具有更多的公共连接线，这样可减少导线段数和缩短导线长度，如图 3-4 所示。行程开关装在生产机械上，继电器装在电气柜内。图 3-4a 中用 4 根长导线连接，而图 3-4b 中用 3 根长导线连接，故图 3-4b 合理。

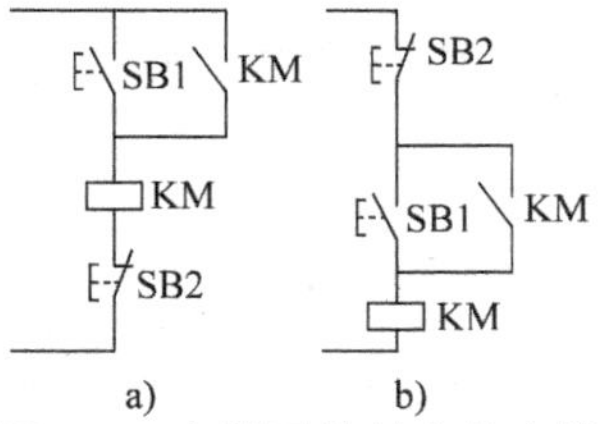

图 3-3　电器元件触点的安排
a）不合理　b）合理

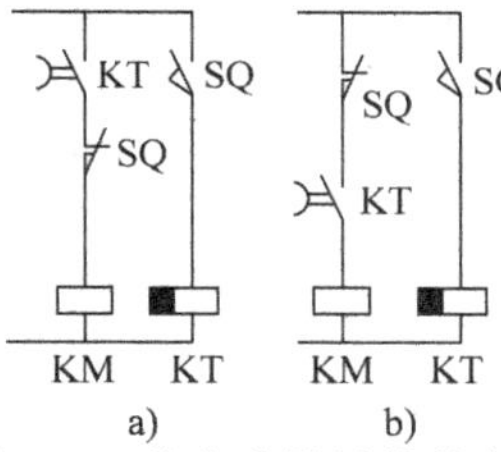

图 3-4　节省连接导线的方法
a）不合理　b）合理

4）正常工作中，尽可能减少通电电器的数量，以利节能，延长电器元件寿命及减少故障。

（4）保证电气控制电路工作的可靠性　保证电气控制电路工作的可靠性，最主要的是选择可靠的电器元件。在具体的电气控制电路设计中要注意以下几点：

1）电器元件触点位置的正确画法。同一电器元件的动合触点和动断触点靠得很近，如果分别接在电源的不同相上，如图 3-5a 所示的行程开关 SQ 的动合触点和动断触点，动合触点接在电源的一相，动断触点接在电源的另一相上，当触点断开产生电弧时，可能在两触点间形成飞弧，造成电源短路。如果改成图 3-5b 的形式，由于两触点间的电位相同，则不会造成电源短路。因此，在控制电路设计时，应使分布在电路不同位置的同一电器触点尽量接到同一个极或尽量共接同一电位点，以避免在电器触点上引起短路。

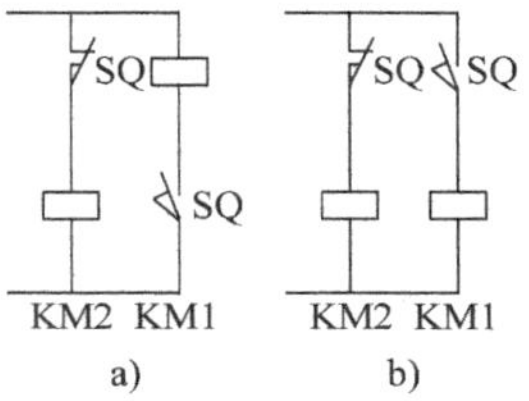

图 3-5　触点的画法
a）不正确　b）正确

2）电器元件线圈位置的正确画法。

① 在交流控制电路中不允许把两个电器元件的线圈串联在一起使用，即使是两个同型号电压线圈也不能串联后接在 2 倍线圈额定电压的交流电源上。这是因为每个线圈上所分配到的电压与线圈的阻抗成正比，而两个电器元件的动作总是有先后之差，不可能同时动作。如图 3-6a 所示，若接触器 KM1 先吸合，则 KM1 线圈的电感显著增加，其阻抗比未吸合的接触器 KM2 的阻抗大，因而在该线圈上的电压降增大，使 KM2 的线圈电压达不到动作电压，KM2 线圈电流增大，有可能将线圈烧毁。因此若需要两个电器元件同时动作，其线圈应并联连接，如图 3-6b 所示。

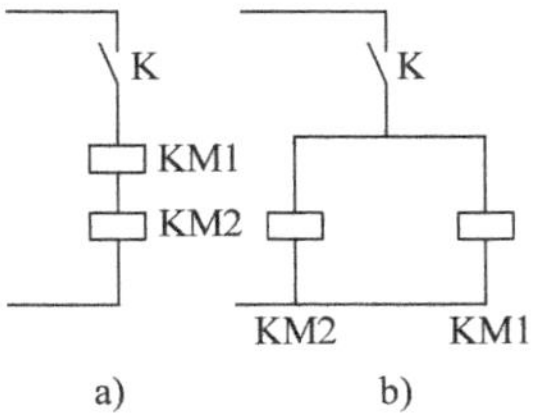

图 3-6　线圈的画法
a）不正确　b）正确

② 在直流控制电路中，电感较大的电磁线圈，如电磁阀、电磁铁或直流电动机励磁线圈等，不宜与相同电压等级的继电器直接并联工作。如图 3-7a 所示，YA 为电感量较大的电磁铁线圈，KA 为电感量较小的继电器线圈，当触点 KM 断开时，电磁铁 YA 线圈两端产生大的感应电动势，加在中间继电器 KA 的线圈上，造成 KA 误动作。为此，在 YA 线圈两端并联放电电阻 R，并在 KA 支路中串入 KM 常开触点，如图 3-7b 所示，这样就能可靠工作。

3）防止出现寄生电路。在电气控制电路的动作过程中，意外接通的电路称为寄生电路。寄生电路将破坏电器元件和控制电路的工作顺序或造成误动作。图 3-8a 所示是一个具有指示灯和过载保护的电动机正反向控制电路。正常工作时，控制电路能完成正反向起动、停止和信号指示。但当热继电器FR动作时，会出现如图中虚线所示的寄生电路，使正向接触器不能释放，起不到保护作用。如果将指示灯与其相应接触器线圈并联，则可防止寄生电路，如图3-8b所示。

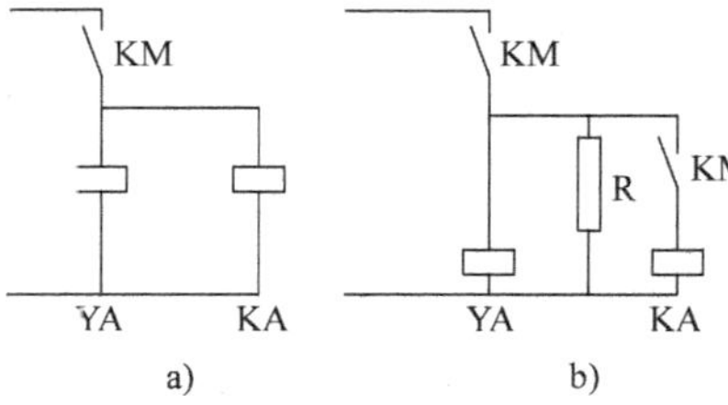

图3-7　大电感线圈与直流继电器
a）不正确　b）正确

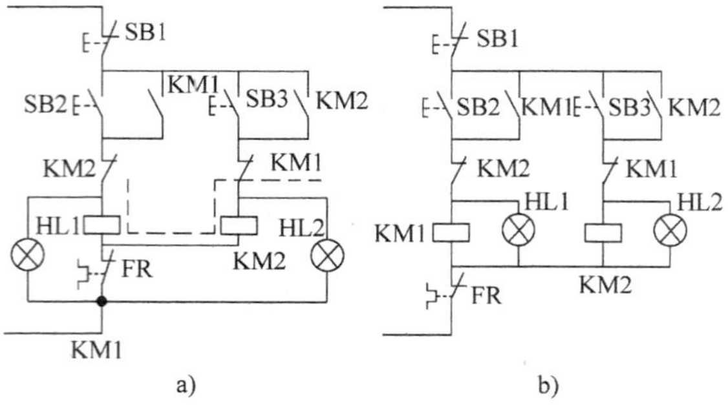

图3-8　电动机正反向控制电路
a）不正确　b）正确

4）防止出现“竞争”与“冒险”电路。复杂控制电路中，在某一控制信号作用下，电路从一个稳定状态转换到另一个稳定状态，常常会引起几个电器元件的状态变化。考虑到电器元件有一定的动作时间，对一个时序电路来说，就会得到几个不同的输出状态，这种现象称为电路的“竞争”。由于电器元件的释放延时作用，开关电路中的开关元件可能产生不符合要求的逻辑功能输出，这种现象称为“冒险”。

“竞争”与“冒险”都将造成控制电路不能按要求动作，引起控制失灵。图3-9所示为一个产生这种现象的典型电路。图3-9a所示的电路中，KM1控制电动机M1，KM2控制电动机M2，其本意是：按SB2后，KM1、KT通电，电动机M1运转，延时到后，电动机M1停转而M2运转。实际运行时会产生这样的奇特现象：有时候可正常运行，有时候就不行。原因在于图3-9a所示的电路设计不可靠，存在临界竞争现象。KT延时到后，其延时常闭触点总是由于机械运动原因先断开而延时常开触点晚闭合，当延时常闭触点先断开后，KT线圈随即断电，由于磁场不能突变为零和衔铁复位需要时间，有时候延时常开触点来得及闭合，但有时候因受到某些干扰而不能闭合。将KT延时常闭触点换成KM2常闭触点以后，就绝对可靠了。改进后的电路如图3-9b所示。

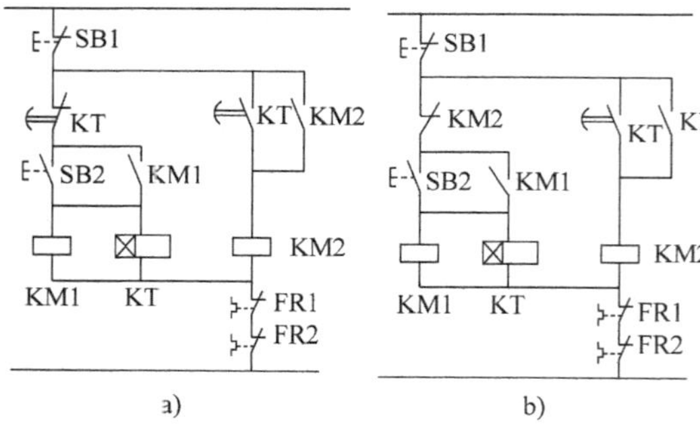

图3-9　典型的临界竞争电路
a）不正确　b）正确

通常，分析控制电路的电器元件动作及触点的接通和断开，都是静态分析，没有考虑其动作时间。而在实际运行中，由于电磁线圈的电磁惯性、机械惯性、机械位移量等因素，接触器或继电器线圈从通电到触点的闭合或打开，有一段吸引时间；而线圈断电时，从线圈断电到触点打开，有一段释放时间，这些统称为电器元件的动作时间。动作时间一般很小（需延时的除外），不影响电路正常工作。

5）在频繁操作的可逆电路中，正反向接触器之间要有电气联锁和机械联锁。

6）在设计电气控制电路时，应充分考虑继电器触点的接通和分断能力。若要增加接通能力，可用多触点并联；若要增加分断能力，可用多触点串联。

（5）保证电气控制电路工作的安全性　电气控制电路应具有完善的保护环节，保证整个生产机械的安全运行，消除在其工作不正常或误操作时所带来的不利影响，避免事故发生。在电气控制电路中常设的保护环节有短路保护、过电流保护、过载保护、欠电压保护、弱磁保护、超速保护、极限保护等。

五、CW6163 型卧式车床的设计

1. 主电路设计

（1）主轴电动机 M1　M1 的功率较大，超过 10kW，但是由于车削在车床起动以后才进行，并且主轴的正反转通过机械方式进行，所以 M1 采用单向直接起动控制方式，用接触器 KM 进行控制。在设计时还应考虑到过载保护，并采用电流表 PA 监视车削量，就可得到控制 M1 的主电路，如图 3-10 所示。从图 3-10 中可看到 M1 未设置短路保护，它的短路保护可由机床的前一级配电箱中的熔断器充当。

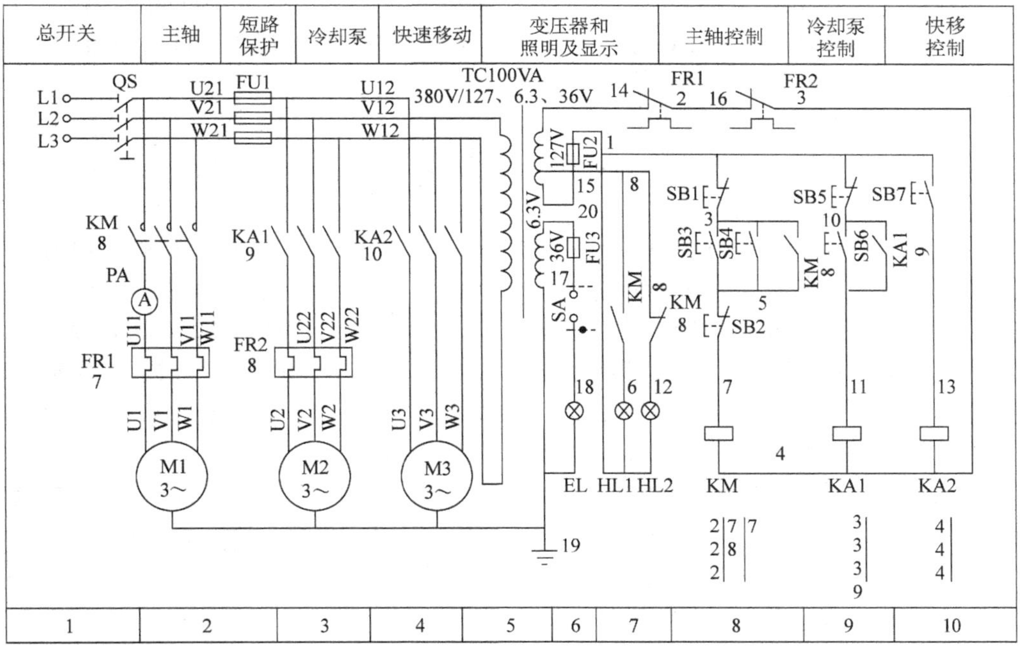

图 3-10　CW6163 型卧式车床电气原理图

（2）冷却泵电动机 M2 和快速移动电动机 M3　由于电动机 M2 和 M3 的功率较小，额定电流分别为 0.43A 和 2.7A，为了节省成本和缩小体积，可分别用交流中间继电器 KA1 和 KA2（额定电流都为 5A，常开、常闭触点都为 4 对）替代接触器进行控制。由于快速电动机 M3 短时运行，故不设过载保护，这样可得到控制 M2 和 M3 的主电路，如图 3-10 所示。

2. 控制电源的设计

考虑到安全可靠、满足照明及指示灯的要求，采用控制变压器 TC 供电，其一次侧为交

流380V，二次侧为交流127V、36V、6.3V，其中，127V提供给接触器KM和中间继电器KA1及KA2的线圈，36V交流安全电压提供给局部照明电路，6.3V提供给指示灯电路，具体电路如图3-10所示。

3. 控制电路的设计

（1）主轴电动机M1的控制　由于机床比较大，考虑到操作方便，主电动机M1可在机床床头操作板上和刀架拖板上设置起动和停止按钮SB3、SB1、SB4及SB2进行操纵，实现两地控制，M1的控制电路如图3-10所示。

（2）冷却泵电动机M2和快速电动机M3的控制　M2采用单向起停控制方式，而M3采用点动控制方式，具体电路如图3-10所示。

4. 局部照明与信号指示电路的设计

设置照明灯EL、灯开关SA和照明回路熔断器FU3，具体电路如图3-10所示。

可设三相电源接通指示灯HL2（绿色），在电源开关QS接通以后立即发光显示，表示机床电气线路已处于供电状态。另外，设置指示灯HL1（红色）用来显示主轴电动机是否运行。指示灯HL1和指示灯HL2分别由接触器KM的常开和常闭触点进行切换通电显示，电路如图3-10所示。

在操纵板上设有交流电流表PA，串联在主轴电动机的主回路中（见图3-10），用以指示机床的过载电流。这样可根据电动机工作情况调整切削用量，使主电动机尽量满载运行，以提高生产效率，并能提高电动机的功率因数。

5. 电器元件的选择

在电气原理图设计完毕后就可以根据电气原理图进行电器元件的选择工作。本设计中需要选择的电器元件主要有：

（1）电源开关的选择　电源开关QS主要用于给M1、M2、M3电动机提供电源，而在控制变压器二次侧的电器元件在变压器一次侧产生的电流相对较小，因此，QS的选择主要考虑M1、M2、M3电动机的额定电流和起动电流。由前面已知M1、M2、M3的额定电流分别为22.6A、0.43A和2.7A，易计算额定电流之和为25.73A，由于功率最大的主轴电动机M1为轻载起动，并且M3为短时工作，因而电源开关的额定电流就选25A左右，具体为：三极转换开关（组合开关），HZ10—25/3型，额定电流25A。

（2）接触器的选择　根据接触器所控制负载回路的电压、电流及所需触点的数量来选择接触器。本设计中，KM用来控制主轴电动机M1，M1的额定电流为22.6A，控制回路电源为127V，需主触点三对，辅助常开触点两对，辅助常闭触点一对，所以选择CJ10—40型接触器，主触点电流为40A，线圈电压为127V。

（3）中间继电器的选择　本设计中，采用中间继电器控制电动机M2和M3，其额定电流都较小，分别为0.43A和0.7A，所以KA1和KA2都可以选用普通型JZ7—44交流中间继电器代替接触器进行控制，每个中间继电器常开、常闭触点各有4对，额定电流为5A，线圈电压为127V。

（4）按钮的选择　根据需要的触点数目、动作要求、使用场合、颜色等进行按钮的选择。本设计中，三个起动按钮SB3、SB4和SB6选择LA18型按钮，其颜色为黑色；三个停止按钮SB1、SB2和SB5选择LA18型按钮，其颜色为红色；点动按钮SB7型号相同，其颜色为绿色。

（5）热继电器的选择　根据电动机 M1 和 M2 的额定电流，FR1 应选用 JR0—40 型热继电器，热元件额定电流为 25A，额定电流调节范围为 16～25A，工作时调整在 22.6A。FR2 也应选用 JR0—40 型热继电器，但热元件额定电流为 0.64A，额定电流调节范围为 0.40～0.64A，整定在 0.43A。

（6）熔断器的选择　熔断器 FU1 对 M2 和 M3 进行短路保护，M2 和 M3 的额定电流分别为 0.43A 和 2.7A，故选用 RT18—32 型熔断器，配用 10A 熔体。

至于熔断器 FU2 和 FU3 的选择将同控制变压器的选择结合进行。

（7）照明灯及灯开关的选择　照明灯 EL 和灯开关 SA 成套购置，EL 可选用 JC2 型，交流 36V，40W。

（8）电流表 PA 的选择　电流表 PA 可选用 62T2 型，0～50A。

（9）指示灯的选择　指示灯 HL1 和 HL2 都选 ZSD—0 型，6.3V，0.25A，分别为红色和绿色。

（10）控制变压器的选择　控制变压器的容量 P 可根据由它供电的最大工作负载所需要的功率来计算，并留有一定的余量。本例中，接触器 KM 的吸持功率为 12W，中间继电器 KA1 和 KA2 的吸持功率为 12W，照明灯 EL 的功率为 40W，指示灯 HL1 和 HL2 的功率为 1.575W，算得总功率为 79.15W，若取 $K=1.25$，则 $P=K\sum P_i=99W$，因此控制变压器可选用 BK—100VA，380V/127V、36V、6.3V。易算得 KM、KA1、KA2 线圈电流及 HL1、HL2 电流之和小于 2A，EL 的电流也小于 2A，故熔断器 FU2 和 FU3 均选 RT18—32 型，熔体 2A。

这样就可列出 CW6163 型卧式车床电器元件明细表，见表 3-2。

表 3-2　CW6163 型卧式车床电器元件明细表

序号	符　号	名　称	型　号	规　格	数　量
1	M1	三相异步电动机	Y160M－4	11kW，380V，22.6A，1460r/min	1
2	M2	冷却泵电动机	JCB－22	0.125kW，0.43A，2790r/min	1
3	M3	三相异步电动机	Y90S－4	1.1kW，2.7A，1400r/min	1
4	QS	三极转换开关	HZ10－25/3	三极，500V，25A	1
5	KM	交流接触器	CJ20－40	40A，线圈电压 127V	1
6	KA1、KA2	交流中间继电器	JZ7－44	5A，线圈电压 127V	2
7	FR1	热继电器	JR20－40	热元件额定电流 25A，整定电流 22.6A	1
8	FR2	热继电器	JR20－40	热元件额定电流 0.64A，整定电流 0.43A	1
9	FU1	熔断器	RT18－32	380V，熔体 10A	3
10	FU2、FU3	熔断器	RT18－32	380V，熔体 2A	2
11	TC	控制变压器	BK－100	100VA，380V/127、36、6.3V	1
12	SB3、SB4、SB6	控制按钮	LA18	5A，黑色	3
13	SB1、SB2、SB5	控制按钮	LA18	5A，红色	3
14	SB7	控制按钮	LA18	5A，绿色	1
15	HL1、HL2	指示灯	ZSD－0	6.3V，绿色 1，红色 1	2
16	EL、SA	照明灯及灯开关	JC2	36V，40W	各 1
17	PA	交流电流表	62T2	0～50A，直接接入	1

六、考核与评价

在自觉遵守安全文明生产规程的前提下，根据学习情境的能力目标，确定不同阶段的考核方式及分数权重，考核标准见表3-3。

表3-3 考核标准

教学内容	评价要点	评价标准	评价方式	考核方式	分数权重
学习情境三	电路设计	正确设计电路	小组成员互评	口试	0.2
	参数的计算	正确计算参数		口试	0.3
	元器件的选择	正确选择元器件		口试	0.3
	工作态度	认真、主动参与学习		口试	0.1
	团队合作	具有与团队成员合作的精神		口试	0.1

七、知识拓展——机床电气控制系统的工艺设计

工艺设计的目的是为了满足电气控制设备的制造和使用要求。工艺设计必须在原理设计之后进行，前面已谈到工艺设计的主要内容、设计程序以及各种图样、资料的用途。在完成电气原理设计及电器元件选择之后，进行电气控制设备总体配置，即总装接线图设计，然后再设计各部分的电器元件布置图与接线图，并列出各部分的元件目录、进出线号以及主要材料清单等技术资料，最后编写使用说明书。

1. 电气设备总装接线图的设计与绘制

根据各种电器元件的作用，它们在电气设备上都有一定的装配位置，例如电动机、各种执行元件以及各种检测元件必须安装在生产机械的相应部位。各种控制电器、保护电器可以安放在单独的控制柜内，而各种控制按钮、控制开关、各种指示灯、指示仪表、需经常调节的电位器等，则必须安装在控制面板上。由于各种电器元件安装位置不同，在构成一个完整的自动控制系统时，必须划分组件，同时要解决组件之间、控制柜之间以及控制柜与被控装置之间的连线问题。

划分组件的原则是：

1）功能类似的元件组合在一起。

2）尽可能减少组件之间的连线数量，接线关系密切的控制电器置于同一组件中。

3）强、弱电控制器分开，以减少干扰。

4）力求整齐美观，外形尺寸、重量相近的电器元件组合在一起。

5）便于检查与调试，将需经常调节、维护的元件和易损元件组合在一起。

电气设备总装接线图中应以示意形式反映出各部分主要组件的位置，各部分接线关系、走线方式及使用管线要求等。总体设计要使整个系统集中、紧凑。在场地允许的条件下，将发热量大、噪声大、振动大的电气部件（如电动机、起动绕组等）尽量放在距操作者较远的地方或隔离起来。操作台置于操作方便、综观全局的位置，总电源紧急停止控制应安放在

方便而明显的位置。电气设备总装接线图设计合理与否将影响电气控制系统工作的可靠性，并关系到电气系统的制造、装配质量、调试、操作及维护是否方便。

2. 电器元件布置图的设计与绘制

电器元件布置图根据某些电器元件按一定原则进行组合而绘制的，例如电气控制柜中的电器板、控制面板等。电器元件布置图的设计依据是部件原理图。同一组件中电器元件的布置应注意以下几点：

1）一般监视器件布置在控制柜仪表板上，测量仪表布置在仪表板上部，指示灯布置在仪表板下部。

2）体积大或较重的电器元件安装在控制柜下方；发热元件安装在控制柜上方。

3）强弱电分开并注意屏蔽，防止外界干扰。

4）布置元器件时，应留布线、接线、维修和调整操作的空间。

5）电器元件的布置应考虑整齐、美观、对称，尽量使外形与结构尺寸相同的电器元件安装在一起，便于加工、安装和配线。

一般通过实物排列来确定各电器元件的位置，进而绘制出控制柜的电器布置图。

3. 电器元件接线图的设计与绘制

电器元件接线图是根据电气原理图和电器元件布置图进行绘制的。它表示成套设备的连接关系，是电气安装与查线的依据。接线图应按以下要求绘制：

1）在接线图中，各电器元件的相对位置与实际安装的相对位置一致。

2）所有电器元件及其接线座的标注应与电气控制电路图中标注相一致，采用同样的文字符号及线号。

3）接线图与电气控制电路图不同，接线图应将同一电器元件中的各带电部分，如线圈、触点等画在一起，并用细实线框入。

4）图中一律用细线条绘制，应清楚地表示出各电器元件的接线关系和接线去向。

5）接线图中应清楚地标注配线用的各种导线的型号、规格、截面积及颜色。

6）如果控制电路和信号电路进入控制柜的导线超过10根，则必须提供端子板或连接器件，动力电路和测量电路可以直接连接到电器元件的端子上。

7）端子板上各接点按接线号顺序排列，并将动力线、交流控制线、直流控制线分类排开。

8）对于板后配线的电器元件接线图，应按控制板翻转后的方位绘制电器元件，以便施工、配线，但触点方向不能倒置。

4. 电气控制柜及非标准零件的设计

在电气控制比较简单时，控制电器可以附在生产机械内部，而在控制系统比较复杂时，通常都采用单独的电气控制柜，以利于制造、使用和维护。

电气控制柜设计要考虑以下几个问题：

1）根据控制面板及柜内各电气部件的尺寸确定电气柜总体尺寸及结构方式。

2）结构紧凑、外形美观，要与生产机械相匹配，应提出一定的装饰要求。

3）根据控制面板及柜内电气部件的安装尺寸，设计柜内安装支架，并标出安装孔或焊接安装螺栓尺寸，或注明采用配作方式。

4）为方便安装、调整及维修，应设计适当的开门方式。

5）为利于柜内电器的通风散热，在柜体适当部位设计通风孔或通风槽。

6）为便于搬动电气柜，应设计合适的起吊勾、起吊孔、扶手架或柜体底部活动轮。

根据以上要求，先勾画出柜体的外形草图，估算出各部分尺寸，然后按比例画出外形图，考虑对称、美观、使用方便等因素，进一步调整尺寸。

外形确定以后，再按上述要求进行各部分的结构设计，绘制箱体总装图及各面门、控制面板、底板、安装支架、装饰条等零件图，并注明加工要求，根据需要选用适当的门锁。

大型控制系统的电气柜常设计成立柜式或工作台式，小型控制设备则设计成台式、手提式或悬挂式。电气柜的品种繁多，造型结构各异，在柜体设计中应注意吸取各种形式的优点。

非标准的电器安装零件，如开关支架、电气安装底板、控制柜的有机玻璃面板、扶手及装饰零件等，应根据机械零件设计要求，绘制其零件图。凡配合尺寸应注明公差要求并说明加工要求等。

5. 各类元件及材料清单的汇总

在电气控制系统原理设计及工艺设计结束后，应根据各种图样，对本设备需要的各种零件及材料进行综合统计，按类别列出外购件总清单表，标准件清单表，主要材料消耗定额表及辅助材料消耗定额表，以便采购人员、生产管理部门备料，做好生产准备工作。这些材料也是成本核算的依据。特别是对于生产批量较大的产品，此项工作尤其重要。

6. 编写设计说明书及使用说明书

新型生产设备的设计制造中，电气控制系统的投资占有很大比重。控制系统对生产机械运行的可靠性、稳定性起着重要的作用。因此控制系统设计方案完成后，在投入生产前应经过严格的审定，为了确保生产设备达到设计指标，设备制造完成后，又要经过仔细调试，使设备运行处于最佳状态。设计说明及使用说明是设计审定及调试、使用、维护过程中必不可少的技术资料。

设计及使用说明书应包含以下主要内容：

1）拖动方案选择的依据及本设计的主要特点。

2）主要参数的计算过程。

3）设计任务书中各项技术指标的核算与评价。

4）设备调试要求及调试方法。

5）使用、维护要求及注意事项。

八、习题与思考题

1. 机床电气控制设计中应遵循的原则是什么？设计的基本内容是什么？

2. 确定电力拖动方案的原则是什么？

3. 设计机床电气控制电路时应注意什么问题？

4. 简述机床电气控制系统工艺设计的主要内容。

5. 机床电气设计说明书和使用说明书包含哪些主要内容？

6. 某机床主轴由一台笼型异步电动机带动，润滑油泵由另一台笼型异步电动机带动。主轴电动机的参数：15kW、380V、28.8A、1470r/min；润滑油泵的参数：3kW、380V、6.3A、1440r/min。要求：

1）主轴必须在油泵起动后，才能起动。

2）主轴能正反转，并能单独停车。

3）有短路、零压及过载保护。

试设计该机床的电气原理图，并制订电器元件明细表。

7. 图 3-11 所示为利用行程开关实现的电动机正反转自动往返循环控制电路，机床工作台的往返循环由电动机驱动，当运动到达一定的行程位置时，利用挡铁压行程开关来实现电动机正反转。图中 SQ1 与 SQ2 分别为工作台右行与左行限位开关，SB2 与 SB3 分别为电动机正转与反转起动按钮。如果要求工作台到达前端时停留 1s 再后退，应如何设计电路？

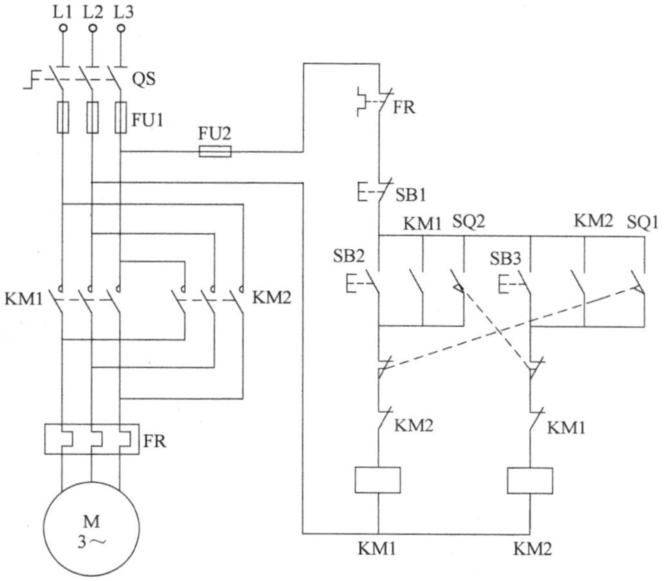

图 3-11　自动往返循环控制电路

学习情境四　PLC 控制系统的分析、安装与调试

任务一　电动机起/停电路的分析、安装与调试

一、学习目标

1）了解 PLC 组成，正确分析其工作原理。
2）认识 SIEMENS S7—200 PLC 基本构成、特性及软器件功能。
3）掌握 SIEMENS S7—200 PLC 简单与复杂逻辑指令的应用。
4）正确分析电动机起/停梯形图，并按照硬件电路图进行接线、调试 PLC 程序。

二、任务

本任务是分析、安装与调试 PLC 控制的电动机起/停电路。电路控制要求为：按下起动按钮，电动机运转；按下停止按钮，电动机停转。

三、设备

设备及工具清单见表 4-1。

表 4-1　设备及工具清单

序　号	名　称	数　量
1	SIEMENS S7—200 PLC	1 台
2	安装了 STEP7 - Micro/WIN32 编程软件的计算机	1 台
3	PC/PPI 电缆	1 根
4	PLC 输入/输出实验板	1 块
5	电源板	1 块
6	导线	若干

四、知识储备

1. PLC 概述

任何生产机械，为了实现预定的动作，都需要有控制装置。传统的由接触器、继电器组成的控制装置，具有结构简单、使用方便、造价低廉等优点，曾经在工业控制领域发挥了巨大的作用。但是继电器控制逻辑采用硬连线结构，具有接线复杂、体积庞大、元件数量多、故障率高、现场修改困难、灵活性和扩展性差等缺点。随着计算机技术的出现和不断发展。计算机被逐步应用于工业控制领域，通过编写、修改程序实现各种控制逻辑，解决了灵活性

问题。由于计算机技术本身的复杂性，编程难度很大，设备对工作环境要求高，因此将继电器控制逻辑的简单易懂、操作方便等优点与计算机的可编程序、灵活通用等优点结合起来，做成一种能够适应工业环境的通用控制装置，就显得十分必要和迫切。可编程序控制器（Programmable Controller），简称 PC 或 PLC，它是 20 世纪 70 年代以来在集成电路、计算机技术基础上发展起来的一种新型工业控制装置。它可以取代传统的继电器控制系统实现逻辑控制、顺序控制、定时、计数等各种功能，大型高档 PLC 能进行数字运算、数据处理、模拟量调节以及联网通信等，PLC 迅速地从早期的逻辑控制发展到伺服控制、过程控制等领域。它具有功能强、可靠性高、配置灵活、使用方便以及体积小、重量轻等优点，被广泛应用于自动化控制的各个领域。PLC 应用的不断普及，极大地促进了现代工业的进步与发展。

（1）PLC 定义　可编程序控制器是一种专门为在工业环境下应用而设计的数字运算操作的电子系统，它采用了可编程序的存储器，用来在其内部存储执行逻辑运算、顺序控制、定时、计数和算术运算等操作的指令，并通过数字式和模拟式的输入和输出，控制各种类型机械的生产过程。

定义强调了 PLC 是专为在工业环境下应用而设计的工业计算机。这种工业计算机采用面向用户的指令，因此编程方便。它有丰富的输入/输出接口，具有较强的驱动能力，非常容易与工业控制系统联成一体，易于扩充。PLC 产品并不是针对某一具体工业应用，其灵活标准的配置能够适应工业上的各种控制。在实际应用时，其硬件配置可根据实际需要选择，其软件则根据控制要求进行设计。

（2）PLC 特点　PLC 之所以高速发展，除了工业自动化的客观需要外，还因为它具有许多适合工业控制的独特优点。它较好地解决了工业控制领域中普遍关心的可靠、安全、灵活、方便和经济等问题，其主要特点如下：

1）可靠性高，抗干扰能力强。PLC 是专为工业控制而设计的，可靠性好、抗干扰能力强是它最重要的特点之一。PLC 的平均无故障间隔时间（MTBF）可达几十万小时。

一般由程序控制的数字电子设备产生的故障有两种：一种是软故障，是由于外界恶劣环境，如电磁干扰、超高温、超低温、过电压及欠电压等引起的未损坏系统硬件的暂时性故障；另一种是由多种因素而导致元器件损坏引起的故障，称为硬故障。PLC 在硬件、软件上采取了以下提高可靠性的措施。

硬件方面：隔离是抗干扰的主要手段之一。在微处理器与 I/O 电路之间，采用光电隔离措施，有效地抑制了外部干扰源对 PLC 的影响，防止外部高电压进入 CPU 模板。滤波是抗干扰的又一主要措施。对供电系统及输入线路采用多种形式的滤波，可消除或抑制高频干扰。用良好的导电、导磁材料屏蔽 CPU 等主要部件可减弱空间电磁干扰。此外，有些模板还设置了互锁保护、自诊断电路等。

软件方面：

① 设置故障检测与诊断程序。PLC 在每一次循环扫描过程的内部处理期间，检测系统硬件是否正常，锂电池电压是否过低，外部环境是否正常，如掉电、欠电压等。

② 状态信息保护功能。当软故障条件出现时，立即把现状态重要信息存入指定存储器，软硬件配合封闭存储器，禁止对存储器进行任何不稳定的读写操作，以防存储信息被冲掉。这样，一旦外界环境正常后，便可恢复到故障发生前的状态，继续原来的程序工作。

由于采取了以上抗干扰措施，PLC 的可靠性、抗干扰能力大大提高。

2）通用性好，组合灵活。只要改变输入/输出组件、功能模块和应用软件，同一台 PLC 装置可用于不同的受控对象。PLC 的硬件采用模块化结构，可以灵活地组合以适应不同的控制对象、控制规模和控制功能的要求，给组成各种系统带来极大的方便。同时，PLC 控制系统中的控制电路是由软件编程完成的，只要对应用程序进行修改就可以满足不同的控制要求，因此 PLC 具有在线修改能力，功能易于扩展，给生产带来了“柔性”，具有广泛的工业通用性。

3）编程简单，使用方便。PLC 采用梯形图编程方式，既继承了传统控制电路清晰直观的优点，又考虑到大多数工矿企业电气技术人员的读图习惯和计算机应用水平，因此受到普遍欢迎。这种面向生产的编程方式，与目前计算机控制生产对象中常用的汇编语言相比，更容易被操作人员掌握。

4）功能完善，适应面广。PLC 除基本的逻辑控制、定时、计数、算术运算等功能外，配合特殊功能模块还可实现点位控制、过程控制、数字控制等功能，既可控制一台生产机械，又可控制一条生产线。PLC 还具有通信联网的功能，可与上位计算机构成分布式控制系统。用户只需根据控制的规模和要求，适当选择的 PLC 型号和硬件配置，就可组成所需的控制系统。

5）PLC 控制系统的设计、安装、调试和维护方便。PLC 用软件编程取代了继电器控制系统中的中间继电器、时间继电器等器件，使控制系统的设计、安装工作量大大减少。PLC 的程序大多可以在实验室进行模拟调试，然后在现场进行联机调试，既安全，又快速方便，减少了现场调试的工作量。

PLC 的故障率很低，且有完善的自诊断和显示功能。PLC 或外部的输入装置和执行机构发生故障时，操作人员可以根据 PLC 提供的报警信息迅速地检查、判断、排除故障，维修十分方便。

6）体积小、重量轻、功耗低。PLC 结构紧密、坚固、体积小巧、功耗低，具备很强的抗干扰能力，易于装入机械设备内部。

由于 PLC 具备了以上特点，它把计算机技术与继电器控制技术很好地融合在一起，因而它的应用几乎覆盖了所有工业领域，既能改造传统机械产品，使其成为机电结合的新一代产品，又适用于生产过程控制。

（3）PLC 的分类　PLC 的分类方法很多，大多是根据外部特性来分类的。以下三种分类方法用得较为普遍。

1）按照点数、功能不同分类。根据输入/输出点数、存储器容量和功能将 PLC 分为小型、中型和大型三类。

小型 PLC 又称为低档 PLC。它的输入/输出（I/O）点数一般 256 点以下，用户程序存储器容量小于 8KB，具有逻辑运算、定时、计数、移位等功能，还有少量模拟量 I/O 功能和算术运算功能，可以用来进行条件控制、定时计数控制，通常用来代替继电器控制，在单机或小规模生产过程中使用。

中型 PLC 的 I/O 点数一般在 256 ~ 2048 点之间，用户存储器容量小于 50KB，兼有开关量和模拟量的控制功能。它除了具备小型 PLC 的功能外，还具有数字计算、过程参数调节（如比例、积分、微分调节）、查表等功能，同时辅助继电器数量增多，定时计数范围扩大，适用于较为复杂的开关量控制，如大型注塑机控制、配料及称重等小型连续生产过程控制场合。

大型PLC又称为高档PLC，I/O点数超过2048点，进行扩展后还能增加，用户存储容量在50KB以上，具有逻辑运算、数字运算、模拟调节、联网通信、监视、记录、打印、中断控制、智能控制及远程控制等功能，用于大规模过程控制（如钢铁厂、电站）、分布式控制系统和工厂自动化网络。

2）按照结构形状分类。根据PLC组件的组合结构，可将PLC分为整体式和模块式两种。

整体式PLC是将中央处理机、输入/输出部件和电源部件集中于一体，装入机体内，形成一个整体，输入/输出接线端子及电源进线分别在机箱的两侧，并有相应的发光二极管显示输入/输出状态。这种结构的PLC具有结构紧凑、体积小、重量轻、价格低和易于装入工业设备内部的优点，适用于单机控制，小型PLC通常采用这种结构。

模块式PLC中的各功能模块独立存在，如主机模块、输入模块、输出模块和电源模块等，各模块做成插件式，在机架底板上有多个插座，使用时将选用的模块插入底板就构成PLC。这种PLC的配置灵活，装配和维修都很方便，也便于功能扩展，大、中型PLC通常采用这种结构。

3）按照应用情况分类。根据应用情况可将PLC分为通用型和专用型两类。

通用型PLC可供各工业控制系统选用，通过不同的配置和应用软件的编程可满足不同的需要，是用作标准工业控制装置的PLC。

专用型PLC是为某类控制系统专门设计的PLC，如数控机床专用型PLC。PLC和机床计算机数控（CNC）系统密切配合，用于数控机床辅助运动的控制。PLC也可与数控加工中心、计算机网络相结合，构成柔性制造系统（FMS）。

（4）PLC的应用　目前，PLC在国内外已广泛应用于钢铁、采矿、水泥、石油、化工、电力、机械制造、汽车、装卸、造纸、纺织、环保、娱乐等各行各业。

1）顺序控制。这是PLC应用最广泛的领域，它取代传统的继电器控制。PLC应用于单机控制、多机群控制、生产自动线控制，例如注塑机、印刷机械、订书机械、切纸机械、组合机床、磨床、装配生产线、包装生产线、电镀流水线及电梯控制等。

2）运动控制。PLC采用专用的运动控制模块，对直线运动或圆周运动的位置、速度和加速度进行控制，可实现单轴、双轴、多轴位置控制，使运动控制与顺序控制功能有机地结合在一起。PLC的运动控制功能广泛地用于各种机械，如金属切削机床、装配机械和机器人等场合。

3）过程控制。PLC能控制大量的物理参数，例如温度、压力、速度和流量。PID模块的提供使PLC具有了闭环控制的功能，即一个具有PID控制能力的PLC可用于过程控制。当由于控制过程中某个变量出现偏差时，PID控制算法会计算出正确的输出，把变量保持在设定值上。

4）数据处理。现代PLC具有很强的数据处理功能，它不仅能进行数字运算和数据传送，而且还能进行数据比较、数据转换、数据显示、打印等，它可以与机械加工中的CNC设备紧密结合，实现数字控制。数据处理一般用于大型控制系统，也可以用于过程控制系统。

5）通信联网。PLC的通信包括PLC之间、PLC和其他智能控制设备之间的通信功能。PLC与其他智能控制设备可以组成“集中管理、分散控制”的分布式控制系统。

2. PLC 的组成与工作原理

（1）PLC 的基本组成 PLC 是一种面向工业环境设计的专用计算机，它具有与一般计算机类似的结构，也是由硬件和软件所组成的。

1）PLC 的硬件结构。PLC 的硬件结构框图如图 4-1 所示。PLC 硬件结构由中央处理单元（CPU）、存储器、输入/输出接口、编程器、电源等几部分组成。

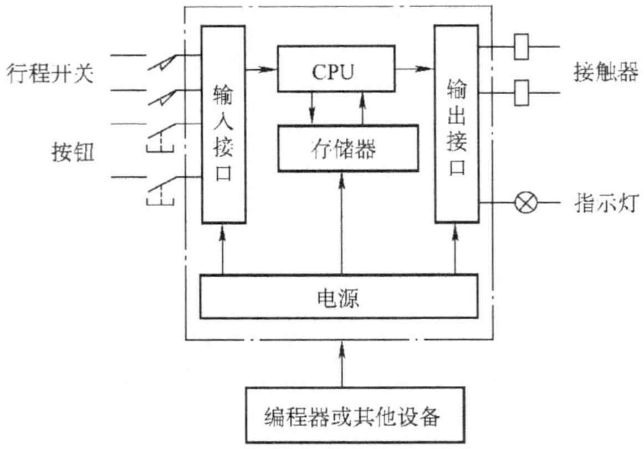

图 4-1 PLC 的硬件结构框图

① 中央处理单元（CPU）。CPU 是 PLC 的核心，它通过地址总线、数据总线、控制总线与存储器、I/O 接口相连，其主要作用是执行系统控制软件，从输入接口读取各开关状态，根据梯形图程序进行逻辑处理，并将处理结果输出到输出接口。

② 存储器。PLC 的存储器是用来存储数据或程序的。存储器中的程序包括系统程序和应用程序。系统程序用来管理控制系统的运行、解释执行应用程序，存储在只读存储器 ROM 中。应用程序即用户程序，一般存放在随机存储器 RAM 中，由后备电池维持其在一定时间内不丢失，也可将用户程序固化到只读存储器中，永久保存。

③ I/O 接口电路。I/O 接口是 CPU 与现场 I/O 设备联系的桥梁。

输入接口接收和采集输入信号。数字量（或称开关量）输入接口用来接收从按钮开关、选择开关、限位开关、接近开关、压力继电器等传来的数字量输入信号；模拟量输入接口用来接收电位器、测速发电机和各种变送器提供的连续变化的模拟量电流电压信号。输入信号通过接口电路转换成适合 CPU 处理的数字信号。为防止各种干扰信号和高电压信号，输入接口一般要加光耦合器进行隔离。

输出接口电路将内部电路输出的弱电信号转换为现场需要的强电信号输出，以驱动执行元件。数字量输出模块用来控制接触器、电磁阀、电磁铁、指示灯、数字显示装置和报警装置等输出设备，模拟量输出模块用来控制调节阀、变频器等执行装置。为保证 PLC 可靠安全地工作，输出接口电路也要采取电气隔离措施。输出接口电路分为继电器输出、晶体管输出和晶闸管输出三种形式，目前，一般采用继电器输出方式。

I/O 接口除了传递信号外，还有电平转换与隔离作用。

④ 编程器。编程器可用来输入和编辑程序，也可用来监视 PLC 运行时各编程元件的工作状态。编程器由键盘、显示器、工作方式开关以及与 PLC 的通信接口等几部分组成。一般情况下只在程序输入、调试阶段和检修时使用，所以一台编程器可供多台 PLC 使用。

编程器可分为简易编程器、智能型编程器两种。前者只能联机编程，且只能输入和编辑指令表程序。简易编程器价格便宜，一般用来给小型 PLC 编程。智能型编程器既可联机编程又可脱机编程；既可输入指令表程序又可直接生成和编辑梯形图程序，使用起来方便直观，但价格较高。

此外，也可以在计算机上运行专用的编程软件，通过串行通信口使计算机与 PLC 连接，用计算机编写、修改程序，程序被编译后下载到 PLC，也可以将 PLC 中的程序上传到计算机。

通过网络，可以实现远程编程和传送。可以用编程软件设置可编程序控制器的各种参数。通过通信，可以显示梯形图中触点和线圈的通断情况，以及运行时可编程序控制器内部的各种参数，这对于查找故障非常有用。

⑤ 电源。电源的作用是把外部供应的电源变换成系统内部各单元所需的电源。有的电源单元还向外提供24V 直流电源，可供开关量输入单元连接的现场无源开关等使用。电源单元还包括掉电保护电路和后备电池电源，以保持 RAM 在外部电源断电后存储的内容不丢失。PLC 的电源一般采用开关电源，其特点是输入电压范围宽、体积小、重量轻、效率高、抗干扰性能好。

驱动 PLC 负载的电源一般由用户提供。

2）PLC 软件。PLC 的软件分为系统软件和用户程序两大部分。系统软件由 PLC 制造商固化在机内，用以控制 PLC 本身的运作。用户程序由 PLC 的使用者编制并输入，用于控制外部被控对象的运行。

① 系统软件。系统软件包括系统管理程序、用户指令解释程序及标准程序模块等。

系统管理程序用于管理、控制整个系统的运行，其作用包括三个方面：第一是运行管理，对控制 PLC 何时输入、何时输出、何时计算、何时自检、何时通信等作时间上的分配管理；第二是存储空间管理，即生成用户环境，由它规定各种参数、程序的存放地址，将用户使用的数据参数、存储地址转化为实际的数据格式及物理存放地址，将有限的资源变为便于用户直接使用的元件；第三是系统自检程序，它包括各种系统出错检验、用户程序语法检验、句法检验、警戒时钟运行等。

用户指令解释程序则把用户程序（如梯形图）逐条解释，翻译成相应的机器语言指令，由 CPU 执行这些指令。

标准程序模块是一些独立的程序模块，各程序块完成不同的功能，有些完成输入、输出处理，有些完成特殊运算等。PLC 的各种具体工作都是由这部分程序来完成的。

② 用户程序。用户程序是用户根据现场控制的需要，用 PLC 的编程语言编制的应用程序。通过编程器将其输入到 PLC 内存中，用来实现各种控制要求。

（2）PLC 的工作原理　PLC 与继电控制系统的工作原理有很大区别。下面以一个电动机单向起/停电路为例，说明这个问题。

图 4-2a 所示为继电器控制系统的起/停控制电路。按下起动按钮 SB1，线圈 KM 得电并自锁，其主触点闭合令电动机起动，按下停止按钮 SB2，电动机停。

图 4-2b 所示则为用 PLC 实现起/停控制的接线示意图。工作时，PLC 先读入 I0.0、I0.1 的 ON/OFF 状态，然后按程序规定的逻辑做运算，若逻辑条件满足，则 Q0.0 的线圈应得电，使其外部触点闭合，外电路形成回路驱动 KM，由 KM 再驱动电动机。

上述工作过程大体上可分为读入输入状态、逻辑运算、发出输出信号三步。

1）扫描的概念。扫描用来描述 PLC 内部 CPU 的工作过程。所谓扫描就是依次对各种规定的操作项目全部进行访问和处理。PLC 运行时，用户程序中有众多的指令需要去执行，但一个 CPU 每一时刻只能执行一个指令，因此 CPU 按程序规定的顺序依次执行各个指令。这种需要处理多个作业时依次按顺序处理的工作方式称为扫描工作方式。由于扫描是周而复始无限循环的，每扫描一个循环所用的时间，即从读入输入状态到发出输出信号所用的时间称为扫描周期。

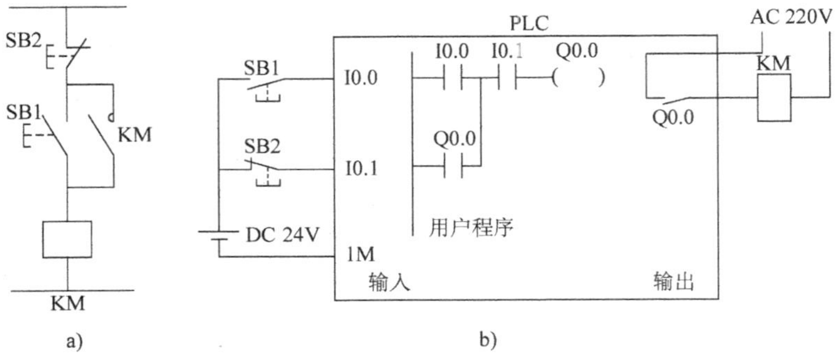

图 4-2 电动机起/停控制电路

a）继电器控制系统的起/停控制电路 b）PLC 实现起/停控制的接线示意图

2）PLC 的工作过程。PLC 的工作过程是周期循环扫描的工作过程。当 PLC 开始运行时，CPU 根据系统监控程序的规定顺序，通过扫描，完成各输入点的状态采集或输入数据采集、用户程序的执行、各输出点状态的更新及 CPU 自诊断等功能。

PLC 采用集中采样、集中输出的工作方式，减少了外界干扰的影响。PLC 的工作过程分三个阶段进行，即输入采样阶段、程序执行阶段和输出刷新阶段，如图 4-3 所示。

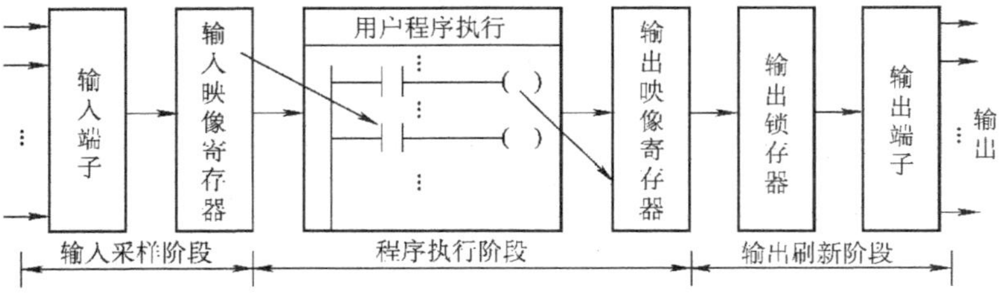

图 4-3 PLC 的工作过程

① 输入采样阶段。PLC 在输入采样阶段，首先扫描所有的输入端子，将各输入存入内存中相应的输入映像寄存器。此时，输入映像寄存器被刷新。接着进入程序执行阶段或输出阶段，输入映像寄存器与外界隔离，无论信号如何变化，其内容保持不变，直到下一扫描周期的输入采样阶段，才重新写入输入端的新内容。

注意：输入采样的信号状态保持一个扫描周期。

② 程序执行阶段。根据 PLC 梯形图程序的扫描原则，PLC 按先左后右，先上后下的顺序逐步扫描。当指令中涉及输入、输出状态时，PLC 从输入映像寄存器中“读入”上一阶段采样的对应输入端子状态。从输出映像寄存器“读入”对应输出映像寄存器的当前状态。然后进行相应的运算，运算结果再存入输出映像寄存器中。对于输出映像寄存器来说，其状态会随着程序执行过程而变化。

③ 输出刷新阶段。在所有指令执行完毕后，输出映像寄存器中所有输出继电器的状态（接通/断开）在输出刷新阶段存到输出锁存器中，通过一定方式输出，驱动外部负载。

PLC 的这种顺序扫描工作方式，简单直观，也简化了用户程序的设计。PLC 在程序执行阶段，根据输入/输出状态表中的内容进行，与外电路相隔离，为 PLC 的可靠运行提供了保证。

PLC 的扫描周期与 PLC 的时钟频率、用户程序的长短及系统配置有关。

由于 PLC 采用循环扫描方式，会使输入、输出延迟响应。对于小型 PLC，I/O 点数较少，用户程序较短，采用集中采样、集中输出的工作方式虽然在一定程度上降低了系统的响应速度，但从根本上提高了系统的抗干扰能力，增强了系统的可靠性。而中大型 PLC 中的 I/O 点数较多，控制功能强，编制的用户程序相应较长，为了提高系统响应速度，可以采用固定周期输入采样、输出刷新，直接输入采样、输出刷新，中断输入采样、输出刷新和智能化 I/O 接口等方式。

根据上述 PLC 的工作过程的特点，可总结出 PLC 对 I/O 处理的规则，如图 4-4 所示。

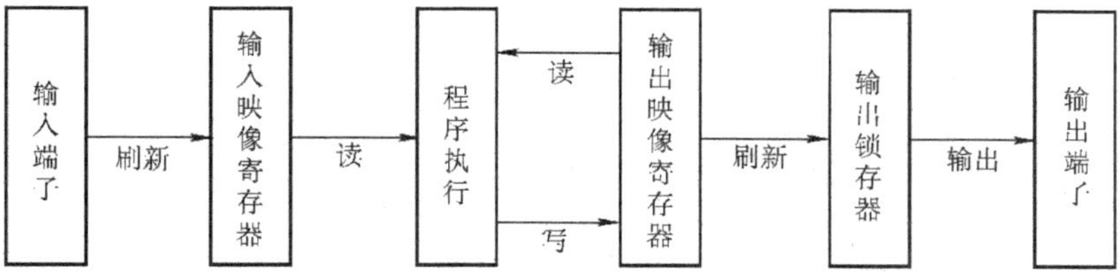

图 4-4　PLC 对 I/O 处理的规则

① 输入映像寄存器的数据取决于输入端子板上各输入点在上一个刷新期间的状态。

② 输出映像寄存器的内容由程序中输出指令的执行结果决定。

③ 输出锁存器中的数据由上一个工作周期输出刷新阶段的输出映像寄存器的数据来确定。

④ 输出端子板上各输出端的 ON/OFF 状态，由输出锁存器的内容来确定。

⑤ 程序执行中所需的输入、输出状态，由输入映像寄存器和输出映像寄存器读出。

（3）PLC 的等效电路　PLC 的等效电路可分为三部分，即输入部分、内部控制部分和输出部分。输入部分就是采集输入信号，输出部分就是系统的执行部件，这两部分与继电器控制电路相同。内部控制部分是由编程实现的逻辑电路，用软件编程代替继电器电路的功能。西门子 S7—200 PLC 的等效电路如图 4-5 所示。

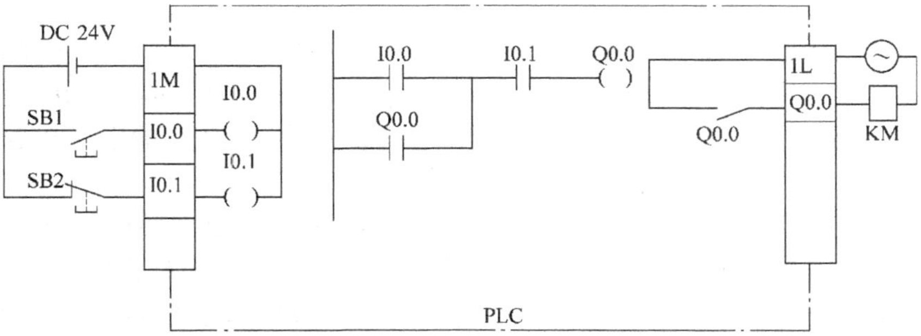

图 4-5　西门子 S7—200 PLC 的等效电路

1）输入部分。这一部分由外部输入电路、PLC 输入接线端子和输入继电器组成。外部输入信号经 PLC 输入接线端子驱动输入继电器。一个输入端对应有一个等效电路中的输入继电器，它可提供任意数量的常开触点和常闭触点供 PLC 内部控制电路编程用。

2）内部控制部分。这部分是用户程序，用软件代替硬件电路。它的作用是按照程序规定的逻辑关系，对输入信号和输出信号的状态进行运算、处理和判断，然后得到相应的输出。用户程序通常根据梯形图进行编制，梯形图类似于继电器控制电气原理图，只是图中元件符号与继电器回路的元件符号不相同。

3）输出部分。输出部分由输出继电器的外部常开触点、输出接线端子和外部电路组成，用来驱动外部负载。

PLC内部控制电路中有许多输出继电器，每个输出继电器除了有为内部控制电路提供编程使用的常开触点、常闭触点外，还有为输出电路提供的一个常开触点与输出接线端子相连。驱动外部负载的电源由外电源提供。

（4）PLC的编程语言　PLC中常用的编程语言有梯形图、语句表、顺序功能图、功能块图等。

1）梯形图（LAD）。梯形图是在继电器控制系统基础上开发出来的一种图形语言，在形式上类似于继电器控制电路。图4-6a所示为西门子S7—200的梯形图。

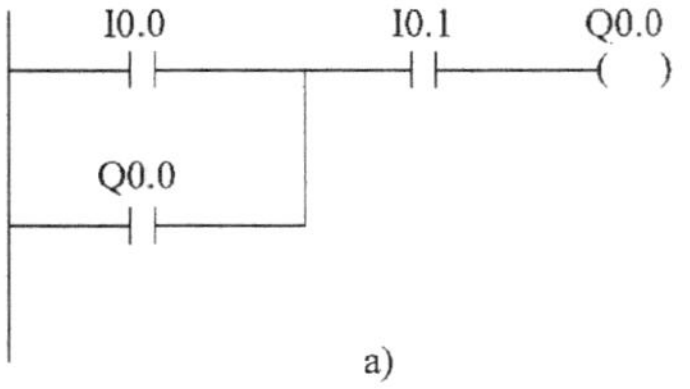

a)

LD　I0.0
O　Q0.0
A　I0.1
=　Q0.0

b)

图4-6　西门子S7—200的梯形图与语句表

在梯形图中仍沿用了继电器的线圈、常闭/常开触点、串联/并联等术语和类似的图形符号，并增加了继电器控制系统中没有的指令符号，信号流向清楚、简单、直观、易懂，因此是目前应用最多的一种编程语言。梯形图编程语言的主要特点如下。

① 梯形图按自上而下，从左到右的顺序排列，一侧的垂直公共线称为母线。每一个逻辑行起始于母线，然后是各触点的串、并联连接，最后是继电器线圈。

② 梯形图中的“继电器”是PLC内部的编程元件，因此称之为“软继电器”。每一个编程元件与PLC的元件映像寄存器的一个存储单元相对应，若相应存储单元为“1”，表示继电器线圈“通电”，则其常开触点闭合（ON），常闭触点断开（OFF），反之亦然。

③ 在梯形图中有一个假想的电流，即所谓“能流”从左流向右。例如，当图4-6中触点I0.0、I0.1均闭合，就有一假想的能流从左向右流向线圈Q0.0，即该线圈被通电，或者说被激励。

④ 输入继电器用于PLC接受外围设备的输入信号，而不能由PLC内部其他继电器的触点去驱动。因此梯形图中只出现输入继电器的触点，而不出现其线圈。输出继电器供PLC作输出控制用，当梯形图中输出继电器线圈满足接通条件时，就表示输出继电器对应的输出端有信号输出。

⑤ PLC按编号来区别编程元件，同一继电器的线圈和它的触点要使用同一编号。由于存储单元的状态可无数次被读出，因此PLC中各编程元件的触点可无限次被使用。

2）语句表（STL）。语句表又称为指令表，类似于计算机汇编语言的形式，用指令的助记符来编程，若干条指令组成的程序称为语句表程序。语句表编程语言使用方便，特别是一般的PLC既可以使用梯形图编程也可以使用语句表编程，并且梯形图和语句表可以相互转化，因此是一种应用较多的编程语言。

不同机型的PLC，语句表使用的助记符各不相同。图4-6b所示为西门子S7—200的语句表。

3）顺序功能图（SFC）。顺序功能图编程是一种较新的编程方法，用来编制顺序控制程序。步、转移条件和动作是顺序功能图中的三个要素，如图 4-7 所示。

一个控制系统的整体功能可以分解成许多相对独立的功能块，每一块又是由几个条件、几个动作按照相应的逻辑关系、动作顺序连接组合而成，块与块之间可以顺序执行，也可以按条件判断分别执行或者循环转移执行。这样把一个系统的各个动作功能按动作顺序用一个图描述出来就是系统的顺序功能图。

4）功能块图（FBD）。功能块图是在数字逻辑电路设计基础上开发出来的一种图形语言。它采用了数字电路中的图符，逻辑功能清晰，输入/输出关系明确，极易表现条件与结果之间的逻辑功能。

该编程语言用类似与门、或门的方框来表示逻辑运算关系，方框的左侧为逻辑运算的输入变量，右侧为输出变量，输入、输出端的小圆圈表示“非”运算，方框被“导线”连接在一起，如图 4-8 所示。

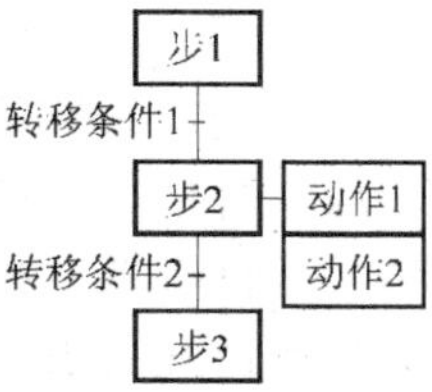

图 4-7　顺序功能图

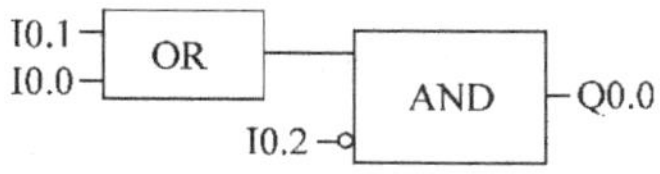

图 4-8　功能块图

3. 西门子 S7—200 PLC 性能简介

西门子 S7—200 PLC 属于小型 PLC。它指令丰富、功能强大、可靠性高、适应性好、结构紧凑、便于扩展、性能价格比高，既可用于简单控制场合，也可用于复杂的自动化控制系统。它有极强的通信功能，在大型网络控制系统中也能充分发挥其作用。

（1）S7—200PLC 的基本构成　S7—200 PLC 由基本单元（S7—200CPU 模块）、个人计算机（PC）或编程器、STEP7 - Micro/WIN32 编程软件以及通信电缆等构成。

1）基本单元（S7—200 CPU 模块）。基本单元（S7—200CPU 模块）也称为主机，由中央处理单元（CPU）、存储器、电源以及 I/O 单元组成。这些都被紧凑地安装在一个独立的装置中。基本单元可以构成一个独立的控制系统，如图 4-9 所示。

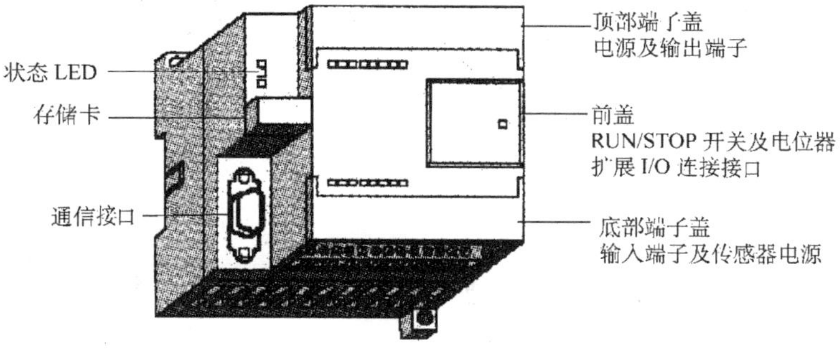

图 4-9　西门子 S7—200CPU 模块

在 CPU 模块的顶部端子盖内有电源及输出端子，输出端子的运行状态可以由顶部端子盖下方一排指示灯显示，ON 状态对应指示灯亮。在底部端子盖内有输入端子及传感器电源端子，输入端子的运行状态可以由底部端子盖上方一排指示灯显示，ON 状态对应指示灯亮。输入端子、输出端子是 PLC 与外部输入信号、外部负载联系的窗口。

在中部右侧前盖内有 CPU 工作方式开关（RUN/STOP）、模拟调节电位器和扩展 I/O 连接接口。将工作方式开关拨到 STOP 位置，PLC 处于停止状态，此时可以对其编写程序，将开关拨向 RUN 位置时，PLC 处于运行状态。扩展 I/O 连接接口是 PLC 主机实现扩展 I/O 点数和类型的部件。

在模块的左侧分别有状态 LED 指示灯、存储卡及通信接口。状态指示灯指示 CPU 的工作方式、主机 I/O 的当前状态、系统错误状态。存储卡（EEPROM 卡）可以存储 CPU 程序。RS—485 串行通信接口的功能包括串行/并行数据的转换、通信格式的识别、数据传输的出错检验、信号电平的转换等。通信接口是 PLC 主机实现人—机对话、机—机对话的通道，PLC 可以通过它和编程器、彩色图形显示器、打印机等外部设备相连，也可以和其他 PLC 或上位计算机连接。

S7—200 PLC 主机的型号规格种类较多，可以适应不同需求的控制场合。西门子公司推出的 S7—200 CPU22X 系列产品有 CPU221 模块、CPU222 模块、CPU224 模块、CPU226 模块、CUP226XM 模块。CPU22X 系列产品指令丰富、速度快、具有较强的通信能力。例如 CPU226 模块的 I/O 总数为 40 点，其中输入点 24 点，输出点 16 点，可带 7 个扩展模块，用户程序存储器容量为 6.6K 字，其内置高速计数器，具有 PID 控制器的功能，有 2 个高速脉冲输出端和 2 个 RS—485 通信接口，具有 PPI 通信协议、MPI 通信协议和自由口协议的通信能力，功能强，适用于要求较高的中小型控制系统。

图 4-10 所示为 CPU226 AC/DC/继电器模块 I/O 接线图。24 个数字量输入点分成两组。第一组由输入端子 I0.0 ~ I0.7、I1.0 ~ I1.4 共 13 个输入点组成，每个外部输入的开关信号均由各输入端子接出，经一个直流电源终至公共端 1M；第二组由输入端子 I1.5 ~ I1.7、I2.0 ~ I2.7 共 11 个输入点组成，每个外部输入信号由各输入端子接出，经一个直流电源至公共端 2M。由于是直流输入模块，所以采用直流电源作为检测各输入接点状态的电源。M、L + 两个端子提供 DC 24V 传感器电源，也可以作为输入端的检测电源使用。16 个数字量输出点分成三组。第一组由输出端子 Q0.0 ~ Q0.3 共 4 个输出点与公共端 1L 组成；第二组由

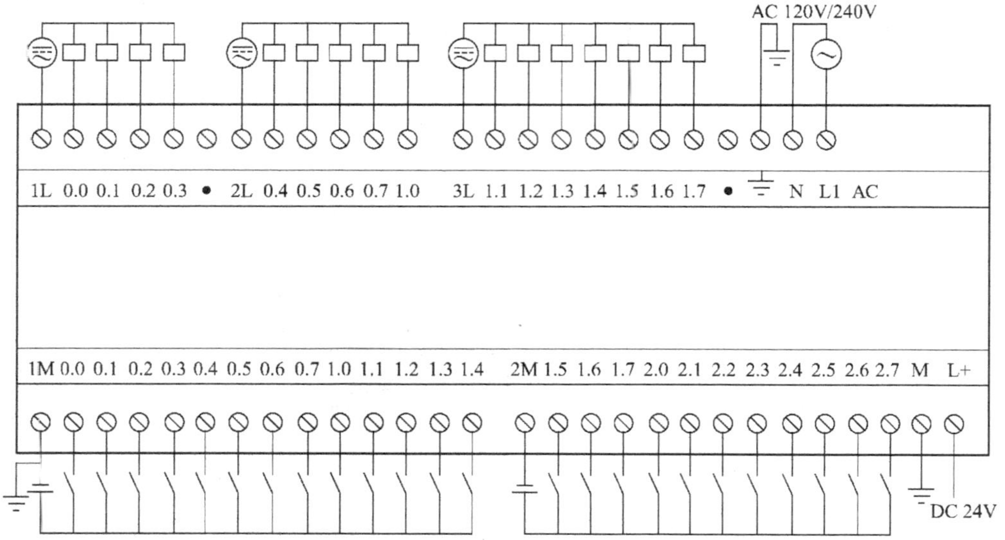

图 4-10　CPU226 AC/DC/继电器模块 I/O 接线图

输出端子 Q0.4 ~ Q0.7、Q1.0 共 5 个输出点与公共端 2L 组成；第三组由输出端子 Q1.1 ~ Q1.7 共 7 个输出点与公共端 3L 组成。每个负载的一端与输出点相连，另一端经电源与公共端相连。由于是继电器输出方式，所以既可带直流负载，也可带交流负载。负载的激励源由负载性质确定。输出端子排的右端 N、L1 端子是供电电源 AC 120V/240V 的输入端。该电源电压允许范围为 AC 85 ~ 264V。

S7—200 CPU 模块的主要技术指标见表 4-2。

表 4-2　S7—200 CPU 模块主要技术指标

特　性	CPU221	CPU222	CPU224	CPU226	CPU226XM
本机 I/O	6 入/4 出	8 入/6 出	14 入/10 出	24 入/16 出	
程序存储器	2048 字		4096 字		8192 字
用户数据存储器	1024 字		2560 字		5120 字
扩展模块	无	2 个	7 个		
内部继电器	256				
定时器/计数器	256/256				
顺序控制继电器	256				
内置高速计数器	4 个（30kHz）		6 个（30kHz）		
高速脉冲输出	2 个（20kHz）				
模拟量调节电位器	1 个		2 个		
DC 24V 电源 CPU 输入电流/最大负载	70mA /600mA		120mA / 900mA	150mA /1050mA	
AC 240V 电源 CPU 输入电流/最大负载	25mA /180mA		35mA /220mA	40mA /160mA	
DC 24V 传感器电源最大电流/电流限制	180mA /600mA		280mA /600mA	400mA /1500mA	
为扩展模块提供的 DC 5V 电源的输出电流	无	最大 340mA	最大 660mA	最大 1000mA	

通常，输出接口的继电器在 DC 5 ~ 30V/AC 250V 电压下的最大负载（电阻负载）电流为 2A。

2）个人计算机（PC）或编程器。个人计算机（PC）或编程器装上 STEP7 - Micro/WIN32 编程软件后，即可供用户进行程序的编辑、调试和监视等。

3）STEP7 - Micro/WIN32 编程软件。STEP7 - Micro/WIN32 编程软件是基于 Windows 的应用软件，它的基本功能是创建、编辑和调试用户程序等。

4）通信电缆。通信电缆是 PLC 用来与个人计算机（PC）实现通信的，可以用 PC/PPI 电缆。

（2）S7—200 PLC 的软元件的功能

1）输入映像寄存器（I）。PLC 的输入端子是从外部接收信号的窗口。输入端子与输入映像寄存器（I）的相应位对应即构成输入继电器，其常开和常闭触点使用次数不限。

输入点的状态在每次扫描周期开始时采样，采样结果以“1”或“0”的方式写入输入映像寄存器，作为程序处理时输入点状态“通”或“断”的根据。

编程时应注意，输入继电器线圈只能由外部输入信号驱动，而不能在程序内部用指令来驱动。

输入映像寄存器的数据可按 bit（位）为单位使用，也可按字节、字、双字为单位使用，其地址格式为

位地址：I［字节地址］.［位地址］，如 I0.1。

字节、字、双字地址：I［数据长度］［起始字节地址］，如 IB4、IW6、ID8。

CPU226 模块输入映像寄存器的有效地址范围为：I（0.0～15.7）；IB（0～15）；IW（0～14）；ID（0～12）。

2）输出映像寄存器（Q）。PLC 的输出端子是 PLC 向外部负载发出控制命令的窗口。输出端子与输出映像寄存器（Q）的相应位对应即构成输出继电器，输出继电器控制外部负载，其内部的软触点使用次数不限。

在每次扫描周期的最后，CPU 才以批处理方式将输出映像寄存器的内容传送到输出端子。

输出映像寄存器的数据可按 bit（位）为单位使用，也可按字节、字、双字为单位使用，其地址格式为：

位地址：Q［字节地址］.［位地址］，如 Q0.1。

字节、字、双字地址：Q［数据长度］［起始字节地址］，如 QB4、QW6、QD8。

CPU226 模块输出映像寄存器的有效地址范围为：Q（0.0～15.7）；QB（0～15）；QW（0～14）；QD（0～12）。

3）内部标志位存储器（M）。内部标志位存储器（M）也称为内部继电器，存放中间操作状态，或存储其他相关的数据。内部标志位存储器可按位为单位使用，也可按字节、字、双字为单位使用。

注意：内部继电器不能直接驱动外部负载。

内部标志位存储器的地址格式为

位地址：M［字节地址］.［位地址］，如 M0.1。

字节、字、双字地址：M［数据长度］［起始字节地址］，如 MB4、MW6、MD8。

CPU226 模块内部标志位寄存器的有效地址范围为：M（0.0～31.7）；MB（0～31）；MW（0～30）；MD（0～28）。

4）特殊标志位存储器（SM）。特殊标志位存储器（SM）即特殊内部继电器。它是用户程序与系统程序之间的界面，为用户提供一些特殊的控制功能及系统信息，用户对操作的一些特殊要求也通过 SM 通知系统。特殊标志位存储器可按位为单位使用，也可按字节、字、双字为单位使用。特殊标志位区域分为只读区域（SM0～SM29）和可读写区域，在只读区特殊标志位，用户只能利用其触点。例如：

SM0.0　RUN 监控，PLC 在 RUN 状态时，SM0.0 总为 1。

SM0.1　初始脉冲，PLC 由 STOP 转为 RUN 时，SM0.1 接通一个扫描周期。

SM0.2　当 RAM 中保存的数据丢失时，SM0.2 接通一个扫描周期。

SM0.3　PLC 上电进入 RUN 状态时，SM0.3 接通一个扫描周期。

SM0.4　分脉冲，占空比为 50%，周期为 1min 的脉冲串。

SM0.5　秒脉冲，占空比为 50%，周期为 1s 的脉冲串。

SM0.6　扫描时钟，一个扫描周期为 ON，下一个周期为 OFF，交替循环。

SM1.0　执行指令的结果为 0 时，该位置 1。

SM1.1　执行指令的结果溢出或检测到非法数值时，该位置 1。

SM1.2　执行数学运算的结果为负数时，该位置 1。

SM1.3　除数为 0 时，该位置 1。

特殊标志位存储器的地址格式为

位地址：SM [字节地址] . [位地址]，如 SM0.1。

字节、字、双字地址：SM [数据长度] [起始字节地址]，如 SMB8、SMW10、SMD12。

5）顺序控制继电器（S）。顺序控制继电器（S）又称为状态元件，用于顺序控制（步进控制），通常与顺序控制指令 LSCR、SCRT、SCRE 结合使用。

顺序控制继电器可按位为单位使用，也可按字节、字、双字来存取数据，其地址格式为

位地址：S [字节地址] . [位地址]，如 S0.1。

字节、字、双字地址：S [数据长度] [起始字节地址]，如 SB4、SW6、SD8。

CPU226 模块状态寄存器的有效地址范围为：S（0.0 ~ 31.7）；SB（0 ~ 31）；SW（0 ~ 30）；SD（0 ~ 28）。

6）定时器（T）。PLC 中的定时器（T）的作用相当于继电器控制系统的时间继电器。定时器的设定值由程序赋予，定时器的分辨率有三种：1ms、10ms、100ms。每个定时器有一个 16 位的当前值寄存器和一个状态位。

定时器地址表示格式为：T [编号]，如 T24。

S7—200 PLC 定时器的有效地址范围为：T（0 ~ 255）。

7）计数器（C）。计数器（C）是累计其计数输入端子送来的脉冲数。计数器的结构与定时器基本一样，其设定值在程序中赋予，它有一个 16 位的当前值寄存器和一个状态位。一般计数器的计数频率受扫描周期的影响，不可以太高，高频信号的计数可用指定的高速计数器。

计数器地址表示格式为：C [编号]，如 C24。

S7—200 PLC 计数器的有效地址范围为：C（0 ~ 255）。

8）变量寄存器（V）。S7—200 系列 PLC 有较大容量的变量寄存器（V）。用于模拟量控制、数据运算、设置参数等用途。变量寄存器可按 bit（位）为单位使用，也可按字节、字、双字为单位使用。其地址格式为：

位地址：V [字节地址] . [位地址]，如 V0.1。

字节、字、双字地址：V [数据长度] [起始字节地址]，如 VB4、VW6、VD8。

CPU226 模块变量寄存器的有效地址范围为：V（0.0 ~ 5119.7）；VB（0 ~ 5119）；VW（0 ~ 5118）；VD（0 ~ 5116）。

9）累加器（AC）。累加器（AC）是用来暂存计算中间值的寄存器，也可向子程序传递参数或返回参数。S7—200 CPU 中提供 4 个 32bit 累加器（AC0 ~ AC3）。累加器支持以字节、字和双字为单位的存取。以字节或字为单位存取累加器时，是访问累加器的低 8 位或低 16 位。

10）模拟量输入/输出寄存器（AI/AQ）。PLC 外的模拟量经 A－D 转换为数字量，存放在模拟量输入寄存器（AI），供 CPU 运算，CPU 运算的相关结果存放在模拟量输出寄存器（AQ），经 D－A 转换为模拟量，以驱动外部模拟量控制设备。在 PLC 内的数字量字长为 16bit，即 2 Byte，故其地址格式为

AIW/AQW [起始字节地址]，如 AIW0，2，4，…；AQW0，2，4，…。

CPU226 模块模拟量输入/输出寄存器的有效地址范围：AIW0～AIW62，AQW0～AQW62。

4. 基本逻辑指令

S7—200 PLC 的基本指令多用于开关量逻辑控制，这里着重介绍基本指令的功能、梯形图的编程方法及对应的指令表形式。

编程时，应注意各操作数的数据类型及数值范围。

LD（Load）指令：常开触点逻辑运算开始。

A （And）指令：常开触点串联连接。

O （Or）指令：常开触点并联连接。

=（Out）指令：输出。

其应用如图 4-11 所示。

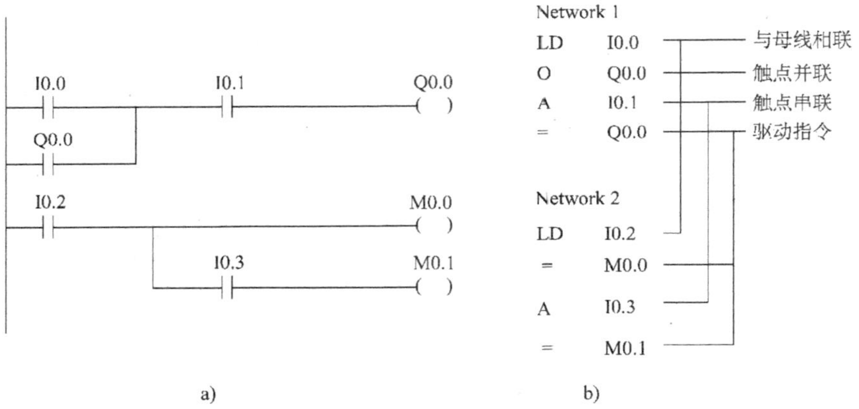

图 4-11 基本逻辑指令应用举例

a）梯形图 b）指令表

（1）指令使用说明

1）LD 指令用于与输入母线相连的触点，在分支电路块的开始处也要使用 LD 指令。

2）触点的串/并联用 A/O 指令，输出线圈总是放在最右边，用＝（Out）指令。

3）LD、A、O 指令的操作元件（操作数）可为 I，Q，M，SM，T，C，V，S。＝（Out）指令的操作元件（操作数）一般可为 Q，M，SM，T，C，V，S。

4）在 PLC 中，除了常开触点外还有常闭触点。为与之相对应，引入了以下指令。

LDN（Load Not）指令：常闭触点逻辑运算开始。

AN（And Not）指令：常闭触点串联。

ON（Or Not）指令：常闭触点并联。

这三条指令的操作元件与对应常开触点指令的操作元件相同。

(2) 指令使用注意

1) 在程序中不要用 = (Out) 指令去驱动实际的输入 (I)，因为 I 的状态应由实际输入器件的状态来决定。

2) 尽量避免双线圈输出（即同一线圈多次使用），如图 4-12 所示。

若 I0.0 = ON，I0.2 = OFF，则当扫描到图中第一行时，因 I0.0 = ON，CPU 将输出映像寄存器中的 Q0.0 写为 1。随后当扫描到第三行时，因 I0.2 = OFF，CPU 将 Q0.0 改写为 0。因而，实际输出时，Q0.0 仍为 OFF。由此可见，如有双线圈输出，则后面的线圈动作状态有效。

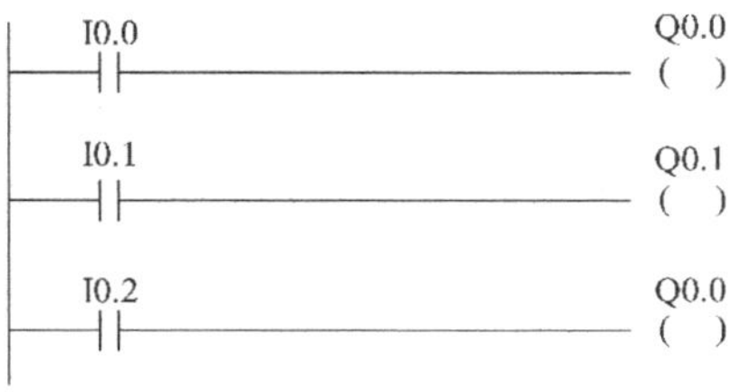

图 4-12　双线圈输出

5. STEP7 - Micro/WIN32 编程软件的使用

1) 打开 STEP7 - Micro/WIN32 编程软件，用菜单命令“文件→新建”，生成一个新的项目。用菜单命令“文件→打开”，可打开一个已有的项目。用菜单命令“文件→另存为”可修改项目的名称。

2) 选择菜单命令“PLC→类型”，设置 PLC 的型号。可以使用对话框中的“通信”按钮，设置与 PLC 通信的参数。

3) 用“检视”菜单可选择 PLC 的编程语言，选择菜单命令“工具→选项”，单击窗口中的“通用”标签，选择 SIMATIC 指令集，还可以选择使用梯形图 (LAD) 或语句表 (STL)。

4) 输入梯形图程序。用“PLC”菜单中的命令或按工具条中的“编译”或“全部编译”按钮来编译输入的程序。

如果程序有错误，编译后在输出窗口将显示与错误有关的信息。双击显示的某一条错误，程序编辑器中的矩形光标将移到该错误所在的位置。必须改正程序中所有的错误，编译成功后，才能下载程序。

5) 设置通信参数。

6) 将编译好的程序下载到 PLC 之前，PLC 应处于 STOP 工作方式。如果不在 STOP 方式，可将 PLC 上的方式开关扳到 STOP 位置，或单击工具栏的“停止”按钮，进入 STOP 状态。单击工具栏的“下载”按钮，或选择菜单命令“文件→下载”，在下载对话框中选择下载程序块，单击“确认”按钮，开始下载。

7) 断开数字量输入板上的全部输入开关，输入侧的 LED 全部熄灭。下载成功后，单击工具栏的“运行”按钮，用户程序开始运行，“RUN” LED 亮。

五、电动机起/停电路的分析

1. 硬件电路

某些设备运动部件的位置常常需要进行调整，这就要用到具有点动调整的功能。分析具有点动调整功能的电动机起、停控制。电动机起/停控制硬件电路如图 4-13 所示。

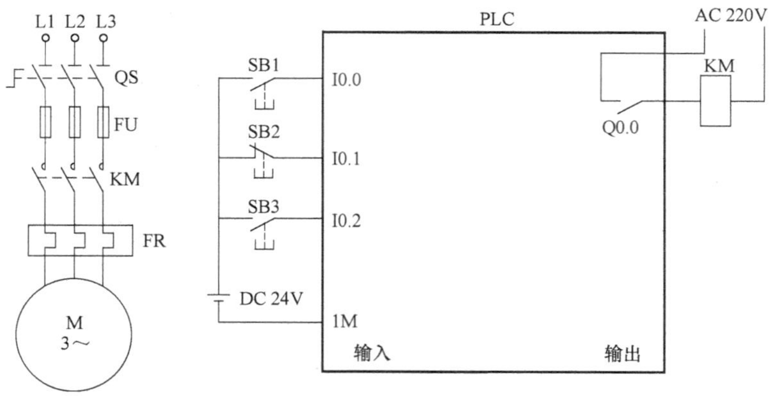

图 4-13 电动机起/停控制硬件电路

2. I/O 地址

I/O 地址分配表见表 4-3。

表 4-3 I/O 地址分配表

输入信号		输出信号	
起动按钮 SB1	I0.0	接触器 KM	Q0.0
停止按钮 SB2	I0.1		
点动按钮 SB3	I0.2		

3. 梯形图分析

如图 4-14 所示，当按下点动按钮 SB3 时，I0.2 接通，Q0.0 线圈接通，当松开点动按钮 SB3 时，I0.2 断开，Q0.0 线圈断开。当按下起动按钮 SB1 时，I0.0 接通，I0.1 常开触点闭合（停止按钮 SB2 未动作），M0.0、Q0.0 线圈接通并自锁；当按下停止按钮 SB2 时，I0.1 常开触点断开，Q0.0 线圈断开。

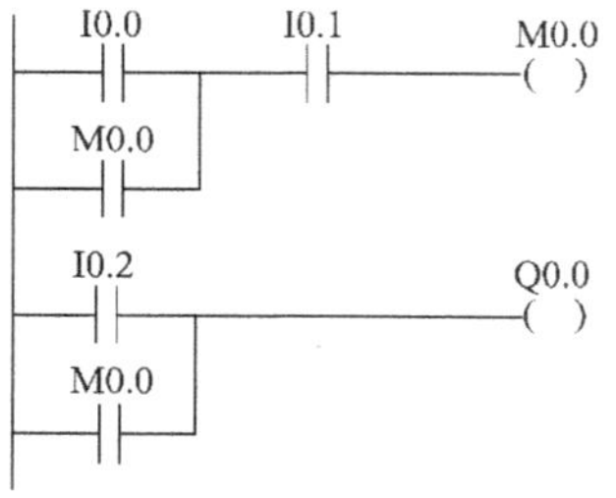

图 4-14 电动机起/停控制梯形图

六、电动机起/停电路的安装与调试

1）检查实验设备，准备好实验用导线。

2）按图 4-13 所示电路图接好线，并对照电路图检查是否有掉线、错线，接线是否牢固。学生自行检查和互检，确认安装的电路正确和无安全隐患，经指导老师检查后方可通电实验。切记严格遵守安全操作规程，确保人身安全。

3）接通 PLC 电源，打开计算机，接通 DC 24V 电源，操作 STEP7 - Micro/WIN32 编程软件。首先选择 PLC 类型，录入程序，用“PLC”菜单中的命令或按工具条中的“编译”或“全部编译”按钮来编译输入的程序，并下载到 PLC 上。

4）单击工具栏的“运行”按钮，用户程序开始运行，“RUN” LED 亮。

5）用“程序状态”功能监视程序的运行情况。按下按钮 SB1，观察 Q0.0 的通断情况，按下按钮 SB2，观察 Q0.0 的通断情况；按住按钮 SB3，观察 Q0.0 的通断情况，再松开按钮

SB3，观察 Q0.0 的通断情况。在调试的过程中，观察 Q0.0 的状态是否符合图 4-14 给出的逻辑关系。

6）若出现故障，检查硬件电路及梯形图后重新调试，直至实现系统功能。同时做好记录（故障现象、原因分析、解决办法）。

7）断开 DC 24V 电源，关闭计算机，断开 PLC 电源，拆线及整理。

七、考核与评价

在自觉遵守安全文明生产规程的前提下，根据学习情境的能力目标，确定不同阶段的考核方式及分数权重，具体评定标准见表 4-4。

表 4-4　考核标准

教学内容	评价要点	评价标准	评价方式	考核方式	分数权重
学习情境四任务一	梯形图的分析	正确分析梯形图	教师评价	答辩	0.3
	电路的连接	按图接线正确、规范、合理		操作	0.2
	软件的调试	应用 PLC 软件正确调试程序		操作	0.3
	工作态度	认真、主动参与学习	小组成员互评	口试	0.1
	团队合作	具有与团队成员合作的精神		口试	0.1

八、知识拓展

1. PLC 与继电器控制系统的比较

PLC 的梯形图与继电器控制系统相比，它们的相同之处是：电路的结构大致相同；梯形图沿用了继电器控制电路元件符号（仅个别处有些不同）；信号的输入、输出形式及控制功能相同。

它们的差别主要是：

（1）组成器件　继电器控制电路是许多真正的硬件继电器组成，硬件继电器易磨损；而梯形图则由许多“软继电器”组成，这些“软继电器”实质上是存储器中的每一位触发器，可以置“0”或置“1”，“软继电器”则无磨损现象。

（2）触点数量　硬件继电器的触点数量有限，用于控制的继电器的触点数一般只有 4～8 对；而梯形图中每个“软继电器”供编程使用的触点数有无限对，因为在存储器中的触发器状态（电平）可取用任意次数。

（3）实施控制的方法　在继电器控制电路中，要实现某种控制是通过各种继电器之间硬接线解决的，由于其控制功能已包含在固定电路之间，因此它的功能专一，不灵活；而 PLC 控制是通过梯形图即软件编程解决的，所以灵活多变。

（4）工作方式　在继电器控制电路中，当电源接通时，电路中各继电器都处于受制约状态，即该吸合的继电器都同时吸合，不应吸合的继电器都因受某种条件限制不能吸合，这种工作方式称为并行工作方式；而在梯形图的控制电路中，图中各软继电器都处于周期性循环扫描接通中，受同一条件制约的各个继电器的动作次序决定于程序扫描顺序，这种工作方式称为串行工作方式。

（5）控制速度　继电器控制系统依靠触点的机械动作实现控制，工作频率低，另外机械触点还会出现抖动问题；而PLC是由程序指令来实现控制的，速度快，PLC内部还有严格的同步，不会出现抖动问题。

2. 复杂的逻辑指令

对于一些复杂的逻辑关系，用基本的逻辑指令难以处理，例如电路块（分支电路）的串联、并联等，这就需要引入新的指令。S7—200 PLC引入逻辑堆栈指令，以处理复杂逻辑关系。

（1）电路块的串/并联

OLD（Or Load）指令：电路块的并联。

ALD（And Load）指令：电路块的串联。

如图4-15所示，电路块的起始点用LD、LDN指令，OLD指令用于电路块的并联，ALD指令用于电路块串联，OLD及ALD指令均没有操作元件。

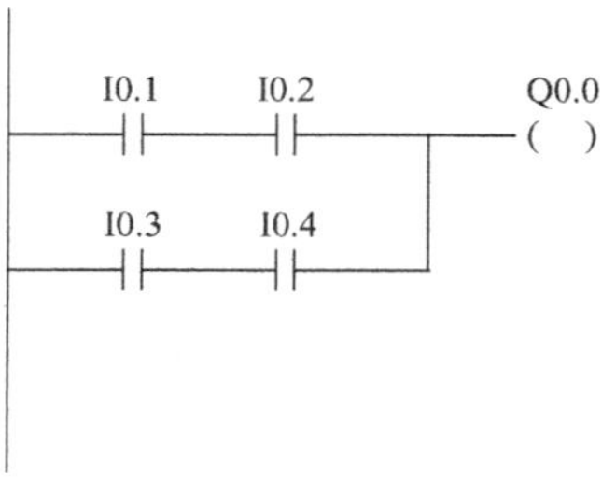


```
LD   I0.1
A    I0.2
LD   I0.3
A    I0.4
OLD
=    Q0.0
```

a)

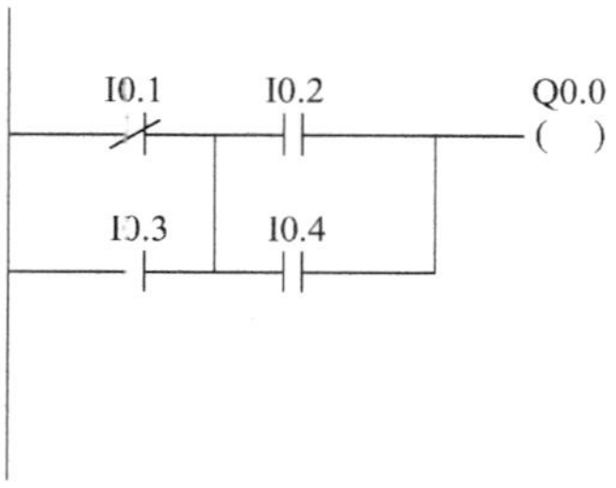


```
LDN  I0.1
O    I0.3
LD   I0.2
O    I0.4
ALD
=    Q0.0
```

b)

图4-15　电路块的串/并联

a）并联　b）串联

例4-1　如图4-16所示，根据梯形图写出指令表。

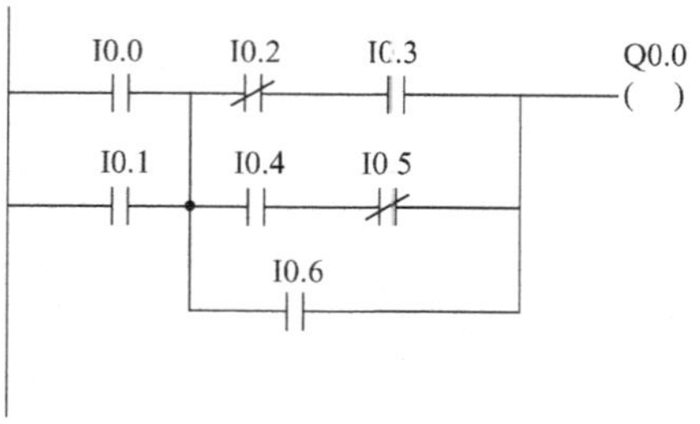


```
LD   I0.0
O    I0.1
LDN  I0.2
A    I0.3
LD   I0.4
AN   I0.5
OLD
O    I0.6
ALD
=    Q0.0
```

图4-16　电路块的串/并联实例

（2）逻辑堆栈的操作

LPS（Logic Push）：逻辑入栈指令（分支电路开始指令）。在梯形图的分支结构中，LPS指令用于生成一条新的母线，其左侧为原来的主逻辑块，右侧为新的从逻辑块，可直接编程。LPS指令的作用是把栈顶值复制后压入堆栈，把栈底值弹出。

LRD（Logic Read）：逻辑读栈指令。在梯形图的分支结构中，当新母线左侧为主逻辑块时，LPS开始右侧的第一个从逻辑块编程，LRD开始第二个以后的从逻辑块编程。LRD指令的作用是把逻辑堆栈第二级的值复制到栈顶，堆栈没有压入和弹出。

LPP（Logic Pop）：逻辑出栈指令（分支电路结束指令）。在梯形图的分支结构中，LPP 用于 LPS 产生的新母线右侧的最后一个从逻辑块编程，它在读取完离它最近的 LPS 压入堆栈内容的同时，复位该条新母线。LPP 指令的作用是把堆栈弹出一级，原第二级的值变为新的栈顶值。

S7—200 PLC 中有一个 9 层堆栈，用于处理逻辑运算结果，称为逻辑堆栈。执行 LPS、LRD、LPP 指令时对逻辑堆栈的影响如图 4-17 所示。

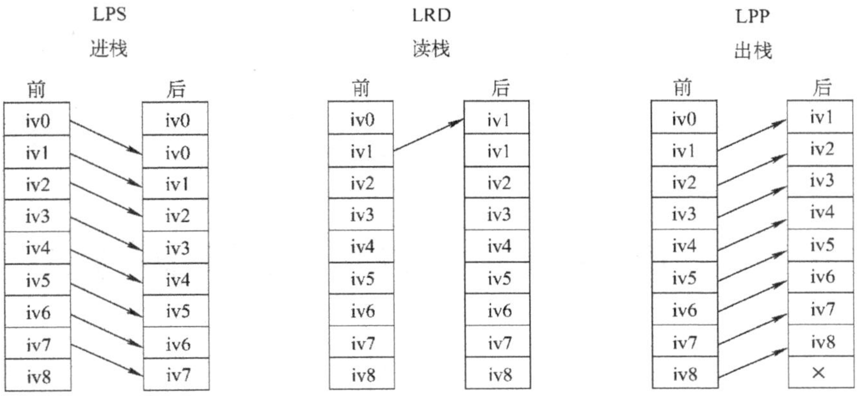

图 4-17　执行 LPS、LRD、LPP 指令时对逻辑堆栈的影响

例 4-2　如图 4-18 所示，根据梯形图写出指令表。

例 4-2 可以说明 LPS、LRD、LPP 指令的作用。例中仅用了 2 层栈，实际上因为逻辑堆栈有 9 层，故可以继续使用多次 LPS，形成多层分支。

注意：

1）LPS 和 LPP 必须配对使用。

2）LPS、LRD、LPP 指令无操作数。

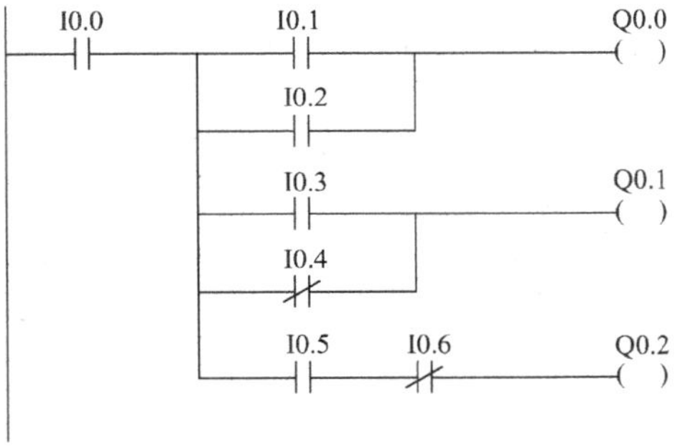


```
LD    I0.0
LPS
LD    I0.1
O     I0.2
ALD
=     Q0.0
LRD
LD    I0.3
ON    I0.4
ALD
=     Q0.1
LPP
A     I0.5
AN    I0.6
=     Q0.2
```

图 4-18　LPS、LRD、LPP 指令应用实例

九、习题与思考题

1. PLC 有哪些主要特点？
2. PLC 由哪几部分组成，各有什么作用？
3. PLC 的工作方式如何？简述 PLC 的工作过程。
4. 什么是 PLC 的扫描周期？扫描周期的长短与什么因素有关？
5. PLC 有哪些编程语言？请说明梯形图中“能流”的概念。
6. PLC 与继电器控制相比，有哪些异同？
7. SIEMENS S7—200 系列 PLC 有哪些基本构成？

8. S7—200 系列 PLC 共有几种类型的定时器？各有何特点？
9. S7—200 系列 PLC 共有几种类型的计数器？各有何特点？
10. 写出图 4-19 所示梯形图的语句表。

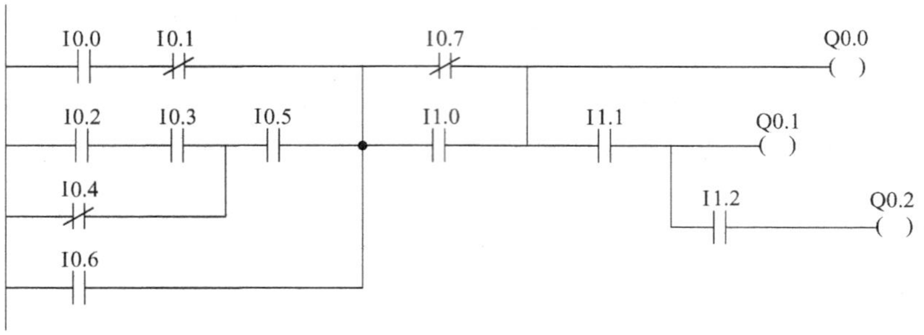

图 4-19 复杂逻辑指令应用

任务二 边沿脉冲触发电路的分析、安装与调试

一、学习目标

1）掌握置位/复位指令、边沿脉冲指令的应用。

2）正确分析边沿脉冲触发电路梯形图，并按照其硬件电路图进行接线，调试 PLC 程序。

二、任务

本任务是边沿脉冲触发电路的分析、接线与调试。电路控制要求为：当输入继电器 I0.0 有上升沿时，Q0.0 为高电平并保持；当输入继电器 I0.1 有下降沿时，Q0.0 为低电平并保持。

三、设备

主要设备见表 4-5。

表 4-5 设备及工具清单

序 号	名 称	数 量
1	SIEMENS S7—200 PLC	1 台
2	安装了 STEP7 - Micro/WIN32 编程软件的计算机	1 台
3	PC/PPI 电缆	1 根
4	PLC 输入输出实验板	1 块
5	电源板	1 块
6	导线	若干

四、知识储备

1. 置位/复位指令

置位/复位指令 S/R（Set/Reset）的 STL、LAD 形式及功能，见表 4-6。

表 4-6　置位/复位指令的 STL、LAD 形式及功能

指令名称	STL	LAD	功　能
置位指令	S　bit，n	bit —（S） n	从 bit 开始的 n 个元件置 1 并保持
复位指令	R　bit，n	bit —（R） n	从 bit 开始的 n 个元件清 0 并保持

图 4-20 所示为 S/R 指令应用，输入继电器 I0.0 为 1 使 Q0.0 接通并保持，即使 I0.0 断开也不再影响 Q0.0 的状态。输入继电器 I0.1 为 1 使 Q0.0 断开并保持，即使 I0.1 断开也不再影响 Q0.0 的状态。若 I0.0 和 I0.1 同时为 1，R 指令写在后面但有优先权，则 Q0.0 为 0。

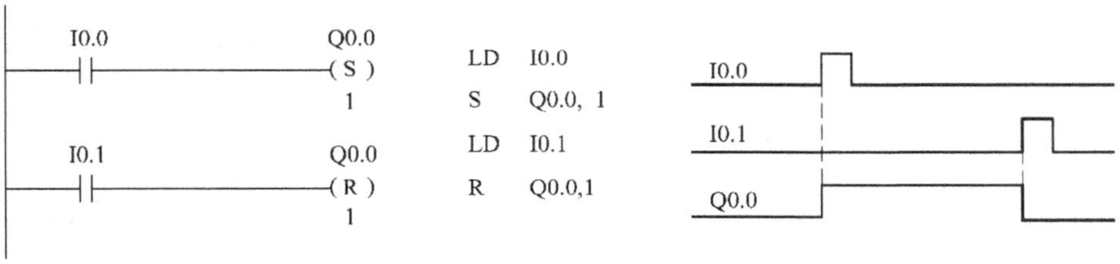

图 4-20　S/R 指令应用

实际上图 4-20 所示的例子组成了一个 S－R 触发器，当然也可把次序反过来组成 R－S 触发器。

说明：

1）S/R 指令具有保持功能，当置位或复位条件满足时，输出状态保持为 1 或 0。

2）对同一元件可以多次使用 S/R 指令（与 = 指令不同）。

3）由于是扫描工作方式，故写在后面的指令有优先权。

4）对计数器和定时器复位，计数器和定时器的当前值将被清为 0。

5）置位/复位元件 bit 可为 Q、M、SM、T、C、V、S 等。

6）置位/复位元件数目 n 取值范围为 1～255。

例 4-3　如图 4-21 所示，根据梯形图以及输入继电器的时序画出输出继电器时序。

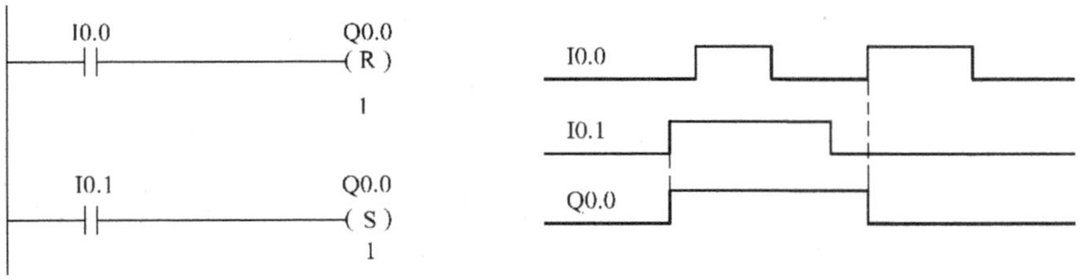

图 4-21　S/R 指令实例

实例中，当I0.0、I0.1都为低电平时，Q0.0保持原来的状态；当I0.0、I0.1有一个高电平时，高电平的信号影响Q0.0的状态；当I0.0、I0.1都为高电平时，写在后面的指令优先影响Q0.0的状态。

例4-4　用基本逻辑指令实现置位/复位功能。如图4-22所示，输入继电器I0.0接通，Q0.0接通并保持；输入继电器I0.1接通，Q0.0断开。

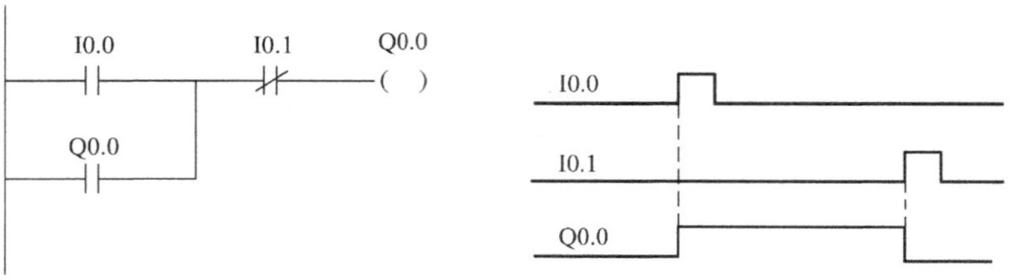

图4-22　用基本逻辑指令实现置位/复位功能

2. 边沿脉冲指令

边沿脉冲指令EU/ED（Edge Up/Edge Down）的STL、LAD形式及功能见表4-7。

表4-7　边沿脉冲指令的STL、LAD形式及功能

指令名称	STL	LAD	功　能	操作元件
上升沿脉冲指令	EU	┤P├	上升沿微分输出	无
下降沿脉冲指令	ED	┤N├	下降沿微分输出	无

EU指令在对应输入条件有一个上升沿（由OFF到ON）时，产生一个宽度为一个扫描周期的脉冲，驱动其后面的输出线圈；而ED指令则对应输入条件有一个下降沿（由ON到OFF）时，产生一个宽度为一个扫描周期的脉冲，驱动其后的输出线圈。如图4-23所示，当输入I0.0有上升沿时，EU指令产生一个宽度为一个扫描周期的脉冲，驱动其后的输出线圈Q0.0；当输入I0.1有下降沿时产生一个宽度为一个扫描周期的脉冲，驱动其后的输出线圈Q0.1。

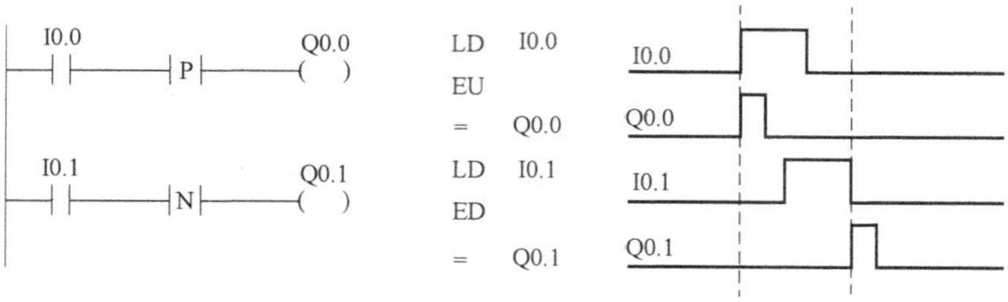

图4-23　边沿脉冲指令应用

边沿脉冲指令所产生的脉冲常常用于后面应用指令的执行条件。

例4-5　用基本逻辑指令实现边沿脉冲指令功能。如图4-24a所示，当输入继电器I0.0有上升沿时，Q0.0产生一个宽度为一个扫描周期的脉冲。如图4-24b所示，当I0.0有下降沿时，Q0.0产生一个宽度为一个扫描周期的脉冲。

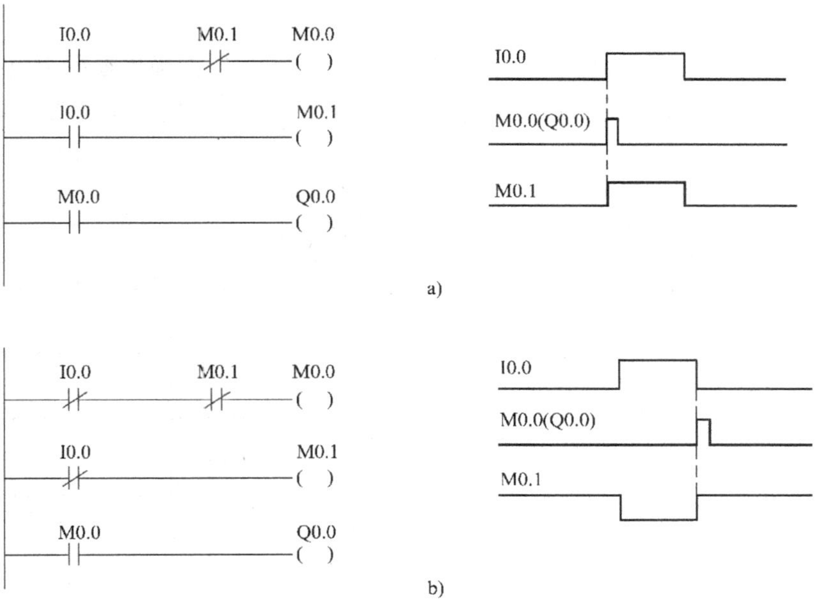

图 4-24　基本逻辑指令实现边沿脉冲指令功能

a）上升沿　b）下降沿

五、边沿脉冲触发电路的分析

1. 硬件电路

电动机边沿脉冲触发硬件电路如图 4-25 所示。

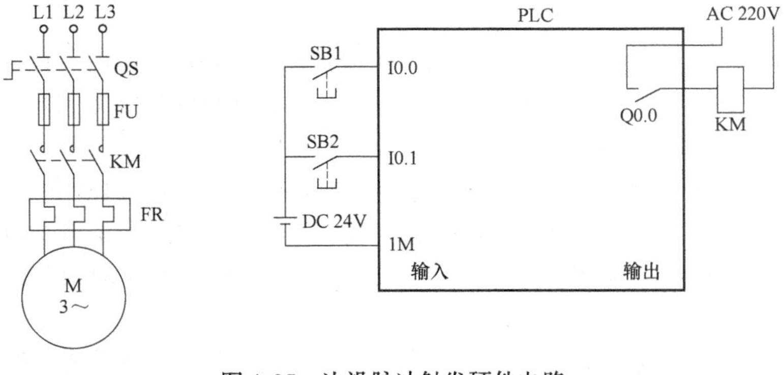

图 4-25　边沿脉冲触发硬件电路

2. I/O 地址

I/O 地址分配见表 4-8。

表 4-8　I/O 地址分配表

输入信号		输出信号	
起动按钮 SB1	I0. 0	接触器 KM	Q0. 0
停止按钮 SB2	I0. 1		

3. 梯形图分析

如图4-26所示，当输入I0.0为上升沿时，M0.0产生一个扫描周期的高电平，Q0.0被置1，当输入I0.1为下升沿时，M0.1产生一个扫描周期的高电平，Q0.0被清0。

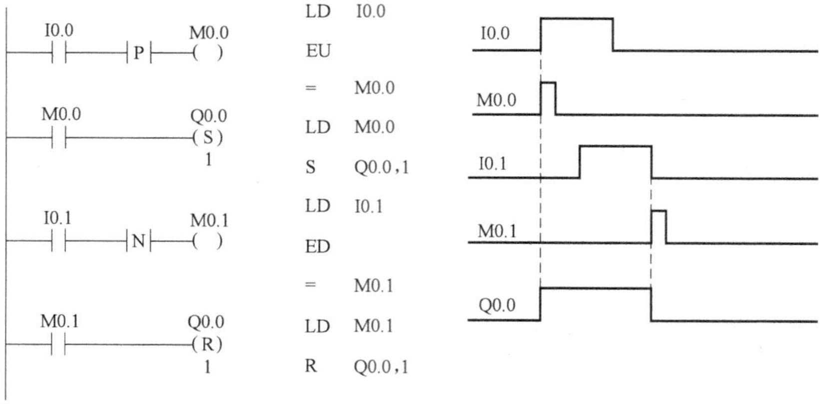

图4-26 边沿脉冲触发梯形图

六、边沿脉冲触发电路的安装与调试

1）检查实验设备，准备好实验用导线。

2）按图4-25所示的电路图接好线，并对照电路图检查是否有掉线、错线，接线是否牢固。学生自行检查和互检，确认安装的电路正确和无安全隐患，经指导老师检查后方可通电实验。切记严格遵守安全操作规程，确保人身安全。

3）接通PLC电源，打开计算机，接通DC 24V电源，操作STEP7 - Micro/WIN32编程软件。首先选择PLC类型，录入程序，用“PLC”菜单中的命令或按工具条中的“编译”或“全部编译”按钮来编译输入的程序，并下载到PLC上。

4）单击工具栏的“运行”按钮，用户程序开始运行，“RUN”LED亮。

5）用“程序状态”功能监视程序的运行情况。按下按钮SB1，观察Q0.0的通断情况，按下按钮SB2，观察Q0.0的通断情况。在调试的过程中，观察Q0.0的状态是否符合图4-26给出的逻辑关系。

6）若出现故障，检查硬件电路及梯形图后重新调试，直至实现系统功能。同时做好记录（故障现象、原因分析、解决办法）。

7）断开DC 24V电源，关闭计算机，断开PLC电源，拆线及整理。

七、考核与评价

在自觉遵守安全文明生产规程的前提下，根据学习情境的能力目标，确定不同阶段的考核方式及分数权重，考核标准见表4-9。

表 4-9　考核标准

教学内容	评价要点	评价标准	评价方式	考核方式	分数权重
学习情境四任务二	梯形图的分析	正确分析梯形图	教师评价	答辩	0.3
	电路的连接	按图接线正确、规范、合理		操作	0.2
	软件的调试	应用 PLC 软件正确调试程序		操作	0.3
	工作态度	认真、主动参与学习	小组成员互评	口试	0.1
	团队合作	具有与团队成员合作的精神		口试	0.1

八、知识拓展

1. 单按钮起、停控制

通常起、停控制均要设置两个控制按钮作为起动控制和停止控制。现介绍只用一个按钮，通过软件编程，实现起动与停止的控制。

如图 4-27a 所示，I0.0 为起动、停止按钮信号，Q1.0 为输出。第一次按下按钮时 Q1.0 为 ON，第二次按下按钮时 Q1.0 为 OFF，第三次按下按钮时 Q1.0 为 ON。图 4-27b 所示为其工作时序图。

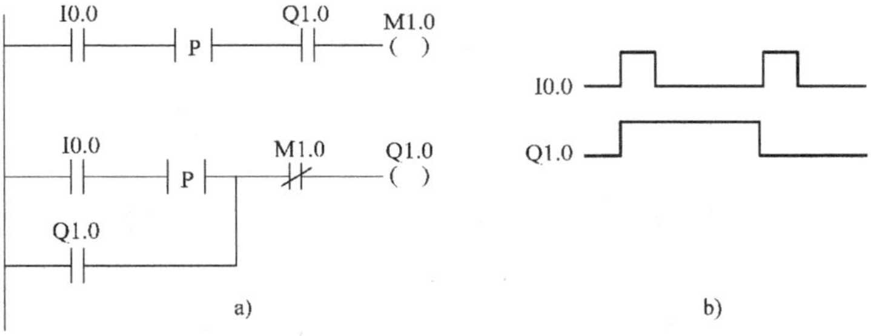

图 4-27　单按钮起、停控制梯形图与时序图

2. 二分频输出控制

输入信号 I0.0，输出信号 Q0.0。当 I0.0 有一个上升沿时，M0.0 接通一个扫描周期，M0.2 接通一个扫描周期，M0.1（Q0.0）置 1 保持，当 I0.0 再来一个上升沿时，M0.0 接通一个扫描周期，M0.3 接通一个扫描周期，M0.1（Q0.0）复位保持，直到 I0.0 再来一个上升沿。因此输出信号 Q0.0 的周期是输入信号 I0.0 的二倍，输出信号 Q0.0 的频率是输入信号 I0.0 的二分之一，如图 4-28 所示。

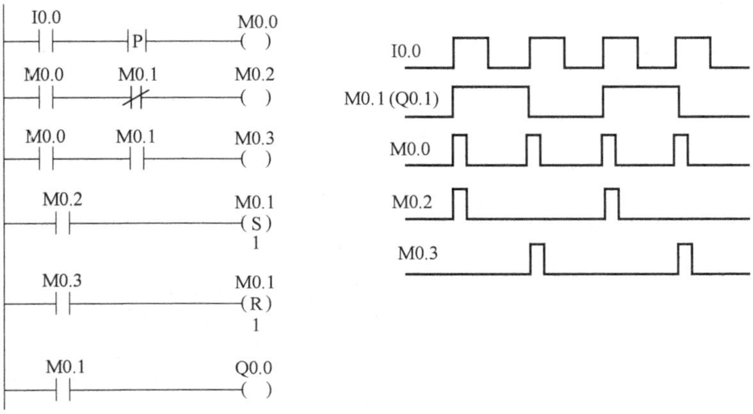

图 4-28　二分频输出控制梯形图与时序图

九、习题与思考题

1. 根据图 4-29 所示的梯形图和 I0. 0、I0. 1 的时序，画出 Q0. 0 的时序。

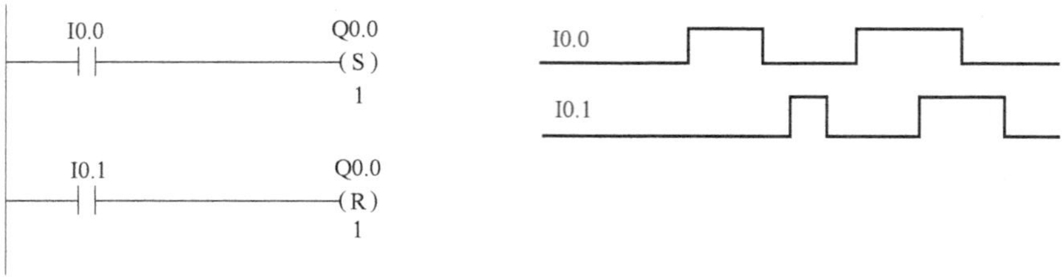

图 4-29　习题 1 图

2. 根据图 4-30 所示的梯形图和 I0. 0 的时序，画出 Q0. 0 的时序。

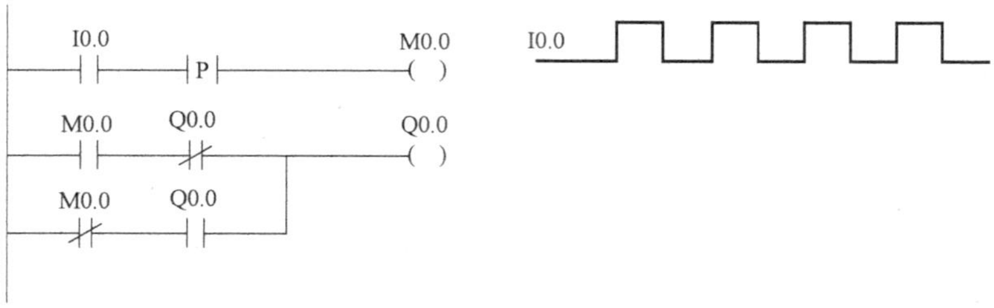

图 4-30　习题 2 图

任务三　延时接通、断开电路的分析、安装与调试

一、学习目标

1）学会 S7—200 PLC 中定时器指令的使用，正确分析延时接通/断开梯形图。

2）能根据延时接通/断开硬件电路图进行正确接线，并调试 PLC 程序。

二、任务

本任务是分析、安装与调试 PLC 控制的延时接通/断开电路。电路控制要求为：输入信号接通，输出延时接通；输入信号断开，输出延时断开。

三、设备

主要设备及工具见表 4-10。

表 4-10　主要设备及工具

序　号	名　称	数　量
1	西门子 S7—200 PLC	1 台
2	安装了 STEP7－Micro/WIN32 编程软件的计算机	1 台
3	PC/PPI 电缆 1 根	1 根
4	输入输出实验板 1 块	1 台
5	电源板	1 块
6	电工工具及导线	若干

四、知识储备——定时器指令

S7—200 PLC 按工作方式分为三种类型的定时器：通电延时定时器 TON（On Delay Timer）、断电延时定时器 TOF（Off Delay Timer）和保持型通电延时定时器 TONR（Retentive On Delay Timer）。

每个定时器均有一个 16 位当前值寄存器及一个状态位（反映其触点状态）。

1. 定时器指令使用说明

（1）定时器号　定时器总数有 256 个，定时器号范围为（T0 ~ T255）。

（2）分辨率与定时时间的计算　S7—200 PLC 定时器有三种分辨率：1ms、10ms 和 100ms，见表 4-11。

表 4-11　定时器号与分辨率

定时器类型	分辨率/ms	最大当前值/s	定 时 器 号
TONR	1	32.767	T0、T64
	10	327.67	T1 ~ T4、T65 ~ T68
	100	3276.7	T5 ~ T31、T69 ~ T95
TON、TOF	1	32.767	T32、T96
	10	327.67	T33 ~ T36、T97 ~ T100
	100	3276.7	T37 ~ T63、T101 ~ T255

定时器定时时间 T 的计算

$$T = PT \times S$$

式中　T——实际定时时间，单位为 ms；

PT——定时设定值，均用 16 位有符号整数来表示，最大计数值为 32767。除了常数外，还可以用 VW、IW、QW、MW、SW、SMW、AC 等作为设定值；

S——分辨率，单位为 ms。

若 TON 指令使用 T33（10ms 定时器），设定值 $PT = 100$，则实际定时时间为

$$T = 100 \times 10\text{ms} = 1000\text{ms}$$

2. 定时器指令

（1）通电延时定时器 TON　该定时器用于通电后单一时间间隔的定时。当输入端 IN 接通时，定时器位为 0，当前值从 0 开始计时，当前值等于或大于 PT 端的设定值时，定时器位变为 1，梯形图中对应定时器的常开触点闭合，常闭触点断开，当前值仍连续计数到 32767。输入端 IN 断开，定时器自动复位，当前值被清零，定时器位为 0。

如图 4-31 所示，当 I1.0 接通时，定时器 T37 开始定时，500ms 后 T37 常开触点闭合，常闭触点断开。当 I1.0 断开时，当前值被清零，T37 常开触点断开，常闭触点闭合。

（2）断电延时定时器 TOF　该定时器用于断电后单一时间间隔的定时。输入端 IN 接通时，定时器位变为 1，当前值为 0。当输入端 IN 由接通到断开时，定时器开始定时，当前值达到 PT 端的设定值时，定时器位变为 0，常开触点断开，常闭触点闭合，停止计时。

如图 4-32 所示，当 I1.2 接通时，定时器 T97 常开触点闭合，常闭触点断开，当前值为

图 4-31 TON 指令编程实例

0。当 I1.2 断开时，定时器 T97 开始定时，80ms 后 T37 常开触点断开，常闭触点闭合，当前值等于设定值，停止计时。

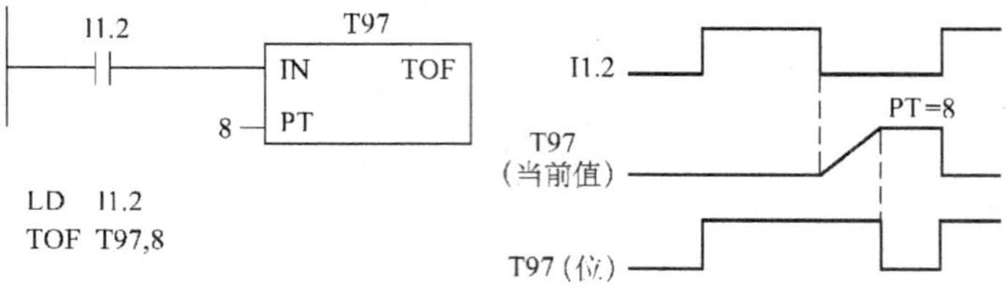

图 4-32 TOF 指令编程实例

（3）保持型通电延时定时器 TONR 该定时器用于多个时间间隔的累计定时。通电或首次扫描时，定时器位为 0，当前值保持在掉电前的值。输入端 IN 接通时，当前值从上次的保持值开始继续计时，当累计当前值等于或大于 PT 端的设定值时，定时器位变为 1，当前值可继续计数到 32767。

输入端 IN 断开时，定时器的当前值保持不变，定时器位不变。

TONR 指令只能用复位指令 R 使定时器的当前值为 0，定时器位为 0。

如图 4-33 所示，通电或首次扫描时，当 I2.1 接通，定时器 T2 的当前值从 0 开始计时；未达到设定值时，I2.1 断开 ，T2 位为 0，当前值保持不变；当 I2.1 又接通时，当前值从上次的保持值开始继续计时，当累计当前值等于或大于设定值时，T2 常开触点闭合，常闭触点断开，当前值可继续计数；当 I2.1 又断开时，定时器的当前值保持不变，定时器位不变。当 I0.3 接通，T2 当前值为 0，T2 常开触点断开，常闭触点闭合。

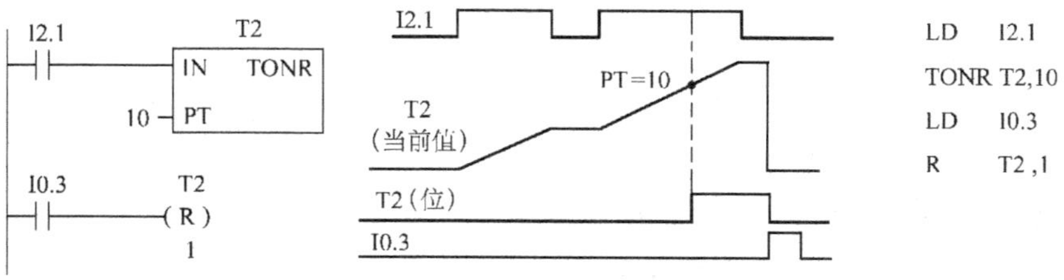

图 4-33 TONR 指令编程实例

应用定时器指令应注意的几个问题如下：

1）不能把一个定时器号同时用作 TOF 和 TON 指令。

2）使用复位指令 R 对定时器复位后，定时器位为 0，定时器当前值为 0。

3）TONR 指令只能通过复位指令进行复位操作。

3. 定时器的刷新方法

S7—200 系列 PLC 的定时器中，1ms、10ms 和 100ms 三种定时器的刷新方式是不同的。

（1）1ms 定时器　1ms 定时器由系统每隔 1ms 刷新一次，与扫描周期及程序处理无关，即采用中断刷新方式。因而当扫描周期较长时，定时器在一个周期内可能被多次刷新，其当前值在一个扫描周期内不一定保持一致。

（2）10ms 定时器　10ms 定时器由系统在每个扫描周期开始时自动刷新。

（3）100ms 定时器　100ms 定时器在定时器指令执行时被刷新。如果启动了 100ms 定时器，但是在扫描周期内没有执行定时器指令，将会丢失时间。如果在一个扫描周期中多次执行同一 100ms 定时器，将会多计时间。使用 100ms 定时器时，应保证每一扫描周期内同一条定时器指令只执行一次。

五、延时接通、断开电路的分析

1. 硬件电路

延时接通、断开硬件电路如图 4-34 所示。

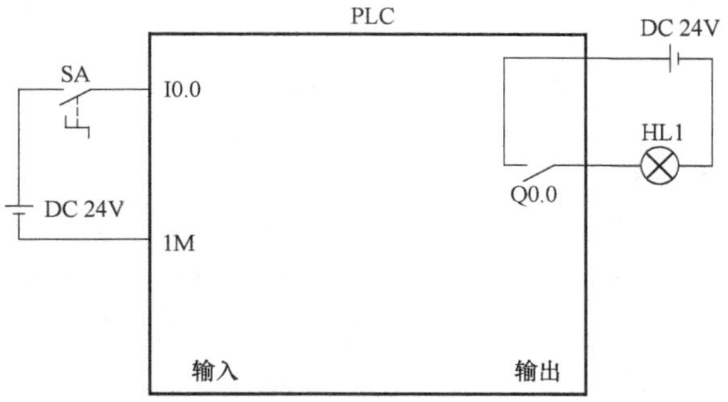

图 4-34　延时接通、断开硬件电路

2. I/O 地址

I/O 地址分配见表 4-12。

表 4-12　I/O 地址分配

输入信号		输出信号	
旋钮 SA	I0.0	指示灯 HL1	Q0.0

3. 梯形图分析

如图 4-35 所示，当输入 I0.0 接通时，其常开触点闭合，T33 开始定时，100ms（t_1）后，T33 常开触点闭合，Q0.0 线圈接通并由其常开触点自锁；当 I0.0 断开时，T34 开始定时，60ms（t_2）后，其常闭触点断开，Q0.0 线圈断开。

六、延时接通、断开电路的安装与调试

1）检查实验设备，准备好实验用导线。

2）按图 4-34 所示的电路图接好线，并对照电路图检查是否有掉线、错线，接线是否牢固。学生自行检查和互检，确认安装的电路正确和无安全隐患，经指导老师检查后方可通电

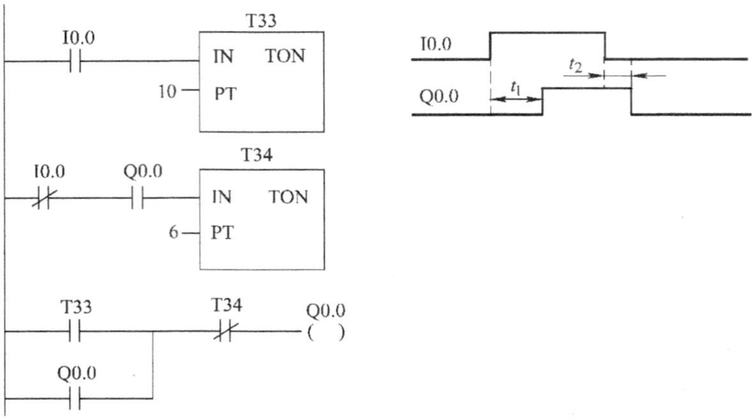

图 4-35　延时接通、断开梯形图

实验。切记严格遵守安全操作规程，确保人身安全。

3）接通 PLC 电源，打开计算机，接通 DC 24V 电源，操作 STEP7 - Micro/WIN32 编程软件。首先选择 PLC 类型，录入程序，用“PLC”菜单中的命令或按工具条中的“编译”或“全部编译”按钮来编译输入的程序，并下载到 PLC 上。

4）断开数字量输入板上的全部输入开关，输入侧的 LED 全部熄灭。单击工具栏的“运行”按钮，用户程序开始运行，“RUN” LED 亮。

5）将旋钮 SA 接到闭合状态，观察 Q0.0 何时接通；将旋钮 SA 旋到打开状态，观察 Q0.0 何时断开。在调试的过程中，观察 Q0.0 的状态是否符合图 4-35 所示的逻辑关系。

6）用“程序状态”功能监视程序的运行情况。若出现故障，检查硬件电路及梯形图后重新调试，直至实现系统功能。同时做好记录（故障现象、原因分析、解决办法）。

7）断开 DC 24V 电源，关闭计算机，断开 PLC 电源，拆线及整理。

七、考核与评价

在自觉遵守安全文明生产规程的前提下，根据学习情境的能力目标，确定不同阶段的考核方式及分数权重，考核标准见表 4-13。

表 4-13　考核标准

教学内容	评价要点	评价标准	评价方式	考核方式	分数权重
学习情境四任务三	梯形图的分析	正确分析梯形图	教师评价	答辩	0.3
	电路的连接	按图接线正确、规范、合理		操作	0.2
	软件的调试	应用 PLC 软件正确调试程序		操作	0.3
	工作态度	认真、主动参与学习	小组成员互评	口试	0.1
	团队合作	具有与团队成员合作的精神		口试	0.1

八、知识拓展——闪烁电路

如图 4-36 所示，当 I0.0 接通时，T33 开始定时，其常闭触点接通，Q0.0 为 1；延时 40ms 后，T33 常开触点接通，常闭触点断开，Q0.0 为 0，T34 开始定时；延时 20ms 后，T34 常闭触点断开，T33 不工作，其常开触点断开，常闭触点接通，Q0.0 为 1，T34 不工作，第二次扫描，T34 常闭触点接通，T33 又开始定时，循环下去。因此，当 I0.0 接通时，Q0.0 接通 40ms，断开 20ms，周期循环闪烁。

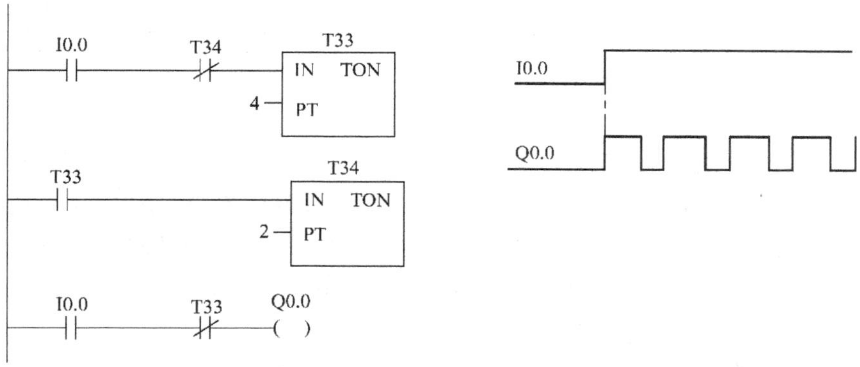

图 4-36　闪烁电路

九、习题与思考题

1. S7—200 系列 PLC 共有几种类型的定时器？各有何特点？

2. 用接在 I0.0 输入端的光电开关检测传送带上通过的产品，有产品通过时 I0.0 为 ON，如果在 10s 内没有产品通过，由 Q0.0 发出报警信号，用 I0.1 输入端外接的开关解除报警信号。画出梯形图，并写出对应的语句表。

任务四　高精度时钟电路的分析、安装与调试

一、学习目标

1）学会 S7—200 PLC 中计数器指令的使用，正确分析高精度时钟梯形图。

2）能根据高精度时钟硬件电路图进行正确接线，并调试 PLC 程序。

二、任务

本任务是分析、安装与调试 PLC 控制的高精度时钟电路。电路控制要求为：利用秒脉冲特殊标志位存储器 SM0.5 和计数器实现高精度时钟功能。

三、设备

主要设备及工具见表 4-14。

表4-14 主要设备及工具

序 号	名 称	数 量
1	西门子 S7—200 PLC	1台
2	安装了 STEP7 - Micro/WIN32 编程软件的计算机	1台
3	PC/PPI 电缆1根	1根
4	输入/输出实验板1块	1台
5	电源板	1块
6	电工工具及导线	若干

四、知识储备——计数器

计数器用于对输入端的脉冲进行计数。S7—200 PLC 有三种类型的计数器：增计数器 CTU（Count Up）、减计数器 CTD（Count Down）和增/减计数器 CTUD（Count Up/Down）。

每个计数器均有一个16位当前值寄存器及一个状态位（反映其触点状态）。计数器的当前值、设定值均用16位有符号整数来表示，最大计数值为32767。

计数器总数有256个，计数器号范围为（C0～C255）。

1. 增计数器 CTU

当复位输入端R为0时，计数器计数有效；当增计数输入端CU有上升沿输入时，计数值加1，计数器作递增计数，当计数器当前值等于或大于设定值PV时，该计数器位为1，计数至最大值32767时停止计数。复位输入端R为1时，计数器被复位，计数器位为0，并且当前值被清零。

增计数器指令编程实例如图4-37所示。当C20的计数输入端I0.2有上升沿输入时，C20计数值加1，当C20当前值等于或大于3时，C20计数器位为1。复位输入端I0.3为1时，C20计数器位为0，并且当前值被清零。

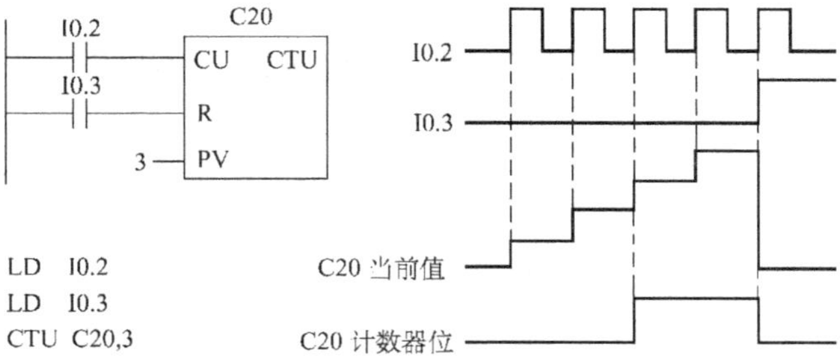

图4-37 增计数器指令编程实例

2. 减计数器 CTD

当装载输入端LD为1时，计数器位为0，并把设定值PV装入当前值寄存器中。当装载输入端LD为0时，计数器计数有效；当减计数输入端CD有上升沿输入时，计数器从设定值开始作递减计数，直至计数器当前值等于0时，停止计数，同时计数器位被置位。

减计数器指令编程实例如图4-38所示。装载输入端I0.3为1时，C4计数器位为0，并把设定值4装入当前值寄存器中。当I0.3端为0时，计数器计数有效；当计数输入端I0.2

有上升沿输入时，C4 从 4 开始作递减计数，直至计数器当前值等于 0 时，停止计数，同时 C4 计数器位被置 1。

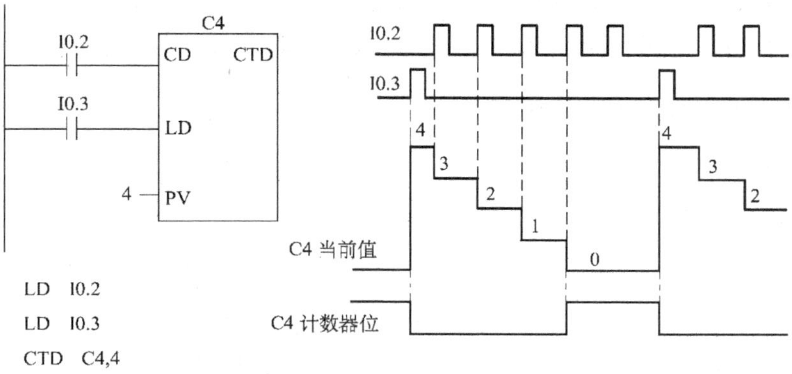

图 4-38 减计数器指令编程实例

3. 增/减计数器 CTUD

当复位输入端 R 为 0 时，计数器计数有效；当增计数输入端 CU 有上升沿输入时，计数器作递增计数；当减计数输入端 CD 有上升沿输入时，计数器作递减计数。当计数器当前值等于或大于设定值 PV 时，该计数器位为 1。当复位输入端 R 为 1 时，计数器当前值为 0，计数器位为 0。

计数器在达到计数最大值 32767 后，下一个增计数输入端 CU 的上升沿将使计数值变为最小值 -32768；同样在达到最小计数值 -32768 后，下一个减计数输入端 CD 的上升沿将使计数值变为最大值 32767。

增/减计数器指令编程实例如图 4-39 所示。当 I0.4 为 0 时，计数器计数有效；当 C4 的计数输入端 I0.2 有上升沿输入时，计数器作递增计数；当 C4 的另一个计数输入端 I0.3 有上升沿输入时，计数器作递减计数。当计数器当前值等于或大于设定值 4 时，C4 计数器位为 1。当复位输入端 I0.4 为 1 时，C4 当前值为 0，C4 位为 0。

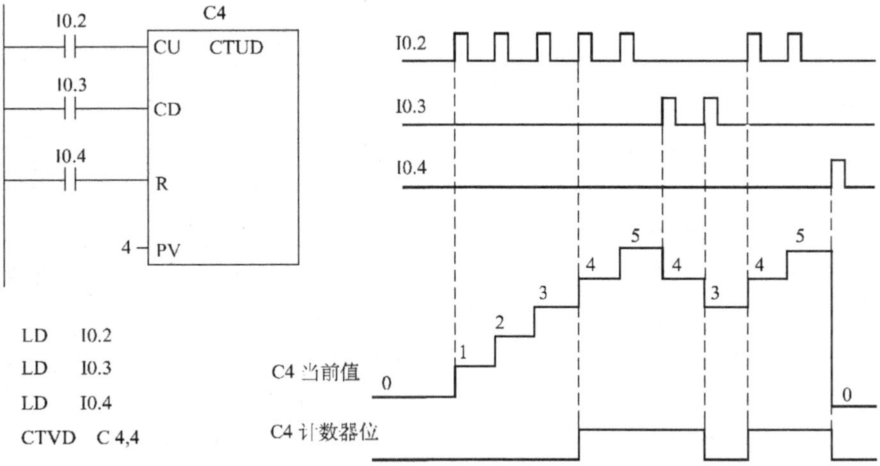

图 4-39 增/减计数器指令编程实例

注意：

1）在一个程序中，同一计数器号不要重复使用，更不可分配给几个不同类型的计数器。

2）当用复位指令R复位计数器时，计数器位被复位，并且当前值清零。

3）除了常数外，还可以用VW、IW、QW、MW、SW、SMW、AC等作为设定值。

五、高精度时钟电路的分析

1. 硬件电路

高精度时钟硬件电路如图4-40所示。

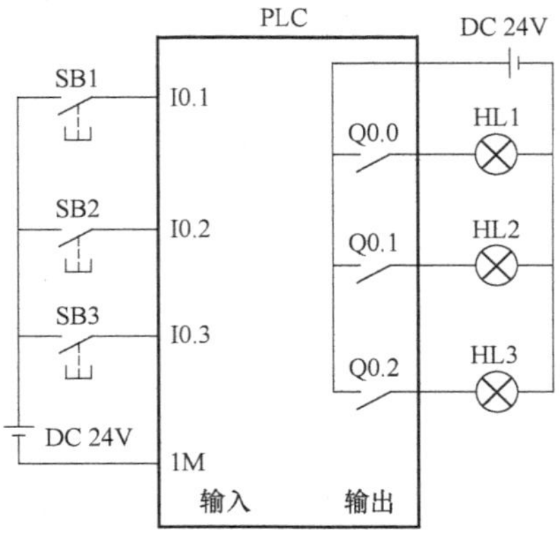

图4-40 高精度时钟硬件电路

2. I/O地址

I/O地址分配表见表4-15。

表4-15 I/O地址分配表

输入信号		输出信号	
控制按钮SB1	I0.1	指示灯HL1	Q0.0
控制按钮SB2	I0.2	指示灯HL2	Q0.1
复位按钮SB3	I0.3	指示灯HL3	Q0.2

3. 梯形图分析

图4-41所示为高精度时钟梯形图，秒脉冲特殊标志位存储器SM0.5作为秒发生器，用作计数C51的计数脉冲信号，当计数器C51的计数累计值达设定值60次时（即为1min时）计数器位置1，即C51的常开触点闭合，该信号将作为计数器C52的计数脉冲信号；计数器C51的另一常开触点使计数器C51复位后，使计数器C51从0开始重新计数。类似地，计数器C52计数到60次时（即为1h时）其两个常开触点闭合，一个作为计数器C53的计数脉冲信号，另一个使计数器C52自复位，又重新开始计数；计数器C53计数到24次时（即为1天），其常开触点闭合，使计数器C53自复位，又重新开始计数，从而实现时钟功能。输入信号I0.1、I0.2用于建立期望的时钟设置，即调整分针、时针。输入信号I0.3用于输出信号Q0.0、Q0.1的复位。

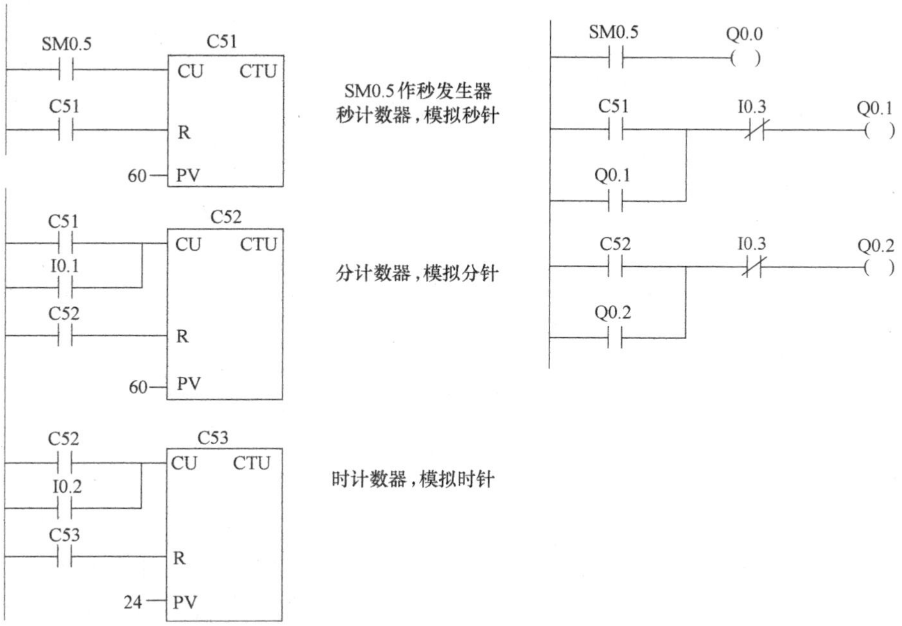

图 4-41　高精度时钟梯形图

六、高精度时钟电路的安装与调试

1）检查实验设备，准备好实验用导线。

2）按图 4-40 所示的电路图接好线，并对照电路图检查是否有掉线、错线，接线是否牢固。学生自行检查和互检，确认安装的电路正确和无安全隐患，经指导老师检查后方可通电实验。切记严格遵守安全操作规程，确保人身安全。

3）接通 PLC 电源，打开计算机，接通 DC 24V 电源，操作 STEP7 - Micro/WIN32 编程软件。首先选择 PLC 类型，录入程序，用“PLC”菜单中的命令或按工具条中的“编译”或“全部编译”按钮来编译输入的程序，并下载到 PLC 上。

4）断开数字量输入板上的全部输入开关，输入侧的 LED 全部熄灭。单击工具栏的“运行”按钮，用户程序开始运行，“RUN”LED 亮。

5）程序开始运行后，仔细观察 Q0.0、Q0.1、Q0.2 及外接指示灯的状态；当 Q0.1、Q0.2 状态为“1”时，通过点动按钮开关 SB3，复位 Q0.1、Q0.2 的状态。

6）用“程序状态”功能监视程序的运行情况。若出现故障，检查硬件电路及梯形图后重新调试，直至实现系统功能。同时做好记录（故障现象、原因分析、解决办法）。

7）断开 DC 24V 电源，关闭计算机，断开 PLC 电源，拆线及整理。

七、考核与评价

在自觉遵守安全文明生产规程的前提下，根据学习情境的能力目标，确定不同阶段的考核方式及分数权重，考核标准见表 4-16。

表 4-16　考核标准

教学内容	评价要点	评价标准	评价方式	考核方式	分数权重
学习情境四任务四	梯形图的分析	正确分析梯形图	教师评价	答辩	0.3
	电路的连接	按图接线正确、规范、合理		操作	0.2
	软件的调试	应用 PLC 软件正确调试程序		操作	0.3
	工作态度	认真、主动参与学习	小组成员互评	口试	0.1
	团队合作	具有与团队成员合作的精神		口试	0.1

八、知识拓展

1. 比较指令

比较指令是将两个操作数按指定的条件作比较，条件成立时，触点就闭合。其 STL、LAD 形式及功能参见表 4-17。比较指令为上、下限控制等提供了极大的方便。

表 4-17　比较指令的 STL、LAD 形式及功能

STL	LAD	功　能
LD□×　IN1，IN2	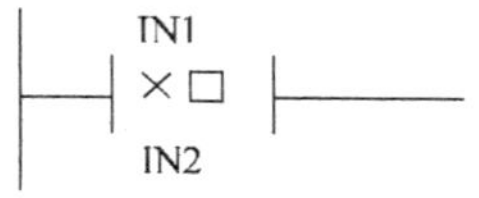	比较触点接起始总线
LD　IN A□×　IN1，IN2	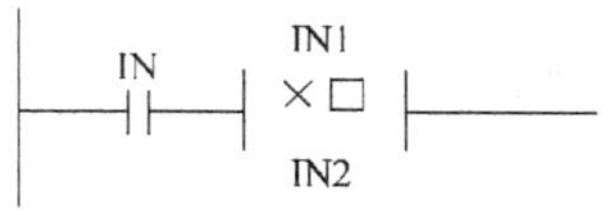	比较触点的“与”
LD　IN O□×　IN1，IN2	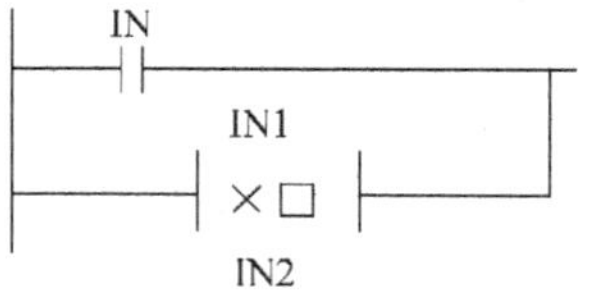	比较触点的“或”

表 4-16 中，IN 为位型数据，“×”表示操作数 IN1 和 IN2 所需满足的条件：“>”大于、“>=”大于等于、“<”小于、“<=”小于等于、“<>”不等于、“=”等于（STL 中为“=”，LAD 中为“==”）；“□”表示操作数 IN1 和 IN2 的数据类型：“B”（BYTE）字节比较、“I”（INT）整数比较（STL 中为“W”，LAD 中为“I”）、“D”（DINT）双字整数比较、“R”（REAL）实数的比较。

例 4-6　根据图 4-42 所示的梯形图，说明其功能。

从实例中可以看出，当 VB0 = VB1 时，Q0.0 为 1；或当 VB2 > VB3 时，Q0.0 为 1。

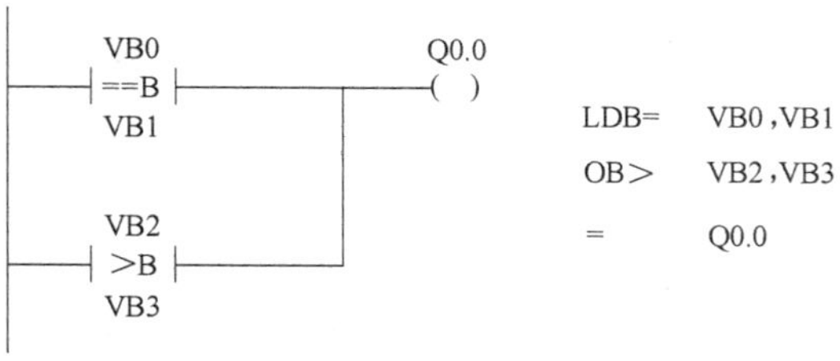

图 4-42　比较指令的应用

2. 取反指令及空操作指令

（1）取反指令 NOT　该指令将复杂逻辑结果取反，它无操作数，其 STL、LAD 形式及功能见表 4-17。

（2）空操作指令 NOP（No Operation）　该指令为空操作，它对用户程序的执行没有影响，其 STL、LAD 形式及功能见表 4-18。

表 4-18　NOT、NOP 指令的 STL、LAD 形式及功能

指令名称	STL	LAD	功能	操作元件
取反指令	NOT	─┤NOT├─	逻辑结果取反	无
空操作指令	NOP	n ─[NOP]	空操作 n：0～255	无

九、习题与思考题

1. S7—200 系列 PLC 共有几种类型的计数器？各有何特点？

2. 分析图 4-43 所示的梯形图，详细说明梯形图的功能。

3. 在按钮 I0.0 按下后 Q0.0 变为 1 状态并自保持（见图 4-44），I0.1 输入 3 个脉冲后（用 C1 计数），T37 开始定时，5s 后 Q0.0 变为 0 状态，同时 C1 被复位，在可编程序控制器刚开始执行用户程序时，C1 也被复位。请设计出梯形图。

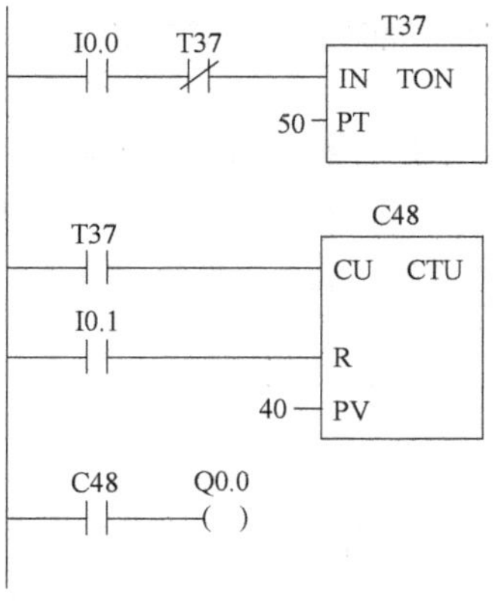

图 4-43　习题 2 图

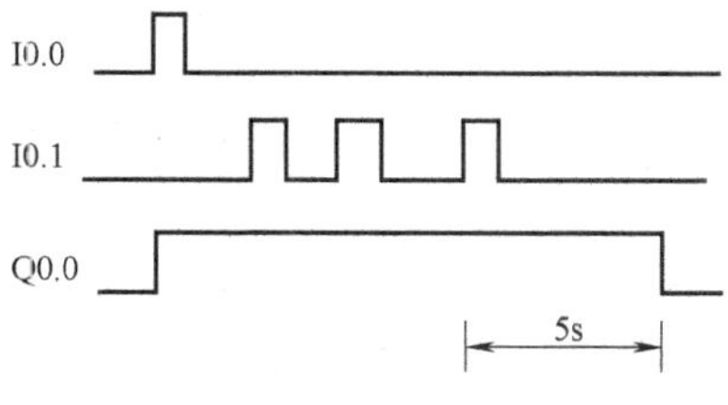

图 4-44　习题 3 图

任务五　数据处理电路的分析、安装与调试

一、学习目标

1）学会 S7—200 PLC 中算术运算指令、逻辑运算指令及传送指令的使用，正确分析数据处理梯形图。

2）能根据数据处理硬件电路图进行正确接线，并调试 PLC 程序。

二、任务

本任务是数据处理电路的分析、安装与调试。电路控制要求为：预先设定的数据经过PLC处理后，送入指定寄存器中。

三、设备

主要设备及工具见表4-19。

表4-19 主要设备及工具

序 号	名 称	数 量
1	西门子 S7—200 PLC	1台
2	安装了 STEP7 - Micro/WIN32 编程软件的计算机	1台
3	PC/PPI 电缆 1 根	1根
4	输入/输出实验板 1 块	1台
5	电源板	1块
6	电工工具及导线	若干

四、知识储备

1. 功能指令的一般形式

在 S7—200 PLC 中，功能指令一般以功能框的形式出现，如图4-45所示。

功能指令的主体是功能框。框题头是指令的助记符，ADD 代表加法，I 代表整数。功能框左上方与 EN 相连的是执行条件，当执行条件成立，即 EN 之前的逻辑结果为1时，才执行功能指令。

功能框左边的操作数通常是源操作数，功能框右边的操作数通常是目标操作数。操作数的长度应符合规定。功能指令可处理的数据包括位（bit）、字节（B = 8bit）、无符号整数（W = 16bit）、无符号双整数（DW = 32bit）、有符号整数（I = 16bit）、有符号双整数（DI = 32bit）、实数（R = 32bit）。

ENO 为功能指令成功执行的标志位输出，即功能指令正常执行，ENO = 1。

2. 算术运算指令

（1）加法指令 当加法允许信号 EN = 1 时，把两个输入端 IN1，IN2 指定的数相加，结果送到输出端 OUT 指定的存储单元中。加法指令可分为整数（_I）、双整数（_DI）、实数（_R）加法指令（见图4-45）。它们各自对应的操作数数据类型分别是有符号整数、有符号双整数、实数。

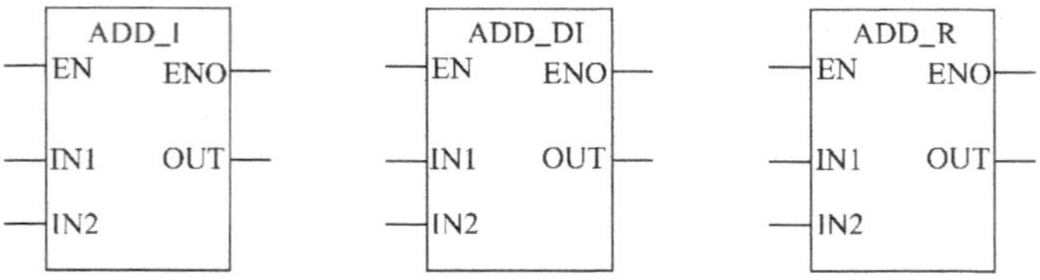

图4-45 加法指令

对标志位的影响：SM1.0（零），SM1.1（溢出），SM1.2（负）。

（2）减法指令 当减法允许信号 EN = 1 时，被减数 IN1 与减数 IN2 相减，其结果送到输出端 OUT 指定的存储单元中。减法指令可分为整数（_I）、双整数（_DI）、实数（_R）

减法指令（见图 4-46）。它们各自对应的操作数数据类型分别是有符号整数、有符号双整数、实数。

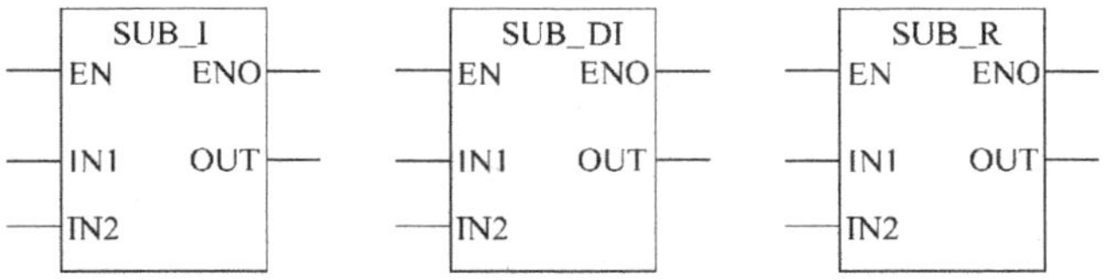

图 4-46　减法指令

对标志位的影响：SM1.0（零），SM1.1（溢出），SM1.2（负）。

(3) 乘法指令　当乘法允许信号 EN＝1 时，把两个输入端 IN1 和 IN2 指定的数相乘，结果送到输出端 OUT 指定的存储单元中去。乘法指令可分为整数（_I）、双整数（_DI）、实数（_R）乘法指令和整数完全乘法指令（见图 4-47）。前三种指令各自对应的操作数的数据类型分别为有符号整数、有符号双整数、实数。整数完全乘法指令把输入端 IN1 与 IN2 指定的两个 16 位整数相乘，产生一个 32 位乘积，并送到输出端 OUT 指定的存储单元中去。

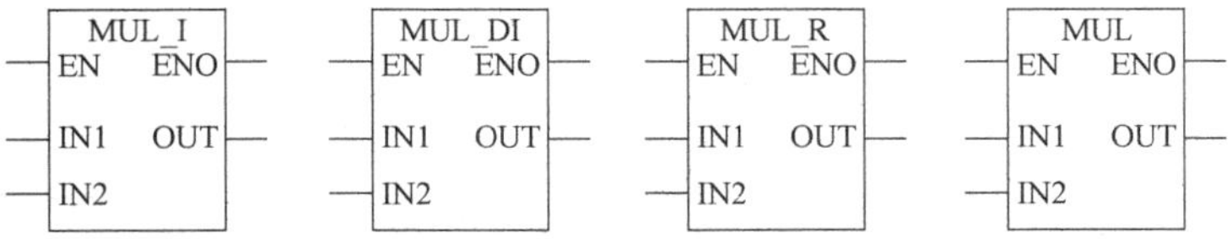

图 4-47　乘法指令

对标志位的影响：SM1.0（零），SM1.1（溢出），SM1.2（负）。

(4) 除法指令　当除法允许信号 EN＝1 时，被除数与 IN1 与除数 IN2 指定的数相除，结果送到输出端 OUT 指定的存储单元中去。除法指令可分为整数（_I）、双整数（_DI）、实数（_R）除法指令和整数完全除法指令（见图 4-48）。前三种指令各自对应的操作数分别为有符号整数、有符号双整数、实数。整数完全除法指令把输入端 IN1 与 IN2 指定的两个 16 位整数相除，产生一个 32 位结果，并送到输出端 OUT 指定的存储单元中去。其中高 16 位是余数，低 16 位是商。

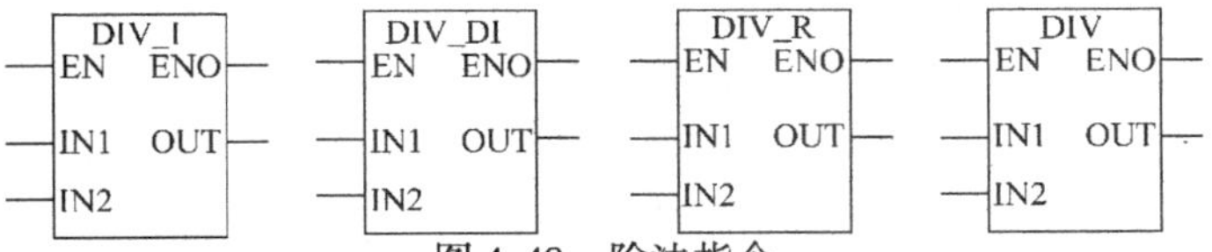

图 4-48　除法指令

对标志位的影响：SM1.0（零），SM1.1（溢出），SM1.2（负），SM1.3（除数为 0）。

(5) 加 1 和减 1 指令　当加 1 或减 1 指令允许信号 EN＝1 时，把输入端 IN 数据加 1 或减 1，并把结果存放到输出单元 OUT。加 1 和减 1 指令按操作数的数据类型可分为字节（_B）、字（_W）、双字（_DW）加 1/减 1 指令，如图 4-49 所示。

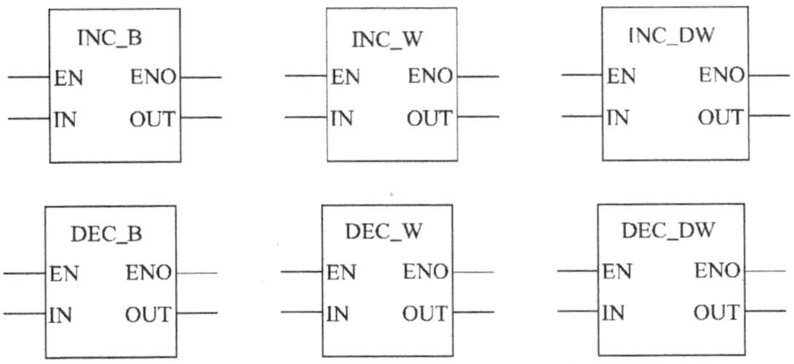

图 4-49　加 1 和减 1 指令

字节加 1 和减 1 指令的操作数数据类型是无符号字节型，对标志位的影响：SM1.0（零）、SM1.1（溢出）。

字、双字加 1 和减 1 指令的操作数的数据类型分别是有符号整数、有符号双整数，对标志位的影响：SM1.0（零），SM1.1（溢出），SM1.2（负）。

3. 逻辑运算指令

逻辑运算指令的操作数均为无符号数。

(1) 逻辑“与”指令　当逻辑“与”允许信号 EN = 1 时，两个输入端 IN1 和 IN2 的数据按位“与”，结果存入 OUT 单元。逻辑“与”指令按操作数的数据类型可分字节（_B）、字（_W）、双字（_DW）“与”指令，如图 4-50 所示。

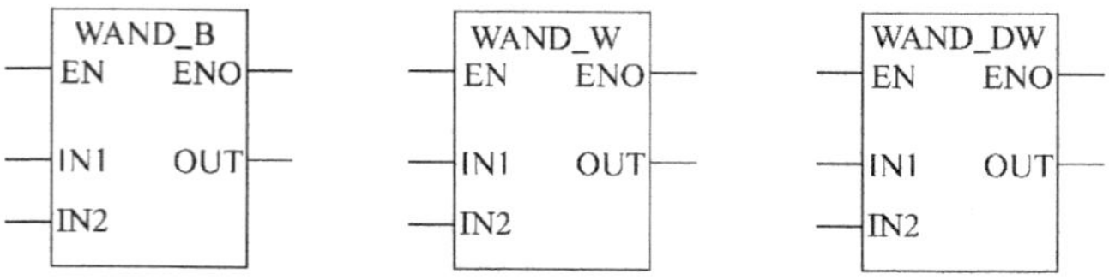

图 4-50　逻辑“与”指令

(2) 逻辑“或”指令　当逻辑“或”允许信号 EN = 1 时，两个输入端 IN1 和 IN2 的数据按位“或”，结果存入 OUT 单元。逻辑“或”指令按操作数的数据类型可分字节（_B）、字（_W）、双字（_DW）“或”指令，如图 4-51 所示。

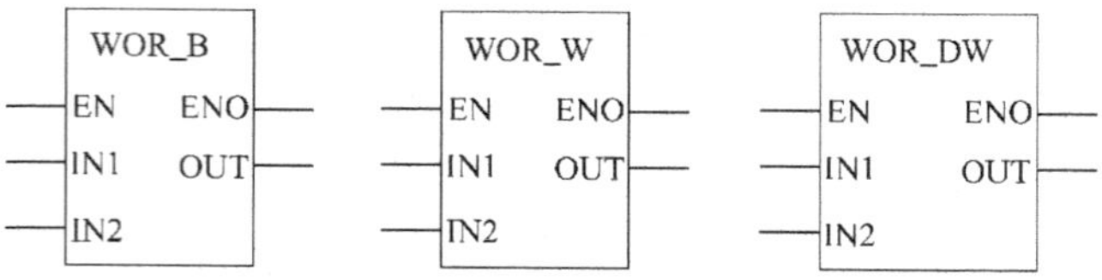

图 4-51　逻辑“或”指令

(3) 逻辑“异或”指令　当逻辑“异或”允许信号 EN = 1 时，两个输入端 IN1 和 IN2 的数据按位“异或”，结果存入 OUT 单元。逻辑“异或”指令按操作数的数据类型可分字节（_B）、字（_W）、双字（_DW）“异或”指令，如图 4-52 所示。

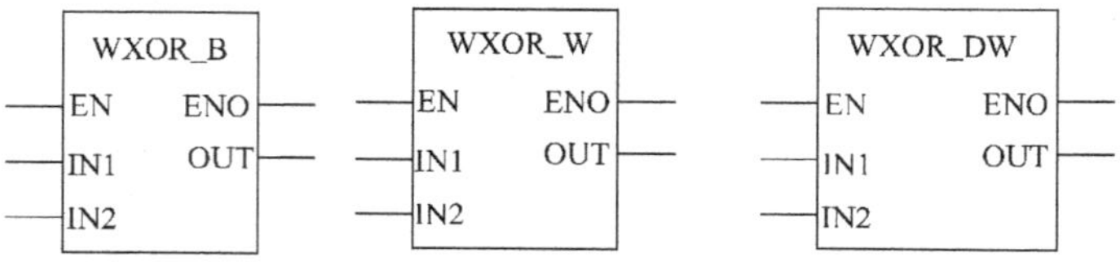

图 4-52　逻辑“异或”指令

例 4-7　逻辑运算指令的梯形图如图 4-53 所示，写出运算结果。

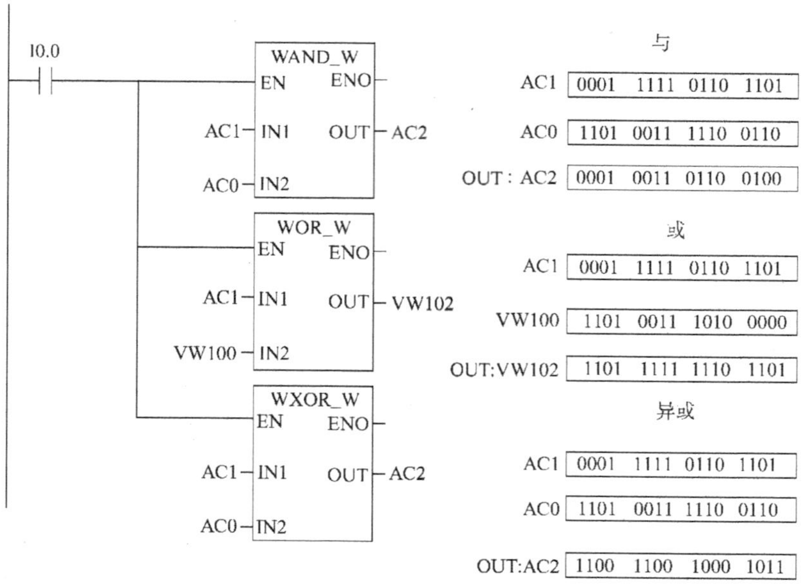

图 4-53　逻辑运算实例

(4) 取反指令　当取反允许信号 EN = 1 时，对输入端 IN 指定的数据按位取反，结果存入 OUT 单元。取反指令按操作数的数据类型可分为字节（_B）、字（_W）、双字（_DW）取反指令，如图 4-54 所示。

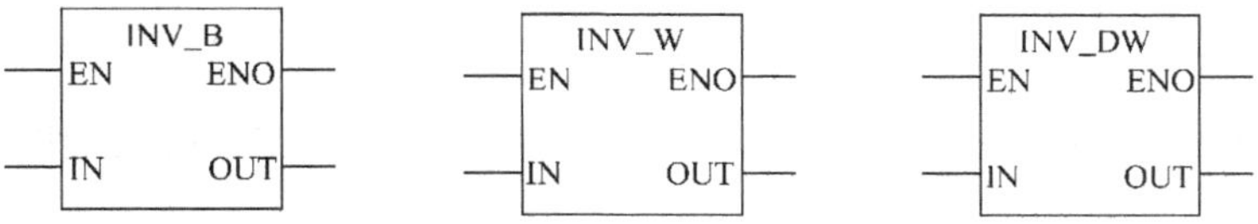

图 4-54　取反指令

逻辑运算指令影响的标志位：SM1.0（零）。

4. 传送指令

(1) 数据传送指令　当数据传送允许信号 EN = 1 时，输入端 IN 指定的数据传送到输出端 OUT，传送过程中数据值保持不变。数据传送指令按操作数的数据类型可分为字节（_B）、字（_W）、双字（_DW）、实数（_R）传送指令，如图 4-55 所示。

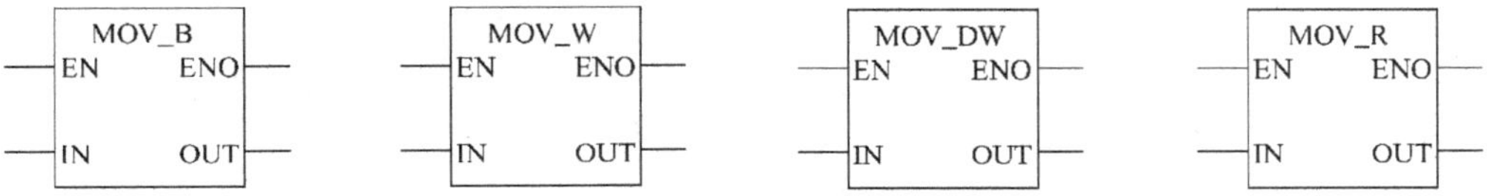

图 4-55　数据传送指令

(2) 字节交换指令　当字节交换允许信号 EN = 1 时，输入端 IN 指定字的高字节内容与低字节内容互相交换。交换结果仍存放在输入端 IN 指定的地址中。操作数数据类型为无符号整数。字节交换指令如图 4-56 所示。

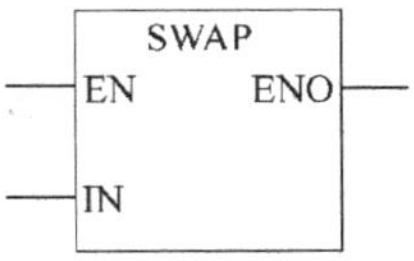

图 4-56　字节交换指令

五、数据处理电路的分析

1. 硬件电路

数据处理硬件电路如图 4-57 所示。

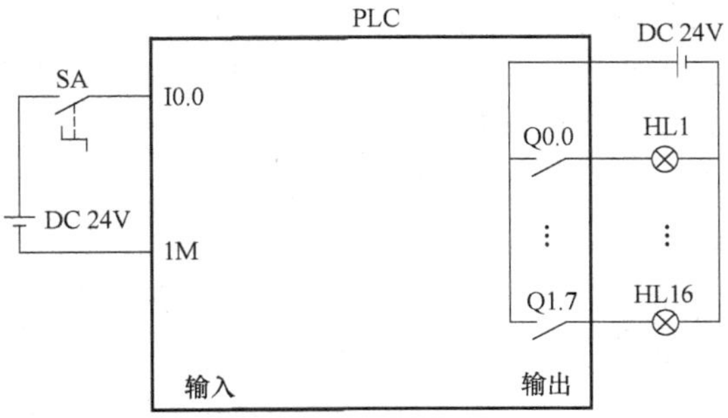

图 4-57　数据处理硬件电路

2. I/O 地址

I/O 地址分配表见表 4-20。

表 4-20 I/O 地址分配表

输入信号		输出信号	
旋钮 SA	I0.0	指示灯 HL1 ~ HL16	Q0.0 ~ Q1.7

3. 梯形图分析

如图 4-58 所示，接通 I0.0，数据“20”和“40”经过 PLC 程序的执行，将结果送入 QW0 中。

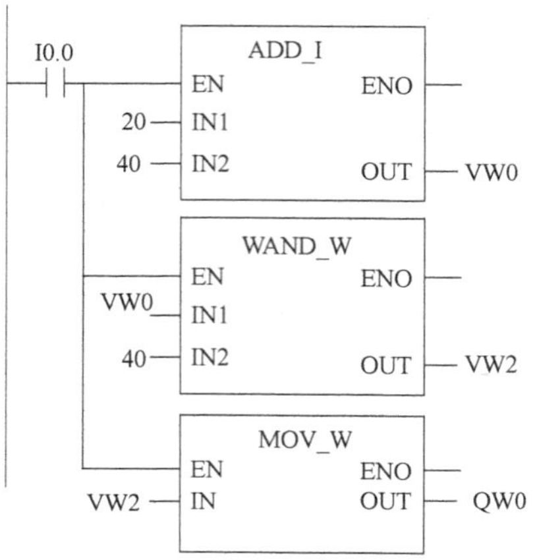

图 4-58 数据处理梯形图

六、数据处理电路的安装与调试

1）检查实验设备，准备好实验用导线。

2）按图 4-57 所示的电路图接好线，并对照电路图检查是否有掉线、错线，接线是否牢固。学生自行检查和互检，确认安装的电路正确和无安全隐患，经指导老师检查后方可通电实验。切记严格遵守安全操作规程，确保人身安全。

3）接通 PLC 电源，打开计算机，接通 DC 24V 电源，操作 STEP7 - Micro/WIN32 编程软件。首先选择 PLC 类型，录入程序，用“PLC”菜单中的命令或按工具条中的“编译”或“全部编译”按钮来编译输入的程序，并下载到 PLC 上。

4）断开数字量输入板上的全部输入开关，输入侧的 LED 全部熄灭。单击工具栏的“运行”按钮，用户程序开始运行，“RUN” LED 亮。

5）在旋钮 SA 未接通情况下，观察 QW0 及指示灯的状态；将旋钮 SA 接到闭合状态，观察 QW0 及指示灯的状态。

6）用“程序状态”功能监视程序的运行情况。若出现故障，检查硬件电路及梯形图后重新调试，直至实现系统功能。同时做好记录（故障现象、原因分析、解决办法）。

7）断开 DC 24V 电源，关闭计算机，断开 PLC 电源，拆线及整理。

七、考核与评价

在自觉遵守安全文明生产规程的前提下，根据学习情境的能力目标，确定不同阶段的考核方式及分数权重，考核标准见表 4-21。

表 4-21 考核标准

教学内容	评价要点	评价标准	评价方式	考核方式	分数权重
学习情境四任务五	梯形图的分析	正确分析梯形图	教师评价	答辩	0.3
	电路的连接	按图接线正确、规范、合理		操作	0.2
	软件的调试	应用 PLC 软件正确调试程序		操作	0.3
	工作态度	认真、主动参与学习	小组成员互评	口试	0.1
	团队合作	具有与团队成员合作的精神		口试	0.1

八、知识拓展——数据转换指令

1. BCD 码与整数的转换指令

BCD_I 指令在允许信号 EN = 1 时，将输入端 IN 指定的 0 ~ 9999 范围内的 BCD 码转换成整数，并将结果存放到输出端 OUT 指定的存储单元中去。

I_BCD 指令在允许信号 EN = 1 时，将输入端 IN 指定的 0 ~ 9999 范围内的整数转换成 BCD 码，并将结果存放到输出端 OUT 指定的存储单元中去。

转换的数据均为无符号数操作。指令影响的标志位：SM1.6（非法 BCD 码），如图 4-59 所示。

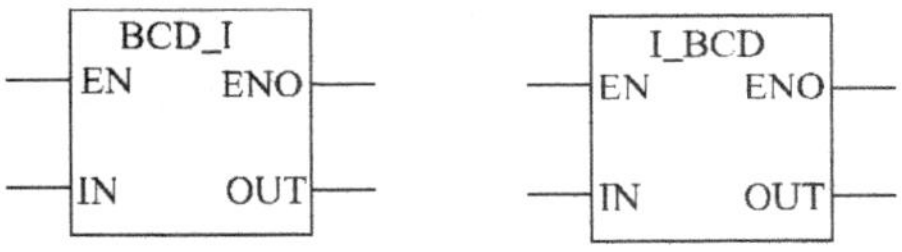

图 4-59 BCD 码与整数的转换指令

2. 译码、编码指令

译码 DECO 指令在允许信号 EN = 1 时，根据输入字节 IN 的低四位的二进制值所对应的十进制数（0 ~ 15），将输出字 OUT 的相应位置为 1，其他位置为 0。

编码指令 ENCO 在允许信号 EN = 1 时，将输入字 IN 中值为 1 的最低位的位号（0 ~ 15）编码成 4 位二进制数，写到输出字节 OUT 的低四位。

译码和编码指令编程举例如图4-60所示。

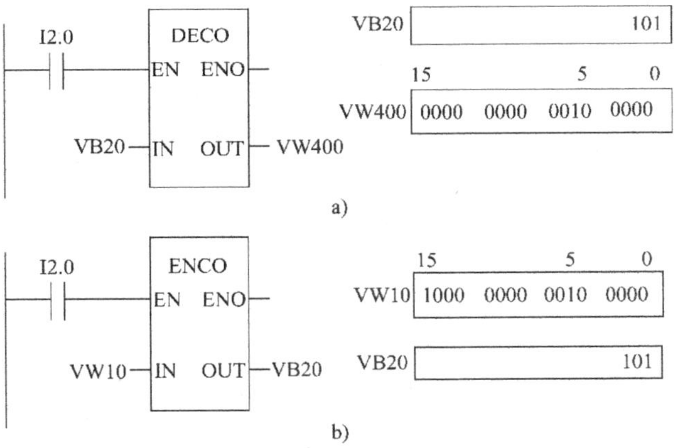

图 4-60 译码和编码指令应用

a）译码 b）编码

九、习题与思考题

1. S7—200 系列 PLC 有哪些算术运算指令？
2. S7—200 系列 PLC 有哪些逻辑运算指令？

学习情境五　PLC 控制系统的设计、安装与调试

任务一　抢答电路的设计、安装与调试

一、学习目标

1）掌握 PLC 控制系统设计的原则、内容、步骤及 PLC 控制系统软件设计的方法。
2）正确设计抢答硬件电路，并编制其 PLC 程序。
3）按照抢答硬件电路图进行接线，并调试 PLC 程序。

二、任务

本任务是设计、安装与调试 PLC 控制的抢答电路。抢答控制要求如下：参加智力竞赛的三个人的桌上各有一只抢答按钮和一个指示灯。当主持人接通抢答允许按钮后抢答开始，先按按钮者对应的指示灯亮，后按按钮者的指示灯不亮，指示灯在主持人按下复位按钮后熄灭。

三、设备

主要设备及工具见表 5-1。

表 5-1　主要设备及工具

序　号	名　称	数　量
1	西门子 S7—200 PLC	1 台
2	安装了 STEP7 - Micro/WIN32 编程软件的计算机	1 台
3	PC/PPI 电缆 1 根	1 根
4	输入/输出实验板 1 块	1 台
5	电源板	1 块
6	电工工具及导线	若干

四、知识储备

1. PLC 控制系统设计的原则、内容与步骤

PLC 主要应用于实际的工业控制系统中，虽然各种工业控制系统的功能、要求不同，但在设计 PLC 控制系统时，其基本原则、内容与步骤基本相同。

（1）PLC 控制系统的设计原则　PLC 的控制系统主要是实现被控对象的要求，从而提高生产效率和产品质量。PLC 控制系统的设计应遵循以下原则：在最大限度地满足被控对象控制要求的前提下，力求使控制系统简单、经济、安全可靠，并考虑到今后生产的发展和工

艺的改进，在选择 PLC 机型时，应适当留有余地。

(2) PLC 控制系统设计的内容与步骤

1) 根据控制对象明确设计任务和要求。在确定采用 PLC 控制后，应对被控对象（机械设备、生产线或生产过程）工艺流程的特点和要求作深入了解、详细分析、认真研究，明确控制的任务、范围和要求，根据工业指标，合理地制订和选取控制参数，使 PLC 控制系统最大限度地满足被控对象的工艺要求。

控制要求主要指控制的基本方式、必须完成的动作时序和动作条件、应具备的操作方式(手动、自动等)、必要的保护和联锁等。

2) 选用和确定 I/O 设备。在明确了控制任务和要求后，必须选择电气传动方式和电动机、电磁阀等执行机构的类型和数量，拟定电动机起动、运行、调速、转向、制动等控制要求；确定 I/O 设备的种类和数量，分析控制过程中 I/O 设备之间的关系，了解对输入信号的响应速度等。

3) 选择 PLC 的机型。PLC 控制系统的硬件设计包括 PLC 机型的选择、I/O 模块的选择等内容。

如何选择合适的机型至关重要。在满足控制要求的前提下，选型时应选择最佳的性能价格比，一般可从以下几个方面加以考虑：

① I/O 点数的估算。I/O 点数是 PLC 的一项重要指标，合理选择 I/O 点数既可使系统满足控制要求，又可使系统总投资最低。PLC 的 I/O 点数和种类应根据被控对象所需控制的模拟量、开关量等 I/O 设备情况来确定，一般一个 I/O 器件要占用一个 I/O 点。考虑到可能的调整和扩充，一般应在估计的总点数上再加上 20% ~30% 的备用量。如果只是为了实现单机自动化或机电一体化产品，可选用小型 PLC；若控制系统较大，需要 I/O 点数较多，被控制设备较分散，则可选用大、中型 PLC。

② 用户存储器容量的估算。PLC 的容量要满足用户要求。PLC 用户程序所需内存容量一般与开关量 I/O 点数、模拟量 I/O 点数以及用户程序的编写质量等有关。对于控制较复杂、数据处理量较大的系统，要求存储容量大些。对于同样的系统，不同用户编写的程序可能会使程序长度和执行时间差距很大。

对 PLC 用户程序存储容量的估算，可用下面推荐的经验公式：

$$\text{存储器总字数} = (\text{开关量 I/O 点数} \times 10) + (\text{模拟量点数} \times 150)$$

按经验公式算得的存储器总字数要再考虑增加 25% 的余量。

③ 结构、功能的确定。对原用于继电器控制功能的系统（只控制一台或几台小设备），或者对原有设备进行改造，加强完善其功能，选择一般小型机即可。若被控制对象是开关量和模拟量并存，要求 PLC 完成 A-D、D-A 转换、算术运算和其他一些特殊处理，则要选择有相应功能的 PLC。也就是说，选用 PLC 时，即要满足控制功能的要求又要尽量避免大材小用。

此外，还要考虑 PLC 结构。整体式 PLC 结构简单、体积小，每一个 I/O 点的平均价格也比模块式的便宜。所以，在单机自动化和一些小型控制系统中宜选整体式 PLC。模块式 PLC 的功能扩展方便灵活，维修方便，在那些控制复杂、要求较高或以后还要变更和扩展的系统中，一般选用模块式 PLC。

④ I/O 模块的选择。选择哪一种功能的 I/O 模块和哪一种输出形式，取决于控制系统中

I/O 信号的种类、参数要求和技术要求。例如，输入模块分为直流 5V、12V、24V、48V 和交流 110V、220V 等几种。一般应根据现场设备与模块之间的距离来选择电压的大小。如 5V 的输入模块最远不能超过 10m，距离较远的设备应选用较高的电压模块。

输出模块按方式不同又有继电器输出、晶体管输出和双向晶闸管输出三种。对开关频繁、低功率因数的感性负载，可使用晶闸管输出（交流输出）或晶体管输出（直流输出），但这种模块过载能力稍差，价格也较高。继电器输出模块承受过电压和过电流的能力较强，价格较便宜，但是响应速度较慢，因而在输出变化不是很快、很频繁时，可优先考虑使用。

此外，还应当考虑 I/O 模块的负载能力。输出模块同时接通点数的电流累计值必须小于公共端所允许通过的电流值。输出模块的电流值必须大于负载电流的额定值。一般来讲，同时接通的点数不要超过输出点数的 60%。对于电容性负载、热敏电阻负载，考虑到接通时有冲击电流，要留有足够的余量。

4）系统的硬件和软件设计。首先设计控制系统的电气原理图，包括主电路、控制电路（强电控制及 PLC 的 I/O 端口电路）等设计。然后进行系统的软件设计（用户程序的编写过程就是软件设计过程），软件设计的内容与方法详见本书后面内容。

电气原理图与软件设计完后，进行控制台（柜）、其他非标准零件设计和接线图、安装图的设计。

5）联机统调。强电设备的现场安装布线完成后，就可进行联机统调。待全部调试结束，可将程序固化在 EPROM 中。然后，编制好技术文件，包括操作使用说明书、系统电气原理图以及应用程序等文件资料，最后交付使用。

（3）PLC 控制系统设计及使用时应注意的问题 关于 PLC 的电源、接地以及输入/输出接线等还要注意以下几点：

1）为了避免其他外围设备的电干扰，PLC 应远离高压电源和高压设备，不能与高压电器安装在同一个控制柜内。

2）PLC 的电源应与系统的动力设备电源分开配线。对于来自电源线的干扰，PLC 本身具有足够的抑制能力。如果电源干扰特别严重，可加接一个带屏蔽层的隔离变压器以减少对 PLC 的干扰。

3）良好的接地是保证 PLC 安全可靠运行的重要条件。接地时，基本单元与扩展单元的接地点应接在一起，为了抑制附加在电源及输入端、输出端的干扰，应给 PLC 接以专用地线，并且接地点要与其他设备分开，如图 5-1a 所示。若达不到这种要求，也可采用公共接地方式，如图 5-1b 所示。但是禁止采用图 5-1c 所示的串联接地方式，因为这种接地方式会产生各设备之间的电位差。

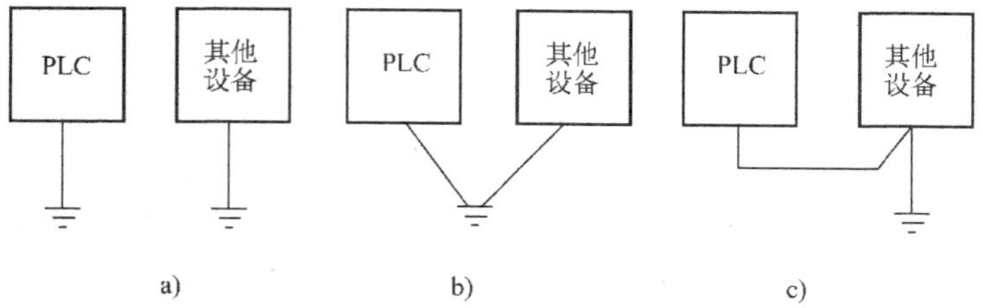

图 5-1 PLC 接地处理
a）分开接地 b）公共接地 c）串联接地

4）应注意 PLC 的输入公共端不能与输出公共端连接，还要考虑输出端驱动负载的能力，在输出端与负载之间连线时，如果接入负载超过了规定的最大限值，则必须外接继电器或接触器，PLC 才能正常工作。

5）PLC 的输出端必须外加熔断器作短路保护。对于继电器输出方式可选用普通熔断器，对于晶体管输出方式和晶闸管输出方式应选用快速熔断器。

6）若输出端接有感性元件，应在它们两端并联二极管（直流负载）或阻容吸收电路（交流电路），以抑制干扰，如图 5-2 所示。

7）对于可能给用户造成伤害的危险负载，除了对 PLC 的控制程序加以考虑外，还应设计外部紧急停车的电路，使得 PLC 发生故障时，能将引起伤害的负载电源切断。

8）PLC 的输入/输出线与系统控制线应分开布线，并保持一定距离，如不得不在同一槽中布线，则应使用屏蔽电缆。

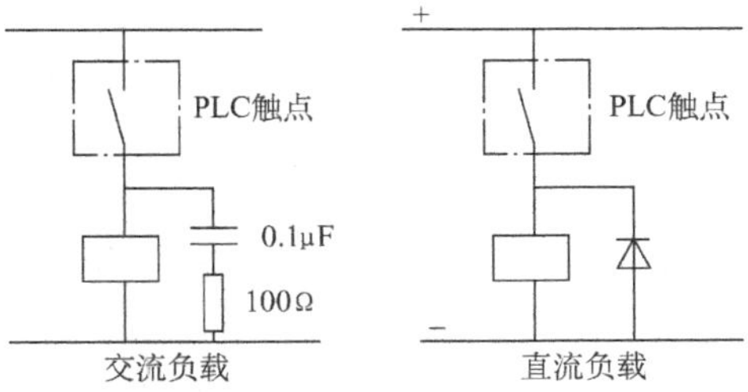

图 5-2　干扰的抑制

PLC 本身的可靠性很高，但在实际应用中，系统中 PLC 以外部分（特别是机械限位开关）的故障是引起系统故障的主要原因，所以在设计 PLC 应用系统时应采取相应的措施，提高系统的可靠性，如选用可靠性高的接近开关代替机械限位开关等。

2. PLC 控制系统软件设计的方法

（1）应用程序设计的主要内容　PLC 软件设计的内容主要包括存储空间的分配、专用寄存器的确定、系统初始化程序的设计、各功能块子程序的编制、主程序的编制及调试、故障应急措施及其他辅助程序的设计等，如有通信网络，还需设计通信网络有关程序。

（2）应用程序设计的步骤

1）程序框图设计。对于较复杂的控制系统，根据控制系统要求，需要先绘制系统控制流程图，用以清楚地表明各动作间的顺序关系和各动作发生的条件。对简单的控制系统，也可以省去这一步。

2）编写 I/O 分配表。在编写程序前，还要给每一个 I/O 信号分配相应的地址，给出每个地址对应的信号的含义、名称，并列成表，这种表称为 I/O 分配表，以便软件编程和系统调试时使用。在对 I/O 信号进行地址分配时应尽量将同一类的信号集中配置。

3）编写程序。根据流程图，将整个控制系统分成若干个基本功能块，然后逐个设计基本功能块的梯形图，最后，把各个梯形图按顺序组合起来。

编写程序过程中要对程序进行必要的注释，最好随编随注，以便阅读和调试。

4）程序调试。程序调试是整个程序设计工作中一项很重要的内容，它可以初步检查程序的实际效果。程序调试和程序编写不可分割，程序的许多功能都是在调试中修改和完善的。

将编译通过的程序下载到 PLC 中，先进行室内模拟调试，然后再进行现场系统调试。如果控制系统是由几个部分组成，则应先做局部调试，然后再进行整体调试。对于调试中出现的问题，要逐一排除，直至调试成功。程序必须经过一段时间的运行，才可以投入实际现场工作。

（3）PLC 程序编制的方法　PLC 程序编制方法很多，在这里仅介绍分析设计法和步进顺控法。

1）分析设计法。根据被控对象对控制系统的要求，先粗略地设计出框架，再根据具体的要求逐步补充完善，随时增减 I/O 点数以及改变组合方式，直至满足被控对象的控制要求。这种方法要求设计者具有较丰富的实践经验，掌握较多的典型应用程序的基本环节。

分析设计法没有一个普遍的规律可循，具有一定的试探性和随意性，对于同一被控对象，设计出的程序不是唯一的，这种方法所设计的方案不一定是最简捷的方案，当设计者经验不足或考虑不周时也会影响系统的可靠性。对于简单的控制系统的设计，用分析设计法进行设计，简单、易行。对于一些旧设备的改造也常采用分析设计法，借鉴原设备继电器控制电路图，并综合考虑 PLC 的特点，加以修改和完善，可较方便地得到符合控制要求的程序。对于复杂的控制系统，由于联锁关系复杂，用分析设计法进行设计比较困难，且设计周期较长，设计出的程序可读性差，给日后产品的使用、维护带来诸多不便。

2）步进顺控法。I/O 点数较多、工艺复杂的设备，通常要求具有很强的时序性，部分动作间应具有严格的顺序关系。这就需要很多联锁及禁止的逻辑关系，用一系列逻辑的组合实现起来比较困难，而利用步进顺控法可使逻辑设计更加简单与合理。

步进顺控法是在顺控指令的配合下设计复杂的控制程序。一般比较复杂的程序，都可以分成若干个功能比较简单的程序段，一个程序段可以看成整个控制过程中的一步。从这个角度去看，一个复杂系统的控制过程是由这样若干个步组成的。系统控制的任务实际上可以认为在不同时刻或者在不同进程中去完成对各个步的控制。为此，不少 PLC 生产厂家在自己的 PLC 中增加了顺控指令，可以利用顺控指令方便地编写控制程序。S7—200 PLC 可应用移位寄存器指令（SFT）或顺控指令（SCR）实现步进顺控。

（4）梯形图的编写规则　编写梯形图时应遵循下列规则。

1）“输入继电器”的状态由外部输入设备的开关信号驱动，程序不能随意改变它。

2）梯形图中同一编号的“继电器线圈”只能出现一次，通常不能重复使用，但是它的触点可以无限次地重复使用。

通常，在一个程序中是不允许出现双线圈输出的。但在置位和复位指令中，置位指令将某继电器置位或激励，复位指令又可将该继电器复位或失励。这时在程序中出现的双线圈是允许的。

3）如图 5-3 所示，几个串联支路相并联，应将触点多的支路安排在上面；几个并联回路的串联，应将并联支路数多的安排在左面。按此规则编制的梯形图可减少用户程序步数、缩短程序扫描时间。

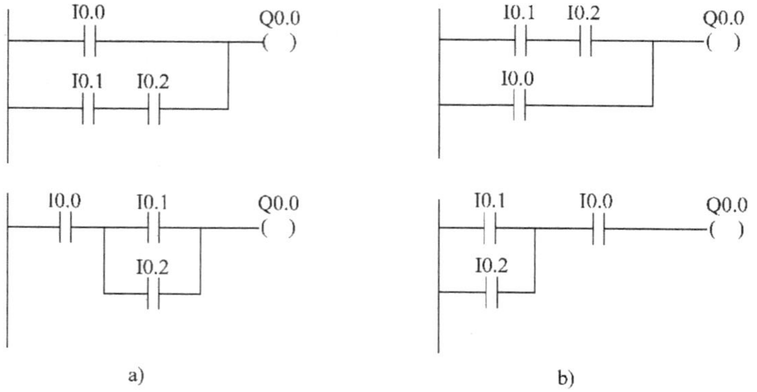

图 5-3　梯形图的画法

a）不合理　b）合理

4）程序的编写按照从左至右、由上至下顺序排列。一个梯级开始于左母线，触点不能放在线圈的右边。

（5）应用程序设计过程中应注意的问题

1）注意接入 PLC 输入端子的电气触点在没有通电或没有外力作用时的状态（常开或常闭），合理地编写应用程序。

2）合理排列梯形图，使输入、输出响应滞后现象不影响实际响应速度。由于 PLC 的工作方式是周期循环扫描的工作方式，因而语句的安排直接影响着输入、输出响应速度。通常可根据工艺流程图按动作先后顺序排列各输出线圈，同时兼顾内部线圈、时间继电器等线圈的排列顺序，使输入、输出延迟响应不影响实际输出对响应速度的要求。

3）应保证有效输入信号的电平保持时间。由于 PLC 是周期循环的扫描方式，且采用集中采样、集中输出的形式。如果要保证输入信号有效，输入信号的电平保持时间必须大于 PLC 一个扫描周期。除非对开关量输入信号设置允许脉冲捕捉功能，这样就允许 PLC 捕捉到持续时间很短的脉冲。

4）PLC 指令的执行条件有信号电平有效和跳变有效的区别，编程时应加以注意。

五、抢答电路的设计

1. 分析控制要求，确定输入/输出设备

（1）分析控制要求　根据任务中的控制要求，设计时需注意以下三点：

1）主持人接通抢答允许按钮后抢答才能开始。

2）只要有人抢答成功，余者再按按钮，其面前指示灯不亮。

3）主持人按下复位按钮后，结束一轮抢答。

（2）确定输入设备　系统有 5 个输入信号：1 个抢答允许信号、3 个抢答信号和 1 个复位信号。由此确定，系统的输入设备是 5 个按钮，作为 PLC 的 5 个输入点。

（3）确定输出设备　3 名抢答者面前各有一个表示抢答成功的指示灯。由此确定，系统的输出设备是 3 盏指示灯，作为 PLC 的 3 个输出点。

2. 硬件电路设计

抢答硬件电路如图 5-4 所示。

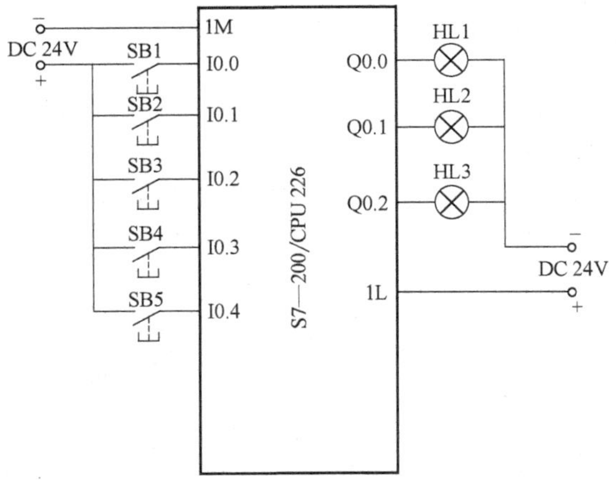

图 5-4　抢答硬件电路

3. 确定 I/O 地址分配表

I/O 地址分配表见表 5-2。

表 5-2　I/O 地址分配表

输入信号		输出信号	
抢答按钮 SB1	I0.0	指示灯 HL1	Q0.0
抢答按钮 SB2	I0.1	指示灯 HL2	Q0.1
抢答按钮 SB3	I0.2	指示灯 HL3	Q0.2
抢答允许按钮 SB4	I0.3		
复位按钮 SB5（常开）	I0.4		

4. 设计梯形图

先抢答者利用先接通的输出信号禁止其他指示灯亮，如图 5-5 所示。

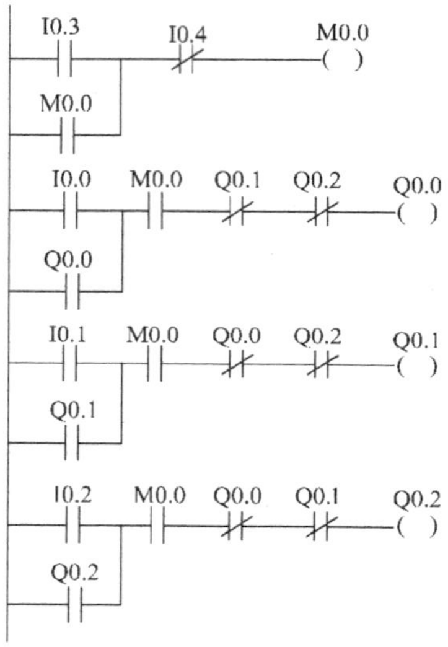

图 5-5　抢答梯形图

六、抢答电路的安装与调试

1）检查实验设备，准备好实验用导线。查看各电器元件质量情况，详细观察各电器元件外部结构，了解其使用方法，并进行安装。

2）按图 5-4 所示的电路图接好线，并对照电路图检查是否有掉线、错线，接线是否牢固。学生自行检查和互检，确认安装的电路正确和无安全隐患，经指导老师检查后方可通电实验。切记严格遵守安全操作规程，确保人身安全。

3）接通 PLC 电源，打开计算机，接通 DC 24V 电源，操作 STEP7 - Micro/WIN32 编程软件。首先选择 PLC 类型，录入程序，用“PLC”菜单中的命令或按工具条中的“编译”或“全部编译”按钮来编译输入的程序，并下载到 PLC 上。

4）断开数字量输入板上的全部输入开关，输入侧的 LED 全部熄灭。单击工具栏的“运行”按钮，用户程序开始运行，“RUN”LED 亮。

5）用“程序状态”功能监视程序的运行情况。首先按下按钮SB4，再随机按下按钮SB1或SB2或SB3，观察对应的指示灯状态。在已有一盏灯亮的前提下，再按下另外两个按钮，观察指示灯状态有无变化。最后按下复位按钮SB5，观察各输出状态。

6）若出现故障，检查硬件电路及梯形图后重新调试，直至实现系统功能。同时做好记录（故障现象、原因分析、解决办法）。

7）断开DC 24V电源，关闭计算机，断开PLC电源，拆线及整理。

七、考核与评价

在自觉遵守安全文明生产规程的前提下，根据学习情境的能力目标，确定不同阶段的考核方式及分数权重，考核标准见表5-3。

表5-3　考核标准

<table>
<tr><th>教学内容</th><th>评价要点</th><th>评价标准</th><th>评价方式</th><th>考核方式</th><th>分数权重</th></tr>
<tr><td rowspan="5">学习情境五
任务一</td><td>硬件设计、软件编程</td><td>正确设计硬件线路和PLC程序</td><td rowspan="5">小组成员互评</td><td>口试</td><td>0.3</td></tr>
<tr><td>电路的连接</td><td>按图接线正确、规范、合理</td><td>操作</td><td>0.2</td></tr>
<tr><td>软件的调试</td><td>调试的PLC程序符合控制要求</td><td>操作</td><td>0.3</td></tr>
<tr><td>工作态度</td><td>认真、主动参与学习</td><td>口试</td><td>0.1</td></tr>
<tr><td>团队合作</td><td>具有与团队成员合作的精神</td><td>口试</td><td>0.1</td></tr>
</table>

八、知识拓展——数控刀架信号控制

数控车床有一个六工位刀架，用检测元件检测刀位。当刀架在某一刀位时，检测元件相应的位信号为1，用梯形图实现6位输入信号转换成BCD码输出信号。I/O地址分配表见表5-4。

表5-4　I/O地址分配表

<table>
<tr><th colspan="2">输入信号</th><th colspan="2">输出信号</th></tr>
<tr><td>1号位检测信号</td><td>I0.0</td><td rowspan="6">BCD码</td><td rowspan="2">Q0.0</td></tr>
<tr><td>2号位检测信号</td><td>I0.1</td></tr>
<tr><td>3号位检测信号</td><td>I0.2</td><td rowspan="2">Q0.1</td></tr>
<tr><td>4号位检测信号</td><td>I0.3</td></tr>
<tr><td>5号位检测信号</td><td>I0.4</td><td rowspan="2">Q0.2</td></tr>
<tr><td>6号位检测信号</td><td>I0.5</td></tr>
</table>

输出信号为BCD码，如图5-6所示。

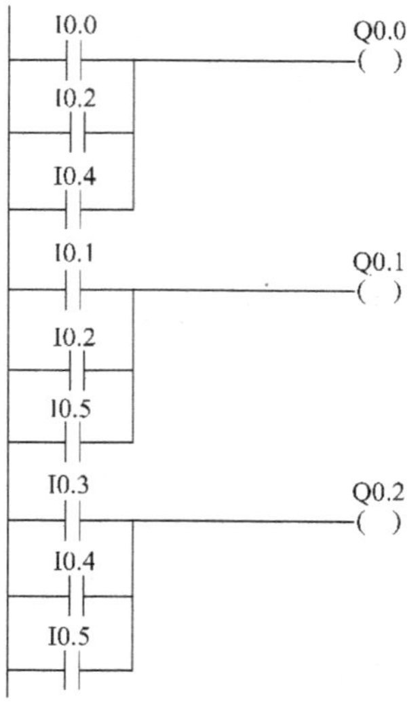

图 5-6 数控刀架信号梯形图

九、习题与思考题

1. PLC 控制系统的设计原则是什么?
2. PLC 控制系统的设计有哪些主要内容? 选用 PLC 时应考虑哪些问题?
3. 设计一个用 PLC 实现的三相异步电动机正反转控制的梯形图。

任务二 Y—△减压起动电路的设计、安装与调试

一、学习目标

1) 正确设计Y—△减压起动硬件电路，并编制其 PLC 程序。
2) 按照Y—△减压起动硬件电路图进行接线，并调试 PLC 程序。

二、任务

本任务是设计、安装与调试 PLC 控制的Y—△减压起动电路。控制要求如下：按下起动按钮，电动机定子绕组接成星形联结减压起动；延长一段时间后，电动机绕组接成三角形联结全压运行；按下停止按钮，电动机停止运行。

三、设备

主要设备及元器件清单见表 5-5。

表 5-5 主要设备及元器件清单

序 号	名 称	数 量
1	西门子 S7—200 PLC	1 台
2	安装了 STEP7 - Micro/WIN32 编程软件的计算机	1 台
3	PC/PPI 电缆 1 根	1 根

（续）

序　　号	名　　称	数　　量
4	输入/输出实验板 1 块	1 台
5	电源板	1 块
6	电工工具及导线	若干
7	组合开关	1 个
8	熔断器	3 个
9	交流接触器	3 个
10	热继电器	1 个
11	笼型异步电动机	1 台

四、Y—△减压起动电路的设计

1. 分析控制要求，确定输入/输出设备

（1）分析控制要求　项目的任务是设计、安装与调试 PLC 控制的Y—△减压起动电路，具体控制要求如下。

1）按下起动按钮，电动机定子绕组通过接触器接成星形联结减压起动。

2）延时 t_1 时间，电动机星形起动结束。

3）又经 t_2 时间后，电动机绕组通过接触器接成三角形联结全压运行。

4）按下停止按钮，电动机停止运行。

（2）确定输入设备　根据控制要求，系统有 3 个输入信号：起动信号、停止信号和过载信号。由此确定，系统的输入设备是 2 个按钮和 1 个热继电器，作为 PLC 的 3 个输入点。

（3）确定输出设备　系统首先通过接触器 KM1、KM3 使电动机定子绕组接成星形联结减压起动，延时一段时间后，通过接触器 KM1、KM2 使电动机绕组接成三角形联结全压运行。由此确定，系统的输出设备是 3 个接触器，作为 PLC 的 3 个输出点。

2. 硬件电路设计

PLC 控制的电动机Y—△减压起动主电路和控制电路分别如图 5-7、图 5-8 所示。

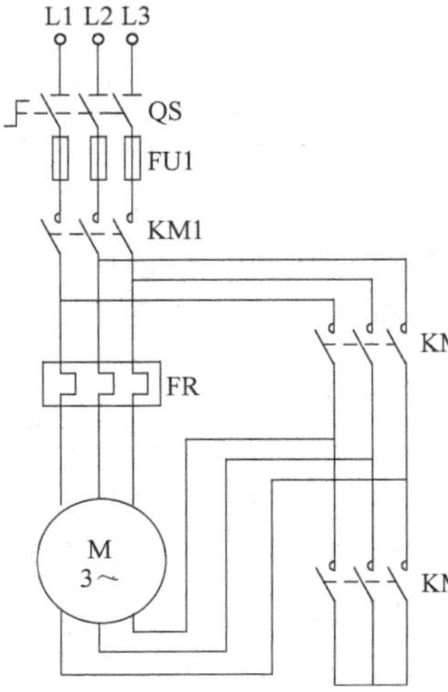

图 5-7　电动机Y—△减压起动主电路

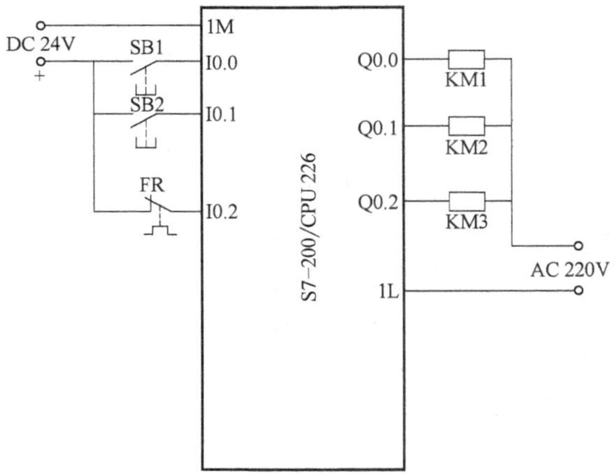

图 5-8　电动机Y—△减压起动控制电路

3. 确定I/O地址分配表

I/O地址分配表见表5-6。

表5-6 I/O地址分配表

输入信号		输出信号	
起动按钮SB1	I0.0	接触器KM1	Q0.0
停止按钮SB2	I0.1	接触器KM2	Q0.1
过载保护（热继电器常闭触点）	I0.2	接触器KM3	Q0.2

4. 设计梯形图

如图5-7所示，电动机由接触器KM1、KM2、KM3控制，其中KM3将电动机绕组接成星形联结，KM2将电动机绕组接成三角形联结。KM2与KM3不能同时吸合，否则将产生电源短路。在程序设计过程中，应充分考虑由星形联结向三角形联结切换的时间，即当电动机绕组从星形联结切换到三角形联结时，由KM3完全断开（包括灭弧时间）到KM2接通这段时间，以防电源短路。

如图5-9所示，T37定时器用于起动延时，T38用于KM3断电后，延长一段时间再让KM2通电，保证KM3、KM2不同时接通，避免电源短路。

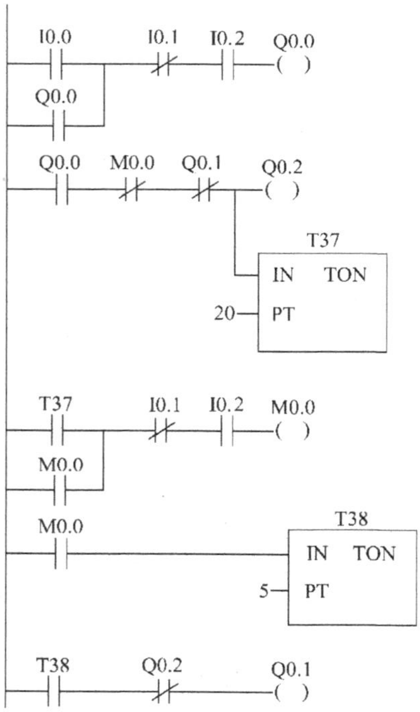

图5-9 电动机Y—△减压起动梯形图

五、Y—△减压起动电路的安装与调试

1）检查实验设备，准备好实验用导线。查看各电器元件质量情况，详细观察各电器元件外部结构，了解其使用方法，并进行安装。

2）按图5-7、图5-8所示电路图正确连接电路，按照从上到下，从左到右，先接主电路，再连接控制电路的顺序进行接线。

3）对照电路图检查是否有掉线、错线，接线是否牢固。学生自行检查和互检，确认安装的电路正确和无安全隐患，经指导老师检查后方可通电实验。切记严格遵守安全操作规程，确保人身安全。

4）接通PLC电源，打开计算机，接通DC 24V电源，操作STEP7－Micro/WIN32编程软件。首先选择PLC类型，录入程序，用“PLC”菜单中的命令或按工具条中的“编译”或“全部编译”按钮来编译输入的程序，并下载到PLC上。

5）接通主电路电源，合上组合开关，断开数字量输入板上的全部输入开关，输入侧的LED全部熄灭。单击工具栏的“运行”按钮，用户程序开始运行，“RUN”LED亮。

6）用“程序状态”功能监视程序的运行情况。按下起动按钮SB1，仔细观察各输出及电动机状态。延长一段时间后，观察各输出的状态变化。按下停止按钮SB2，观察各输出及电动机状态变化。

7）若出现故障，检查硬件电路及梯形图后重新调试，直至实现系统功能。同时做好记录（故障现象、原因分析、解决办法）。

8）断开 DC 24V 电源，关闭计算机，断开 PLC 电源；断开组合开关，断开主电路电源，拆线及整理。

六、考核与评价

在自觉遵守安全文明生产规程的前提下，根据学习情境的能力目标，确定不同阶段的考核方式及分数权重，考核标准见表 5-7。

表 5-7　考核标准

教学内容	评价要点	评价标准	评价方式	考核方式	分数权重
学习情境五任务二	硬件设计、软件编程	正确设计硬件电路和 PLC 程序	小组成员互评	口试	0.3
	电路的连接	按图接线正确、规范、合理		操作	0.2
	软件的调试	调试的 PLC 程序符合控制要求		操作	0.3
	工作态度	认真、主动参与学习		口试	0.1
	团队合作	具有与团队成员合作的精神		口试	0.1

七、知识拓展——电动机输送控制电路

某磨床的切削液输送滤清系统由三台电动机驱动，在电控上要同时满足下列要求：

1）电动机 M1、M2 同时起动。

2）电动机 M1、M2 起动后，电动机 M3 才能起动。

3）电动机 M3 必须先停，延时 t 后，电动机 M1、M2 才同时停。

I/O 地址分配表见表 5-8，电动机输送梯形图如图 5-10 所示。

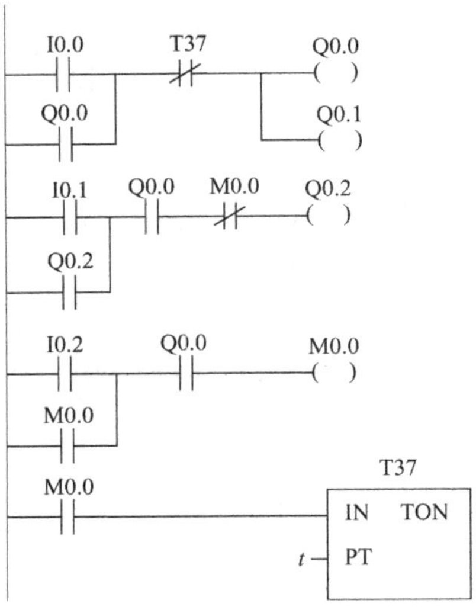

图 5-10　电动机输送梯形图

表5-8 I/O地址分配表

输入信号		输出信号	
M1、M2 起动按钮 SB1	I0.0	M1 的接触器 KM1	Q0.0
M3 起动按钮 SB2	I0.1	M2 的接触器 KM2	Q0.1
停止按钮 SB3（常开）	I0.2	M3 的接触器 KM3	Q0.2

八、习题与思考题

有三台电动机，要求起动时每隔1min依次起动一台，每台运行10min自动停机，运行中还可以用停止按钮将三台电动机同时停机。试设计PLC控制程序。

任务三 组合机床动力头电路的设计、安装与调试

一、学习目标

1）掌握顺序功能图及移位指令的使用。
2）正确设计组合机床动力头硬件电路，编制其PLC程序。
3）按照组合机床动力头硬件电路图进行正确接线，并调试PLC程序。

二、任务

本任务是设计、安装与调试PLC控制的组合机床动力头电路。组合机床动力头的运动过程如图5-11所示。动力头在初始位置停在左边，压下限位开关SQ1。当按下起动按钮SB1时，动力头向右快进，碰到限位开关SQ2后变为工进，再碰到限位开关SQ3后转为快退，返回初始位置后停止运动。

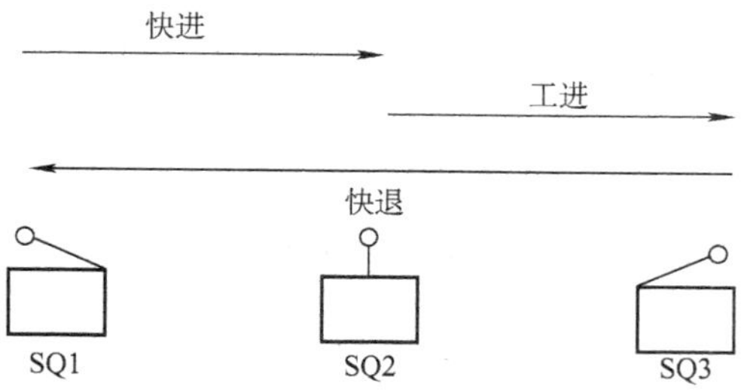

图5-11 组合机床动力头的运动过程

三、设备

主要设备及元器件清单见表5-9。

表5-9 主要设备及元器件清单

序号	名称	数量
1	西门子 S7—200 PLC	1台
2	安装了 STEP7 - Micro/WIN32 编程软件的计算机	1台
3	PC/PPI 电缆1根	1根
4	输入/输出实验板1块	1台
5	电源板	1块
6	电工工具及导线	若干
7	限位开关	3个
8	电磁阀	3个

四、知识储备

1. 顺序功能图

采用梯形图及语句表方式编程可使电路比较直观，深受广大电气技术人员的欢迎。但对于一个复杂的控制系统，尤其是顺序控制程序，由于内部联锁、互动关系复杂，电路不易理解，其梯形图往往长达数百行，编程难度较大。利用顺序功能图及顺序控制指令编写复杂的步进控制程序，可使工作效率大大提高，并且这种编程方法为调试、运行带来极大的方便。

目前生产的PLC产品多数都有专为使用顺序功能图编程所设计的指令，使用方便。尤其在中小型PLC程序设计中，采用顺序功能图法时，首先根据系统控制的要求设计出控制功能流程图，然后将其转化为梯形图程序。有些大型或中型PLC则可直接用顺序功能图进行编程。

顺序功能图简称为功能图，是一种描述顺序控制系统的图解表示方法，是专为工业顺序控制程序设计的一种功能说明性语言。它能完整地描述控制系统的工作过程、功能和特性，是分析、设计电气控制系统控制程序的重要工具。

功能图主要由步、转移条件及动作三要素组成，如图5-12所示。

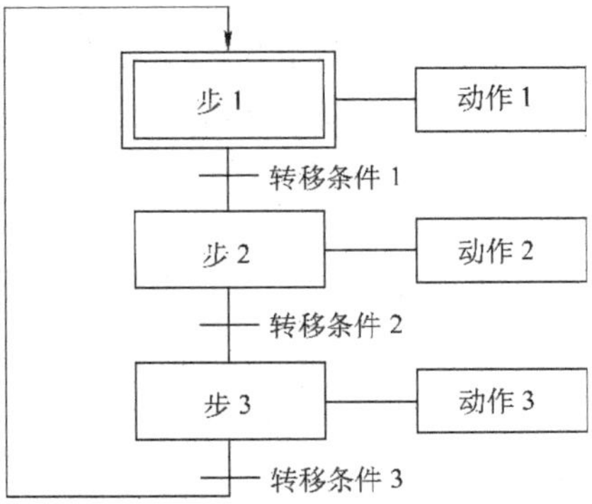

图5-12　功能图

（1）步　步表示了控制系统中的某个状态，用矩形框表示。

与系统的初始状态相对应的步称为初始步。一个控制系统至少要有一个初始状态，初始步是功能图运行的起点。初始步的图形符号用双线的矩形框表示，实际使用时，可画单线矩形框，也可画一条横线表示功能图的开始。

当系统正处于某一步所在的阶段时，该步处于活动状态，称该步为“活动步”。步处于活动状态时，相应的动作被执行；处于不活动状态时，相应的动作停止执行。

（2）转移条件　当某一活动步满足一定的条件时，转换为下一步。步与步之间用一个有向线段来表示转移的方向，有向线段上再用一段横线表示转移的条件。

注意：从上向下画有向线段时，可以省略箭头；当有向线段从下向上画时，必须画上箭头，以表示方向。

（3）动作　在每个稳定的活动步下，可能会有相应的动作。

2. 移位指令

移位指令均为无符号数操作。

（1）右移位指令　当右移位允许信号EN=1时，输入端IN指定的数据右移N位，结果存入OUT单元。右移位指令按操作数的数据类型可分为字节（_B）、字（_W）、双字（_DW）右移位指令，如图5-13所示。

（2）左移位指令　当左移位允许信号EN=1时，输入端IN指定的数据左移N位，结果

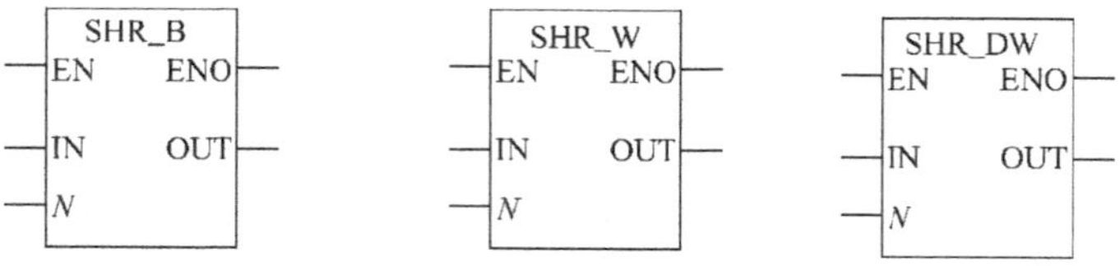

图5-13　右移位指令

存入OUT单元。左移位指令，按操作数的数据类型可分为字节（_B）、字（_W）、双字（_DW）左移位指令，如图5-14所示。

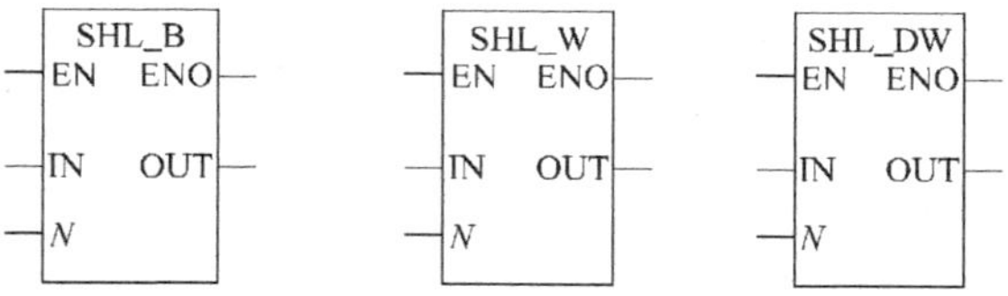

图5-14　左移位指令

字节、字、双字移位指令的实际最大可移位数分别为8、16、32。

右移位和左移位指令，对移位后的空位自动补零。移位后SM1.1（溢出）的值就是最后一次移出的位值。如果移位的结果是0，SM1.0置位。

（3）移位寄存器指令　移位寄存器指令可用来进行顺序控制、物流及数据流控制。

移位寄存器指令把输入端DATA的数值送入移位寄存器，S_BIT指定移位寄存器的最低位，N指定移位寄存器的长度（从S_BIT开始，共N位）和移位的方向（正数表示左移，负数为右移），如图5-15所示。

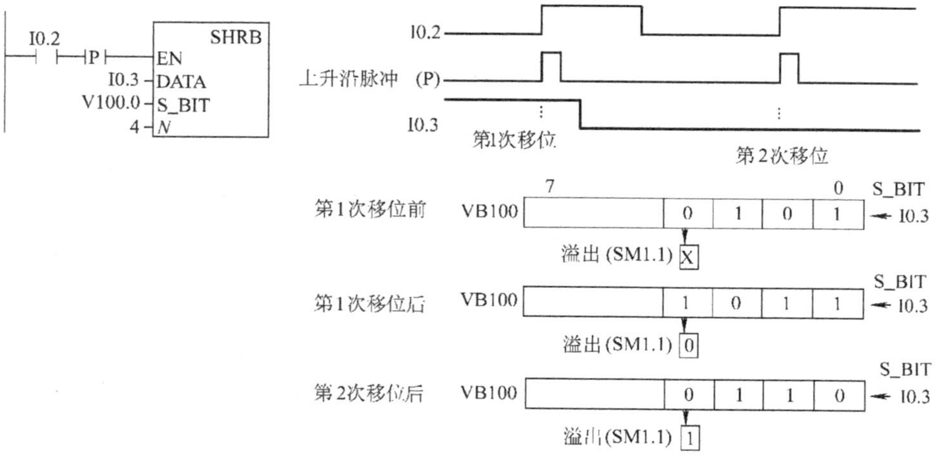

图5-15　移位寄存器指令

由移位寄存器的最低有效位S_BIT和移位寄存器的长度N可计算出移位寄存器最高有效位MSB.b的地址。计算公式：

MSB.b = {S_BIT的字节号 + [（|N| − 1 + S_BIT的位号）÷ 8] 的商}.{[（|N| − 1 + S_BIT的位号）÷ 8] 的余数}

例如，如果S_BIT是V20.4，N是9，那么MSB.b是V21.4。具体计算如下：

MSB.b = {V20 + [（9 − 1 + 4）÷ 8] 的商}.{[（9 − 1 + 4）÷ 8] 的余数} = V21.4

当移位寄存器允许输入端 EN 有效时，每个扫描周期寄存器各位都移动一位，图 5-12 中 EN 端加了上升沿脉冲指令，即在 I0.2 的每个上升沿时刻对 DATA 端采样一次，把 DATA 的数值移入移位寄存器。左移时，输入数据从移位寄存器的最低有效位移入，从最高有效位移出；右移时，输入数据从移位寄存器的最高有效位移入，从最低有效位移出。移出的数据影响 SM1.1。*N* 为字节型数据，移位寄存器的最大长度为 64 位。操作数 DATA、S_ BIT 为位型数据。

例 5-1　移位寄存器的梯形图与时序图如图 5-16 所示，VB100 中的内容为 30H，移位后 VB100 中的内容为多少？

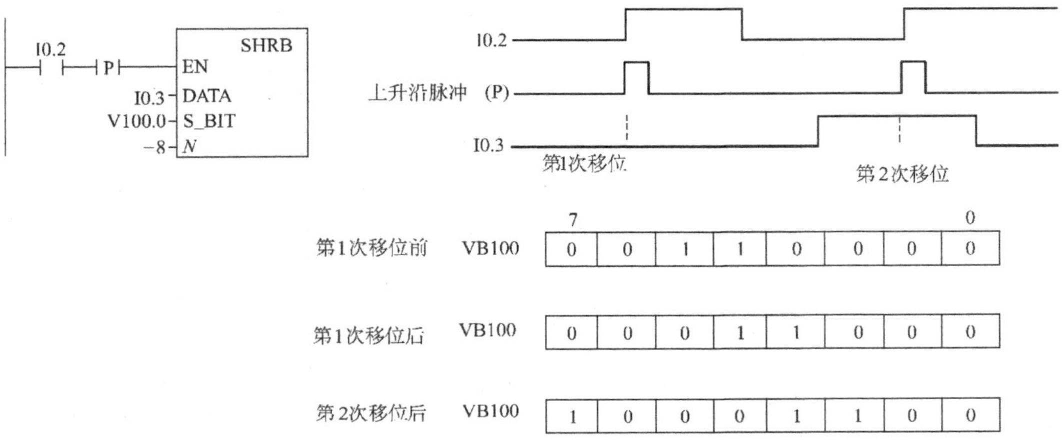

图 5-16　移位寄存器指令实例

执行梯形图后，VB100 的内容为 8CH。

五、组合机床动力头电路的设计

1. 分析控制要求，确定输入/输出设备

（1）分析控制要求　某组合机床通过气动装置由三个电磁阀控制动力头运动。可以将系统控制过程分解为初始、快进、工进、快退 4 个工步，电磁阀 YV1、YV2、YV3 在各步的状态见表 5-10。

表 5-10　组合机床动力头状态表

步	YV1	YV2	YV3
初始	0	0	0
快进	1	1	0
工进	0	1	0
快退	0	0	1

（2）确定输入设备　根据控制要求，系统有 4 个输入信号：起动信号和 3 个位置信号。由此确定，系统的输入设备是 1 个按钮和 3 个限位开关，作为 PLC 的 4 个输入点。

（3）确定输出设备　系统的输出设备是 3 个电磁阀，作为 PLC 的 3 个输出点。

2. 硬件电路设计

组合机床动力头进给运动硬件电路如图5-17所示。

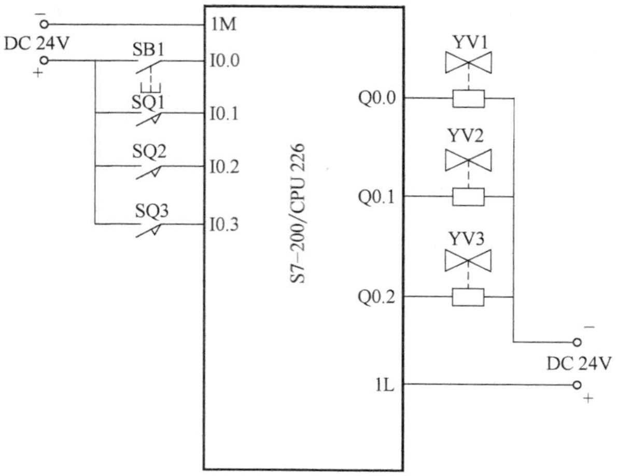

图5-17　组合机床动力头进给运动硬件电路

3. 确定I/O地址分配表

I/O地址分配表见表5-11。

表5-11　I/O地址分配表

输入信号		输出信号	
起动按钮SB1	I0.0	电磁阀YV1	Q0.0
行程开关SQ1	I0.1	电磁阀YV2	Q0.1
行程开关SQ2	I0.2	电磁阀YV3	Q0.2
行程开关SQ3	I0.3		

4. 设计梯形图

用PLC实现步进顺控很方便，可以利用移位寄存器编制程序。

按照控制功能，绘出功能图和梯形图，如图5-18所示，将动力头的一个工作周期分为初始状态、快进、工进和快退共四步。起动按钮信号I0.0和限位开关信号I0.1、I0.2、I0.3是各步之间的转换条件。采用内部标志位存储器MB0的前4位M0.0、M0.1、M0.2、M 0.3代表动力头工作循环的4步。M0.0为移位寄存器的DATA位，M0.1为移位寄存器的S_BIT位，M0.1、M0.2、M0.3位可进行移位。

当动力头处在左边初始状态时，压下限位开关SQ1，I0.1为1，M0.1、M0.2、M 0.3均为0，M0.0置为1，此时动力头处于初始状态。

当按下起动按钮SB1时，I0.0为1，移位寄存器左移一位，M0.0中的1被传递到M0.1，Q0.0、Q0.1被接通，同时M0.0为0，动力头处于快进状态。

当动力头右行压下限位开关SQ2时，I0.2为1，M0.1中的1被传递到M0.2，M0.1、M0.0为0，这时Q0.0断开，动力头停止快进，Q0.1保持接通状态，动力头进入工进状态。

当动力头右行压下限位开关SQ3时，即I0.3为1，M0.2中的1被传递到M0.3，M0.0、

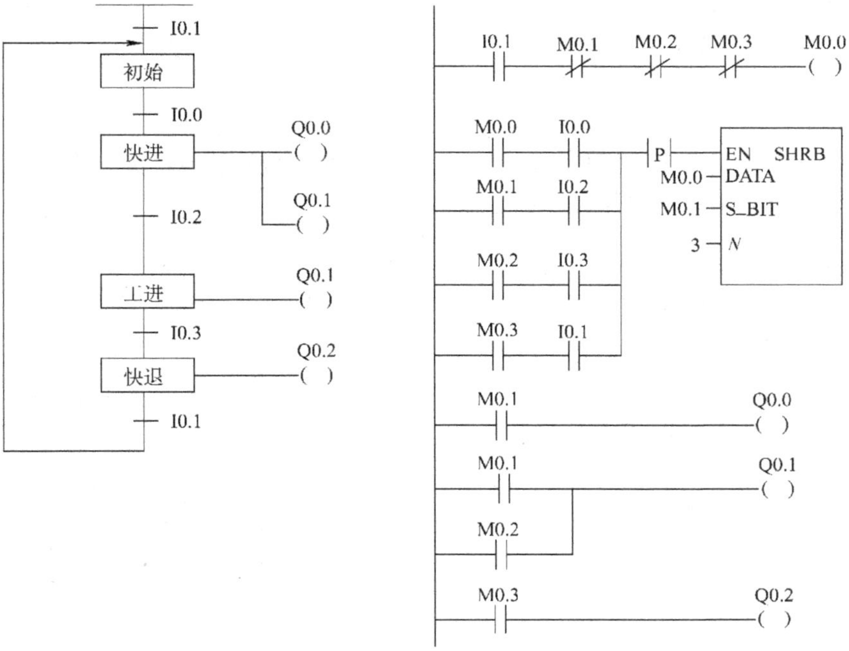

图 5-18　组合机床动力头的功能图与梯形图

M0.1、M0.2 为 0，这时 Q0.1 断开，动力头停止工进，Q0.2 接通，动力头处于快退状态。

当动力头快退压下限位开关 SQ1 时，I0.1 为 1，M0.3 中的 1 被移出，M0.1、M0.2、M0.3 均为 0，Q0.0、Q0.1、Q0.2 断开，M0.0 又置 1，动力头返回初始状态。若再按下起动按钮 SB1，I0.0 为 1，便又进入下一工作循环。

六、组合机床动力头电路的安装与调试

1）检查实验设备，准备好实验用导线。查看各电器元件质量情况，详细观察各电器元件外部结构，了解其使用方法，并进行安装。

2）按图 5-17 所示电路图正确连接电路，对照线路图检查是否有掉线、错线，接线是否牢固。学生自行检查和互检，确认安装的电路正确和无安全隐患，经指导老师检查后方可通电实验。切记严格遵守安全操作规程，确保人身安全。

3）接通 PLC 电源，打开计算机，接通 DC 24V 电源，操作 STEP7 - Micro/WIN32 编程软件。首先选择 PLC 类型，录入程序，用“PLC”菜单中的命令或按工具条中的“编译”或“全部编译”按钮来编译输入的程序，并下载到 PLC 上。

4）确认系统处于要求的初始状态。单击工具栏的“运行”按钮，用户程序开始运行，“RUN”LED 亮。

5）用“程序状态”功能监视程序的运行情况。按下起动按钮 SB1，观察输出情况及动力头运动方向。当动力头压下限位开关 SQ2 后，观察输出变化及动力头运动速度的变化。压下限位开关 SQ3 后，观察输出变化及动力头运动方向有无改变。压下限位开关 SQ1 后，观察各输出及动力头的状态变化。

6）若出现故障，检查硬件电路及梯形图后重新调试，直至实现系统功能，同时做好记

录（故障现象、原因分析、解决办法）。

7）断开 DC 24V 电源，关闭计算机，断开 PLC 电源，拆线及整理。

七、考核与评价

在自觉遵守安全文明生产规程的前提下，根据学习情境的能力目标，确定不同阶段的考核方式及分数权重，考核标准见表 5-12。

表 5-12　考核标准

教学内容	评价要点	评价标准	评价方式	考核方式	分数权重
学习情境五 任务三	硬件设计、软件编程	正确设计硬件电路和 PLC 程序	小组成员互评	口试	0.3
	电路的连接	按图接线正确、规范、合理		操作	0.2
	软件的调试	调试的 PLC 程序符合控制要求		操作	0.3
	工作态度	认真、主动参与学习		口试	0.1
	团队合作	具有与团队成员合作的精神		口试	0.1

八、习题与思考题

1. 顺序功能图由哪几个要素组成？

2. 小车在初始状态时停在中间位置，限位开关 SQ2 被压下，按下起动按钮 SB1，小车按图 5-19 所示的顺序运动，最后返回并停在初始位置。试设计 PLC 控制程序。

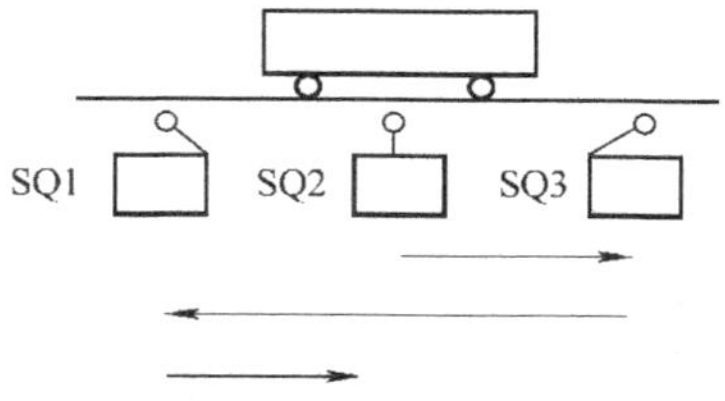

图 5-19　小车运动示意图

任务四　生产流水线电路的设计、安装与调试

一、学习目标

1）了解功能图类型，掌握顺序控制指令的使用。

2）正确设计生产流水线硬件电路，编制其 PLC 程序。

3）按照生产流水线硬件电路图进行正确接线，并调试 PLC 程序。

二、任务

本任务是设计、安装与调试 PLC 控制的生产流水线电路。

生产流水线的小车运动示意图如图 5-20 所示。小车在一个周期内的运动由 4 段组成。设小车最初在左端，压下行程开关 SQ1，按下起动按钮，则小车自动循环地工作；若按下停止按钮，则小车完成本次循环后停止在初始位置。

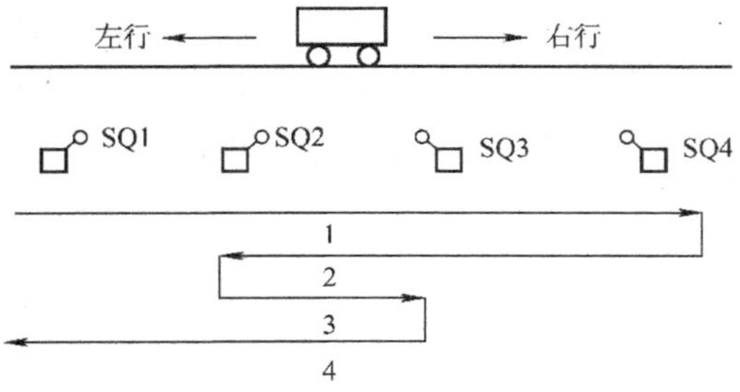

图 5-20　生产流水线的小车运动示意图

三、设备

主要设备及元器件清单见表 5-13。

表 5-13　主要设备及元器件清单

序　号	名　称	数　量
1	西门子 S7—200 PLC	1 台
2	安装了 STEP7 - Micro/WIN32 编程软件的计算机	1 台
3	PC/PPI 电缆 1 根	1 根
4	输入/输出实验板 1 块	1 台
5	电源板	1 块
6	电工工具及导线	若干
7	组合开关	1 个
8	熔断器	3 个
9	交流接触器	2 个
10	热继电器	1 个
11	行程开关	4 个
12	笼型异步电动机	1 台

四、知识储备

1. 顺序控制指令

S7—200 系列 PLC 有三条简单的顺序控制指令，其中 STL、LAD 的形式及功能见表 5-14。

表 5-14　顺序控制指令 STL、LAD 的形式及功能

指令名称	STL	LAD	功　能	操作元件
装载顺序控制继电器指令	LSCR *n*	*n* SCR	顺序控制开始	*n*：S 位
顺序控制继电器转换指令	SCRT　*n*	*n* —(SCRT)	顺控状态转移	*n*：S 位
顺序控制继电器结束指令	SCRE	—(SCRE)	顺控状态结束	无

LSCR 与 SCRE 之间的逻辑组成一个 SCR 状态（步），SCRT 指定状态的转移目标，当转移目标状态置 1 时，原工作状态自动复位。顺序控制指令 SCR 仅仅对于状态元件 S 有效。

图 5-21 所示例子说明了功能图过程，其梯形图与指令表如图 5-22 所示。

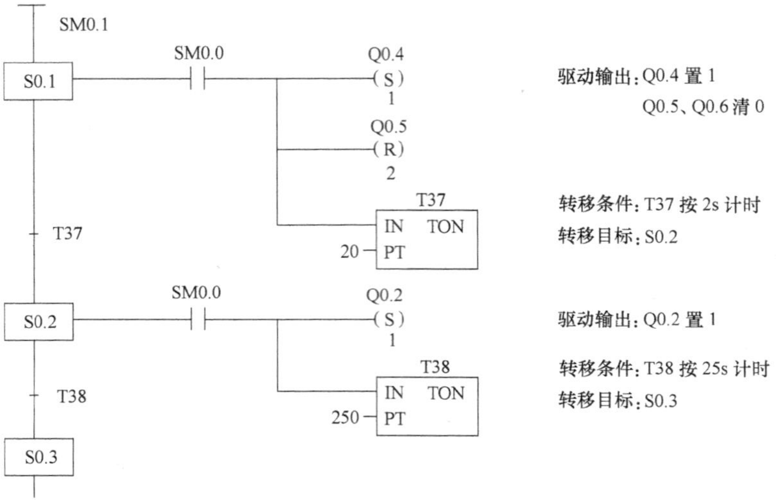

图 5-21　功能图实例

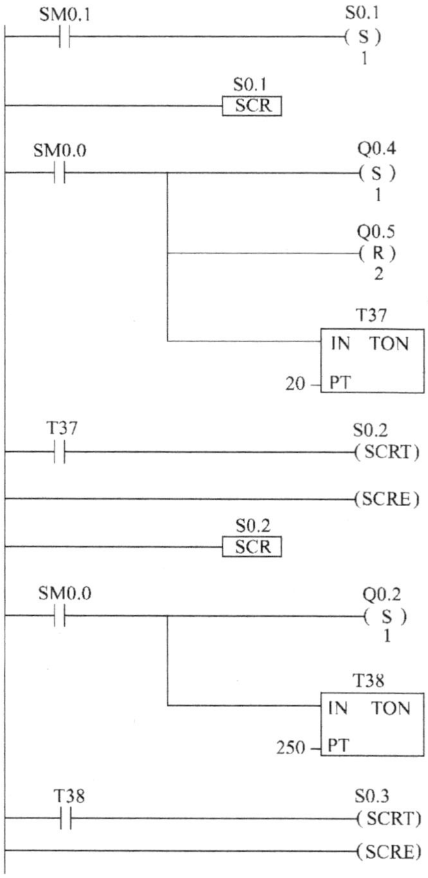


```
LD      SM0.1
S       S0.1,1
LSCR    S0.1
LD      SM0.0
S       Q0.4,1
R       Q0.5,2
TON     T37,20
LD      T37
SCRT    S0.2
SCRE
LSCR    S0.2
LD      SM0.0
S       Q0.2,1
TON     T38,250
LD      T38
SCRT    S0.3
SCRE
```

图 5-22　功能图实例相应的梯形图与指令表

1）初始化脉冲 SM0.1 在开机后第一个扫描周期将状态 S0.1 置 1，这就是第一步。

2）在第一步中 Q0.4 置 1，复位 Q0.5、Q0.6，T37 开始工作。

3）2s 时间到，转移到第二步。通过 T37 常开触点将状态 S0.2 置 1，同时自动将原工作状态 S0.1 清 0。

4）在第二步中 Q0.2 置 1，T38 开始工作。

5）25s 时间到，转移到第三步。通过 T38 常开触点将状态 S0.3 置 1，同时自动将工作状态 S0.2 清 0。

2. 功能图的主要类型

（1）单流程　单流程是一种简单的功能图（见图 5-22），其动作过程是一个一个完成的。功能图中的每一个状态仅连接一个转移，每个转移也仅连接一个状态。

（2）并行分支/汇合　在顺序控制流程中，一个顺序控制状态流必须分成两个或多个不同分支控制状态流，这就是并行流程分支。当一个控制状态流分成多个分支时，所有的分支控制状态流在同一条件下同时被激活。当多个控制状态流产生的结果相同时，可以将这些控制状态流合并成一个控制状态流，即并行分支的汇合。当进行控制状态流合并时，所有的分支控制状态流必须都是已完成了的，在同一转移条件下才能转移到同一个状态。

（3）选择分支/汇合　在顺序控制流程中，有多条分支控制状态流需要选择，即分支选择。一个控制流可能转入多个分支控制流中的某一个，但不允许多路分支同时执行。实际流程中到底进入哪一个分支，取决于控制流前面的转移条件是否满足。

图 5-23 所示为并行分支/汇合、选择分支/汇合的功能图和梯形图。

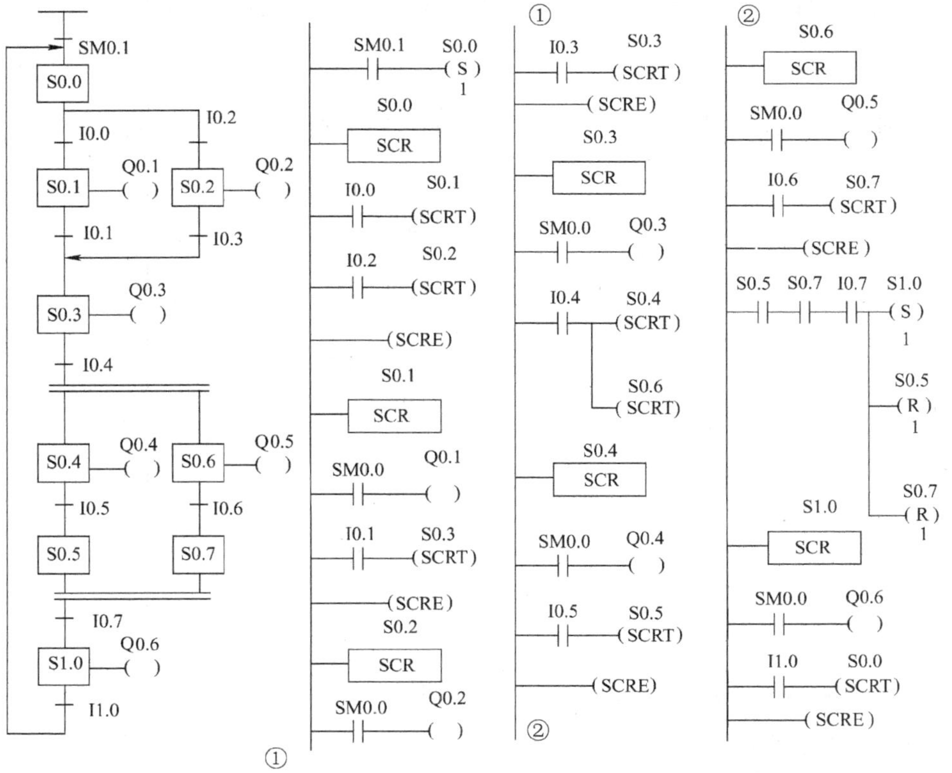

图 5-23　并行分支/汇合、选择分支/汇合的功能图和梯形图

状态元件S0.0之后有一个选择序列的分支，当状态元件S0.0为1，并且转移条件I0.0满足，状态元件S0.1接通，则状态元件S0.0自动复位；当状态元件S0.0为1，并且转移条件I0.2满足，状态元件S0.2接通，则状态元件S0.0自动复位。

状态元件S0.3之前有一个选择序列的合并，当状态元件S0.1为1，并且转移条件I0.1满足，状态元件S0.3接通，则状态元件S0.1自动复位；当状态元件S0.2为1，并且转移条件I0.3满足，状态元件S0.3接通，则状态元件S0.2自动复位。

状态元件S0.3之后有一个并行序列的分支，当状态元件S0.3为1，并且转移条件I0.4满足，状态元件S0.4与S0.6同时接通，则状态元件S0.3自动复位。

状态元件S1.0之前有一个并行序列的合并，当状态元件S0.5和S0.7为1，并且转移条件I0.7满足时，状态元件S1.0接通。S0.5和S0.7的复位不能自动进行，最后要用复位指令对其进行复位。

五、生产流水线电路的设计

1. 分析控制要求，确定输入/输出设备

（1）分析控制要求　由生产流水线小车运动示意图（见图5-20）可知，小车在一个周期内的运动由4段组成，有左行和右行两个运动方向。因此，需要用两个接触器分别控制电动机的正反转。

（2）确定输入设备　根据控制要求，系统的输入设备是2个按钮和4个行程开关，作为PLC的6个输入点。

（3）确定输出设备　系统的输出设备是控制电动机正反转的2个接触器，作为PLC的2个输出点。

2. 硬件电路设计

PLC控制的生产流水线小车运动主电路和控制电路分别如图5-24、图5-25所示。

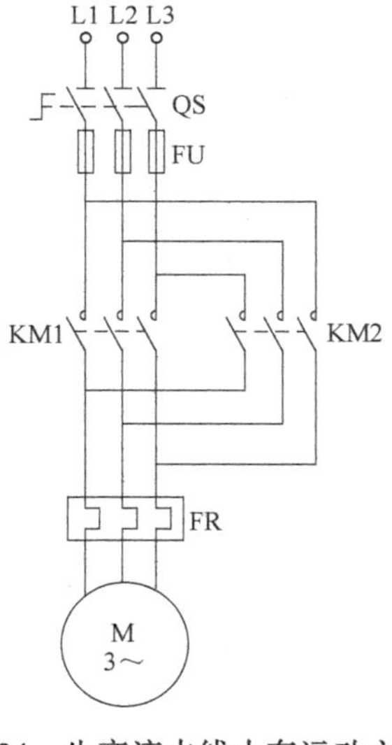

图5-24　生产流水线小车运动主电路

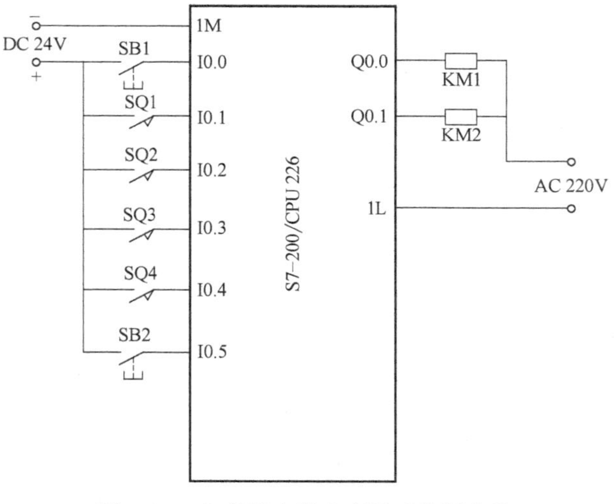

图5-25　生产流水线小车运动控制电路

3. 确定I/O地址分配表

利用步进指令编制程序，I/O地址分配表见表5-15。

表 5-15　I/O 地址分配表

输入信号		输出信号	
起动按钮 SB1	I0.0	右行接触器 KM1	Q0.0
行程开关 SQ1	I0.1	左行接触器 KM2	Q0.1
行程开关 SQ2	I0.2		
行程开关 SQ3	I0.3		
行程开关 SQ4	I0.4		
停止按钮 SB2（常开）	I0.5		

4. 设计梯形图

生产流水线小车控制功能图如图 5-26 所示。

设 S0.0 为初始步，小车运动过程的 4 段分别对应 S0.1 ~ S0.4 所代表的 4 步。采用初始化脉冲 SM0.1 设置初始状态，当开机运行时，初始化脉冲将初始状态 S0.0 置位。

当小车在初始位置，压下限位开关 SQ1，I0.1 为 1，按下起动按钮 SB1，I0.0 为 1，使 M0.0 接通并保持。因此，从步 S0.0 到 S0.1 的转换条件满足时，系统由初始步转换到 S0.1 状态，同时，由于状态转移源自动复位功能，S0.0 被复位。S0.1 状态开始，使 Q0.0 线圈接通，输出控制小车右行。

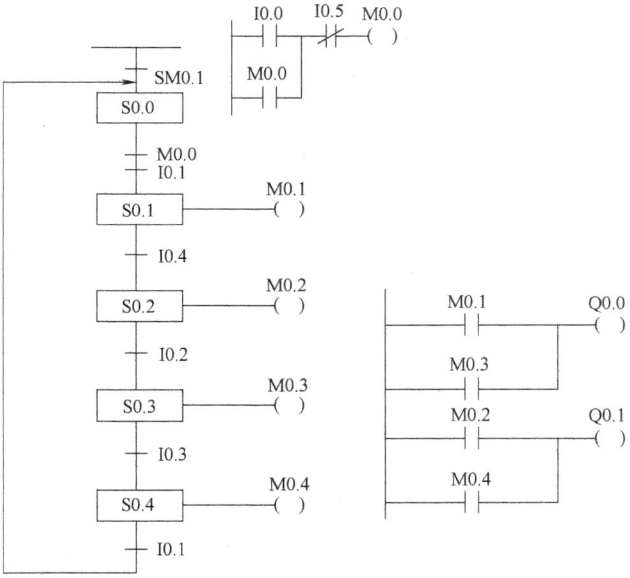

图 5-26　生产流水线小车控制功能图

当小车行至右端，压下限位开关 SQ4，I0.4 为 1，从而系统又由步 S0.1 转化到 S0.2，同时，S0.1 自动复位。S0.2 的状态开始，使 Q0.1 接通，小车变为左行。

小车如此一步一步顺序工作下去，当完成第 4 段运行，并压下限位开关 SQ1 时，I0.1 为 1，返回初始步。由于 I0.1、M0.0 的常开触点都是闭合的，所以，又直接转换到步 S0.1，开始新的一轮循环。若在顺序工作期间按下停止按钮 SB2，M0.0 断开，则小车完成本次循环的剩余步后，返回初始步并停在初始位置。必须再按下起动按钮，状态才能转移，小车才能开始动作。

图 5-27 所示为生产流水线小车控制梯形图。尽管顺序控制继电器 S 不是断电保持的，但在图 5-27 中，对所用的顺序控制继电器 S 进行了初始化的复位处理，在 PLC 的工作方式从 RUN→STOP→RUN 时，动作可以从初始状态重新进行。

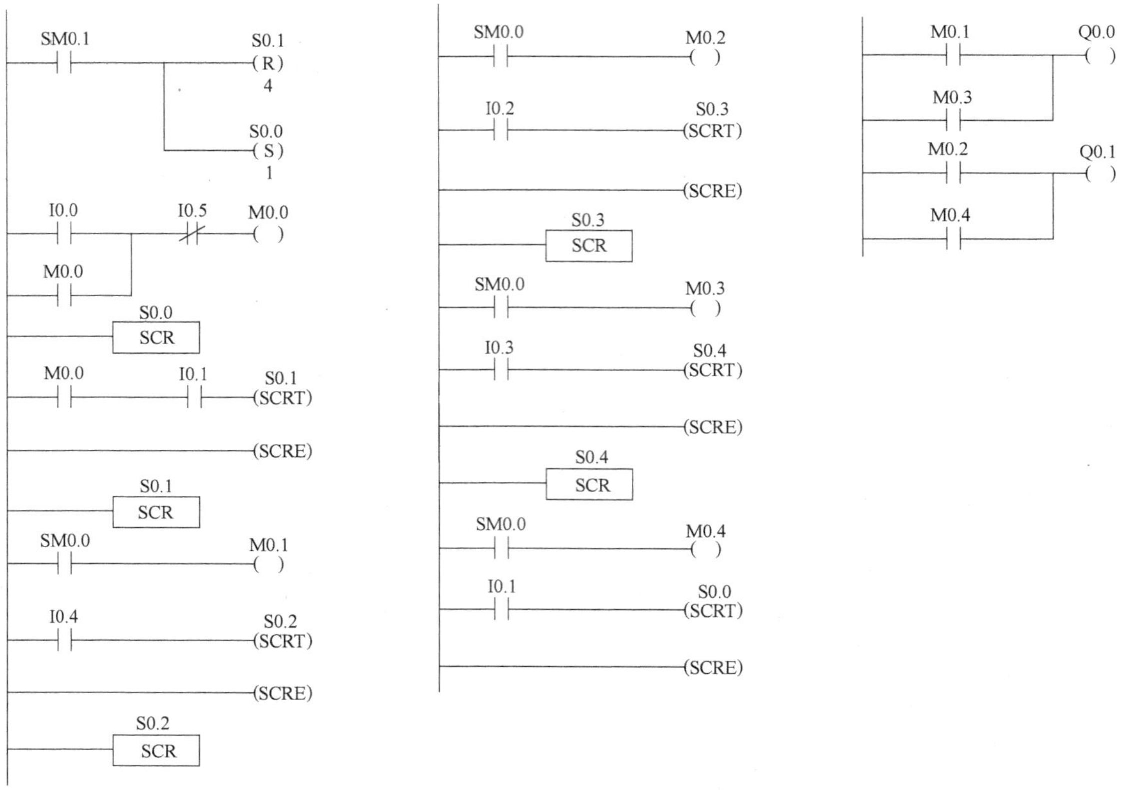

图5-27 生产流水线小车控制梯形图

六、生产流水线电路的安装与调试

1）检查实验设备，准备好实验用导线。查看各电器元件质量情况，详细观察各电器元件外部结构，了解其使用方法，并进行安装。

2）按图5-24、图5-25正确连接电路，按照从上到下，从左到右，先接主电路，再连接控制电路的顺序进行接线。

3）对照电路图检查是否有掉线、错线，接线是否牢固。学生自行检查和互检，确认安装的电路正确和无安全隐患，经指导老师检查后方可通电实验。切记严格遵守安全操作规程，确保人身安全。

4）接通PLC电源，打开计算机，接通DC 24V电源，操作STEP7 - Micro/WIN32编程软件。首先选择PLC类型，录入程序，用“PLC”菜单中的命令或按工具条中的“编译”或“全部编译”按钮来编译输入的程序，并下载到PLC上。

5）确认系统处于要求的初始状态，接通主电路电源，合上组合开关。单击工具栏的“运行”按钮，用户程序开始运行，“RUN”LED亮。

6）用“程序状态”功能监视程序的运行情况。按下起动按钮SB1，观察输出情况及小车运动方向。当小车依次压下限位开关SQ4、SQ2、SQ3及SQ1时，观察输出及小车运动方向的变化。按下停止按钮SB2，观察各输出及小车的状态变化。

7）若出现故障，检查硬件电路及梯形图后重新调试，直至实现系统功能。同时做好记录（故障现象、原因分析、解决办法）。

8）断开 DC 24V 电源，关闭计算机，断开 PLC 电源；断开组合开关，断开主电路电源，拆线及整理。

七、考核与评价

在自觉遵守安全文明生产规程的前提下，根据学习情境的能力目标，确定不同阶段的考核方式及分数权重，考核标准见表 5-16。

表 5-16　考核标准

教学内容	评价要点	评价标准	评价方式	考核方式	分数权重
学习情境五 任务四	硬件设计、软件编程	正确设计硬件电路和 PLC 程序	小组成员互评	口试	0.3
	电路的连接	按图接线正确、规范、合理		操作	0.2
	软件的调试	调试的 PLC 程序符合控制要求		操作	0.3
	工作态度	认真、主动参与学习		口试	0.1
	团队合作	具有与团队成员合作的精神		口试	0.1

八、习题与思考题

1. 设计出图 5-28 所示时序图对应的顺序功能图。
2. 根据图 5-29 所示的顺序功能图，设计出对应的梯形图。

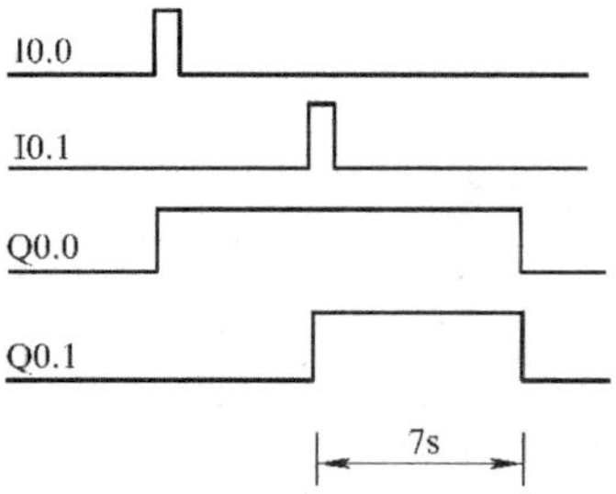

图 5-28　习题 1 图

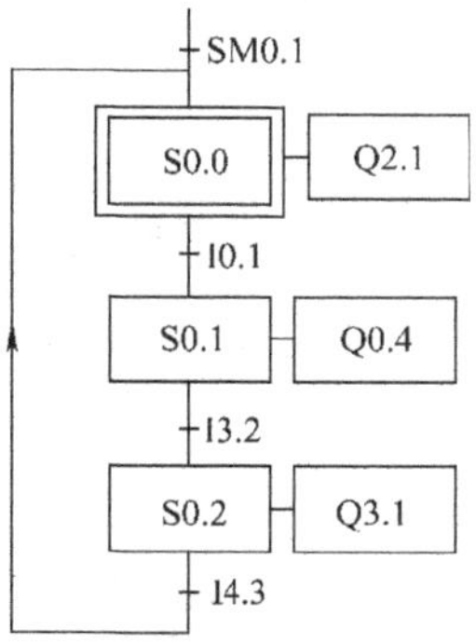

图 5-29　习题 2 图

任务五　运货小车电路的设计、安装与调试

一、学习目标

1）能灵活应用程序控制指令。

2）能正确设计运货小车硬件电路，编制其 PLC 程序。

3）能按照运货小车硬件电路图进行正确接线，并调试 PLC 程序。

二、任务

本任务是完成设计、安装与调试 PLC 控制的运货小车电路。运货小车运动示意图如图 5-30 所示，当小车处于后端时，按下循环起动按钮 SB1，小车向前运行，压下前限位开关 SQ1 后，翻门打开，货物通过漏斗卸下，7s 后关闭漏斗的翻门，小车向后运动，到达后端即压下后限位开关 SQ2，打开小车底门 5s，将货物卸下。要求能控制小车的运行，并具有手动、单周期、自动循环几种方式，小车的运动控制工作方式选择开关为 SA1。

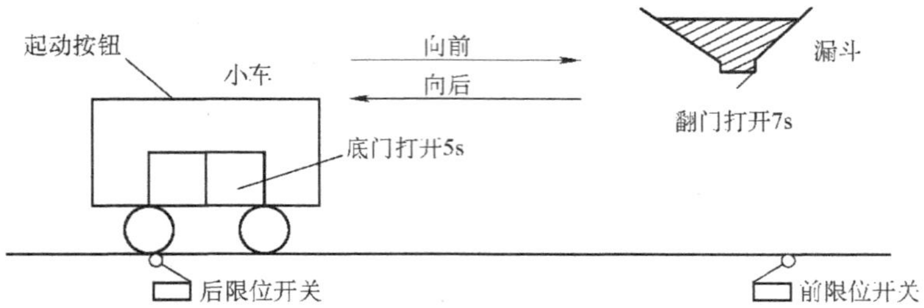

图 5-30　运货小车运动示意图

手动控制过程：小车底门已关闭，按下向前按钮 SB2，小车向前运动直到前限位开关 SQ1 压下；按下翻门按钮 SB4，翻门打开，货物通过漏斗卸下，7s 后自动关闭漏斗的翻门；按下向后按钮 SB3，小车向后运动直到压下后限位开关 SQ2；按下底门按钮 SB5，底门打开货物卸下，5s 后底门关闭。

单周期运行：小车已位于后端位置，并且小车底门已关闭，按下循环起动按钮 SB1，小车将自动执行一个周期的动作后，停在后端等待下次起动。

自动循环与单周期的区别在于它不只是完成一次循环，而是将连续自动循环下去。

三、设备

主要设备及元器件清单见表 5-17。

表 5-17　主要设备及元器件清单

序　　号	名　　称	数　　量
1	西门子 S7—200 PLC	1 台
2	安装了 STEP7 - Micro/WIN32 编程软件的计算机	1 台
3	PC/PPI 电缆 1 根	1 根
4	输入/输出实验板 1 块	1 台
5	电源板	1 块
6	电工工具及导线	若干
7	组合开关	1 个
8	熔断器	3 个
9	交流接触器	2 个

（续）

序　号	名　　称	数　量
10	热继电器	1 个
11	行程开关	2 个
12	笼型异步电动机	1 台
13	电磁阀	2 个

四、知识储备

程序控制指令主要有结束指令、停止指令、跳转指令和标号指令等。

1. 结束指令 EDN 和 MEDN

结束指令分为条件结束指令和无条件结束指令。结束指令不含操作数。

END：条件结束指令，执行条件成立（左侧逻辑值为 1）时结束主程序，返回主程序起点。

MEND：无条件结束指令，结束主程序，返回主程序起点。

结束指令如图 5-31 所示。

用户程序必须以无条件结束指令结束主程序，在编程结束时一定要写上该指令，否则会出错。在调试程序时，在程序的适当位置插入无条件结束指令可以实现程序的分段调试。

条件结束指令用在无条件结束指令前结束主程序。

必须指出的是，STEP7 - Micro/WIN32 编程软件没有无条件结束指令，但它会自动加一无条件结束指令到每一个主程序的结尾。

2. 停止指令 STOP

STOP 指令的执行条件成立（左侧逻辑值为 1）时，可以使主机 CPU 的工作方式由 RUN 切换到 STOP，从而立即中止用户程序的执行。停止指令不含操作数，如图 5-32 所示。

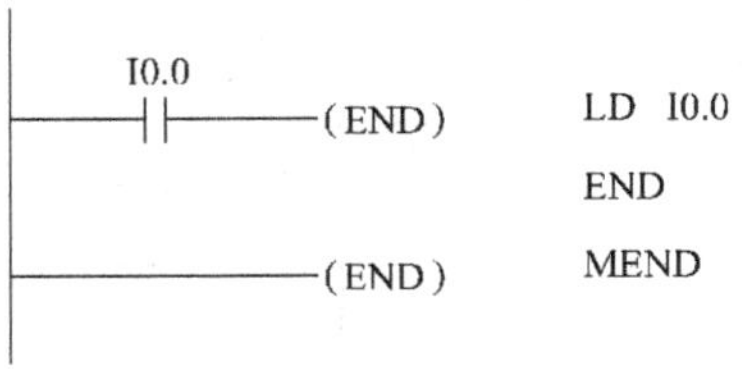

图 5-31　结束指令

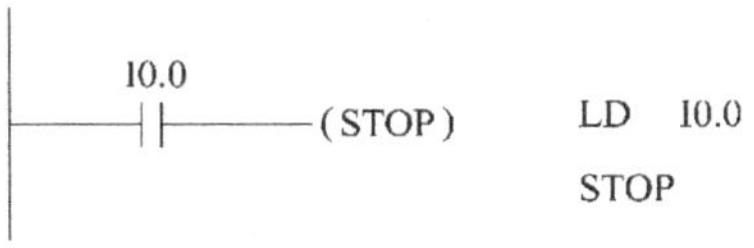

图 5-32　停止指令

STOP 指令通常在程序中用来对突发紧急事件进行处理，以避免实际生产中的重大损失。

3. 跳转指令 JMP（Jump）与标号指令 LBL（Label）

JMP 指令可以使主机根据不同条件的判断，选择不同的程序段执行程序。

JMP 指令的执行条件成立时，使程序的执行跳转到指定的标号。

LBL 指令指定跳转的目标标号 n。操作数 n：0 ~ 255。

跳转与标号指令如图 5-33 所示。必须强调的是，跳转指令及标号指令必须在同一类程序内。

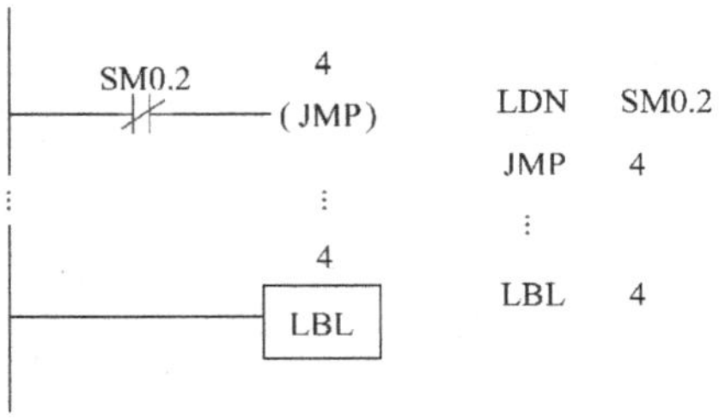

图 5-33　跳转与标号指令

五、运货小车电路的设计

1. 分析控制要求，确定输入/输出设备

（1）分析控制要求 由运货小车运动示意图（见图5-30）可知，小车有三个工作方式：手动、单周期、自动循环，故需要一个三位选择开关作为方式开关；小车有前进和后退两个运动方向，因此，需要用两个接触器分别控制电动机的正反转。另外，需要两个电磁阀分别控制翻门和底门的打开。

（2）确定输入设备 根据控制要求，系统的输入设备是5个按钮、1个三位选择开关和2个行程开关，作为PLC的10个输入点。

（3）确定输出设备 系统的输出设备是控制运货小车前进和后退的2个接触器及控制翻门、底门打开的2个电磁阀，作为PLC的4个输出点。

2. 硬件电路设计

PLC控制的运货小车运动主电路和控制电路分别如图5-34、图5-35所示。

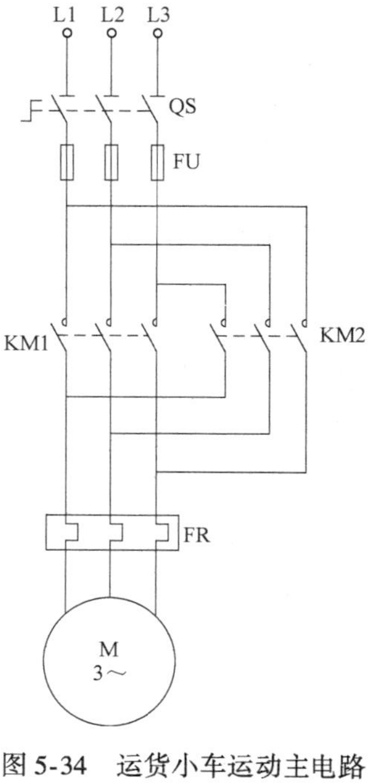

图5-34 运货小车运动主电路

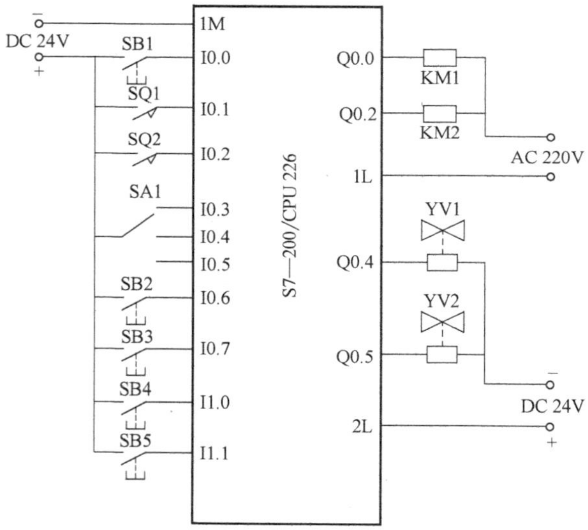

图5-35 运货小车运动控制电路

3. 确定I/O地址分配表

I/O地址分配表见表5-18。

表5-18 I/O地址分配表

输入信号		输出信号	
循环起动按钮SB1	I0.0	向前接触器KM1	Q0.0
前限位开关SQ1	I0.1	向后接触器KM2	Q0.2
后限位开关SQ2	I0.2	打开翻门电磁阀YV1	Q0.4
工作方式选择开关SA1	I0.3（手动）	打开底门电磁阀YV2	Q0.5
	I0.4（单周期）		
	I0.5（自动循环）		

（续）

输 入 信 号		输 出 信 号	
手动向前按钮 SB2	I0.6		
手动向后按钮 SB3	I0.7		
手动翻门按钮 SB4	I1.0		
手动底门按钮 SB5	I1.1		

4. 设计梯形图

运货小车的程序结构示意图如图 5-36 所示，手动控制梯形图如图 5-37 所示，自动控制功能图如图 5-38 所示，自动控制的梯形图如图 5-39 所示。

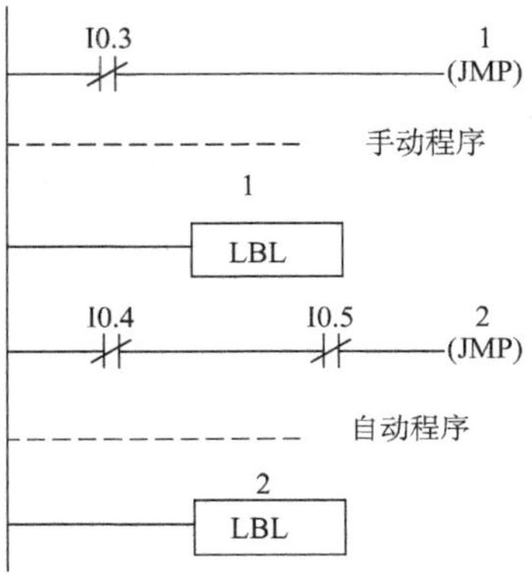

图 5-36　运货小车程序结构示意图

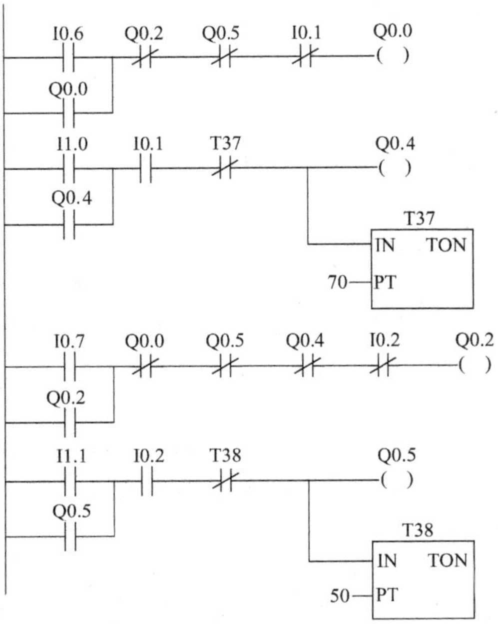

图 5-37　运货小车手动控制梯形图

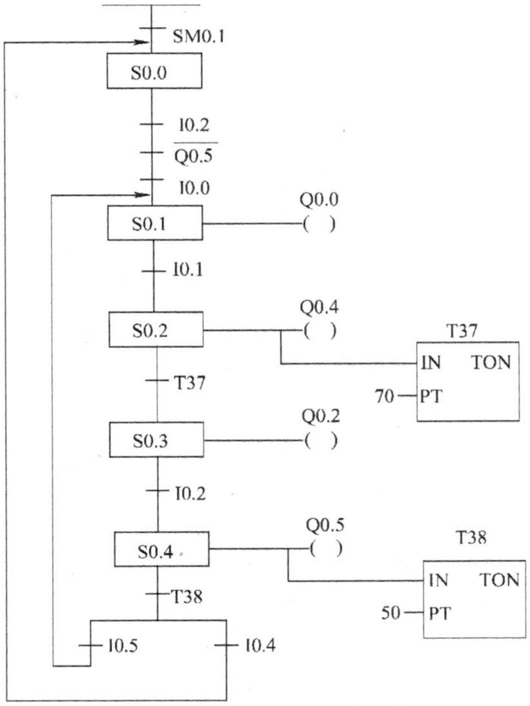

图 5-38　运货小车自动控制功能图

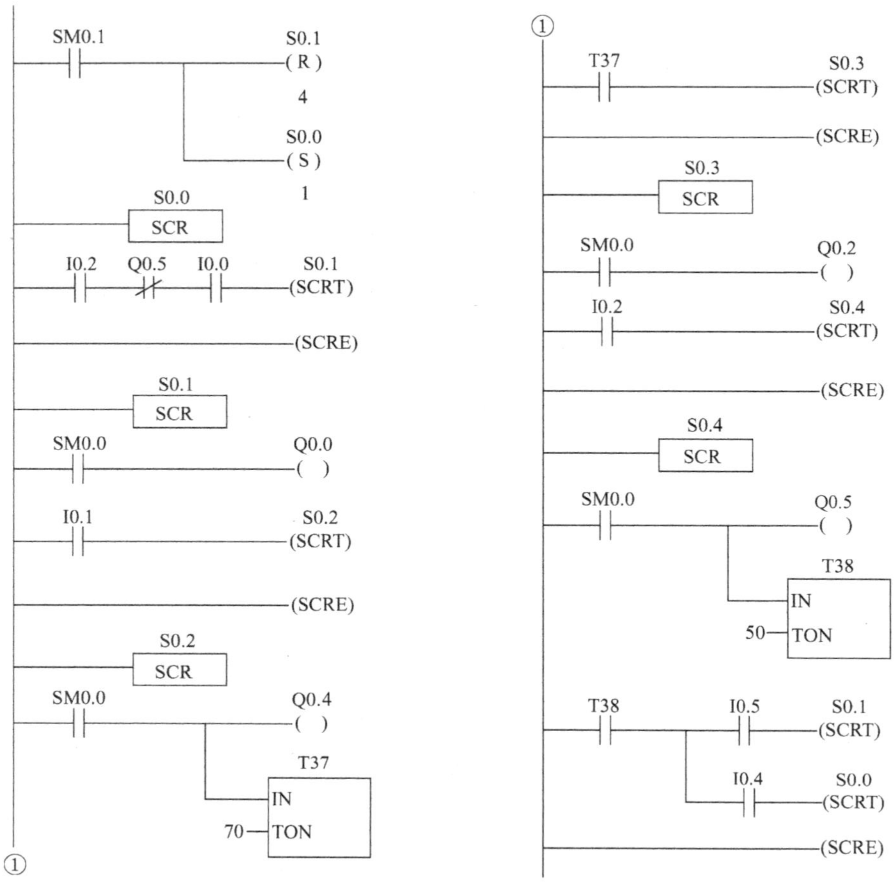

图5-39 运货小车自动控制梯形图

六、运货小车电路的安装与调试

1）检查实验设备，准备好实验用导线。查看各电器元件质量情况，详细观察各电器元件外部结构，了解其使用方法，并进行安装。

2）按图5-34、图5-35所示正确连接电路，按照从上到下、从左到右、先接主电路、再连接控制电路的顺序进行接线。

3）对照电路图检查电路是否有掉线、错线，接线是否牢固。学生要自行检查和互检，确认安装的电路正确和无安全隐患，经指导老师检查后方可通电实验。切记要严格遵守安全操作规程，确保人身安全。

4）接通PLC电源，打开计算机，接通DC 24V电源，操作STEP7 - Micro/WIN32编程软件。首先选择PLC类型，录入程序，用“PLC”菜单中的命令或按工具条中的“编译”或“全部编译”按钮来编译输入的程序，并下载到PLC上。

5）确认系统处于要求的初始状态，接通主电路电源，合上组合开关。单击工具栏的“运行”按钮，用户程序开始运行，“RUN”LED亮，用“程序状态”功能监视程序的运行情况。

6）手动方式调试：将工作方式选择开关 SA1 置于手动状态，即 I0.3 接通，按下向前按钮 SB2，观察输出情况及小车运动方向。小车压下前限位开关 SQ1 时，观察输出及小车状态的变化。按下翻门按钮 SB4，观察输出及翻门动作，延时 7s，观察输出及翻门状态有无变化。按下向后按钮 SB3，观察输出情况及小车运动方向。小车压下后限位开关 SQ2，观察输出及小车状态的变化。按下底门按钮 SB5，观察输出及底门动作，延时 5s，观察输出及底门状态变化。

7）单周期方式调试：将工作方式选择开关 SA1 置于单周期状态，即 I0.4 接通，按下循环起动按钮 SB1，小车将自动执行一个周期的动作后，停在后端等待下次起动。过程与上类似，区别在于不需每步都按手动按钮。注意观察每步输出及小车状态变化。

8）自动循环方式调试：将工作方式选择开关 SA1 置于自动循环状态，即 I0.5 接通，按下循环起动按钮 SB1，小车将连续自动循环下去。过程与单周期方式类似，区别在于只要不按下停止按钮，小车将自动循环下去。注意观察每步输出及小车状态变化。

9）在自动循环方式运行过程中，将工作方式选择开关 SA1 拨回单周期方式，观察各输出及小车的状态变化。

10）若出现故障，检查硬件电路及梯形图后重新调试，直至实现系统功能，同时做好记录（故障现象、原因分析、解决办法）。

11）断开 DC 24V 电源，关闭计算机，断开 PLC 电源；断开组合开关，断开主电路电源，拆除连接线并将其整理好。

七、考核与评价

在自觉遵守安全文明生产规程的前提下，根据学习情境的能力目标，确定不同阶段的考核方式及分数权重，考核标准见表 5-19。

表 5-19　考核标准

教学内容	评价要点	评价标准	评价方式	考核方式	分数权重
学习情境五任务五	硬件设计、软件编程	正确设计硬件电路和 PLC 程序	小组成员互评	口试	0.3
	电路的连接	按图接线正确、规范、合理		操作	0.2
	软件的调试	调试的 PLC 程序符合控制要求		操作	0.3
	工作态度	认真、主动参与学习		口试	0.1
	团队合作	具有与团队成员合作的精神		口试	0.1

八、知识拓展

S7—200 CPU 的控制程序由主程序、子程序和中断程序组成，下面重点介绍子程序。

1. 子程序的作用

主程序中有时会出现多处执行相同任务的程序段，把该程序段作为子程序，主程序用到子程序时调用它即可，而无需重写该程序。子程序的调用是有条件的，未调用它时不会执行子程序中的指令，因此使用子程序可以减少扫描时间，并可以将程序分成容易管理的小块，使程序结构简单清晰，易于查错和维护。

2. 建立子程序

建立子程序是通过编程软件来完成的。可用编程软件“编辑”菜单中的“插入”选项，选择“子程序”，以建立或插入一个新的子程序，同时，在指令树窗口可以看到新建的子程序图标，其默认的程序名是 SBR_N，编号 N 从 0 开始按递增顺序生成，也可以在图标上直接更改子程序的程序名，把它变为更能描述该子程序功能的名称。在指令树窗口双击子程序的图标就可进入子程序，并可以对它进行编辑。

3. 子程序调用 CALL 与子程序条件返回 CRET

（1）子程序调用　可用子程序调用指令 CALL 在主程序、其他子程序或中断程序中调用子程序，调用子程序时将执行子程序的全部指令，直至子程序结束，然后返回调用它的程序中该子程序调用指令 CALL 的下一条指令之处。

（2）子程序条件返回　在子程序条件返回指令 CRET 使能输入有效时，结束子程序的执行，返回主程序中（此子程序调用指令 CALL 的下一条指令之处）。子程序条件返回指令 CRET 不带参数。

子程序调用及条件返回指令的 STL、LAD 形式及功能见表 5-20。

表 5-20　子程序调用及条件返回指令的 STL、LAD 形式及功能

指令名称	STL	LAD	功　能
子程序调用指令	LD　IN CALL　子程序名	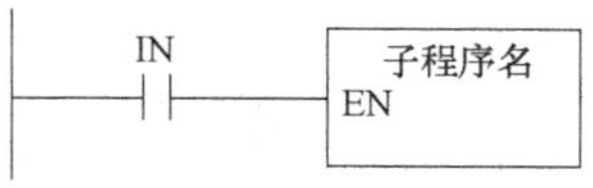	子程序调用
子程序条件返回指令	LD　IN CRET	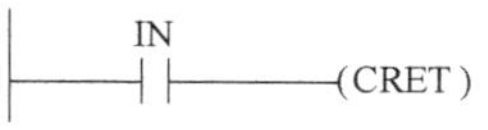	子程序条件返回

九、习题与思考题

电动机升降机构控制系统的要求如下：

1）可手动上升、下降。

2）自动运行时，上升 6s→停 9s→下降 6s→停 9s，循环 4 次，然后发出声光信号，并停止运行。

试设计其 PLC 控制程序。

任务六　液体搅拌机电路的设计、安装与调试

一、学习目标

1）能正确设计液体搅拌机硬件电路，编制其 PLC 程序。

2）能按照液体搅拌机硬件电路图进行正确接线，并调试 PLC 程序。

二、任务

本任务是完成设计、安装与调试 PLC 控制的液体搅拌机电路。

液体搅拌机的混合搅拌装置如图 5-40 所示，其中 SL1、SL2、SL3 为液面传感器，当液面达到传感器的位置后，传感器送出 ON 信号；当液面低于传感器位置时，传感器为 OFF 状态。YV1、YV2、YV3 为三个电磁阀，分别用于送入液体 A 与液体 B，放出搅拌器的混合液。M 为搅拌电动机。

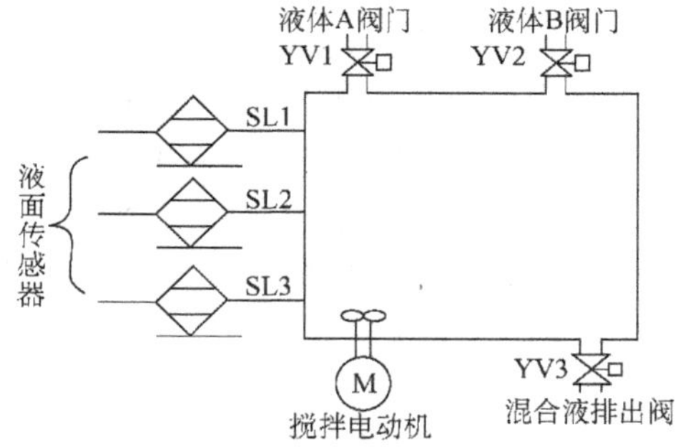

图 5-40　液体搅拌机的混合搅拌装置

控制要求：在起动搅拌器之前，容器是空的，各阀门关闭（YV1、YV2、YV3 为 OFF），传感器 SL1、SL2、SL3 为 OFF，搅拌电动机 M 为 OFF。搅拌器开始工作时，先按下起动按钮 SB1，打开 A 阀门，开始放入液体 A。当液面经过传感器 SL3 时，SL3 为 ON，并继续注入液体 A，直至液面达到 SL2 时，SL2 为 ON，关闭 A 阀门，停送液体 A，打开 B 阀门，开始送入液体 B。当液面达到 SL1 时，SL1 为 ON，关闭 B 阀门，起动搅拌电动机 M。开始搅拌 1min，搅拌均匀后，停止搅拌，打开阀门 YV3，开始放出混合液体。当液面低于传感器 SL3 时，SL3 为 OFF，经延时 20s，容器中的液体放空，关闭阀门 YV3，自动开始下一个操作循环。若在工作中按下停止按钮 SB2，搅拌器不立即停止工作，当前混合操作处理完毕后，才停止操作，即停止在初始状态上。

三、设备

主要设备及元器件清单见表 5-21。

表 5-21　主要设备及元器件清单

序　号	名　称	数　量
1	西门子 S7—200 PLC	1 台
2	安装了 STEP7 - Micro/WIN32 编程软件的计算机	1 台
3	PC/PPI 电缆 1 根	1 根
4	输入/输出实验板 1 块	1 台
5	电源板	1 块
6	电工工具及导线	若干
7	组合开关	1 个
8	熔断器	3 个
9	交流接触器	1 个
10	热继电器	1 个
11	液面传感器	3 个
12	笼型异步电动机	1 台
13	电磁阀	3 个

四、液体搅拌机电路的设计

1. 分析控制要求，确定输入/输出设备

根据控制要求，系统的输入设备是2个按钮和3个液面传感器，作为PLC的5个输入点。系统的输出设备是控制“进液”和“出液”的3个电磁阀以及1个控制搅拌机运动的接触器，作为PLC的4个输出点。

2. 硬件电路设计

PLC控制的液体搅拌机主电路、控制电路分别如图5-41、图5-42所示。

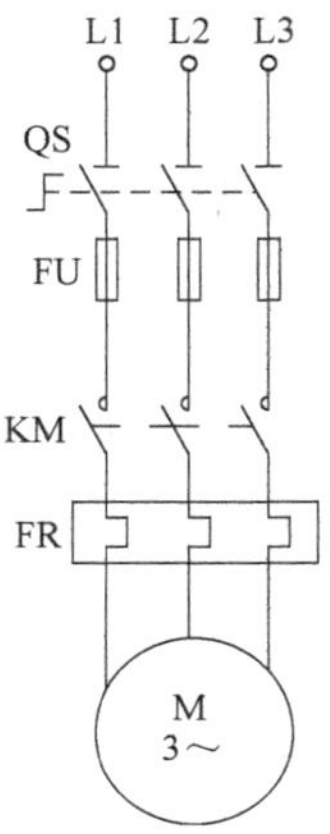

图5-41 液体搅拌机主电路

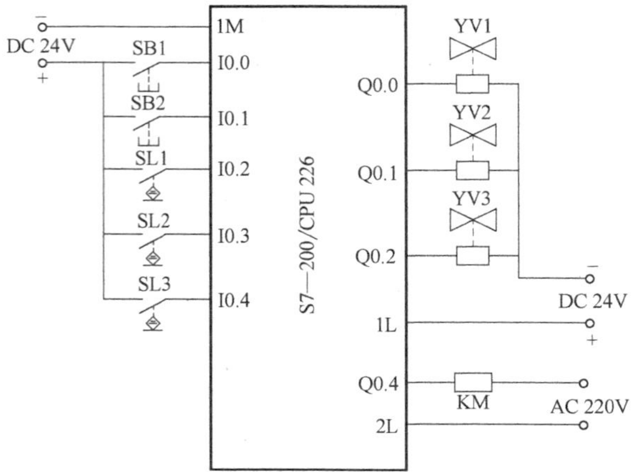

图5-42 液体搅拌机控制电路

3. I/O地址分配表

I/O地址分配表见表5-22。

表5-22 I/O地址分配表

输入信号		输出信号	
起动按钮 SB1	I0.0	电磁阀 YV1	Q0.0
停止按钮 SB2（常开）	I0.1	电磁阀 YV2	Q0.1
液面传感器 SL1	I0.2	电磁阀 YV3	Q0.2
液面传感器 SL2	I0.3	M 的接触器 KM	Q0.4
液面传感器 SL3	I0.4		

4. 设计梯形图

液体搅拌器功能图如图5-43所示，梯形图如图5-44所示。

按下起动按钮SB1后，I0.0为1，使M0.0接通并保持。若在工作中按下停止按钮SB2，M0.0断开，当前混合操作处理完毕后，才停止操作，即停止在初始状态上。必须再按下起动按钮，循环才能重新开始。

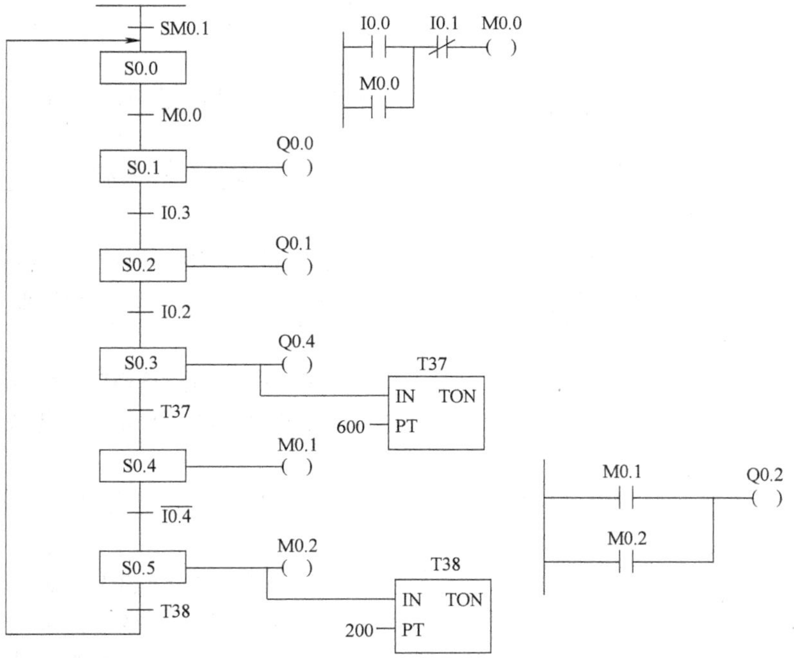

图 5-43　液体搅拌器功能图

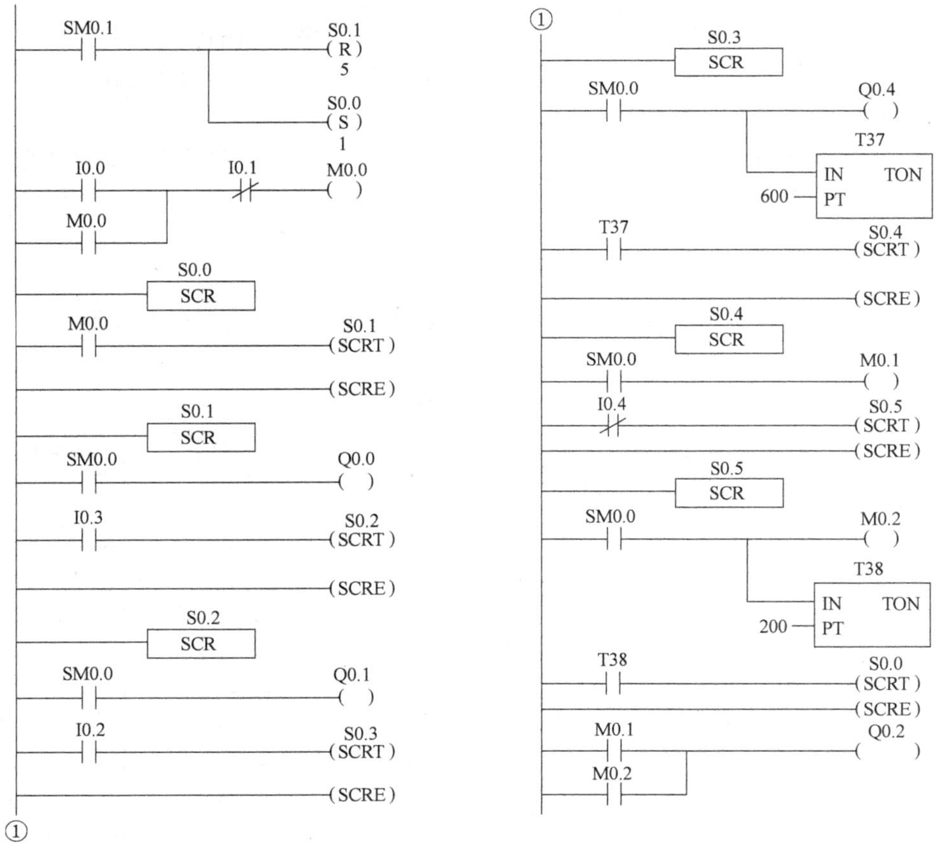

图 5-44　液体搅拌器梯形图

五、液体搅拌机电路的安装与调试

1）检查实验设备，准备好实验用导线。查看各电器元件质量情况，详细观察各电器元件外部结构，了解其使用方法，并进行安装。

2）按图5-41、图5-42所示正确连接电路，按照从上到下、从左到右、先接主电路、再连接控制电路的顺序进行接线。

3）对照电路图检查线路是否有掉线、错线，接线是否牢固。学生要自行检查和互检，确认安装的电路正确和无安全隐患，经指导老师检查后方可通电实验。切记要严格遵守安全操作规程，确保人身安全。

4）接通PLC电源，打开计算机，接通DC 24V电源，操作STEP7 - Micro/WIN32编程软件。首先选择PLC类型，录入程序，用“PLC”菜单中的命令或按工具条中的“编译”或“全部编译”按钮来编译输入的程序，并下载到PLC上。

5）确认系统处于要求的初始状态，接通主电路电源，合上组合开关。单击工具栏的“运行”按钮，用户程序开始运行，“RUN”LED亮。

6）用“程序状态”功能监视程序的运行情况。按下起动按钮SB1，观察输出及进液情况。当液面达到传感器SL3时，观察输出及进液情况有无变化。当液面达到SL2时，观察输出及进液情况有无变化。当液面达到SL1时，观察输出状态变化及搅拌电动机M的动作。延时1min，观察输出变化及放液情况。当液面低于传感器SL3时，观察输出有无变化，延时20s，再次观察输出有无变化。按下停止按钮SB2，观察各输出的状态变化。

7）若出现故障，检查硬件电路及梯形图后重新调试，直至实现系统功能，同时做好记录（故障现象、原因分析、解决办法）。

8）断开DC 24V电源，关闭计算机，断开PLC电源；断开组合开关，断开主电路电源，拆除连接线并将其整理好。

六、考核与评价

在自觉遵守安全文明生产规程的前提下，根据学习情境的能力目标，确定不同阶段的考核方式及分数权重，考核标准见表5-23。

表5-23 考核标准

教学内容	评价要点	评价标准	评价方式	考核方式	分数权重
学习情境五 任务六	硬件设计、软件编程	正确设计硬件电路和PLC程序	小组成员互评	口试	0.3
	电路的连接	按图接线正确、规范、合理		操作	0.2
	软件的调试	调试的PLC程序符合控制要求		操作	0.3
	工作态度	认真、主动参与学习		口试	0.1
	团队合作	具有与团队成员合作的精神		口试	0.1

七、习题与思考题

在图 5-45 中，电动机 M1 和 M2 驱动运动部件 A 和 B，要求按下起动按钮后运动部件能顺序完成下列动作：

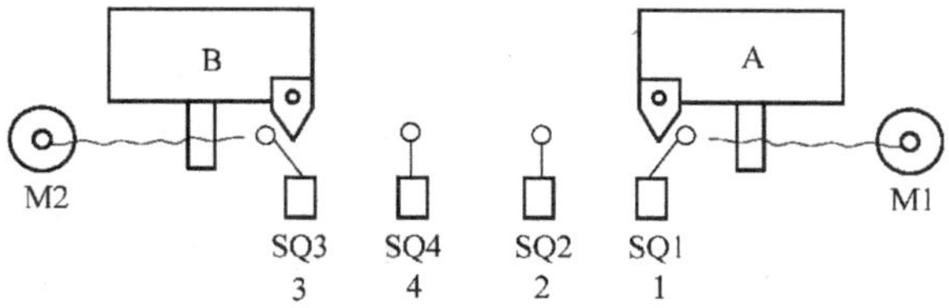

图 5-45　运动部件示意图

1）运动部件 A 从位置 1 到位置 2。
2）运动部件 B 从位置 3 到位置 4。
3）运动部件 A 从位置 2 到位置 1。
4）运动部件 B 从位置 4 到位置 3。
试设计具有手动、单周期和自动连续循环三种工作方式的 PLC 控制程序。

任务七　洗衣机电路的设计、安装与调试

一、学习目标

1）能正确设计洗衣机硬件电路，编制其 PLC 程序。
2）能按照洗衣机硬件电路图进行正确接线，并调试 PLC 程序。

二、任务

本任务是设计、安装与调试 PLC 控制的洗衣机电路。全自动洗衣机实物示意图如图 5-46 所示。控制要求如下：系统处于初始状态，按下起动按钮，开始进水；水满（即水位到达

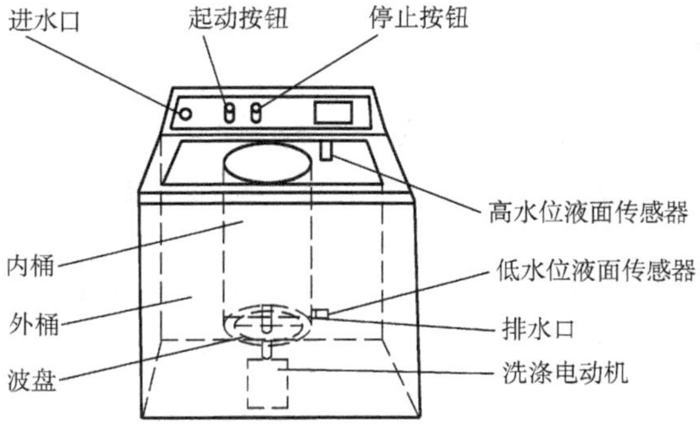

图 5-46　全自动洗衣机实物示意图

高水位）时，停止进水，并开始洗涤正转；正转洗涤15s，暂停3s，反转洗涤15s，暂停3s，完成一次小循环。小循环3次，则开始排水；水位下降到低水位时，开始脱水（电磁离合器接通，电动机正转），并继续排水；脱水10s即完成一次从进水到脱水的大循环过程。若未完成3次大循环，则返回从进水开始的全部动作，进行下一次大循环；若完成了3次大循环，自动停机。

三、设备

主要设备见表5-24。

表5-24 主要设备

序号	名称	数量
1	西门子S7—200 PLC	1台
2	安装了STEP7 - Micro/WIN32编程软件的计算机	1台
3	PC/PPI电缆1根	1根
4	输入/输出实验板1块	1台
5	电源板	1块
6	电工工具及导线	若干
7	组合开关	1个
8	熔断器	3个
9	交流接触器	2个
10	热继电器	1个
11	液面传感器	2个
12	电磁阀	2个
13	电磁离合器	1个
14	笼型异步电动机	1台

四、洗衣机电路的设计

1. 分析控制要求，确定输入/输出设备

（1）分析控制要求　全自动洗衣机的洗衣桶（外桶）和脱水桶（内桶）是以同一中心安放的，外桶固定，作盛水用；内桶可以旋转，作脱水（甩干）用。内桶的四周有很多小孔，使内、外桶的水流相通。该洗衣机的进水和排水分别由进水电磁阀和排水电磁阀来控制，进水时，通过电控系统使进水阀打开，经进水管将水注入到外桶；排水时，通过电控系统使排水阀打开，将水由外桶排到机外。洗涤正、反转由洗涤电动机驱动波盘正、反转来实现，此时脱水桶并不旋转。脱水时，通过电控系统将离合器合上，由洗涤电动机带动内桶正

转进行甩干。高、低水位液面传感器分别用来检测高、低水位。起动按钮用来起动洗衣机工作；停止按钮用于自动循环停止。

（2）确定输入设备　根据控制要求，系统的输入设备是 2 个按钮和 2 个液面传感器，以此作为 PLC 的 4 个输入点。

（3）确定输出设备　系统的输出设备是控制“正转洗涤”和“反转洗涤”的 2 个接触器、控制进水和排水的 2 个电磁阀以及 1 个控制脱水的电磁离合器，以此作为 PLC 的 5 个输出点。

2. 硬件电路设计

洗衣机主电路、控制电路分别如图 5-47、图 5-48 所示。

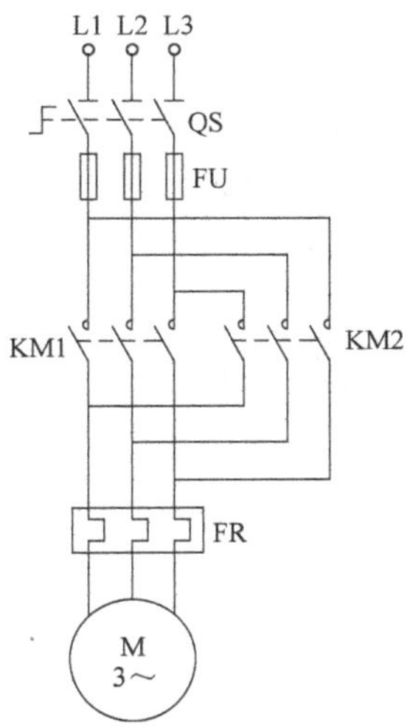

图 5-47　洗衣机主电路

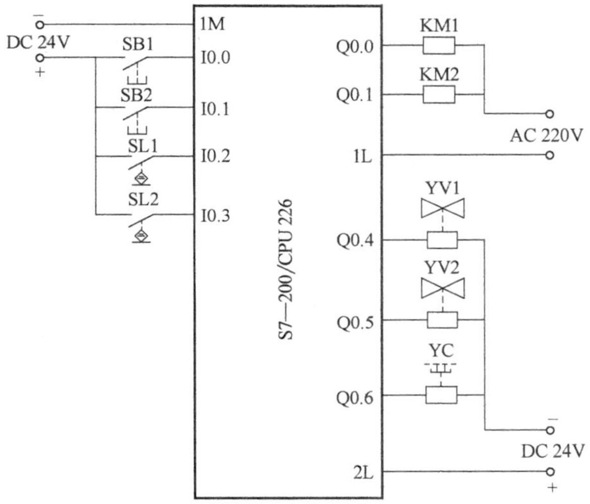

图 5-48　洗衣机控制电路

3. 确定 I/O 地址分配表

I/O 地址分配表见表 5-25。

表 5-25　I/O 地址分配表

输入信号		输出信号	
起动按钮 SB1	I0.0	电动机正转接触器 KM1	Q0.0
停止按钮 SB2（常开）	I0.1	电动机反转接触器 KM2	Q0.1
高水位液面传感器 SL1	I0.2	进水电磁阀 YV1	Q0.4
低水位液面传感器 SL2	I0.3	排水电磁阀 YV2	Q0.5
		脱水电磁离合器 YC	Q0.6

4. 设计梯形图

该全自动洗衣机的控制过程可以用图 5-49 所示的功能图来表示。

由控制要求可知，实现自动控制需设置5个定时器和2个计数器：T37（正洗计时）、T38（正洗暂停计时）、T39（反洗计时）、T40（反洗暂停计时）、T41（脱水计时）、C48（正、反洗循环计数）、C49（大循环计数）。

SM0.1用于对S0.0进行初始化。在运行过程中，当按下停止按钮SB2时，I0.1为1，恢复到初始状态。

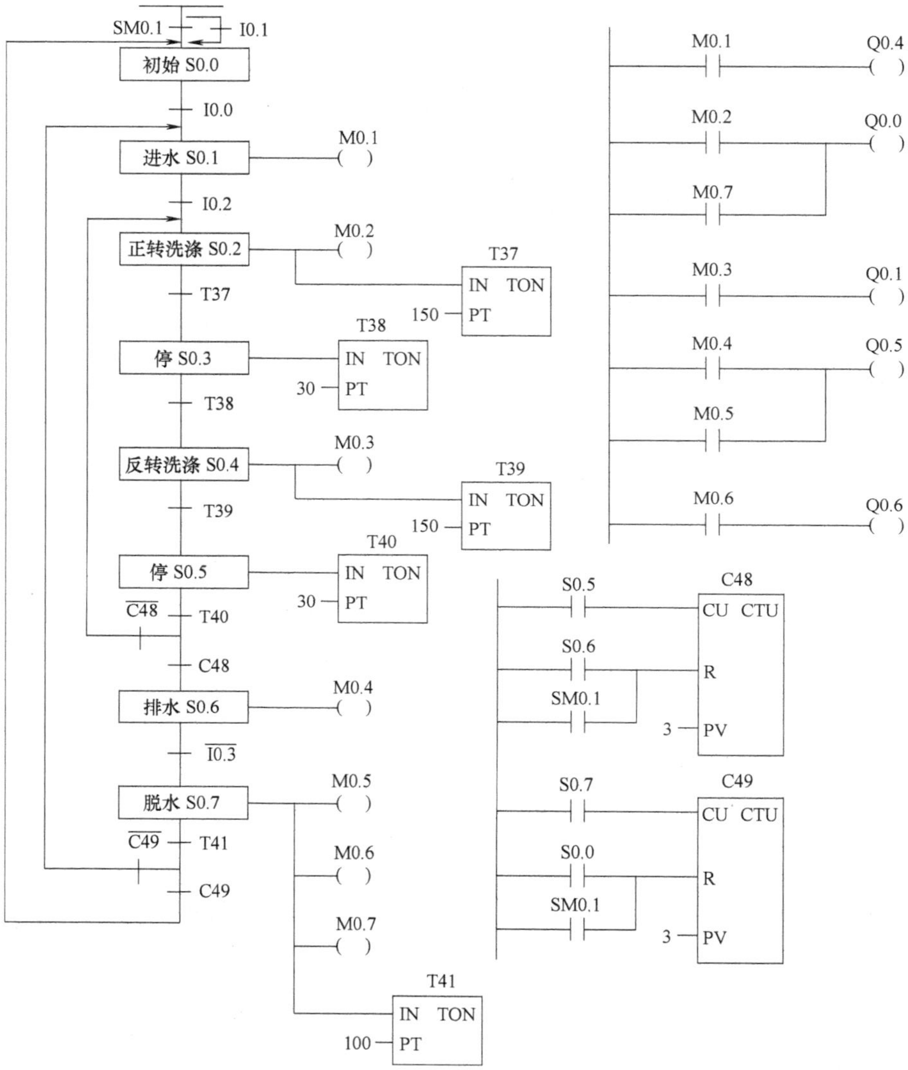

图5-49　全自动洗衣机功能图

根据功能图编制的梯形图如图5-50所示。

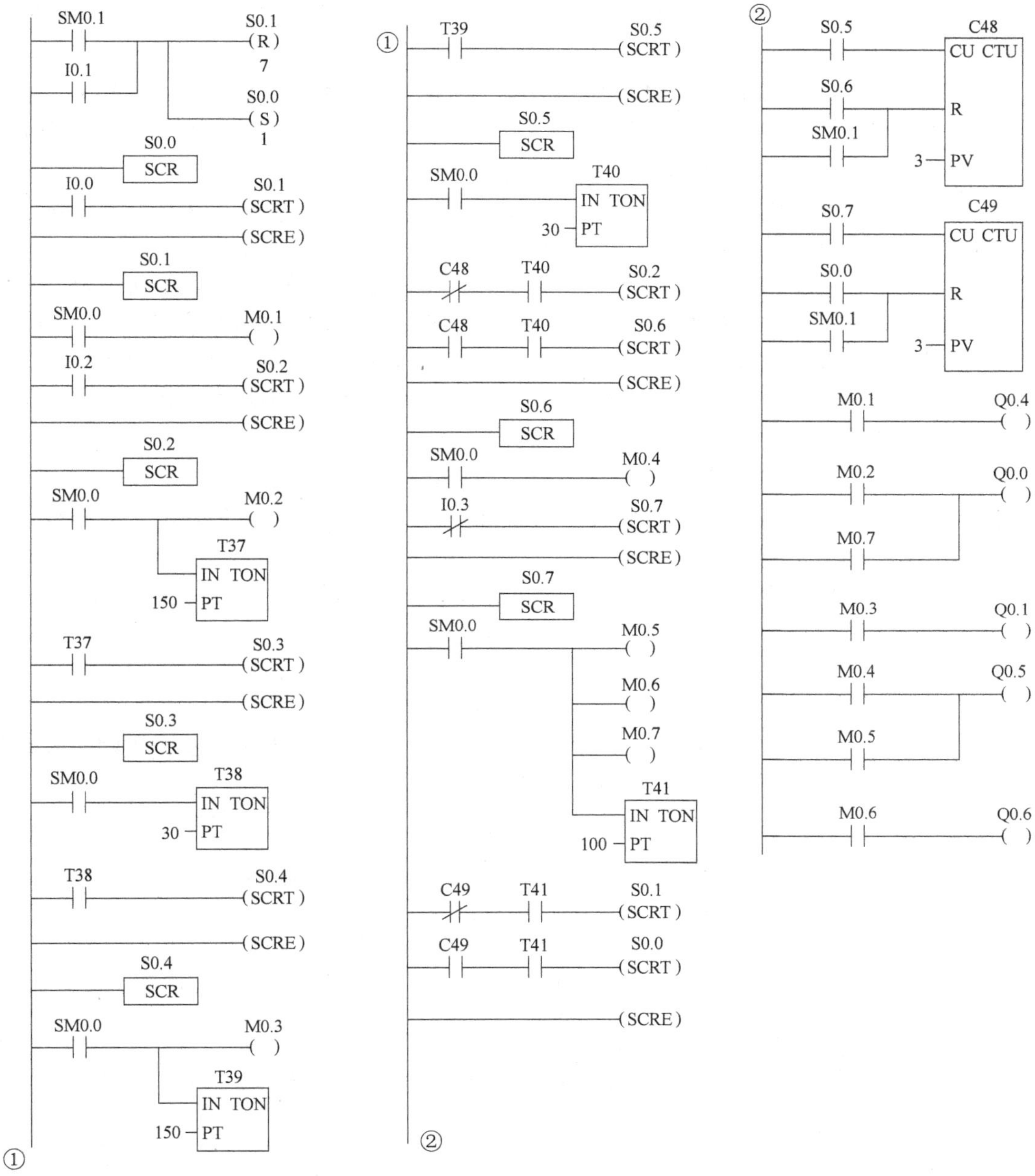

图 5-50 全自动洗衣机梯形图

五、洗衣机电路的安装与调试

1）检查实验设备，准备好实验用导线。查看各电器元件质量情况，详细观察各电器元件外部结构，了解其使用方法，并进行安装。

2）按图 5-47、图 5-48 所示正确连接电路，按照从上到下、从左到右、先接主电路、再连接控制电路的顺序进行接线。

3）对照电路图检查线路是否有掉线、错线，接线是否牢固。学生要自行检查和互检，确认安装的电路正确和无安全隐患，经指导老师检查后方可通电实验。切记要严格遵守安全操作规程，确保人身安全。

4）接通 PLC 电源，打开计算机，接通 DC 24V 电源，操作 STEP7 - Micro/WIN32 编程软件。首先选择 PLC 类型，录入程序，用“PLC”菜单中的命令或按工具条中的“编译”或“全部编译”按钮来编译输入的程序，并下载到 PLC 上。

5）确认系统处于要求的初始状态，接通总电源，合上组合开关。单击工具栏的“运行”按钮，用户程序开始运行，“RUN”LED 亮。

6）用“程序状态”功能监视程序的运行情况；按下起动按钮 SB1，观察输出及进水情况；当水位到达高水位时，观察输出变化及洗衣机工作状态。洗衣机正转洗涤 15s，暂停 3s 后，再次观察输出变化及洗衣机工作状态。如此小循环 3 次，观察输出变化及排水情况。当水位下降到低水位时，观察输出状态变化。延时 10s，再次观察输出状态变化。以上大循环 3 次，观察洗衣机工作状态。

7）洗衣机循环过程中，按下停止按钮 SB2，观察洗衣机工作状态。

8）若出现故障，检查硬件电路及梯形图后重新调试，直至实现系统功能，同时做好记录（故障现象、原因分析、解决办法）。

9）断开 DC 24V 电源，关闭计算机，断开 PLC 电源；断开组合开关，断开主电路电源，拆除连接线并将其整理好。

六、考核与评价

在自觉遵守安全文明生产规程的前提下，根据学习情境的能力目标，确定不同阶段的考核方式及分数权重，考核标准见表 5-26。

表 5-26 考核标准

教学内容	评价要点	评价标准	评价方式	考核方式	分数权重
学习情境五 任务七	硬件设计、软件编程	正确设计硬件电路和 PLC 程序	小组成员互评	口试	0.3
	电路的连接	按图接线正确、规范、合理		操作	0.2
	软件的调试	调试的 PLC 程序符合控制要求		操作	0.3
	工作态度	认真、主动参与学习		口试	0.1
	团队合作	具有与团队成员合作的精神		口试	0.1

七、习题与思考题

简述一个较复杂控制系统的软、硬件设计过程及调试过程。

学习情境六　数控机床电气控制系统电路的分析、安装与调试

任务一　数控车床数控系统电路的分析与安装

一、学习目标

1）认识数控系统，了解其组成，掌握数控系统的安装方式。
2）能正确分析 FANUC 数控系统控制电路，并能说出其控制原理。
3）能熟练操作上电、断电数控设备。

二、任务

本任务是完成数控车床数控系统控制电路的分析与安装。电路的控制要求是：采用 FANUC 0i Mate TC 数控系统与全数字伺服驱动，带模拟主轴。

三、设备

主要设备是数控车床或者数控实验台。

四、知识储备

随着电子技术不断发展，原有数控系统中的硬件逻辑部件，被中、大规模集成电路所代替。同时控制逻辑和系统的功能主要由其计算机控制软件来实现，从而大大简化了系统的结构，并提高了控制系统的性能。这种控制方式称为计算机数字控制（CNC）。

1. CNC 装置的构成

CNC 装置由硬件和软件两大部分组成。

CNC 装置的硬件组成如图 6-1 所示。CNC 装置的硬件除了一般计算机具有的微处理器（CPU）、可编程只读存储器（EPROM）、随机存储器（RAM）接口外，还具有数控要求的专用接口和部件，即位置控制器、手动数据输入（MDI）接口和视频显示（CRT 或 LCD）接口、PLC 接口等。因此，CNC 装置是一种专用计算机。

CNC 装置的软件可分为管理软件和控制软件两部分。管理软件用来管理零件程序的输入、输出；显示零件程序、刀具位置、系统参数、机床状态及报警；诊断 CNC 装置是否正常并检查出现故障的原因。而控制软件由译码、刀具补偿、速度控制、插补运算、位置控制等软件组成，如图 6-2 所示。

系统程序存于计算机内存储器，所有的数控功能基本上都依靠该程序来实现。硬件是软件活动的舞台，也是其物理基础。而软件则是整个系统的灵魂，整个 CNC 装置的活动均依靠系统软件来指挥。

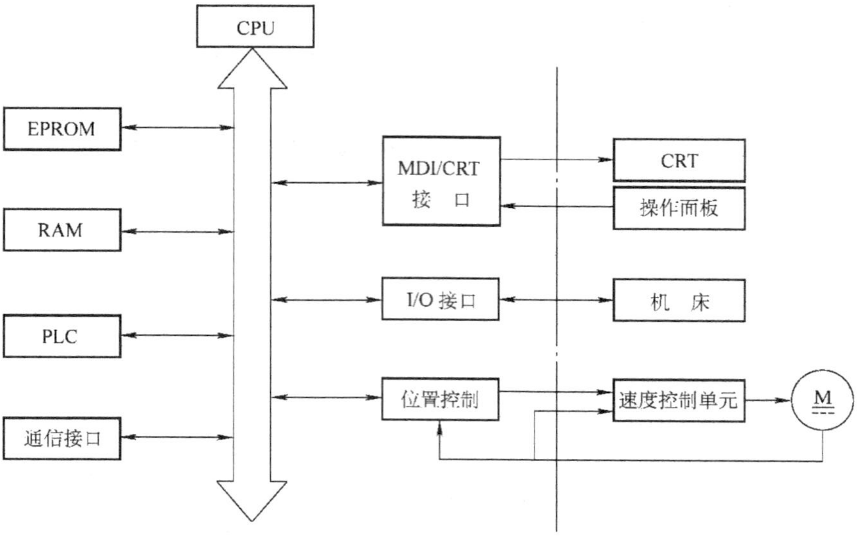

图6-1 CNC装置的硬件组成

2. CNC装置的硬件结构

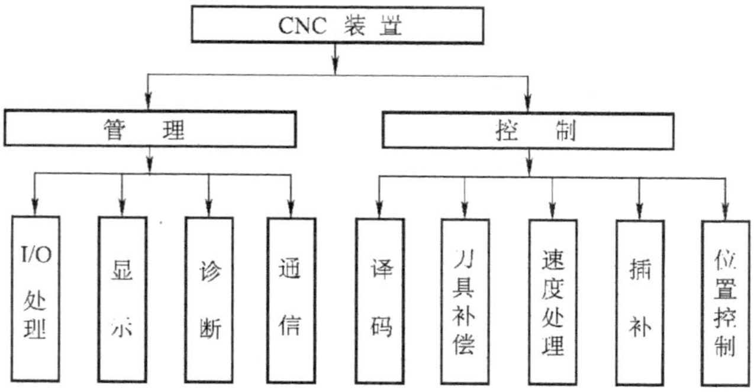

图6-2 CNC装置软件的组成

目前生产和新研制的数控机床大都采用微处理器（CPU）作为基础的微型计算机数控装置（MNC）。从硬件结构上一般分为单微处理器结构和多微处理器结构两大类。当控制功能不十分复杂时，多采用单微处理器结构。单微处理器结构的CNC装置多采用专用型CNC装置和通用型CNC装置两种结构形式。

专用型CNC装置的硬件是由制造厂专门设计和制造的，因此不具有通用性。其中又有大板结构和模块化结构之分。大板结构的CNC装置，将主电路板做成大印制电路板，其他电路板为小板，小板插在大板的插槽内。模块结构的CNC装置，将整个CNC装置按功能划分为若干个模块，每个功能模块制成尺寸相同的印制电路板，各印制电路板均插到母板的插槽内。

通用型CNC装置指的是采用工业标准计算机（如工业PC）构成的CNC装置。只要装入不同的控制软件，便可构成不同类型的CNC装置，无需专门设计硬件，因而具有比较大的通用性，硬件故障维修方便。

随着机械制造技术的发展，人们对数控机床提出了更复杂功能的要求，以及更高速度和精度的要求，以适应更高层次的需要。因此，多微处理器硬件结构得到了迅速发展，许多标准型（全功能型）数控装置都采用多微处理器结构，它代表了当今数控系统的新水平。其主要特点有：采用模块化结构，具有比较好的扩展性；提供多种可供选择的功能，配置了多种控制软件，以适用于多种机床的控制；具有很强的通信功能，便于进入FMS、CIMS。

（1）单微处理器结构　单微处理器结构的CNC装置由于只有一个微处理器，因此多采用集中控制、分时处理的方式完成数控系统的各项任务。有的 CNC 装置虽然有两个或两个以上的微处理器，但其中只有一个微处理器能够控制系统总线，占有总线资源，而其他微处理器不能控制系统总线，不能访问主存储器，只能作为一个智能部件工作，各微处理器组成主从结构。所有数控功能，如数据存储、插补运算、输入/输出控制、显示等均由一个微处理器来完成，这种 CNC 装置也属于单微处理器结构，其功能受 CPU 字长、数据宽度、寻址能力和运算速度的影响，使数控功能的实现与 CPU 处理速度构成一对突出的矛盾。为此常采用增加协处理器，由硬件分担精插补，采用带有 CPU 的 PLC 和 CRT 等智能部件来解决这对矛盾。

微处理器（CPU）通过总线与存储器（RAM、EPROM）、位置控制器、PLC 及各种接口（如 I/O 接口、MDI/CRT 接口、通信接口等）相连。

1）微处理器和总线。微处理器是 CNC 装置的核心，由运算器及控制器两大部分组成。运算器对数据进行算术运算和逻辑运算；控制器则是将存储器中的程序指令进行译码，并向 CNC 装置各部分顺序发出执行操作的控制信号，接收执行部件的反馈信息，决定下一步的命令操作。也就是说，CPU 主要担负数控有关的数据处理和实时控制任务。数据处理包括译码、刀补、速度处理；实时控制包括插补运算、位置控制以及各种辅助功能的实现。

CNC 装置中常用的微处理器有 8 位、16 位和 32 位。选用 CPU 时要根据实时控制和数据处理的要求，对运算速度、字长、数据宽度和寻址能力等几方面进行综合考虑。

总线是 CPU 与各组成部件、接口等之间的信息公共传输线。总线由地址总线、数据总线和控制总线三条总线组成。随着传输信息的高速度和多任务性，总线结构和标准也在不断发展。

2）存储器。CNC 装置的存储器包括只读存储器（ROM）和随机存储器（RAM）两类。ROM 一般采用可以用紫外线擦除的只读存储器（EPROM），这种存储器的内容由 CNC 装置的生产厂家固化（写入），即使 EPROM 断电，信息也不会丢失；它只能被 CPU 读出，用户不能写进新的内容；常用的 EPROM 有 2716、2732、2764、27128、27256 等。RAM 中的信息可以随时被 CPU 读写，但断电后，信息随之消失；如果需要断电后保留信息，一般可采用后备电池。

CNC 装置的系统程序存放在只读存储器 EPROM 之中。零件加工程序、机床参数、刀具参数等信息存储在有后备电池的 CMOS RAM 或磁盘存储器中，能被随机读出，还可以根据需要写入和修改；断电后，信息仍被保留。数控中各种运算的中间结果，例如需显示的信息、数据，运行中的状态、标志信息等均放在随机存储器 RAM 中，随时读出和写入；断电后，信息就消失。

3）位置控制器。位置控制器主要用来控制数控机床各进给坐标轴的位移量，随时把插补运算所得的各坐标位移指令与实际检测的位置反馈信号进行比较，结合有关补偿参数，适时地向各坐标伺服驱动控制单元发出位置进给指令，使伺服控制单元驱动伺服电动机运转。位置控制是一种同时具有位置控制和速度控制两种功能的反馈控制系统。CPU 发出的位置指令值与位置检测值的差值就是位置误差，它反映的实际位置总是滞后于指令位置。位置误差经处理后作为速度控制量控制进给电动机的旋转，使实际位置总是跟随指令位置的变化而变化。所以当指令位置以一定速度变化时，实际位置也以此速度变化，而且实际位置始终跟随指令位置，当指令位置停止变化时，实际位置等于指令位置。由此可见，位置控制既控制了速度又控制了位置。在进行位置控制的同时，数控系统还进行速度升降处理，即当机床起动、停止或在加工过程中改变进给速度时，数控系统自动进行线性规律或指数规律的速度升降处理。对于一般机床，可采用较为简单的线性升降速处理，如图6-3a所示；对于重型机床，则使用指数升降速处理，以便使速度变化平滑，如图6-3b所示。

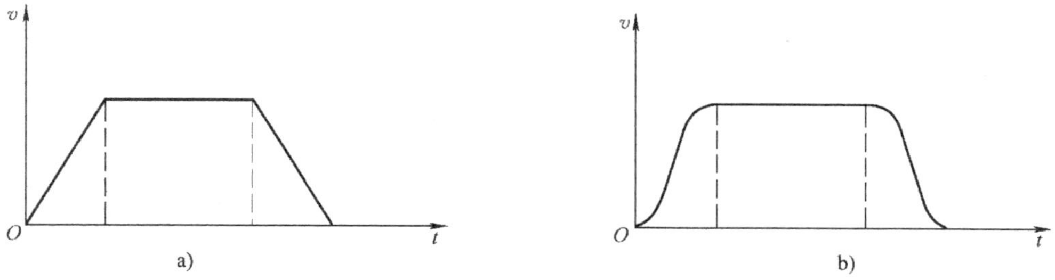

图6-3 线性升降速与指数升降速

a）线性升降速 b）指数升降速

4）PLC。PLC是用来代替传统机床强电的继电器逻辑控制，利用PLC的逻辑运算功能可实现各种开关量的控制。

CNC和PLC协调配合共同完成数控机床的控制，其中CNC主要完成与数字运算和管理等有关的功能，如零件程序的编辑、插补运算、译码、位置伺服控制等；PLC主要完成与逻辑运算有关的一些动作，没有轨迹上的具体要求，它接收CNC与机床侧的控制信号，进行相应的逻辑处理，以控制机床运行。

5）MDI/CRT接口。MDI接口即手动数据输入接口，数据通过操作面板上的键盘输入。CRT接口是在CNC软件配合下，在显示器上实现字符和图形显示。显示器多为电子阴极射线管（CRT）或平板式液晶显示器（LCD）。

6）I/O接口。CNC装置与机床之间的来往信号通过I/O接口电路来传送。输入接口是接收机床操作面板上的各种开关、按钮以及机床上的各种行程开关、温度、压力、电压等检测信号，因此它分为开关量输入和模拟量输入的两类接收电路。由接收电路对输入信号进行电平转换，变成CNC装置能够接收的电平信号。输出接口是将所检测到的各种机床工作状态信息送到机床操作面板进行声光指示，将CNC装置发出的控制机床动作信号送到强电控制柜，以控制机床电气执行部件动作。根据电气控制要求，接口电路还必须进行电平转换和功率放大；为防止噪声干扰引起误动作，还需用光耦合器或继电器将CNC装置和机床之间的信号在电气上加以隔离。

7）通信接口。该接口用来与外设进行信息传输，如上一级计算机、其他CNC等。

（2）多微处理器结构　多微处理器CNC装置一般采用两种结构形式，即紧耦合结构和松耦合结构。在前一种结构中，由各微处理器构成处理部件，处理部件之间采取紧耦合方式，有集中的操作系统，共享资源。在后一种结构中，由各微处理器构成功能模块，功能模块之间采取松耦合方式，有多重操作系统，可以有效地实现并行处理。

多微处理器CNC装置多采用模块化结构，每个微处理器分管各自的任务，形成特定的功能单元，即功能模块。模块化结构采取积木方式组成CNC装置，具有良好的适应性和扩展性，且结构紧凑。插件模块更换方便，可使故障对系统的影响降到最低限度。与单微处理器 CNC 装置相比，多微处理器 CNC 装置运算速度有了很大的提高，因此更适合于多轴控制、高进给速度、高精度、高效率的数控要求。

多微处理器的 CNC 装置的结构方案随着计算机系统结构的发展以及 CNC 装置的功能变化而变化，功能模块的划分和模块数量的多少也不同，若扩充功能，则需增加相应的模块。多微处理器的互连方式有总线互连、环形互连、交叉开关互连、多级开关互连和混合交换互连等。多微处理器的 CNC 装置一般采用总线互连方式来实现各模块之间的互连和通信。

3. 标准型数控系统的软件结构

（1）软件结构特点　CNC 系统是一个实时性很强的多任务系统，在它的软件设计中，融合了许多当今计算机软件设计的先进技术。在单 CPU 数控系统中，其软件结构常采用前后台型的软件结构和中断型的软件结构；而在多 CPU 数控系统中，通常是各个 CPU 分别承担一项任务，然后通过它们之间相互通信、协调工作来完成控制。无论何种控制方式，CNC 系统的软件结构都具有多任务并行处理和多重实时中断两大特点。

1）多任务并行处理。

① CNC 系统的多任务性。CNC 系统作为一个独立控制单元，它的系统软件必须完成管理和控制两大任务。系统管理程序的实时性要求不高，通常作为后台程序。系统控制程序的实时性要求非常高，通常作为前台程序。图 6-2 说明了数控系统软件的多任务性。

在许多情况下，管理和控制的某些工作必须同时进行。例如为了使操作人员能及时地了解 CNC 系统的工作状态，管理软件中的显示模块必须与控制软件同时运行；为了保证加工过程的连续性，刀具在各程序段之间不停刀，译码、刀具补偿和速度处理模块必须与插补模块同时运行，而插补又必须与位置控制同时进行。

② CNC 系统的多任务并行处理。并行处理是指计算机在同一时刻或同一时间间隔内完成两种或两种以上性质相同或不相同的工作。并行处理的最大优点是提高了运算速度。

2）实时中断处理。CNC 系统软件结构的另一个重要特征是实时中断处理，系统中断是整个系统必不可少的重要组成部分。数控机床在加工零件的过程中，有些控制任务具有较强的实时性要求，在系统软件中只能通过中断服务程序来完成，一般来说 CNC 系统的中断管理主要靠硬件完成，而系统的中断结构则决定了系统软件的结构。在 CNC 系统中，中断处理部分很重要，工作量较大。就其采用的结构而言主要有前、后台软件结构的中断模式与中断型软件结构的中断模式。

① 前、后台软件结构的中断模式。在此种软件结构中，整个控制软件分为前台程序和后台程序。前台程序是一个实时中断服务程序，它可完成全部的实时功能，如插补、位置控制等；而后台程序即背景程序，其实质是一个循环运行程序，它可完成管理及插补准备等功能。在背景程序的运行过程中，前台实时中断程序不断插入，与背景程序相配合，共同完成零件的加工任务。

② 中断型软件结构的中断模式。中断型软件结构的特点是除了初始化程序之外，系统软件中所有任务模块均被安排在不同级别的中断服务程序中，整个软件就是一个大的中断系统。其管理功能主要通过各级中断服务程序之间的相互通信来完成。

在多微处理器系统中，软件将以上控制任务分配到各个处理器，流水作业并行处理，处理器之间的协调仍可用中断的方式。

（2）CNC 系统软件的工作过程　CNC 的系统软件是为 CNC 系统完成各项功能而编制的

专用软件。不同的 CNC 系统，其软件结构与规模各有所不同，但就其共性来说，一个 CNC 系统的软件总是由输入、译码、数据处理（预计算）、插补运算、位置控制、输出、管理及诊断程序等部分组成。

1）输入。CNC 系统中的零件加工程序一般是通过键盘、磁盘或纸带阅读机等方式输入的，在软件设计中，这些输入方式大都采用中断方式来完成，且每一种输入法均有一个相对应的中断服务程序。如在键盘输入时，每按一个按键，硬件就向主机 CPU 发出一次中断申请，若 CPU 响应中断申请，就调用一次键盘服务程序，完成相应键盘命令的处理。

在 CNC 系统中，无论哪一种输入方法，其存储过程总是要经过零件程序的输入，然后将输入的零件程序先存放到缓冲器中，再经缓冲器到达零件程序存储器。

2）译码。译码就是将输入的零件程序翻译成数控系统所能识别的语言。译码的结果存放在指定的存储区内，通常称为译码结果寄存器。零件程序的存储和读取过程如图 6-4 所示。

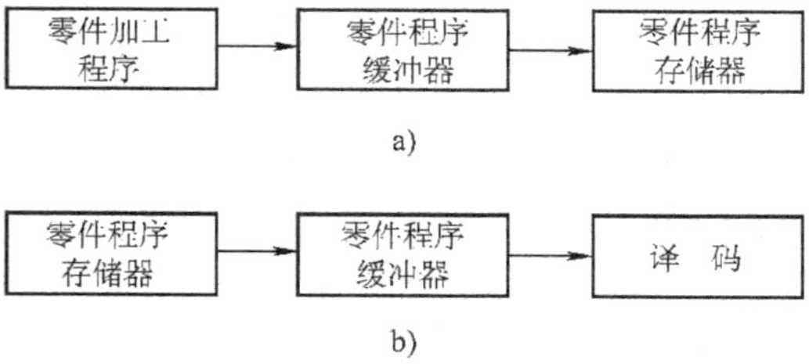

图 6-4 零件程序的存储和读取

a）零件程序存储 b）零件程序读取

3）数据处理。数据处理即预计算，通常包括刀具长度补偿、刀具半径补偿、反向间隙补偿、丝杠螺距补偿、进给速度换算和机床辅助功能处理等。

4）插补运算。插补运算是 CNC 系统中最重要的计算工作之一。在实际的 CNC 系统中，常采用粗、精插补相结合的方法，即把插补功能分成软件插补与硬件插补两部分，数控系统控制软件把刀具轨迹分割成若干段，而硬件电路在各段的起点和终点之间进行数据的“密化”，使刀具轨迹在允许的误差之内，即软件实现粗插补，硬件实现精插补。

5）位置控制。位置控制的主要功能是将插补计算的指令位置与实际反馈位置相比较，用其差值去控制伺服电动机。在位置控制中通常还应完成位置回路的增益调整、各螺距误差补偿和反向间隙补偿，以提高数控机床的定位精度。

6）输出。输出控制主要完成伺服控制，反向间隙、丝杠螺距补偿处理及 M、S、T 辅助功能，CNC 与 PLC 之间的 I/O 信号处理。

7）管理与诊断。CNC 系统的管理软件主要包括 CPU 管理与外设管理。如前、后台程序的合理安排与协调工作，中断服务程序之间的相互通信，控制面板与操作面板上各种信息的监控等。

诊断程序可以防止故障的发生或扩大，而且在故障出现后，可以帮助用户迅速查明故障的类型与部位，减少故障停机时间。诊断程序可以使系统在运行过程中进行故障检查与诊断，也可以作为服务程序在系统运行前或发生故障停机后进行诊断。

4. 数控机床控制系统装配步骤和应注意的问题

1）安装前应清点各零部件、电器元件、电缆、资料等是否齐全。

2）根据电路图接线，要求布线整齐，导线入槽，线号齐全，导线的颜色符合国家标准。布线时注意动力线和信号线分开，防止干扰。信号电缆若为屏蔽电缆，必须剥去电缆外护套裸露屏蔽层，并用电缆夹固定于电缆支架上。柜外电缆要捆扎成束。

3）各电缆连接时要注意保证可靠的接触和密封，并检查有无松动和损坏；电缆插上后要拧紧螺钉，保证接触可靠。

4）CNC 的连接和调整。检查包括 CNC 本体和与之配套的进给控制单元及伺服电动机、主轴控制单元及主轴电动机。检查电气柜内各接插件有无松动，接触是否良好。

外部电缆如 CNC 与伺服进给电动机动力线、主轴电动机动力线、反馈信号线等的连接应符合图样要求，最后应正确地连接地线。

元器件安装完毕后，在通电前按图样逐一测试各部分接线是否正确，避免短路现象。

若系统采用 DC 24V 电源，要注意检查继电器触点、无触点开关等电器元件，是否有短路接地现象，以免烧断系统电源熔断器的熔体。

五、数控系统电路的分析

日本 FANUC 系统可靠性高、性价比高，在中国拥有大量的用户。该系统采用模块化结构，体积小，最多可控制 4 轴，具有先进的 FANUC CNC 技术，包括增强的 PMC、色彩丰富的 LCD（液晶）显示等。该系统采用了 FANUC 交流数字伺服系统和电动机、交流主轴驱动系统和主轴电动机，其操作面板和显示器的安排使加工时对系统的操作更为方便。可用存储卡实现数据的输入和输出。显示器上可按类别显示运行时的故障与报警、显示伺服的运行波形等，使维修更方便。加工程序的刀具轨迹可以进行图形模拟，加工时的刀具轨迹可以实时显示。

FANUC 0i Mate TC 数控系统是日本 FANUC 公司推出的显示和控制一体化的紧凑型数控系统，可以选择串行伺服主轴，也可以选择模拟主轴控制，数控系统控制伺服放大器采用 FSSB（FANUC 伺服串行总线）光纤连接控制。FANUC 0i Mate TC 数控系统框图如图 6-5 所示，采用模拟量输出控制。W1 - A1 为 CNC 装置。COP10A 端口连接伺服放大器，JA40 端口为变频器主轴转速的设定，JD7A 端口连接主轴位置编码器，CA55 端口连接 MDI 单元，JD1A 为 I/O Link 端口，机床 I/O 接口连接手摇脉冲发生器及强电柜，CNC 与机床 I/O 接口需要 DC 24V 电源。

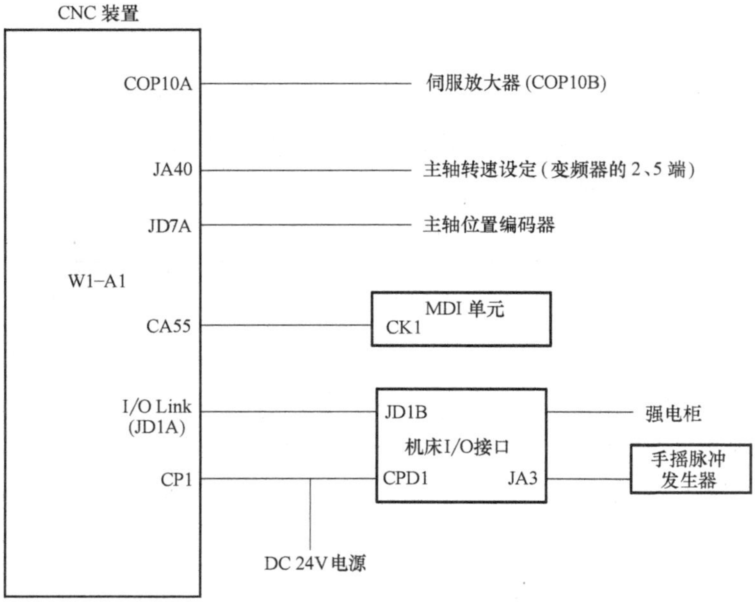

图 6-5　FANUC 0i Mate TC 数控系统框图

六、数控系统的安装与上电/断电操作

1）认知数控系统，了解其组成，在数控实验台或数控车床上安装数控系统。安装数控系统时，要注意安装环境、电源及接地等事项。

系统的安装环境（即将来数控系统的工作环境）关系到数控机床的长期稳定运行。安装环境主要体现在电气控制柜对环境温度、电源容量、防止噪声、布局等方面的要求。数控系统控制单元内装有一个风扇电动机，空气由控制单元底部进入，通过安装在顶部的风扇排出，因此控制单元的顶部与底部都要有一定的空间，保证空气的流动。

为了使机床运行可靠，应注意强电和弱电信号线的走线、屏蔽及系统和机床的接地。电平4.5V以下的信号线应采用屏蔽电缆，屏蔽电缆要接地。一般连接过程中，将地线分成信号地、机壳地和大地。FANUC系统、伺服和主轴控制单元及电动机的外壳都要求接大地。

电源的连接是整个数控系统连接的重要环节，数控机床的很多故障都与电源有关。在电源连接中，应当注意控制单元的电源连接、直流电源的规格、电缆的选用以及系统中的后备电池的准备。

2）按照图6-5所示，在数控实验台或数控车床上进行系统侧与伺服单元、主轴单元、MDI单元、机床I/O接口、手摇脉冲发生器等外围设备的接线。

3）根据数控实验台或数控车床通电、断电的顺序操作数控设备。

FANUC 0i系统按如下顺序接通各单元的电源或全部同时接通。

① 机床的电源（220V）。

② 伺服放大器的控制电源（200V）。

③ I/O Link连接的从属I/O设备，显示器电源（DC 24V）；CNC控制单元的电源。

按如下顺序关断各单元的电源或同时关断各单元的电源。

① I/O Link连接的从属I/O设备，显示器电源（DC 24V）；CNC控制单元的电源。

② 伺服放大器的控制电源（200V）。

③ 机床的电源（220V）。

七、考核与评价

在自觉遵守安全文明生产规程的前提下，根据学习情境的能力目标，确定不同阶段的考核方式及分数权重，考核标准见表6-1。

表6-1　考核标准

教学内容	评价要点	评价标准	评价方式	考核方式	分数权重
学习情境六任务一	电路分析	正确分析电路原理	教师评价	答辩	0.2
	电路连接	按图接线正确、规范、合理		操作	0.3
	通电、断电操作	正确操作实训设备		操作	0.3
	工作态度	认真、主动参与学习	小组成员互评	口试	0.1
	团队合作	具有与团队成员合作的精神		口试	0.1

八、习题与思考题

1. CNC 装置的硬件主要由哪几部分构成？各部分的作用是什么？
2. 简述 CNC 系统软件特点与工作过程。
3. 说明 FANUC 0i 系统控制功能。

任务二　变频器控制系统电路的分析、安装与调试

一、学习目标

1）认识变频器，了解其端子功能、操作面板的作用及参数的设置。
2）能正确分析变频器控制系统电路原理。
3）能按照变频器控制系统原理图进行接线与调试。

二、任务

本任务是完成分析、安装与调试变频器控制系统电路。电路控制要求：利用变频器操作面板控制异步电动机；利用外部电位器来控制电动机转速；利用外部正反转按钮来控制电动机正转和反转以及停止。

三、设备

主要元器件见表 6-2。

表 6-2　主要元器件

序　号	名　称	数　量
1	断路器	1 个
2	变频器	1 个
3	按钮	2 个
4	笼型异步电动机	1 台
5	电位器	1 个
6	电工工具及导线	若干

四、知识储备

随着数字 SPWM 变频调速系统的发展，采用通用变频器控制电动机的无级调速应用越来越广泛。所谓“通用”包含着两方面的含义：一是可以和通用的笼型异步电动机配套应用；二是具有多种可供选择的功能，可应用于各种不同性质的负载。其中应用较多的有三菱变频器、安川变频器以及富士变频器等。下面以三菱变频器（FR—S500）为例，说明变频器的接线、功能参数的设定。

1. 通用变频器系统接线

变频器的功能是通过交-直-交电路把固定频率（通常为 50/60Hz）的交流电转换成频率

连续可调（通常为0~400Hz）的三相交流电。

如图6-6所示，三相380V交流电压通过断路器QF、接触器KM接入到变频器的电源输入端L1、L2、L3上，变频器输出变频电压端U、V、W接到负载电动机M上。断路器QF是总电源开关，且有短路和过载保护作用。直流电抗器可直接接到P1与+端，厂家已配好。

STF为正转信号，STR为反转信号，SD为公共输入端子。STF信号ON时电动机正转，OFF时电动机停止；STR信号为ON时电动机反转，OFF时电动机停止。可根据输入端子RH、RM、RL信号的短路组合，进行多段速度的选择，该功能的具体使用还需参数设置配合。

10、2、4、5端子用于频率设定，2、5之间为电压信号（DC：0~5V或0~10V，由参数设定），4、5之间为电流信号。频率设定可以通过电位器或数控系统设定（外部方式），也可以通过面板设定（内部方式），具体由参数设置。

A、B、C端子为报警输出，A为正常时开路，保护功能动作时闭路；B为正常时闭路，保护功能动作时开路，C为A、B的公共端。RUN、SE为运行状态输出，AM、5为模拟信号输出。

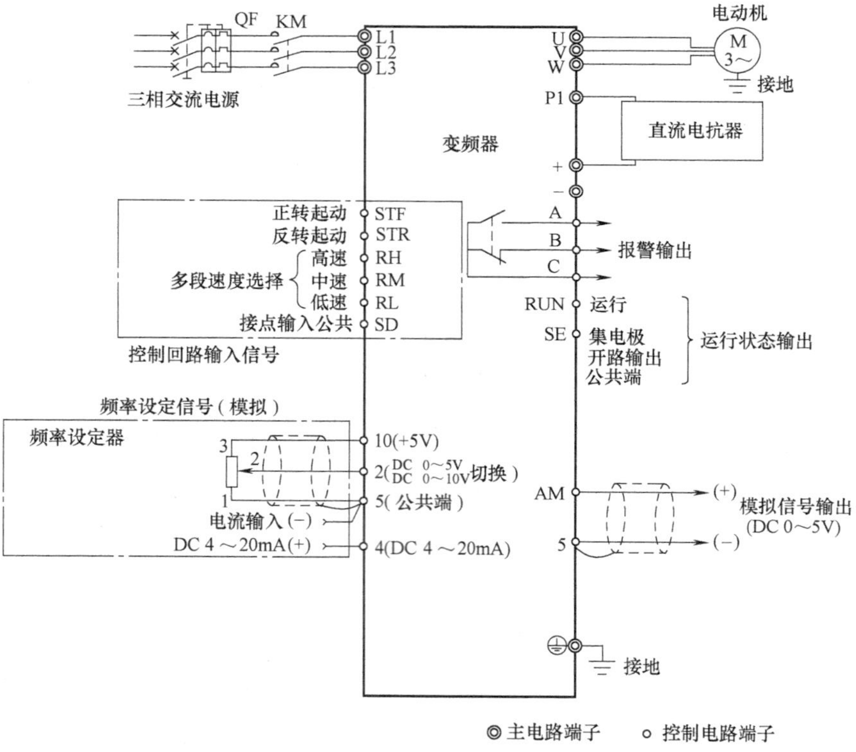

图6-6 三菱FR—S500系列变频器系统组成及端子接线

2. 变频器参数的设定

下面以三菱变频器FR—S500为例，具体说明变频器主要参数的含义及设定。按其功能不同，变频器参数可分为7类：基本功能参数（Pr. 0~Pr. 9和Pr. 30、Pr. 79）、扩展功能参数（Pr. 10~Pr. 29、Pr. 31~Pr. 78和Pr. 80~Pr. 99）、保养功能参数（H1~H5）、附加参数（H6～H7）、校正参数（C1～C8、CLr 和 ECL）、通信参数（n1～n12）、PU 用参数（n13～n17）。

（1）基本功能参数（Pr. 0～Pr. 9 和 Pr. 30、Pr. 79）　基本功能参数主要用来设定频率范围、速度范围、加/减速时间、扩展功能显示、操作模式等。

Pr. 0 转矩提升设定：把低频领域的电动机转矩按负荷要求调整。起动时，调整失速防止动作，设定范围都为 0～15%。实际设定为 4%～6%。

Pr. 1～Pr. 3 频率范围设定：Pr. 1 为上限频率，Pr. 2 为下限频率，Pr. 3 为基波频率（电动机额定转矩时的基准频率），设定范围都为 0～120Hz。实际设定分别为 50Hz、0Hz、50Hz。

Pr. 4～Pr. 6 速度范围设定：Pr. 4 为三速设定中的高速，Pr. 5 为三速设定中的中速，Pr. 6 为三速设定中的低速，设定范围均为 0～120Hz。实际设定分别为 50Hz、30Hz、10Hz。

Pr. 7、Pr. 8 加/减速时间设定：加速时间是指从 0Hz 开始到加减速基准频率 Pr. 20（出厂时为 50Hz）时所需的时间；减速时间是指从 Pr. 20（出厂时为 50Hz）到 0Hz 所需的时间，设定范围为 0～999s。实际设定均为 5s。

Pr. 9 为电子过电流保护。

Pr. 30 扩展功能显示选择：仅显示基本功能时设定为 0，显示全部参数时设定为 1。实际设定为 0。

Pr. 79 操作模式选择：变频器的操作模式可以用外部信号操作，也可以用 PU（旋钮，RUN 键）操作。任何一种操作模式都可固定或组合使用。主要的设定值范围及对应的操作模式见表 6-3。实际设定分别为 0、1、2、3 和 4。

表 6-3　操作模式

<table>
<tr><th>设定值</th><th colspan="2">内容</th></tr>
<tr><td>0</td><td colspan="2">用 PU/EXT 键可切换 PU（设定用旋钮，RUN 键）操作或外部操作</td></tr>
<tr><td>1</td><td colspan="2">只能执行 PU（设定用旋钮，RUN 键）操作</td></tr>
<tr><td>2</td><td colspan="2">只能执行外部操作</td></tr>
<tr><td rowspan="2">3</td><td>运行频率</td><td>起动信号</td></tr>
<tr><td>用设定用旋钮设定
多段速选择
4～20mA（仅当 AU 信号 ON 时有效）</td><td>外部端子（STF、STR）</td></tr>
<tr><td rowspan="2">4</td><td>运行频率</td><td>起动信号</td></tr>
<tr><td>外部端子信号（多段速，DC 0～5V 等）</td><td>RUN 键</td></tr>
<tr><td>7</td><td colspan="2">PU 操作互锁（根据 MRS 信号的 ON/OFF 来决定是否可移往 PU 操作模式）</td></tr>
<tr><td>8</td><td colspan="2">操作模式外部信号切换（运行中不可）
根据 X16 信号有 ON/OFF 移往操作模式选择</td></tr>
</table>

（2）扩展功能参数（Pr. 10～Pr. 29、Pr. 31～Pr. 78 和 Pr. 80～Pr. 99）　主要用于应用功能选择，如变频器的起动频率选择、运行旋转方向选择、输入电压规格选择等。

Pr. 13 起动频率：起动时，变频器最初输出的频率，它对起动转矩有很大影响，用于升降时为1～3Hz，最大也只能到5Hz。用于升降之外时，设置为0.5Hz左右为好，其范围为0～60Hz。

Pr.17 运行旋转方向选择：用操作面板的RUN键运行时，选择旋转方向，0为正转，1为反转。实际设定为0。

Pr.19 基波频率电压：表示基波频率时的输出电压的大小。888为电源电压的95%，－－－为与电源电压相同，设定范围为0～800V，888，－－－。实际设定为－－－。

Pr.37 旋转速度显示：可以把操作面板的频率显示/频率设定变换成负荷速度的显示。0为输出频率的显示，0.1～999为负荷速度的显示（设定60Hz运行时的速度）。实际设定为0或0.1～999。

Pr.38 频率设定电压增益频率：可以任意设定来自外部的频率设定电压信号（0～5V或0～10V）与输出频率的关系（斜率），设定范围为1～120Hz。实际设定50Hz。

Pr.39 频率设定电流增益频率：可以任意设定来自外部的频率设定电流信号（4～20mA）与输出频率的关系（斜率），设定范围为1～120Hz。实际设定50Hz。

Pr.52 操作面板显示数据选择：选择操作面板的显示数据。0为输出频率，1为输出电流，100为停止中设定频率/运行中输出频率。实际设定为0。

Pr.54AM 端子功能选择：选择AM端子所连接的显示仪器。0为输出频率监视，1为输出电流监视。实际设定为0。

Pr.60～Pr.63 的RL、RM、RH、STR端子功能选择：可以选择下述输出信号。0为RL（多段速低速运行指令）；1为RM（多段速中速运行指令）；2为RH（多段速高速运行指令）；3为RT（第2功能选择）；4为AU（输入电流选择）；5为STOP（起动自保持选择）；6为MRS（输出停止）；7为OH（外部过电流保护输入）；8为REX（多段速15速选择）；9为JOG（点动运行选择）；10为RES（复位）；14为X14（PID控制有效端子）；16为X16（PU操作/外部操作切换）；－－－为STR（反转起动，仅在STR端上可安排）。实际设定为0、1、2、3、－－－。

Pr.64、Pr.65 的RUN和A、B、C端子功能选择：可以选择下述输出信号。O为RUN（变频器运行中）；1为SU（频率到达）；3为OL（过负荷报警）；4为FU（输出频率检测）；11为RY（运行准备完毕）；12为Y12（输出电流检测）；13为Y13（零电流检测）；14为FDN（PID下限限定信号）；15为FUP（PID上限限定信号）；16为RL（PID正转反转信号）；93为Y93（电流平均值监视器信号，只有RUN端子可以分配）；95为Y95（检修定时警报）；98为LF（轻故障输出）；99为ABC（报警输出）。实际设定分别为0和99。

Pr.72 PWM频率选择：可以改变PWM载波频率。越大，噪声越小，但电子噪声、漏电流增加。设定范围为0～15，代表0.7～14.5kHz。实际设定为1。

Pr.73 输入电压规格选择：可设定端子2的输入电压规格，0为DC 0～5V输入电压，1为DC 0～10V输入电压。实际设定为1。

Pr.77 参数写入禁止选择：可选择参数是否可写入。0为在PU操作模式下，仅在停止时可写入；1为不可写入（一部分除外）；2为运行时可写入（外部模式及运行中）。实际设定为0。

Pr.78 反转防止选择：可防止起动信号误输入而引起的事故。1为正转、反转均可，1为反转不可，2为正转不可。实际设定为0。

（3）保养功能参数（H1～H5）　主要用来设定检修定时等。

H1 检修定时设定：检修定时（累积通电时间）的设定值以 1000h 为单位进行表示，但是参数不能被写入，设定范围为 0～999。实际设定为 0。

H2 检修定时警报输出时间设定：当检修定时超过 H2 时，则输出 Y95 信号，将 Y95 信号通过 Pr. 64 以及 Pr. 65 上进行定义，设定范围为 0～999 和 – – –。实际设定为 36（36000h）。

（4）校正参数（C1～C8、CLr 和 ECL）　主要用来进行 AM 端子校正、参数清零等。

C1AM 端子校正：模拟信号输出接在端子 AM－5 之间，可对显示仪表的刻度进行校对。

C2 频率设定电压偏值频率：以任意设定来自外部的频率设定电压信号（0～5V 或 0～10V）与输出频率大小（斜率）的关系，设定范围为 0～60Hz。实际设定 0Hz。

C3 频率设定电压偏值：调整用校正参数 C2 设定的频率的模拟电压值，设定范围为 0～300%。实际设定 0%。

C4 频率设定电压增益：调整用 Pr. 38 设定的频率的模拟电压值，设定范围为 0～300%。实际设定 96%。

C5 频率设定电流偏值频率：以任意设定来自外部的频率设定电流信号（4～20mA）与输出频率大小（斜率）的关系，设定范围为 0～60Hz。实际设定 0Hz。

C6 频率设定电流偏值：调整用校正参数 C5 设定的频率的模拟电流值，设定范围为 0～300%。实际设定 20%。

C7 频率设定电流增益：调整用 Pr. 39 设定的频率的模拟电流值，设定范围为 0～300%。实际设定 100%。

CLr 参数清零：0 为不实行，1 为校正值以外的参数初始化（参数清零），10 为包括校正值在内的参数初始化（全部清零）。实际设定为 0。

ECL 报警履历清零：0 为不清零，1 为报警履历清零。实际设定为 0。

（5）PU 用参数（n13～n17）　主要用来选择显示语言和 PU 主显示画面数据选择等。

n13 显示语言选择：0、2～7 为英语，1 为汉语。实际设定为 1。

n14 PU 蜂鸣器声音控制：0 为无声，1 为有声。实际设定为 1。

n16 主显示画面数据选择：0 为可以选择输出频率/输出电流，100 为停止时设定频率、运行时输出频率。实际设定为 0。

3. 变频器的操作

变频器编程器不仅可以进行功能参数的设定及修改，而且可以显示报警信息、故障发生时的状态（如故障时的输出电压、频率、电流等）及报警履历等，这些内容都是通过操作变频器来进行显示的。图 6-7 所示为三菱变频器的操作面板，具体操作如下：

（1）频率设定

1）接通电源时为监视显示画面。

2）按“PU/EXT 键”，设定 PU 操作模式，PU 灯亮。

3）旋转“设定用旋钮”来设定频率。

4）按“SET”键，频率设定完成。

5）按“RUN”键起动运行。

6）按“STOP/RESET”键停止运行。

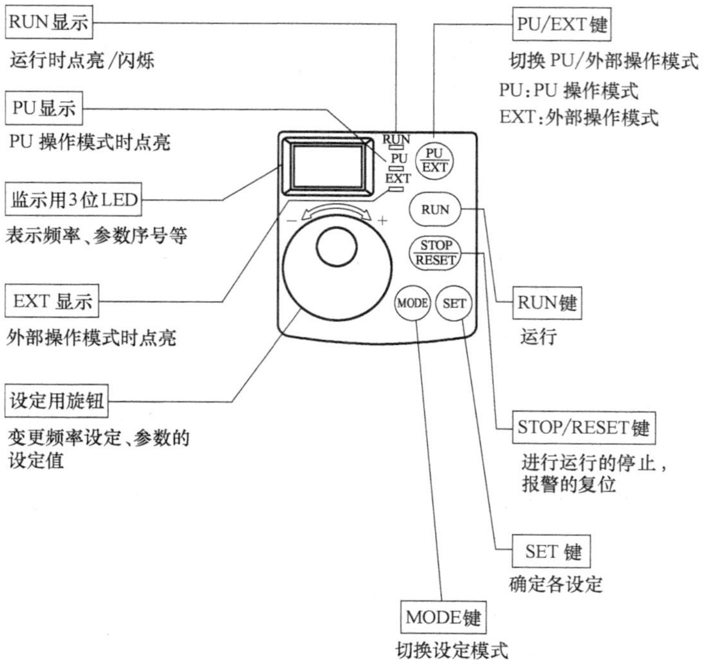

图6-7 三菱变频器的操作面板

（2）参数设定的变更

1）与频率设定第1步相同。

2）按“MODE”键，进入参数设定模式，显示以前读出的参数号码。

3）拨动设定用旋钮，选择要变更的参数号码。

4）按“SET”键读出参数号码当前的设定值。

5）拨动设定用旋钮至希望值。

6）按“SET”键，完成设定。拨动设定用旋钮，可读出其他参数。按“SET”键，再次显示相应的设定值。按两次“SET”键，则显示下一个参数。

7）参数设定完成后，按一次“MODE”键，显示报警履历，按两次“MODE”键，回到显示器显示。

8）如果变更其他参数的设定值，按上述3）~6）的步骤操作。

五、变频器控制系统电路分析

三菱变频器电路配置3kW、2880r/min的交流异步电动机，如图6-8所示。通过设置变频器的参数，使用变频器上的操作面板控制电动机运行，实现从最低速到最高速的调速。断路器QF控制变频器动力电源的接通/断开。按钮SB1、SB2控制电动机的正反转。

六、变频器控制系统电路的安装与调试

1）认知变频器，熟悉其端子功能，检查元器件的质量是否完好，按照图6-8所示进行接线。对照电路图检查线路是否有掉线、错线，接线是否牢固。学生要自行检查和互检，经

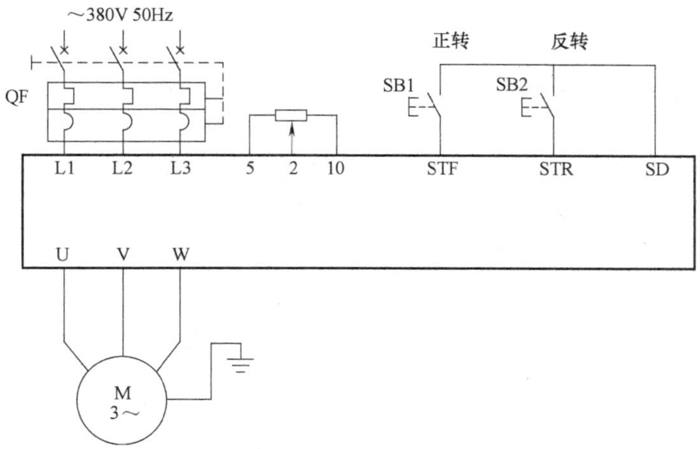

图 6-8　变频器电路

指导老师检查后方可通电操作。

变频器安装时，应注意以下几点：

① 三相电源线必须接主电路输入端子（L1、L2、L3），严禁接至主电路输出端子（U、V、W），否则会损坏变频器。

② 变频器必须可靠接地。

③ 若在变频器运行后，改变接线操作，必须在电源切断 10min 以后，经万用表检测电压后进行。因为电源切断后，电容器会长期处于充电状态，所以非常危险。

2）根据变频器面板说明，熟悉变频器的各按键功能。合上断路器，设置变频器的参数，调试系统。

① 利用变频器操作面板控制异步电动机。

a. 按"PU/EXT"键，再旋动设定用旋钮，调整频率，再按"SET"键，F 设定频率完成，显示 F 频率闪烁。

b. 按"RUN"键，起动变频器控制电动机，运行指令正转（反转用 Pr. 17 设定）。按"STOP/RESET"键，停止变频器工作。

② 利用变频器操作面板的电位器旋钮控制电动机速度，利用外部正、反转按钮来控制电动机正转、反转以及停止。

a. 参考参数设置步骤，把 Pr. 79 的值设置成 3。

b. 旋动旋钮使频率显示达到预期值，按"SET"键设定。接通 SB1，观察电动机的动作情况。断开 SB1 后，接通 SB2，观察电动机的动作情况。

③ 利用变频器操作面板的起动和停止按钮、外部电位器来控制主轴调速。

a. 根据变频器设置方法，把 Pr. 79 的值设置成 4，就可以选择使用操作面板的起动和停止按钮，利用主轴调速板上电位器来控制主轴调速。

b. 电位器选择的输入电压越高，电动机转速越快。

④ 利用外部电位器来控制电动机转速，利用外部正、反转按钮来控制电动机正转、反转以及停止。

a. 把 Pr. 79 的值设置成 2。

b. 旋动外部电位器，使频率显示达到预期值，接通 SB1，观察电动机的动作情况。断开 SB1 后，再接通 SB2，观察电动机的动作情况。

七、考核与评价

在自觉遵守安全文明生产规程的前提下，根据学习情境的能力目标，确定不同阶段的考核方式及分数权重，考核标准见表 6-4。

表 6-4 考核标准

教学内容	评价要点	评价标准	评价方式	考核方式	分数权重
学习情境六 任务二	电路分析	正确分析电路原理	教师评价	答辩	0.2
	电路连接	按图接线正确、规范、合理		操作	0.3
	调试运行	按照要求和步骤正确调试电路		操作	0.3
	工作态度	认真、主动参与学习	小组成员互评	口试	0.1
	团队合作	具有与团队成员合作的精神		口试	0.1

八、习题与思考题

1. 简述变频器控制电路的原理。
2. 试说明三菱变频器参数设置的方法。

任务三 CK160 型数控车床主轴电路的分析、安装与调试

一、学习目标

1）认识主轴驱动系统，了解其组成与特性。

2）能正确分析数控车床主轴控制电路，并能说出其控制原理。

3）能按照数控车床主轴原理图进行接线与调试。

二、任务

本任务是 CK160 型数控车床主轴控制电路的分析、安装与调试。电路控制要求：FANUC 0i Mate TC 系统带模拟主轴（变频器控制）；通过 PLC 检测机床正常接通变频器动力电源；通过 M03、M04、M05 指令控制主轴正反转与停止。

三、设备

主要设备是数控车床或者数控实验台。

四、知识储备

1. 数控机床对驱动装置的要求

数控机床的驱动装置由电动机和电动机驱动单元两部分组成，通常它们由同一个生产厂家配套提供给用户。数控机床所用驱动装置可分为进给驱动装置与主轴驱动装置，它们接收数控装置的控制信号，实现机床的进给与主轴的旋转。

进给驱动是数控机床工作台或刀架坐标的控制系统，它控制机床各坐标轴的切削进给运动，并提供切削过程所需的转矩。主轴驱动控制机床主轴的旋转运动，为机床主轴提供驱动功率和所需的切削力。通常进给驱动系统的主要性能参数有转矩、调速范围、精度及动态响应速度。主轴驱动系统的主要性能参数有功率、恒功率调节范围及速度调节范围。

应用于进给驱动的交流伺服电动机有交流同步电动机与笼型感应异步电动机两大类。由于数控机床进给驱动的功率不是很大（一般在数百瓦至数千瓦），加之笼型异步电动机的调速指标一般不如交流同步电动机，因此绝大多数交流进给驱动系统采用的是交流同步电动机。

数控机床主轴驱动与进给驱动不同的是主轴电动机和功率要求更大，对转速要求更高，但对调速性能的要求却远不如进给驱动那样高。因此在主轴调速控制中，除采用调压调速外，还采用了弱磁升速的方法，以进一步提高其最高转速。在主轴驱动中，目前均使用交流电动机，直流电动机已逐渐被淘汰，由于受永磁体的限制，交流同步电动机的功率不容易做得很大，因此，目前在数控机床的主轴驱动中，均采用笼型异步电动机。

（1）对主轴驱动的要求

1）主轴输出大功率。为了满足生产率的要求，通常主传动电动机应有 2.5～250kW 的功率范围，因此对功率驱动电路提出了更高的要求。

2）调速范围要足够大。一般要求能在（1∶100）～（1∶1000）范围内进行恒转矩调速，在 1∶10 范围内进行恒功率调速，并能实现四象限驱动功能。

为了实现以上两项要求，早期的数控机床多采用晶闸管直流主轴驱动系统，即通过调整晶闸管可控整流器向电枢供电的电压，实现恒转矩调速；通过调整励磁电流实现恒功率调速。无论转速还是励磁均采用了闭环控制，获得了良好的动静态特性。但是由于直流电动机受换向限制，大多数系统恒功率调速范围都很小。随着微处理器技术和大功率晶体管技术的发展，交流驱动系统逐步应用到数控机床主轴驱动。目前，国际上新生产的数控机床已有 85% 采用了交流调速系统，交流驱动性能已达到直流驱动系统的水平，而噪声还有所降低，价格也不高于直流驱动系统。

主轴驱动一般为速度控制系统，除以上所述的一般要求外，还具有以下的控制功能。

1）主轴与进给驱动的同步控制。该功能使数控机床具有螺纹（或螺旋槽）加工能力。

2）准停控制。在加工中心上为了自动换刀，要求主轴能进行高精度的准确位置停止。

3）角度分度控制。角度分度有两种情况：一是固定的等分角位置控制，二是连续的任意角度控制。任意角度控制属于带位置环的伺服系统控制，如在车床上加工端面螺旋槽、在圆周面加工螺旋槽等。这时主轴坐标具有了进给坐标的功能，称为“C 轴控制”。C 轴控制可以用一般主轴控制和 C 轴控制切换的方法实现，也可以用大功率的进给驱动系统代替主轴系统。

为了满足上述数控机床对主轴驱动的要求，主轴电动机应具备以下性能：

1）电动机功率要大，且在大的调速范围内速度要稳定，恒功率调速范围宽。

2）在断续负载下电动机转速波动要小。

3）加速、减速时间短。

4）温升低，噪声小，振动小，可靠性高，寿命长，易维护，体积小，重量轻。

5）电动机过载能力强。

（2）对进给驱动的要求

1）精度高。进给驱动系统的精度是指输出量能复现输入的精确程度。数控加工对定位精度和轮廓加工精度要求都比较高，定位精度一般为0.01～0.001mm，甚至可达0.1μm。轮廓加工精度和速度控制与联动坐标的协调一致控制有关。在速度控制中，要求具有高的调速精度和比较强的抗负载扰动能力。

2）稳定性好。稳定是指系统在给定输入或外界干扰作用下，能经过短暂的调节后，达到新的或者恢复到原来的平衡状态。进给驱动系统要有较强的抗干扰能力，保证进给速度均匀、平稳。稳定性会直接影响数控加工的精度和表面粗糙度。

3）快速响应。快速响应是进给驱动系统动态品质的重要指标，它反映了系统的跟踪精度。为了保证轮廓切削形状精度和低的加工表面粗糙度值，要求进给驱动系统跟踪指令信号的响应要快。这一方面要求过渡过程时间要短，一般在200ms以内，甚至小于几十毫秒；另一方面要求超调要小。这两方面的要求往往是矛盾的，实际应用中要采取一定措施，按工艺加工要求作出相应的选择。

4）调速范围宽。由于加工所用刀具、被加工材质及零件加工要求不同，为保证在任何情况下都能得到最佳切削条件，就要求进给驱动系统具有足够宽的调速范围。目前，最先进的数控机床进给速度范围已可达到脉冲当量为1μm的情况下，进给速度从0～240m/min连续可调。对于一般的数控机床，进给驱动系统的进给速度在0～24m/min下就足够了。

5）低速大转矩。根据数控机床加工的特点，进给驱动系统在低速时要有大的转矩输出。

为了满足对进给驱动系统的要求，对进给驱动系统的执行元件——伺服电动机也相应提出了高精度、快响应、宽调速和大转矩的要求，具体如下：

1）电动机从最低进给速度到最高进给速度范围内能平滑运转，转矩波动要小，尤其在最低转速时，如0.1r/min或更低转速时，仍有平稳的速度而无爬行现象。

2）电动机应具有较长时间的过载能力，以满足低速大转矩的要求。比如电动机能在数分钟内过载4～6倍而不损坏。

3）为了满足快速响应的要求，即随着控制信号的变化，电动机应能在较短时间内达到规定的速度。响应速度直接影响到系统的品质，因此，要求电动机必须具有较小的转动惯量和较大的制动转矩、尽可能小的机电时间常数和起动电压。进给电动机必须具有4000r/s^2以上的加速度，才能保证电动机在0.2s以内能够从静止起动到1500r/min。

4）电动机应能承受频繁的起动、制动和反转。

2. 伺服驱动系统的分类

（1）按有无检测元件和反馈环节分类

1）开环伺服驱动系统。开环伺服驱动系统（见图6-9）即无位置反馈的系统，其驱动元件主要是步进电动机，这种驱动元件工作原理的实质是数字脉冲到角度位移的变换，它不用位置检测元件实现定位，而是靠驱动装置本身转过的角度正比于指令脉冲的个数，运动速度由进给脉冲的频率决定。

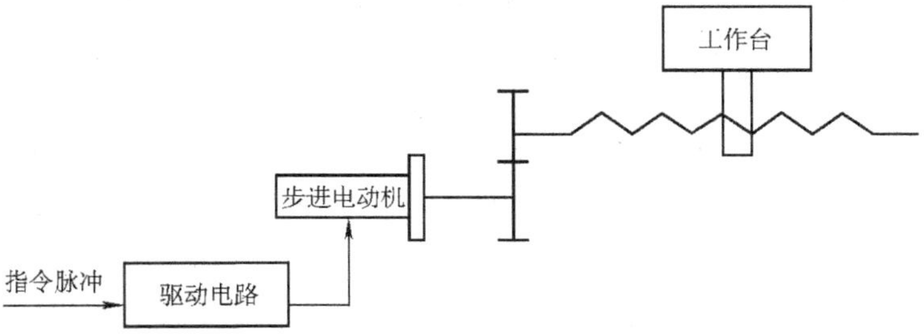

图 6-9　开环伺服驱动系统

开环系统的结构简单，易于控制，但精度差，低速不平稳，高速转矩小。一般用于轻载、负载变化不大或经济型的数控机床上。

2）闭环伺服驱动系统。闭环伺服驱动系统框图如图 6-10 所示。数控机床伺服驱动系统的误差是 CNC 输出的位置指令和机床工作台（或刀架）实际位置的差值。闭环系统运动执行元件不能反映运动的位置，因此需要有位置检测装置。该装置测出机床工作台（或刀架）实际位移量或者实际所处位置，并将测量值反馈给 CNC 装置，与位置指令进行比较，求得误差，依此构成闭环位置控制。

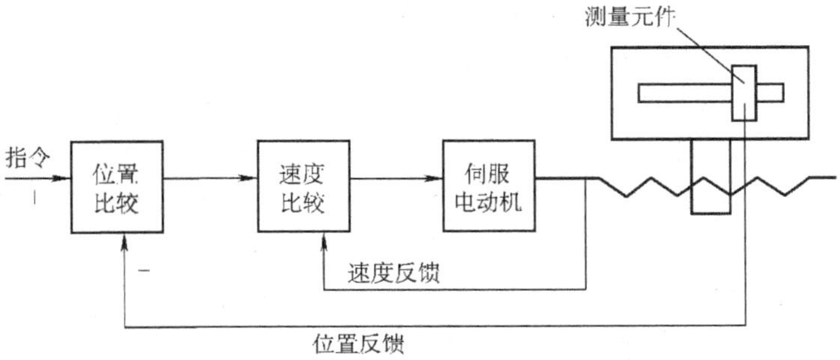

图 6-10　闭环伺服驱动系统框图

由于闭环伺服驱动系统是反馈控制，反馈测量装置精度很高，所以系统传动链的误差、环内各元件的误差以及运动中造成的误差都可以得到补偿，从而大大提高了跟随精度和定位精度。目前闭环系统的分辨率多数为 1μm，高精度系统分辨率可达 0.1μm。系统精度取决于测量装置的制造精度和安装精度。

3）半闭环伺服驱动系统。位置检测元件不直接安装在进给坐标的最终运动部件上（见图 6-11），而是安装在驱动元件或中间传动部件的传动轴上，称为间接测量。在半闭环伺服驱动系统中，有一部分传动链在位置环以外，在环外的传动误差没有得到系统的补偿，因而半闭环伺服系统的精度低于闭环系统。

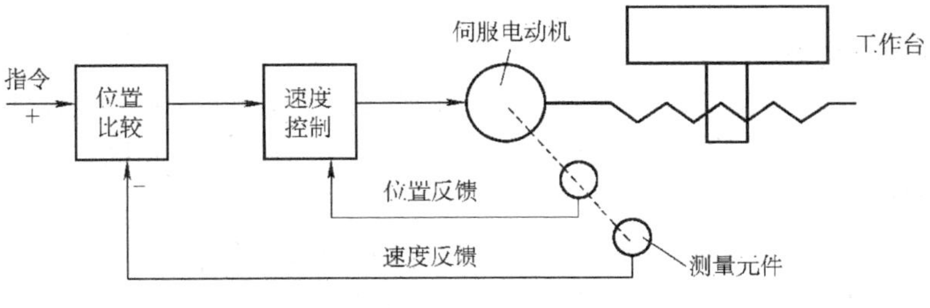

图 6-11　半闭环伺服驱动系统框图

半闭环和闭环系统的控制结构是一致的，不同点是闭环系统环内包括较多的机械传动部件，传动误差均可被补偿，理论上精度可以达到很高。但由于受机械变形、温度变化、振动以及其他因素的影响，系统稳定性难以调整。此外，机床运行一段时间，由于机械传动部件的磨损、变形及其他因素的改变，容易使系统稳定性改变，精度发生变化，所以目前半闭环系统应用较多。只在传动部件精密度高、性能稳定、使用过程温差变化不大的高精度数控机床上才使用全闭环伺服系统。

（2）按执行元件的类别分类

1）步进驱动系统。步进驱动系统一般与脉冲增量插补算法相配合，目前均选用功率型步进电动机作为驱动元件，它主要有反应式和混合式两种。反应式步进电动机的价格低，混合式步进电动机的价格高，但混合式步进电动机的输出转矩大，运行频率及升降速度快，因而性能更好。为克服步进电动机低频共振的缺点，进一步提高精度，出现了性能更好的带细分功能的步进电动机驱动装置，并得到了广泛的应用。步进驱动系统在我国经济型数控领域和老式机床改造中起到了重要的作用。

2）直流伺服驱动系统。直流伺服驱动系统常用的伺服电动机有小惯量直流伺服电动机和永磁直流伺服电动机（也称为大惯量宽调速直流伺服电动机）。小惯量伺服电动机最大限度地减少了电枢的转动惯量，所以能获得最好的快速性。小惯量伺服电动机一般都设计成有高额定转速和低转动惯量的形式，所以应用时，要经过中间机械传动（如齿轮副）才能与丝杠相连接。

永磁直流伺服电动机能在较大过载转矩下长时间工作，它的转动惯量较大，能直接与丝杠相连而不需中间传动装置。此外，它还可在低速下运转，如能在1r/min甚至在0.1r/min下平稳地运转，因此，这种直流伺服驱动系统在数控机床上获得了广泛的应用。20世纪70～80年代中期，直流伺服驱动系统在数控机床上的应用占绝对统治地位，目前，许多数控机床上仍用这种电动机的直流伺服驱动系统。永磁直流伺服电动机的缺点是有电刷，限制了转速的提高，一般额定转速为1000～1500r/min。而且结构复杂，价格较贵。

3）交流伺服驱动系统。交流伺服驱动系统使用交流异步电动机（一般用于主轴驱动）和永磁同步电动机（一般用于进给驱动）。由于直流伺服电动机存在着一些固有的缺点（如上所述），使其应用环境受到限制。而交流伺服电动机没有这些缺点，且转动惯量较直流电动机小，使得动态响应好。另外在同样体积下，交流电动机的输出功率可比直流电动机提高10%～70%。还有交流电动机的容量可以比直流电动机造得大，达到更高的电压和转速。因此，交流伺服驱动系统得到了迅速发展，从20世纪80年代后期开始，数控机床大量使用交流伺服驱动系统。

（3）按控制对象和使用目的分类

1）进给驱动系统。进给驱动系统是指一般概念的伺服驱动系统，它包括速度控制环和位置控制环。进给驱动系统完成各坐标轴的进给运动，具有定位和轮廓跟踪功能，是数控机床中要求最高的伺服控制。

2）主轴驱动系统。一般的主轴控制只是一个速度控制系统，保证任意转速的调节，完成在转速范围内的无级变速。主要实现主轴的旋转运动，提供切削过程中的转矩和功率。具有C轴控制的主轴与进给驱动系统一样，为一般概念的位置伺服控制系统。

此外，刀库的位置控制是为了在刀库的不同位置选择刀具，它与进给坐标轴的位置控制相比，性能要低得多，故称为简易位置伺服驱动系统。

（4）按反馈比较控制方式分类

1）脉冲（数字）比较伺服驱动系统。该系统是闭环伺服驱动系统中的一种控制方式，它是将数控装置发出的脉冲（或数字）指令信号与检测装置测得的以脉冲（或数字）形式表示的反馈信号直接进行比较，以产生位置误差，达到闭环控制。

脉冲（数字）比较伺服驱动系统结构简单，容易实现，整机工作稳定，在一般数控伺服驱动系统中应用十分普遍。

2）相位比较伺服驱动系统。在相位比较伺服驱动系统中，位置检测装置采取相位工作方式，指令信号与反馈信号都变成某个载波的相位，然后通过两者相位的比较，获得实际位置与指令位置的偏差，实现闭环控制。

相位伺服驱动系统适用于感应式检测元件（如旋转变压器）的工作台，可得到满意的精度。此外由于载波频率高，响应快，抗干扰性强，很适合连续控制的伺服驱动系统。

3）幅值比较伺服驱动系统。幅值比较伺服驱动系统是以位置检测信号的幅值大小来反映机械位移的数值，并以此信号作为位置反馈信号，一般还要将此幅值信号转换成数字信号才与指令数字信号进行比较，从而获得位置偏差信号构成闭环控制系统。

在以上三种伺服驱动系统中，相位比较系统和幅值比较系统从结构上和安装维护上都比脉冲（数字）比较系统复杂、要求高，所以脉冲（数字）比较伺服驱动系统应用比较广泛。

4）全数字伺服驱动系统。随着微电子技术、计算机技术和伺服控制技术的发展，数控机床的伺服驱动系统已开始采用高速、高精度的全数字伺服驱动系统，使伺服控制技术从模拟方式、混合方式走向全数字方式。由位置、速度和电流构成的三环反馈全部数字化，软件处理数字 PID，使用灵活，柔性好。数字伺服驱动系统采用了许多新的控制技术和改进伺服性能的措施，使控制精度和品质大大提高。

3. 主轴驱动系统

机床主轴驱动和进给驱动有很大的差别。机床主传动主要是旋转运动，无需丝杠或其他直线运动装置。主运动系统中，要求电动机能提供大的转矩（低速段）和足够的功率（高速段），所以对主电动机调速要保证是恒功率负载，而且在低速段还要具有恒转矩特性。

早期的数控机床采用三相异步电动机配多级变速箱作为主轴驱动的主要方式。由于对主轴驱动提出了更高的要求，前期的数控机床采用直流主轴驱动系统，但由于直流电动机的换向限制，大多数系统恒功率调速范围都非常小。到了 20 世纪 70 年代末、80 年代初，数控机床开始采用交流驱动系统，目前数控机床的交流主轴驱动多采用交流主轴电动机配主轴伺服驱动器的形式或普通交流异步电动机配变频器的形式。

交流主轴电动机与进给伺服电动机不同，交流主轴电动机多采用异步电动机。这是因为受永磁体的限制，当容量做得很大时，电动机成本太高。另外数控机床主轴驱动系统不必具有进给驱动系统那样高的性能，调速范围也不要求太大，因此，采用异步电动机完全能满足数控机床主轴的要求。但为了得到更好的主轴特性，就要采用变频矢量控制的交流主轴电动机。

（1）交流主轴电动机　目前交流主轴驱动中均采用笼型异步电动机。笼型异步电动机由有三相绕组的定子和有笼条的转子构成。笼型异步电动机转子的结构比较特殊，在转子铁心上开有许多槽，每个槽内装有一根导体，所有导体两端短接在端环上。如果去掉铁心，转子绕组的形状像一个笼型，所以称为笼型转子。

图6-12所示为三相笼型异步电动机的原理图。定子绕组通入三相交流电后，在电动机气隙中产生一个旋转磁场，旋转磁场沿顺时针方向以n_s旋转，其磁力线也顺时针方向切割转子笼条，而相对于磁场，转子笼条逆时针方向切割磁力线，使转子中产生感应电动势。根据右手定则，N极下导体的感应电动势方向从纸面出来，而S极下导体的感应电动势方向垂直进入纸面。由于笼型转子的导体均通过短路环连接起来，因此在感应电动势的作用下，转子导体中有电流流过，电流方向与感应电动势方向相同。再根据通电导体在磁场中的受力原理，转子导体要与磁场相互作用产生电磁力，电磁力作用于转子，产生电磁转矩。根据左手定则，转矩方向与磁铁转动方向一致，转子便在电磁转矩的作用下转动起来。

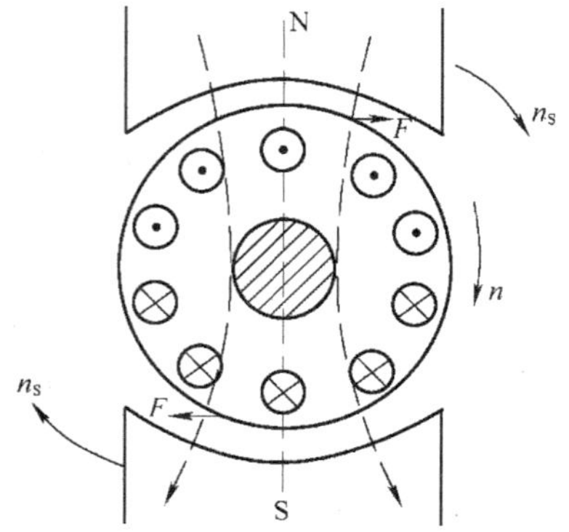

图6-12 三相笼型异步电动机的原理图

因为电动机轴上总带有机械负载，即使空载时也存在摩擦、风阻等。为了克服负载阻力，转子绕组中必须有一定大小的电流，以产生足够的电磁转矩。而转子绕组中的电流是由旋转磁场切割转子产生的，要产生一定的电流，转子转速必须低于磁场转速。因为如果两者转速相同，则不存在相对运动，转子导体将不切割磁力线，感应电动势、电流以及电磁转矩也就不会产生，这一点与同步电动机有本质差别。而转子转速比旋转磁场低多少主要由机械负载决定，负载大则需要较大的导体电流，转子导体相对旋转磁场就必须有较大的相对速度。

因为这种电动机的转子总要滞后于定子旋转磁场，所以称其为异步电动机。又因为电动机转子中本来没有电流，转子导体的电流是切割定子旋转磁场时感应产生的，因此异步电动机也叫做笼型异步电动机。笼型异步电动机具有结构简单、价格便宜、运行可靠、维护方便等许多优点。

（2）异步电动机调频调速　异步电动机的转子转速为

$$n=\frac{60f_1}{p}(1-s)=n_0(1-s)$$

式中　f_1——定子供电频率，单位为Hz；

p——电动机定子绕组磁极对数；

s——转差率。

由上式可见，要改变电动机的转速：① 改变磁极对数p，则电动机的转速可作有级变速，称为变级多速电动机，不能实现平滑的无级调速；② 改变转差率s；③ 改变频率f_1。在数控机床中，交流电动机的调速通常采用变频调速的方式。

异步电动机每相的感应电动势为

$$E_1 = 4.44f_1W_1\Phi_m \approx U_1$$

式中　f_1——电源频率，单位为Hz；

W_1——每相绕组有效匝数；

Φ_m——每极磁通，单位为 V · s；

U_1——定子电压，单位为 V。

则
$$\Phi_m = KU_1/f_1$$

由上式可见，如果在变频调速中，保持定子电压 U_1 不变，则磁通 Φ_m 大小将会改变。因为在一般电动机中，Φ_m 值通常是在工频额定电压的运行条件下确定的，为了充分利用电动机铁心，把磁通量选在接近磁饱和的数值上。因此，在变频调速过程中，如果频率从工频往下调节，则由 Φ_m 上升，将导致铁心过饱和而使励磁电流迅速上升，铁心过热，功率因数下降，电动机带负载能力降低。因此必须在降低频率的同时，降低电压 U_1，以保持 Φ_m 不变。这种 U_1 和 f_1 的配合变化称为恒磁通变频调速中的协调控制（恒转矩调速控制），如图 6-13 所示。当 f_1 频率超过异步电动机铭牌的额定频率，由于电源电压的限制，U_1 已达到变频器输出电压的最大值，不能随 f_1 而升高，异步电动机的每极磁通 Φ_m 与 f_1 成反比例下降，其转矩 T 也随着 f_1 反比例下降。但因转速 n 提高，异步电动机的输出功率 P 则在此区域内保持不变（$P = Tn$），称为恒功率调速，如图 6-14 所示。

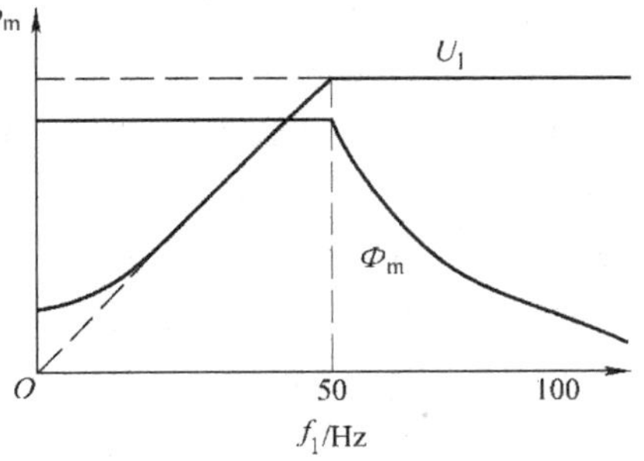

图 6-13　异步电动机电压、磁通特性

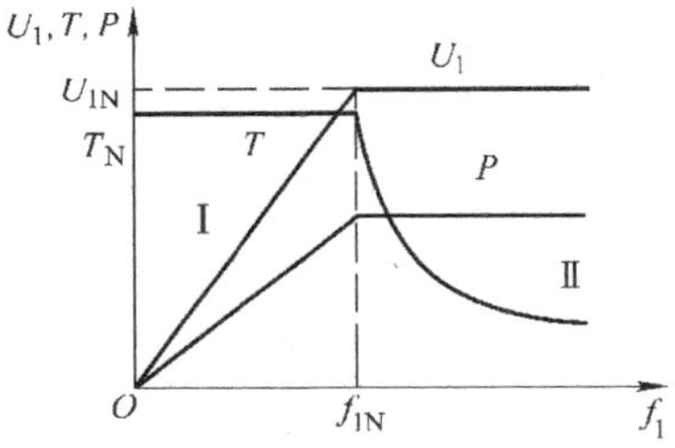

图 6-14　异步电动机运行区域
Ⅰ—恒转矩　Ⅱ—恒功率

异步电动机工作在低频时，为了补偿定子阻抗压降，使得产生的感应电势 E_1 保持恒定，提高了定子端电压，这时异步电动机的机械特性如图 6-15 所示，n_0 对应于不同频率的同步转速。异步电动机的机械特性：在不同频率下都具有相同的速度下降斜率，即在同一负载转矩下，有着相同的转速降落 Δn，其转速降落百分比（$\Delta n/ n_0$）随着频率下降将越来越大，调速性能下降。

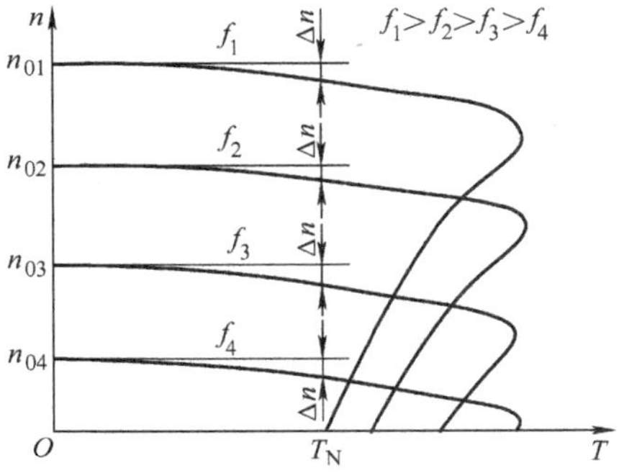

图 6-15　异步电动机的机械特性

（3）异步电动机的矢量控制　矢量控制法的应用使交流电动机变频调速后的机械特性和动态性能足以与直流电动机相媲美。

直流电动机的励磁电路磁场和电枢电流是互相独立的，电磁转矩与磁通、电枢直流成正比，主磁场和电枢磁场在空间互相垂直。

异步电动机的励磁电流和负载电流彼此互相关联，其主磁场与转子电流磁场之间存在一个夹角，并与转子回路的功率因数有关。

直流电动机通过独立调节主磁场和电枢磁场进行调速，异步电动机则不能。因此，如果在交流电动机中也能对负载电流和励磁电流分别进行控制，并使它们的磁场在空间上垂直，则交流电动机调速性能就可以和直流电动机相媲美。

矢量变换控制的基本想法来自等效的概念，按照不同情况下的绕组产生同样的旋转磁场这一等效原则出发，通过坐标变换，将三相交流输出电流变为等效的、彼此独立的励磁电流和电枢电流，通过对等效电枢绕组电流和励磁绕组电流的反馈控制，达到控制转矩和励磁磁通的目的，最后，通过相反的变换，将等效的直流量再还原为三相交流量，控制实际的三相异步电动机。

（4）主轴分段无级调速及控制 数控装置可通过三种方式控制主轴驱动。第一种是通过主轴模拟电压输出接口，输出0～±10V模拟电压至主轴驱动装置，电压的正负控制电动机转向，电压的大小控制电动机的转速。第二种是输出单极性0～10V模拟电压至主轴驱动装置，通过正转与反转开关量信号指定正反转。第三种是选择数控装置输出12位二进制代码或2位BCD码（4位BCD码）开关量信号至主轴驱动，控制主轴的转速。

不论采用哪一种方法，均可实现主轴电动机的无级调速。采用无级调速主轴机构，主轴箱虽然得到大大简化，但其低速段输出转矩常无法满足机床强力切削的要求。如单纯追求无级调速，势必要增大主轴电动机的功率，从而使主轴电动机与驱动装置的体积、重量及成本增加。因此数控机床常采用1～4档齿轮变速与无级调速相结合的方式，即分段无级变速方式。图6-16所示为采用齿轮变速与不采用齿轮变速主轴的输出特性。采用齿轮变速虽然低速的输出转矩增大，但降低了最高主轴转速。因此通常用数控系统控制齿轮自动变档，同时满足低速转矩和最高主轴转速的要求。一般数控系统均提供2～4档变速功能，而数控机床通常使用2档即可满足要求。

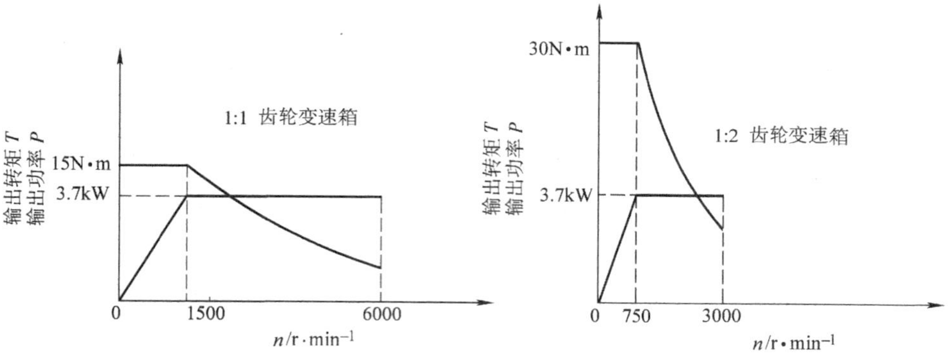

图6-16 二档齿轮变速的 $T-n$、$P-n$ 曲线

数控系统可使用M41～M44代码进行齿轮的自动变档。首先需要在数控系统参数区设置M41～M44对应的最高主轴转速，这样数控系统根据当前S指令值判断档位，并自动输出相应的M41～M44指令至PLC，控制更换相应的齿轮档，然后数控装置输出相应的模拟电压，如图6-17所示。例如M41对应的最高主轴转速为1000 r/min，M42对应的最高主轴转速为3500 r/min，主轴电动机的最高转速为3500 r/min。当S指令在0～1000 r/min范围内时，M41对应的齿轮啮合；当S指令在1001～3500 r/min范围内时，M42对应的齿轮啮合。M42对应的齿轮传动比为1：1，M41对应的传动比为1：3.5，此时主轴输出的最大转矩为主轴电

动机最大输出转矩的3.5倍。不同机床主轴变档所用的方式不同，控制的具体实现可由PLC来完成。目前常采用液压拨叉或电磁离合器带动不同齿轮的啮合。

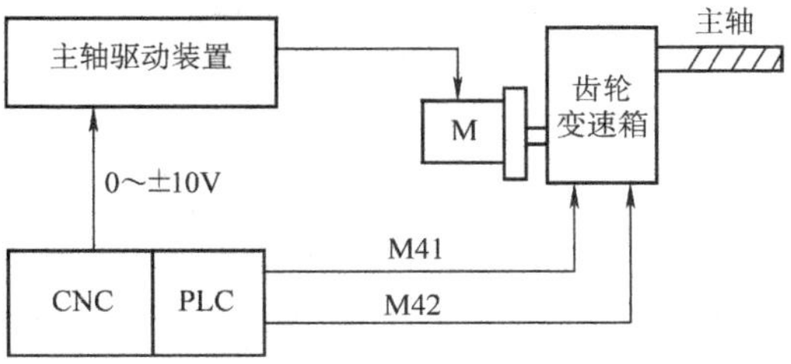

图6-17　分段无级变速

对变速时出现的顶齿现象，现代数控系统均采用由数控系统控制主轴电动机低速转动或振动的方法，实现齿轮的顺利啮合。变挡时主轴电动机低速转动或振动的速度可在数控系统参数区中设定。

（5）主轴准停控制　主轴准停功能又称为主轴定位功能（Spindle Specified Position Stop），即当主轴停止时能控制其停于固定位置，是自动换刀所必需的功能。在自动换刀的镗铣加工中心上，切削的转矩通常是通过刀杆的端面键传递的，这就要求主轴具有准确定位于圆周上特定角度的功能，如图6-18所示。当加工阶梯孔或精镗孔后退刀时，为防止刀具与小阶梯孔碰撞或拉毛已精加工的孔表面，必须先让刀再退刀，而让刀时主轴必须具有准停功能，如图6-19所示。

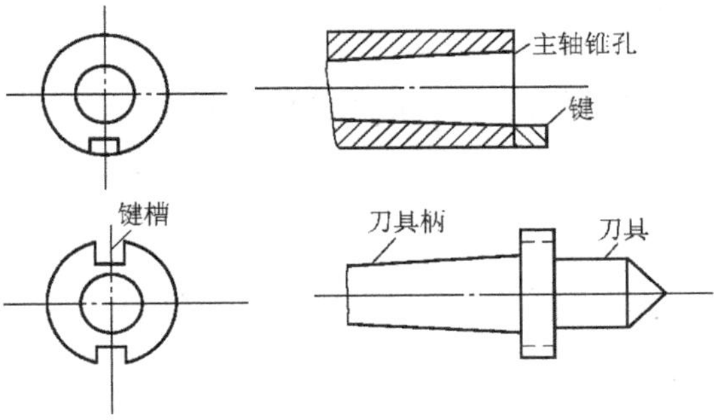

图6-18　主轴准停换刀

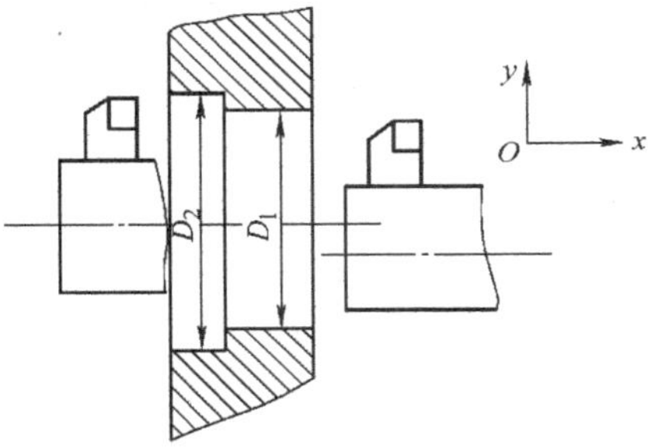

图6-19　主轴准停镗背孔

主轴准停可分为机械准停和电气准停。机械准停是采用机械挡块等来定位。在现代数控机床上，一般都采用电气方式使主轴定位，只要数控系统发出M19指令，主轴就能准确定位。电气方式的主轴定向控制，是利用装在主轴上的位置编码器和磁性传感器作为位置反馈部件，由它们输出的信号，使主轴准确停在规定的位置上。

（6）主轴进给功能　主轴进给功能即主轴的C轴功能，一般应用在车削中心和车、铣复合机床上。对于车削中心，主轴除了完成传统的回转功能外，主轴的进给功能可以实现主轴的定向、分度和圆周进给，并在数控装置的控制下实现C轴与其他进给轴的插补，配合动力刀具进行圆柱或端面上任意部位的钻削、铣削、攻螺纹及曲面铣加工。对于车、铣复合机床，则必须要求车主轴在铣状态下完成铣床C轴所有的进给插补功能。

主轴进给功能按功能划分一般有下列几种实现方法。

1）机械式。通过安装在主轴上的分度齿轮实现。这种方法只能实现分度，一般可以实现主轴360°分度。

2）双电动机切换。主轴有两套传动机构，平时由主轴电动机驱动实现普通主轴的回转功能，需要进给功能时通过液压等机构切换到由进给伺服电动机驱动主轴。由于进给伺服电动机工作在位置控制模式下，因此可以实现任意角度的分度功能和进给及插补功能。为了防止主传动和C轴传动之间产生干涉，两套传动机构的切换机构装有检测开关，利用开关的检测信号，识别主轴的工作状态。当C轴工作时，主轴电动机就不能起动，同样主轴电动机工作时，进给伺服电动机不能起动。

3）有C轴功能的主轴电动机。由主轴电动机直接驱动实现主轴的定位、分度和进给功能。这种方式省去了附加的传动机构和液压系统，因此结构简单、工作可靠。主轴的两种工作方式可以随时切换，提高了加工效率，是现代中、小型车削中心主要采用的方法。它的缺点是随着主轴输出功率的增加，主轴驱动系统的成本也急剧增加。

4. 检测元件

（1）位置检测装置的分类　位置检测装置是数控机床的重要组成部分。在闭环系统中，它的主要作用是检测位移量，并发出反馈信号与数控装置发出的指令信号相比较，若有偏差，经放大后控制执行部件，使其向着消除偏差的方向运动，直至偏差等于零为止。显然数控机床的位置控制系统所能达到的精度是以其检测元件的精度为极限的，为了提高数控机床的加工精度，必须提高检测元件和检测系统的精度。不同类型的数控机床，对检测元件和检测系统的精度要求以及允许的最高移动速度各不相同。一般要求检测元件的分辨率（检测元件能检测的最小位移量）在0.001～0.01mm之内。

数控机床对位置检测装置的要求如下：

1）受温度、湿度的影响小，工作可靠，能长期保持精度，抗干扰能力强。

2）在机床执行部件移动范围内，能满足精度和速度的要求。

3）使用维护方便，适应机床工作环境。

4）成本低。

按工作条件和测量要求不同，可采用不同的测量方式。

1）数字式测量和模拟式测量：

① 数字式测量是将被测的量以数字的形式来表示。测量信号一般为电脉冲，可以直接把它送到数控装置进行比较、处理。数字式测量装置的特点是测量装置比较简单，脉冲信号抗干扰能力较强，便于显示和处理，如光栅、光电编码器等。

② 模拟式测量是将被测的量用连续变量来表示，如电压变化、相位变化等，数控机床所用模拟式测量主要用于小量程的测量，在大量程内作精确的模拟式测量时，对技术要求较高。模拟式测量的特点是直接测量被测的量，无需变换，如旋转变压器等。

2）增量式测量和绝对式测量：

① 增量式测量的特点是只测位移量，如测量单位为0.01mm，则每移动0.01mm就发出一个脉冲信号。其优点是测量装置较简单，任何一个点都可作为测量的起点。在轮廓控制的数控机床上大都采用这种测量方式。典型的测量元件有光栅、增量编码器等。

② 绝对式测量装置对于被测量的任意一点位置均由固定的零点标起，每一个被测点都有一个相应的测量值，常以数据形式表示。装置的结构较增量式复杂。典型的测量元件有绝对式光电编码器等。

3）直接测量和间接测量：

① 直接测量是将检测装置直接安装在执行部件上，如光栅用来直接测量工作台的直线位移，其缺点是测量装置要和工作台行程等长，因此，不便于在大型数控机床上使用。

② 间接测量装置是将检测装置安装在滚珠丝杠或驱动电动机轴上，通过检测转动件的角位移来间接测量执行部件的直线位移。间接测量方便可靠，无长度限制。其缺点是测量信号中增加了由回转运动转变为直线运动的传动链误差，从而影响了测量精度。典型的测量元件有旋转变压器等。

（2）光栅　光栅利用光的透射、衍射原理，通过光敏元件测量莫尔条纹移动的数量来检测机床工作台的位移量，是数控机床闭环系统中用得较多的一种检测装置。

从位移量的测量种类，光栅分为直线光栅和圆光栅。直线光栅用于测量直线位移量，如机床的 X、Y、Z、U、V、W 等直线轴的位移；圆光栅则用于旋转位移量的测量，如机床 A、B、C 等回转轴的角位移。

按照光信号的获取原理，光栅分为玻璃透射光栅和金属反射光栅。玻璃透射光栅是在玻璃的表面上制成透明与不透明间隔相等的线纹，利用光的透射现象形成光栅。金属反射光栅是在不透明的金属材料上刻线纹，利用光的全反射形成光栅。

下面以直线透射光栅介绍光栅的组成及工作原理。

1）直线透射光栅的组成。光栅位置检测装置由光源、长光栅（标尺光栅）、短光栅（指示光栅）、光敏接收元件等组成，如图 6-20 所示。

2）莫尔条纹的原理。光栅读数时利用莫尔条纹的形成原理进行的。将指示光栅和标尺光栅叠合在一起，中间保持 0.05 ~0.1mm 的间隙，并使指示光栅和标尺光栅的线纹相互交叉保持一个很小的夹角 θ，如图 6-21 所示。当光源照射光栅时，在 a—a 线上，两块光栅的线纹彼此重合，形成一条横向透光亮带；在 b—b 线上，两块光栅的线纹彼此错开，形成一条不透光的暗带。这些横向明暗相间出现的亮带和暗带就是莫尔条纹。

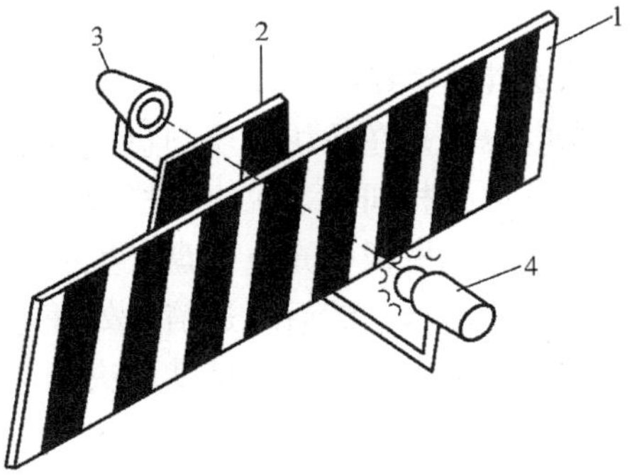

图 6-20　直线透射光栅
1—光栅尺（标尺光栅）　2—指示光栅
3—光敏接收元件　4—光源

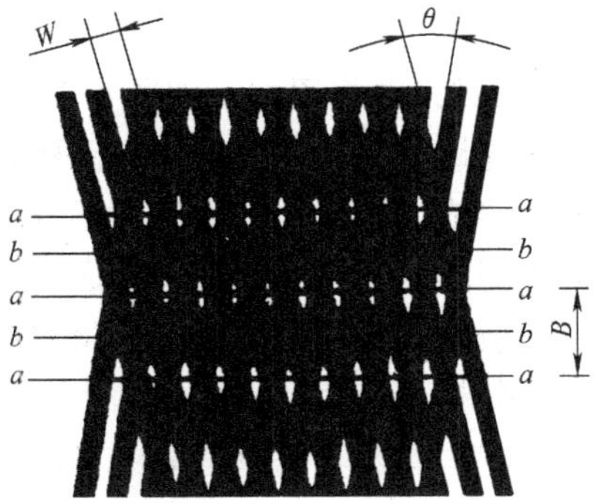

图 6-21　莫尔条纹形成原理

两条暗带或两条亮带之间的距离叫莫尔条纹的间距 B，设光栅的栅距为 W，两光栅线纹的夹角为 θ，则它们的近似关系为

$$B = \frac{W}{\theta}$$

由上式可见，θ 越小，B 越大，相当于把栅距 W 扩大了 $1/\theta$ 倍后，转化为莫尔条纹。

如果两块光栅相对移动一个栅距，则光栅某一固定点的光强按明—暗—明规律变化一个周期，即莫尔条纹移动一个莫尔条纹的间距。因此光敏元件只要读出移动的莫尔条纹数目，就可以知道光栅移动了多少栅距，也就知道了运动部件的准确位移量。

3）透射光栅的工作原理。光栅测量系统由光源、透镜、标尺光栅、指示光栅、光敏元件和一系列信号处理电路组成，透射光栅测量系统工作原理如图6-22所示。信号处理电路又包括放大、整形和鉴向倍频等。通常情况下，除标尺光栅与工作台装在一起随工作台移动外，光源、透镜、指示光栅、光敏元件和信号处理电路均装在一个壳体内，做成一个单独的部件固定在机床上，这个部件称为光栅读数头，其作用是将莫尔条纹的光信号转换成所需的电脉冲信号。

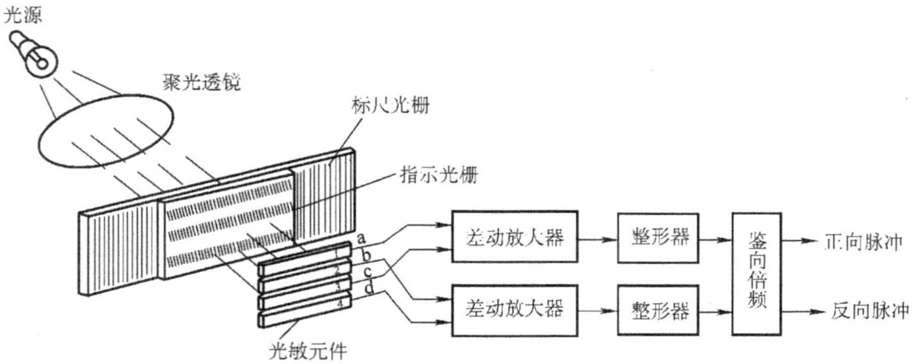

图6-22　透射光栅测量系统工作原理

（3）光电编码器　光电编码器是一种旋转式测量装置，通常安装在被测轴上，随被测轴一起转动，可将被测轴的角位移转换成电脉冲信号。通常分增量式光电编码器和绝对式光电编码器。

1）增量式光电编码器。如图6-23所示。增量式光电编码器由光源、聚光镜、光栏板、光电码盘、光敏元件及信号处理电路组成。其中，光电码盘是在一块玻璃圆盘上镀上一层不透光的金属薄膜，然后在上面制成圆周等距的透光与不透光相间的条纹，光栏板上具有和光电码盘上相同的透光条纹。当光电码盘旋转时，光线通过光栏板和光电码盘产生明暗相间的变化，由光敏元件接收。光敏元件将光信号转换成电脉冲信号，然后通过信号处理电路的整形、放大、分频、计数、译码后输出或显示。增量式光电编码器的测量精度取决于它所能分辨的最小角度，而这与码盘圆周的条纹数有关，即分辨角

$$\alpha = 360°/\text{条纹}$$

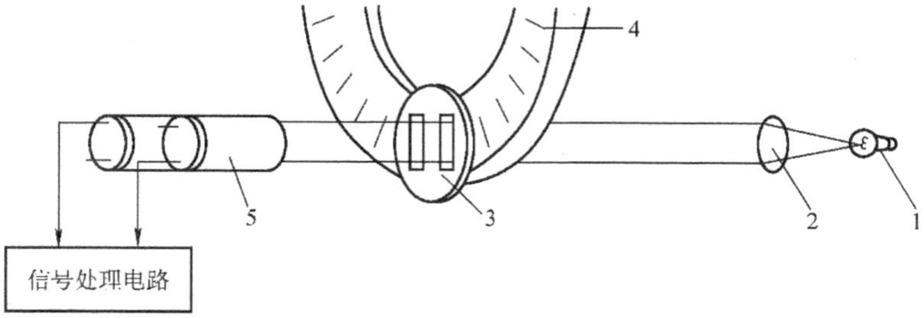

图6-23　增量式光电编码器测量装置

1—光源　2—聚光镜　3—光栏板　4—光电码盘　5—光敏元件

实际应用的增量式光电编码器的光栏板上有 A、B 两组条纹，每组条纹的间隙与光电码盘相同，而 A 组与 B 组的条纹彼此错开 1/4 节距，两组条纹相对应的光敏元件所产生的信号彼此相差 90°相位，用于辨向。当光电码盘正转时，A 信号超前 B 信号 90°，当光电码盘反转时，B 信号超前 A 信号 90°，数控系统正是利用这一相位关系来判断方向的。

增量式光电编码器的输出信号 A、B 为差动信号。差动信号大大提高了传输的抗干扰能力。在数控系统中，常对上述信号进行倍频处理，以进一步提高分辨力。增量式光电编码器的典型输出波形如图 6-24 所示。

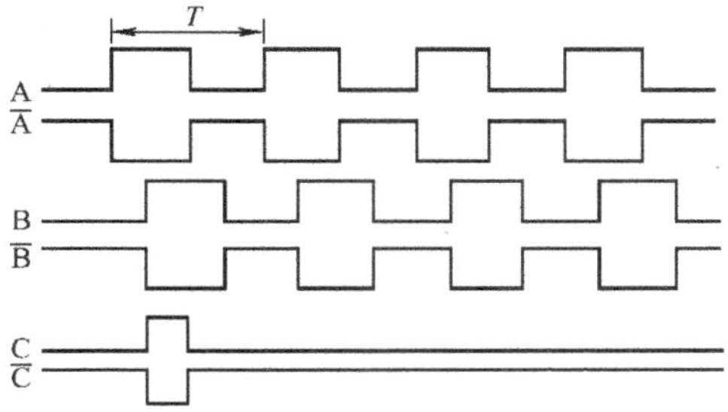

图 6-24　增量式光电编码器正转时差动信号的输出波形

此外，在光电码盘的里圈里还有一条透光条纹 C，每转产生一个脉冲，该脉冲信号又称一转信号或零标志脉冲。在进给电动机所用的增量式光电编码器上，零标志脉冲用于精确确定机床的参考点，在主轴电动机上，则可用于主轴准停以及螺纹加工。

2）绝对式光电编码器。与增量式光电编码器不同，绝对式光电编码器是通过读取编码盘上的图案确定轴的位置。

图 6-25a 所示为绝对式光电编码器的编码盘原理图，图 6-25b 所示为绝对式光电编码器的结构图。图 6-25a 中，码盘上有四条码道。所谓码道就是码盘上的同心圆。按照二进制分布规律，把每条码道加工成透明和不透明相间的形式。码盘的一侧安装光源，另一侧安装一排径向排列的光敏管，每个光敏管对准一条码道。当光源照射码盘时，如果是透明区，则光线被光敏管接受，并转变成电信号，输出信号为“1”；如果是不透明区，光敏管接受不到光线，输出信号为“0”。被测工作轴带动码盘旋转时，光敏管输出的信息就是代表了轴的对应位置，即绝对位置。

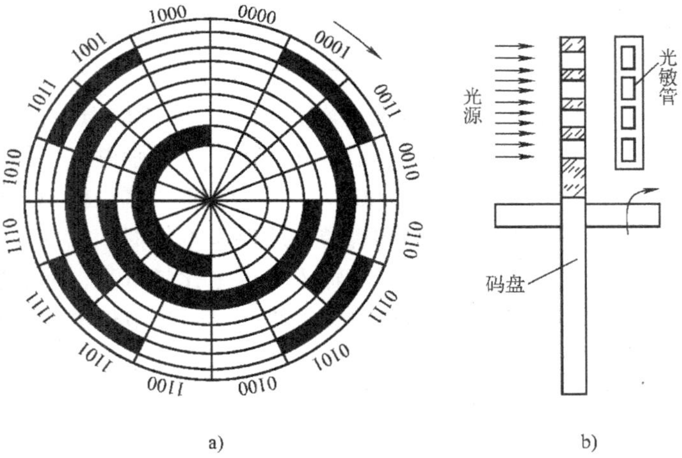

图 6-25　绝对式光电编码器

绝对式光电编码盘大多采用格雷码编码盘，格雷码数码见表 6-5。格雷码的特点是每一相邻数码之间仅改变一位二进制数，这样即使制作和安装不十分准确，产生的误差最多也只是最低位的一位数。四位二进制码盘能分辨的最小角度（分辨率）为

$$\alpha = \frac{360°}{2^4} = 22.5°$$

码道越多，分辨率越高。

表6-5　格雷码的数码

角　　度	二进制数码	格　雷　码	对应十进制数
0	0000	0000	0
α	0001	0001	1
2α	0010	0011	2
3α	0011	0010	3
4α	0100	0110	4
5α	0101	0111	5
6α	0110	0101	6
7α	0111	0100	7
8α	1000	1100	8
9α	1001	1101	9
10α	1010	1111	10
11α	1011	1110	11
12α	1100	1010	12
13α	1101	1011	13
14α	1110	1001	14
15α	1111	1000	15

（4）旋转变压器　旋转变压器是利用电磁感应原理的一种角度测量元件，在结构上与绕线转子异步电动机相似，由定子和转子组成，励磁电压接到定子绕组上，励磁频率通常为400Hz、500Hz、1000Hz及5000Hz等几种，转子绕组输出感应电压。

旋转变压器的工作原理和普通变压器基本相似，区别在于普通变压器的一次、二次绕组是相对固定的，所以输出电压和输入电压之比是常数，而旋转变压器的一次、二次绕组则随转子的角位移发生相对位置的改变，因而其输出电压的大小也随之而变化。

旋转变压器分为单极和多极形式。为了便于理解旋转变压器的工作原理，介绍一下单极型旋转变压器的工作情况。图6-26中，单极型旋转变压器的定子和转子各有一对磁极，假设加到定子绕组的电压为 $U_1 = U_m \sin\omega t$，则转子通过电磁耦合，产生感应电压 e。当转子转到使它的绕组磁轴和定子绕组磁轴垂直时，转子绕组感应电压 $e = 0$；当转子绕组的磁轴自垂直位置转过一定角度 θ 时，转子绕组中产生的感应电压为

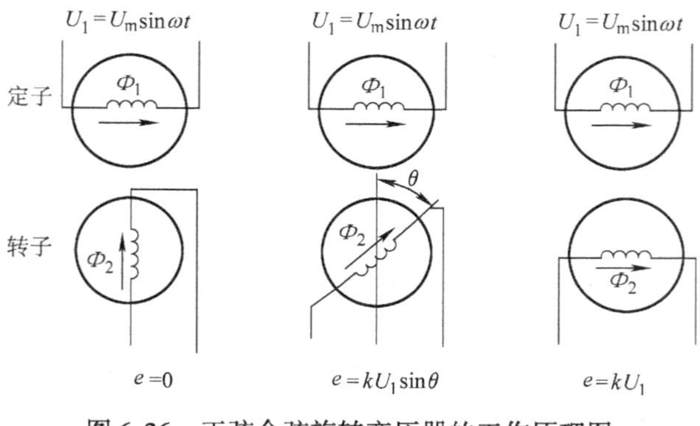

图6-26　正弦余弦旋转变压器的工作原理图

$$e = kU_1 \sin\theta = kU_m \sin\omega t \sin\theta$$

式中　k——旋转变压器的电压比；

θ——两绕组轴线间夹角；

U_m——励磁电压的幅值；

ω——励磁电压的角频率。

当转子转过90°（$\theta=90°$），两磁轴平行此时转子绕组中感应电压最大，即

$$e=kU_m\sin\omega t$$

实际应用时往往较多地使用正弦余弦旋转变压器，其定子和转子各有互相垂直的两个绕组。图6-27所示为正弦余弦旋转变压器的工作原理图，图中转子中只画了一个绕组。若用两个相位差为90°的励磁电压分别加在两个定子绕组上，励磁电压的公式为

$$U_1=U_m\sin\omega t$$
$$U_2=U_m\cos\omega t$$

则 U_1 和 U_2 在转子绕组上产生的感应电动势分别为

$$e_1=kU_m\sin\omega t\sin\theta$$
$$e_2=kU_m\text{con}\omega t\cos\theta$$

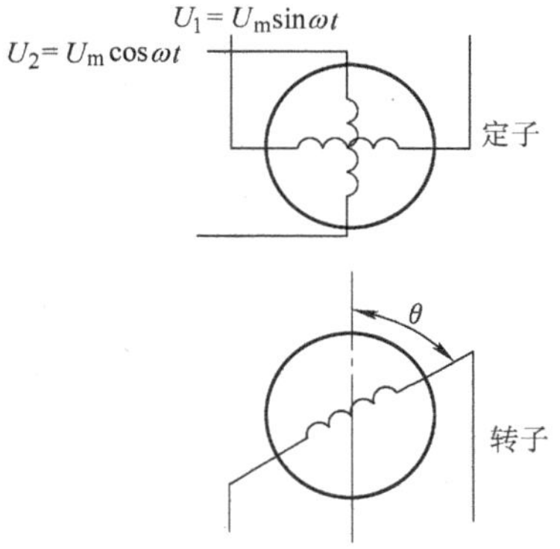

图6-27　正弦余弦旋转变压器的工作原理图

由于两个绕组中的感应电压恰恰是关于转子转角 θ 的正弦和余弦的函数，所以称之为正弦余弦旋转变压器。

根据图6-27所示，应用叠加原理，转子绕组中的一个绕组输出电压（另一个未画出的绕组短接）为

$$\begin{aligned}e_3&=e_1+e_2\\&=kU_m\sin\omega t\sin\theta+kU_m\text{con}\omega t\cos\theta\\&=kU_m\cos(\omega t-\theta)\end{aligned}$$

从上式看出，感应电压的相位严格地随转子的偏角 θ 而变化，用测量相位作为间接测量转角 θ。

正弦余弦变压器除了以上介绍的鉴相工作方式外，还有鉴幅工作方式，即根据定子两个绕组励磁电压的幅值特征的不同应用叠加原理，得出转子输出电压的幅值随转子的转角 θ 而变化，测量出幅值求得转角 θ，这里不作详细介绍。

五、CK160型数控车床主轴电路的分析

CK160型数控车床主要用于加工轴类零件的内外圆柱面、圆锥面、圆弧面、螺纹面等，对于盘类零件可进行钻孔、扩孔、铰孔等加工，还可完成车端面、切槽、倒角等。CK160型数控车床适于多品种、中小批量高精度产品的加工。

CK160型数控车床采用了FANUC 0i Mate TC数控系统，主传动电动机由变频器控制，主电动机功率为3kW，主轴转速范围为35～3500r/min。

1. 电源电路（D1）

电源电路如图6-28所示。其中D1－QF1为电源总断路器，电源AC 380V供给变频器、伺服变压器、刀盘电动机等，D1－TC1为控制变压器，一次侧为AC 380V，二次侧为220V，为交流接触器提供电源，接触器M1－K1控制AC 220V上电；D1－VC1为开关电源，为伺服控制电源、CNC、机床I/O接口、中间继电器提供DC 24V电源。断路器－QF2、－QF3、

-QF4、-QF5、-QF6为电路的短路、过载保护（-QF2、-QF3、-QF4、-QF5、-QF6为D1-QF2、D1-QF3、D1-QF4、D1-QF5、D1-QF6简写，后面电路同）。

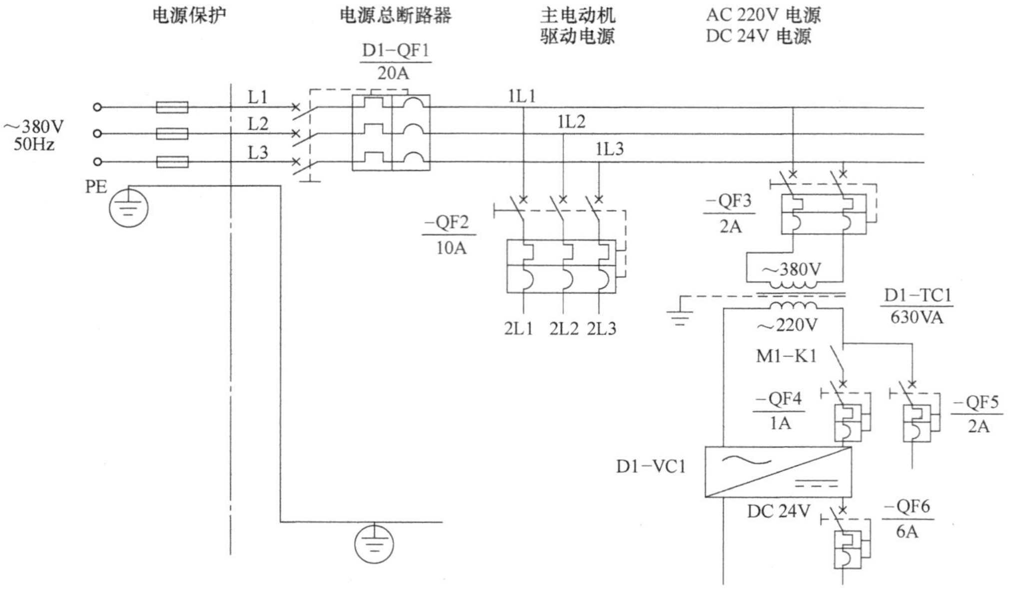

图6-28 电源电路

2. 主轴电路（H1）

主轴电路如图6-29所示，此电路采用模拟主轴（变频器H1-A1）控制，配置3kW、2880r/min的交流异步电动机（H1-M1），是一个速度开环控制系统。CNC输出的模拟信号

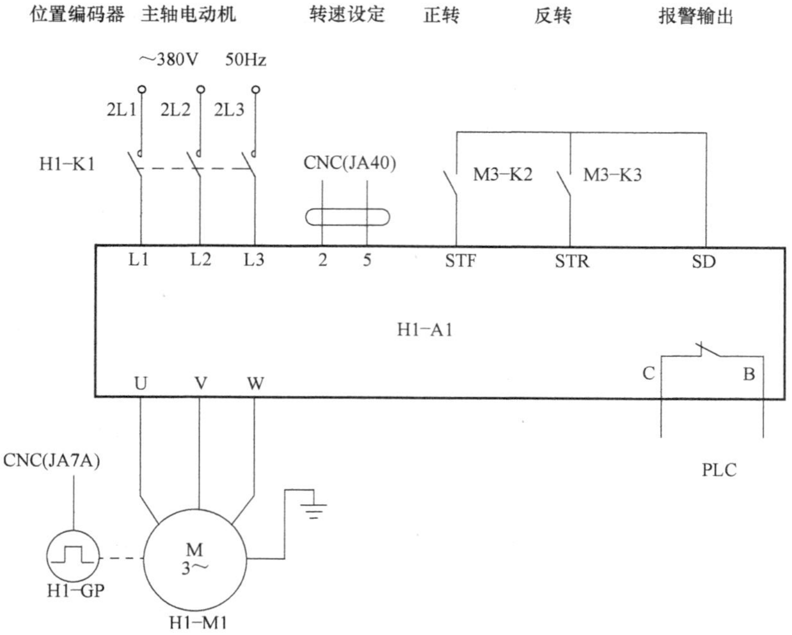

图6-29 主轴电路

(0~10V) 到变频器2、5端，从而控制电动机的转速，通过设置变频器的参数，实现从最低速到最高速的调速；H1-K1为主轴交流接触器，接通/断开主轴动力电源；主轴上的位置编码器H1-GP使主轴能与进给驱动同步控制，以便加工螺纹；M3-K2、M3-K3为主轴正反转继电器，通过PLC实现正反转；当变频器有异常情况时，通过B、C端子输出报警信号到PLC。

3. 强电控制电路（M1）

强电控制电路如图6-30所示。打开电源钥匙开关M1-SA1，接通中间接触器M1-K1，AC 220V上电。M1-SB2、-SB3为CNC接通/断开按钮，M1-K3继电器控制CNC上电。M3-K1为通过PLC接通主电动机接触器H1-K1的信号。M1-Z1、-Z3为灭弧器。

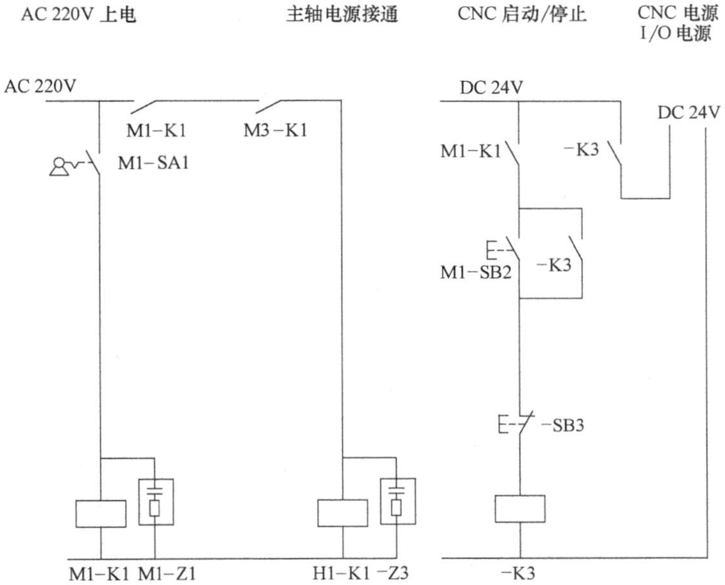

图6-30　强电控制电路

4. PLC的输入电路（M2）

PLC的输入电路如图6-31所示。M2-SB1、-SB2为主电动机动力电源接通/断开按钮；

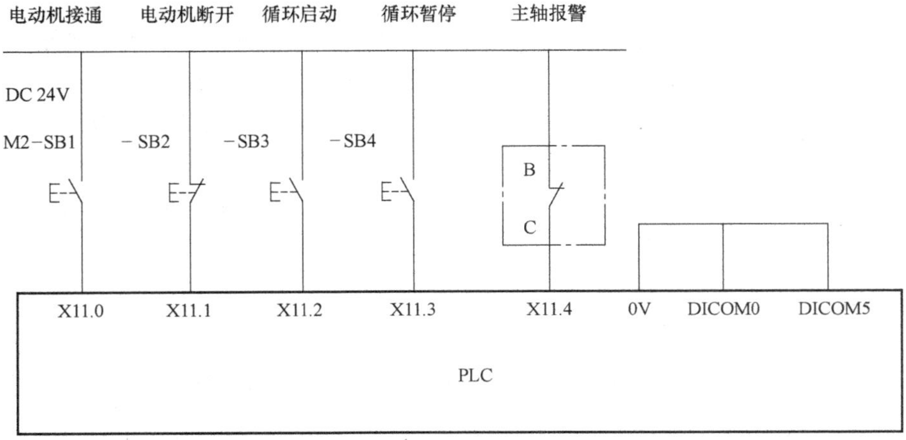

图6-31　PLC输入电路

－SB3、－SB4 为自动运行的循环启动、循环暂停按钮，用 M03、M04、M05 指令控制主轴正反转与停止；变频器报警接入 PLC 进行控制。

5. PLC 的输出电路（M3）

PLC 的输出电路如图 6-32 所示。M3－K1 为接通主轴电动机继电器，－K2、－K3 为主轴正反转继电器。M3－HL1 为机床故障灯。

注意：本学习情境的电气原理图中电器元件两端的线号均省略未画。

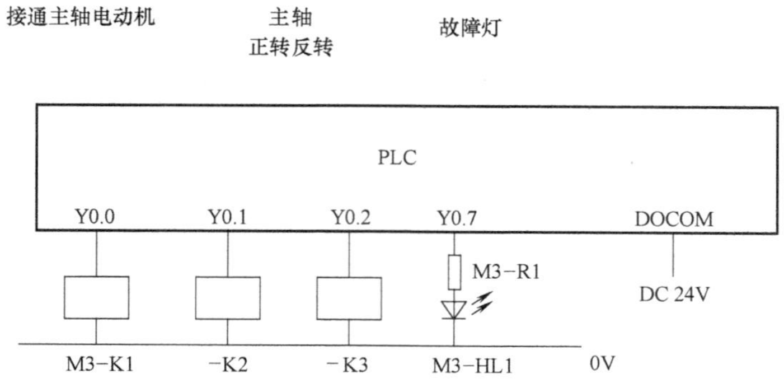

图 6-32　PLC 输出电路

六、CK160 型数控车床主轴电路的安装与调试

实际操作之前，老师可将伺服电路的主电源、控制电源、紧停信号等接好（参见任务四），为本次项目顺利进行做好准备工作，否则系统会产生伺服报警。

1）认知主轴驱动系统，了解其组成与功能。

2）检查元器件的质量是否完好，按照图 6-5、图 6-28、图 6-29、图 6-30、图 6-31、图 6-32 进行接线。

3）对照电路图检查是否有掉线、错线，接线是否牢固。学生自行检查和互检，经指导老师检查后方可通电操作。

4）设置变频器的参数，调试系统。

把 Pr. 79 的值设置成 2，执行外部操作；把 Pr. 30 的值设置成 1，扩大参数显示范围；由于数控系统输出电压一般为 0～+/－10V，必须把 Pr. 73 的值设置成 1。

5）依次合上断路器 M1－QF1、－QF2、－QF3、－QF4、－QF5、－QF6，然后接通钥匙开关 M1－SA1，按下 NC 启动按钮。

6）在系统显示器上，输入 M03 或 M04、M05 指令，使主轴电动机运行/停止。

7）进行断电操作，断电顺序与通电顺序相反。

七、考核与评价

在自觉遵守安全文明生产规程的前提下，根据学习情境的能力目标，确定不同阶段的考核方式及分数权重，考核标准见表 6-6。

表 6-6　考核标准

教学内容	评价要点	评价标准	评价方式	考核方式	分数权重
学习情境六 任务三	电路分析	正确分析电路原理	教师评价	答辩	0.2
	电路连接	按图接线正确、规范、合理		操作	0.3
	调试运行	按照要求和步骤正确调试电路		操作	0.3
	工作态度	认真、主动参与学习	小组成员互评	口试	0.1
	团队合作	具有与团队成员合作的精神		口试	0.1

八、习题与思考题

1. 数控机床对进给驱动系统和主轴驱动系统的控制要求各是什么？有何区别？
2. 简述伺服驱动系统的分类。
3. 异步交流电动机的变频调速工作原理和特性是什么？
4. 主轴为什么需要准停？有哪几种准停方法？
5. 主轴为何要有进给功能？主轴如何实现进给功能？
6. 光电编码器检测元件的特点是什么？

任务四　HED－21S 数控实训台步进电路的分析、安装与调试

一、学习目标

1）认识步进驱动系统，了解其组成与特性。
2）正确分析 HED－21S 数控实训台步进控制电路，并能说出其控制原理。
3）按照数控实训台的步进控制原理图进行接线、调试。

二、任务

本任务是数控实训台步进控制电路的分析、安装与调试。电路要求：华中数控系统 HNC－18i/19i 带步进伺服装置；步进电动机型号为 57HS13。

三、设备

主要设备是数控车床或数控实验台。

四、知识储备

1. 步进电动机

步进驱动系统是典型的开环伺服系统。CNC 装置发出的指令脉冲通过步进驱动器，使步进电动机产生具有一定方向、大小和速度的机械转角位移，并通过丝杠带动工作台移动。

开环控制系统的控制简单、价格低廉，但精度低，故其可靠性和稳定性难以保证，一般适用于机床改造和经济型数控机床。

步进电动机是一种能将数字脉冲输入转换成旋转增量运动的电磁执行元件，每输入一个脉冲，步进电动机转轴步进一个步距角增量，因此，步进电动机能很方便地将电脉冲转化为角位移，具有定位精度好、无漂移和无累积定位误差的优点。它还能跟踪一定频率范围的脉冲列，可作为同步电动机使用，广泛地应用于数控机床和各种小型化自动化设备及仪器中。

步进电动机最大的缺点在于容易失步，特别是在大负载和速度较高的情况下，失步更容易发生。但是，近年来发展起来的恒流斩波驱动、PWM 驱动、微步驱动、超微步驱动及它们的综合运用，使得步进电动机的高频出力得到很大提高，低频振荡得到显著改善。

（1）步进电动机的基本类型 根据电动机的结构与材料的不同，步进电动机分为反应式（VR）、永磁式（PM）和混合式（HB）三种基本类型。根据控制绕组数量可分为二相、三相、四相、五相、六相步进电动机。根据电流的极性可分为单极性和双极性步进电动机。根据运动的形式可分为旋转、直线、平移步进电动机。

反应式步进电动机又称为变磁阻式步进电动机，它依靠改变电动机的定子和转子的软钢齿之间的电磁力来改变定子和转子的相对位置。这种电动机结构简单，气隙可以做得很小，磁极也可以设计得比较窄，所以步距角可以较小。因为工作时完全靠磁阻的变化产生工作转矩，所以工作时定子绕组需要的励磁电流较大。由于没有恒磁场的作用，此类步进电动机一旦断电就会完全失去工作力矩，在使用时必须注意这一点。反应式步进电动机步距小，静刚度大，但电感大，需要较高的电压驱动，所以适用于小步距的应用场合。国产反应式步进电动机最典型的是 BF 系列。这种步进电动机的外形尺寸为 28 ~ 200mm，最大静转矩范围是 0.0176 ~ 15.68N · m，目前该系列电动机的应用十分广泛。

永磁式步进电动机的转子铁心上装有多条永久磁铁，转子的转动与定位是由定、转子之间的电磁引力与磁铁磁力共同作用的。与反应式步进电动机相比，相同体积的永磁式步进电动机的转矩大，步距角也大。永磁式步进电动机工作时所需的激磁电流比较小，断电后永磁材料能产生一定程度的定位转矩。永磁式步进电动机的特点是电感小，可以用较低的电压驱动，但是步距大，静刚度小。

混合式步进电动机结合了前两类电动机的优点，采用永久磁铁提高电动机的转矩，采用细密的极齿来减小步距角。数控机床常采用功率型反应式或混合式步进电动机，功率型步进电动机可以直接驱动较大的负载。

（2）步进电动机的工作原理 励磁式步进电动机和反应式步进电动机的区别在于，励磁式步进电动机的转子上有励磁线圈，反应式步进电动机则没有。反应式步进电动机和混合式步进电动机的结构虽然不同，但其工作原理相同。下面以反应式步进电动机为例，来分析说明步进电动机的工作原理。

1）反应式步进电动机的工作原理。现用图 6-33 来说明，反应式步进电动机的定子上有六个极，每极上都装有控制绕组，每两个相对的极组成一相。转子是四个均匀分布的齿，上面设有绕组。当 A 相绕组通电时，因磁通总是要沿着磁阻最小的路径闭合，将使转子齿 1、3 和定子极 A 相对齐，如图 6-33a 所示。当 A 相绕组断电，B 相绕组通电时，转子将在空间转过 α 角，$\alpha=30°$，使转子齿 2、4 和定子极 B 相对齐，如图 6-33b 所示。如果再使 B 相绕组断电，C 相绕组通电，转子又将在空间转过 30°角，使转子齿 1、3 和定子极 C 相对齐，如图 6-33c 所示。如此循环往复，并按 A—B—C—A 的顺序通电，电动机便按一定的方向转动。电动机的转速取决于绕组与电源接通或断开的变化频率。若按 A—C—B—A 的顺序通电，则电动机反向转动。电动机绕组与电源的接通或断开，通常是由电子逻辑电路来控制的。

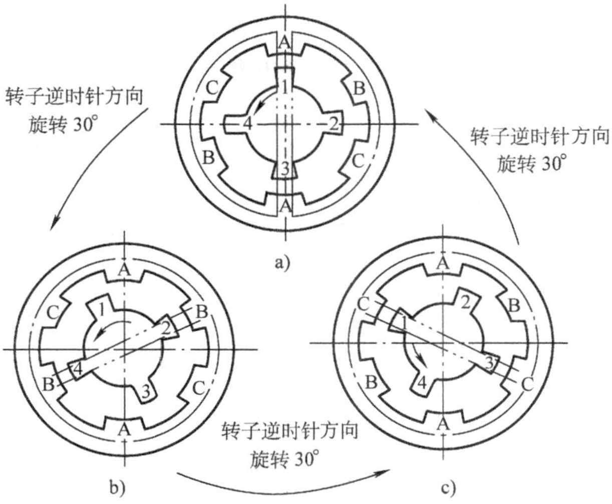

图 6-33　反应式步进电动机工作原理
a）A 相通电　b）B 相通电　c）C 相通电

电动机定子绕组每改变一次通电方式，称为一拍。此时电动机转子转过的空间角度称为步距角 α。上述通电方式称为三相单三拍。“单”是指每次通电时，只有一相绕组通电；“三拍”是指经过三次切换绕组的通电状态为一个循环，第四拍通电时就重复第一拍通电的情况。显然，在这种通电方式时，三相步进电动机的步距角 α 应为 30°。

三相步进电动机除了单三拍通电方式外，还经常工作在三相六拍通电方式。这时通电顺序为 A—AB—B—BC—C—CA—A，或为 A—AC—C—CB—B—BA—A，定子三相绕组需经过六次切换才能完成一个循环，故称为“六拍”，步距角为 15°。

同一台步进电动机通电方式不同，运行时的步距角也不同。采用单、双拍通电时，步距角要比单拍通电方式减少一半。实际使用中，单三拍通电方式由于在切换时一相绕组断电后，另一相绕组开始通电，容易造成失步。此外由单一绕组通电吸引转子，也容易使转子在平衡位置附近产生振荡，运行稳定性较差，所以很少采用。通常采用“双三拍”通电方式，即按 AB—BC—CA—AB 的通电顺序运行，这时每个通电状态均为两相绕组同时通电。在双三拍通电方式下，步进电动机的转子位置与单、双六拍通电方式的两个绕组同时通电的情况相同。所以步进电动机按双三拍通电方式运行时，其步距角和单三拍通电方式相同。

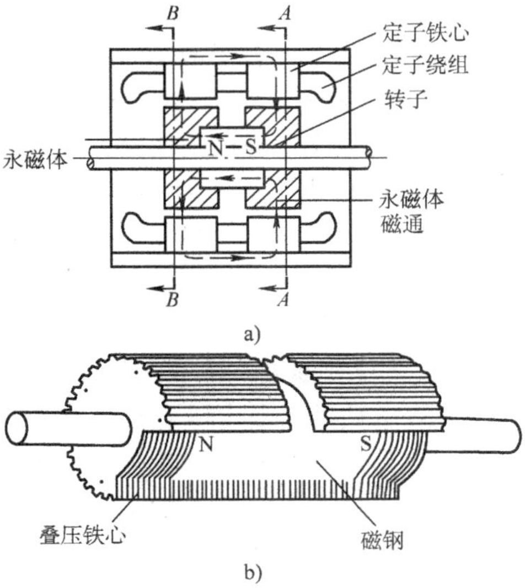

图 6-34　混合式步进电动机结构
a）混合式步进电动机的结构图　b）转子结构图

上述这些简单结构的反应式步进电动机的步距角较大，如在数控机床中应用就会影响到加工工件的精度。实际中采用的是小步距角的步进电动机。

2）混合式步进电动机的结构和工作原理。常用的步进电动机除了上面介绍的反应式以外，还有混合式。图 6-34a 所示为混合式步进电动机的结构图。图6-34b所示为它的转子结构图。

这种电动机的定子结构与反应式步进电动机的定子基本上相同，由铁心和绕组两部分构成，但常在一个铁心上绕两个互相独立的绕组。转子轴上固定圆柱形的永久磁钢，沿轴向充磁。磁钢两端均安装由软磁材料制成的带齿的导磁体，但两块导磁体沿圆周方向错开半个齿距，即左半边的齿廓对着右半边的齿槽，左半边的齿槽对着右半边的齿廓。这样，转子磁钢的磁通将沿轴向穿过转子，再沿径向穿过端部导磁体、气隙、定子铁心，沿轴向穿过铁轭，再转为径向穿过的另一端的定子铁心、气隙和端部导磁体而闭合，如图6-34a中虚线所示。沿转子磁钢的N和S端作剖面*B—B*和*A—A*，如图6-35所示。

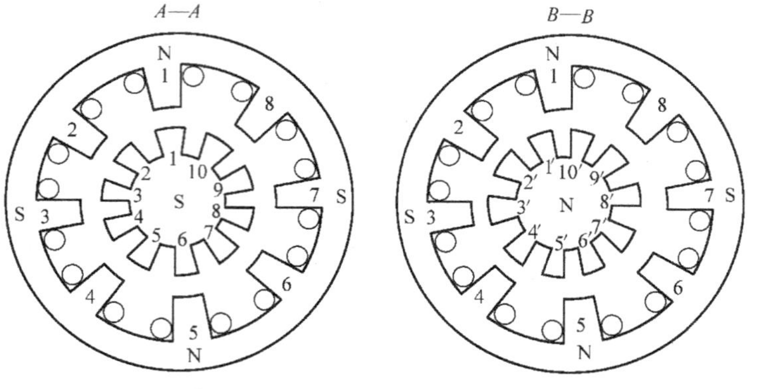

图6-35　混合式步进电动机的两个端剖面

在剖面*A—A*中，转子磁钢的磁力线全部由外向内进入转子导磁体，所以此导磁体上的每一个小齿都是S极。在*B—B*中，转子磁钢的磁力线全部由内向外穿出转子导磁体，所以此导磁体上的每一个小齿都是N极。

图6-35中，转子有10个齿，而在定子上有8个磁极，其中1、3、5、7是A相，2、4、6、8是B相。图中的情况是B相断电，A相通电；磁极1和5是N极，磁极3和7是S极。此时，转子被吸住，在*A—A*剖面上，1和5两个磁极吸住转子齿1和6；而在*B—B*剖面上，则是磁极3和7吸住转子齿3′和8′。注意，在*A—A*和*B—B*两个剖面中，两块转子导磁体相互错开半个齿距。下一步B相绕组通电时，如图6-36a所示，励磁电流方向使磁极2和6成为N极，而4和8成为S极。此时，在*A—A*剖面上，磁极2和6将吸引转子齿2和7；而磁极4和8将排斥转子齿5和10，使转子沿逆时针方向移动半个齿。*B—B*剖面的情况与*A—A*剖面一致。上述情况一直到转子齿2和7对准磁极2和6时为止，如图6-36b所示的位置。再下一步仍是A相导电，但使定子磁极中的磁力线方向与前一次相反，这可采用在定子上绕两个绕组，或改变电流方向实现。这一步用A(-)表示，如图6-36c所示，此时转子再向前转半个齿稳定于图6-36d所示的位置。之后，又转为B相导电，且改变磁力线的方向，称为B（-）步，则转子再沿逆时针方向转半个齿。这样按A→B→A(-)→B(-)→A的顺序通电，转子将沿逆时针方向一步步地转动。每步转四分之一齿距，即$360°/(10\times4)=9°$。如果按A→B(-)→A(-)→B→A的顺序通电，转子将沿顺时针方向一步步地转动。

这种步进电动机，因为转子上有永磁钢，所以产生同样大小的转矩，需要的励磁电流大大减小。它的励磁绕组只需要单一电源供电，不像反应式步进电动机需要高、低压电源。同时，它还具有步距角小、起动和运行频率较高、不通电时有定位转矩等优点，所以现在已在数控技术等领域内得到日益广泛的应用。

（3）步进电动机的基本特点

1）步进电动机的驱动装置接收指令脉冲信号，控制步进电动机的通电顺序，将脉冲信

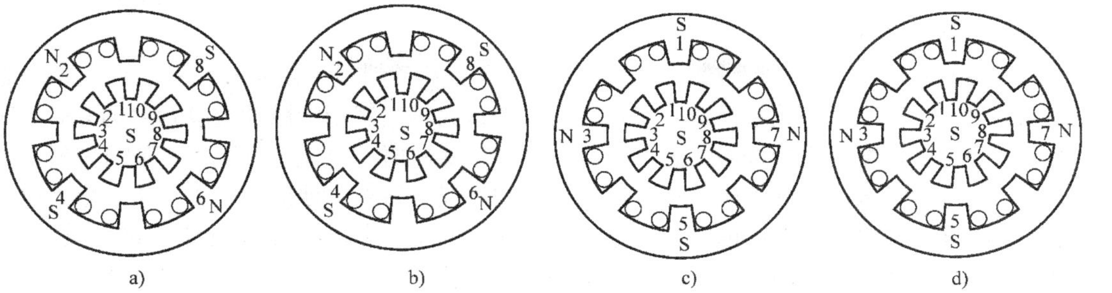

图 6-36　混合式步进电动机的 A—A 剖面

号变为角位移，角位移与输入脉冲数成严格的比例关系，无累积误差。

2）步进电动机的转速与控制脉冲频率成正比，改变控制脉冲的频率即可在很宽的范围内调节电动机的转速。

3）改变绕组的通电顺序，可以方便地控制电动机的正反转。

4）在没有控制脉冲输入时，只要维持绕组电流不变，电动机即可有电磁力矩维持其定位位置，不需附加机械制动装置，即具有自整步能力。

综上所述，由于步进电动机工作时的步数或转速既不受电压波动和负载变化的影响（在允许负载范围内），也不受环境条件（温度、压力、冲击和振动等）变化的影响，同时它又能按照控制的要求，进行起动、停止、反转或改变转速，因此，步进电动机被广泛地应用于各种数字控制系统中。

（4）步进电动机的运行特性

1）步距角的步距误差。步进电动机每走一步，转子实际的角位移与设计的步距角存在步距误差。连续走若干步以后，上述步距误差会形成累积值，但转子转过一圈后，会回到上一转的稳定位置，所以步进电动机步距的误差不会无限累积，只会在一转的范围内存在一个最大累积误差。步距误差和累积误差通常用度、分或者步距角百分比表示。影响步进电动机步距误差和累积误差的主要因素有：齿与磁极的分度精度、铁心叠压及装配精度、各相矩角特性之间差别的大小、气隙的不均匀程度等。

2）静态矩角特性。所谓静态是指步进电动机不改变通电状态，转子不产生步进运动的工作状态。若在电动机轴上加一顺时针方向的负载转矩 T_L，步进电动机转子则按顺时针方向转过一个小角度 θ，并重新稳定，这时的转子电磁转矩 T_m 称为静态转矩，角度 θ 称为失调角。描述步进电动机稳态时，电磁转矩 T_m 与失调角 θ 之间的曲线称为静态矩角特性或静转矩特性。

3）起动频率。空载时，步进电动机由静止状态突然起动，不丢步地进入正常运行状态所允许的最高起动频率，称为起动频率或突跳频率。加给步进电动机的指令脉冲频率如大于起动频率，就不能正常工作。步进电动机在负载（尤其是惯性负载）下的起动频率比空载要低，而且随着负载加大（在允许范围内），起动频率将进一步降低。

4）连续运行频率。步进电动机起动后，当控制的脉冲频率连续上升时，能不失步运行的最高脉冲重复频率称为连续运行频率。在实际应用中，起动频率比运行频率低得多。通常采用自动升降频的方式，即先在低频下使步进电动机起动，然后逐渐升至运行频率。当需要步进电动机停转时，则先将脉冲信号的频率逐渐降低至起动频率以下，再停止输入脉冲，步进电动机才能不失步地准确停止。

5）矩频特性。矩频特性是描述步进电动机在负载转动惯量一定且稳态运行时的最大输出转矩与脉冲重复频率的关系曲线。步进电动机的最大输出转矩随脉冲重复频率的升高而下降。这是因为步进电动机的绕组是感性负载，在绕组通电时，电流上升减缓，使有效转矩变小；绕组断电时，电流逐渐下降，产生与转动方向相反的转矩，使输出转矩变小。随着脉冲重复频率的升高，电流波形的前后沿占通电时间的比例越来越大，输出转矩也就越来越小。当驱动脉冲频率高到一定的时候，步进电动机的输出转矩已不足以克服自身的摩擦转矩和负载转矩，步进电动机的转子会在原位置振荡而不能做旋转运动，这就称为电动机堵转或失步。步进电动机的绕组电感和驱动电源的电压对矩频特性影响很大，低电感或高电压将获得下降缓慢的矩频特性，如图6-37所示。

由图6-37还可以看出，在低频区，矩频曲线比较平坦，电动机保持额定转矩；在高频区，矩频曲线急剧下降，这表明步进电动机的高频特性差。因此步进电动机作为进给运动控制，从静止状态到高速旋转需要有一个加速过程。同样，步进电动机从高速旋转状态到静止也要有一个减速过程。没有加、减速过程或者加、减速不当，步进电动机都会出现失步现象。

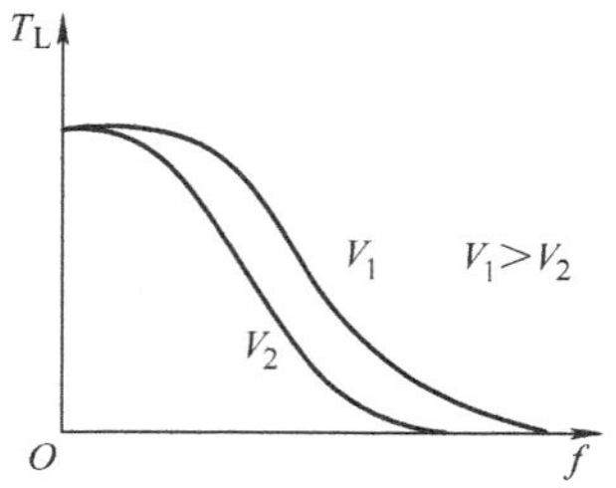

图6-37　连续运行矩频特性

（5）步进电动机的选用　合理地选用步进电动机是相当重要的，通常希望步进电动机的输出转矩大、起动频率和运行频率高、步距误差小、性能价格比高。但增大转矩与快速运行之间存在一定矛盾，高性能与低成本之间存在矛盾，因此实际选用时，必须全面考虑。

首先，应考虑系统的精度和速度的要求。为了提高精度，希望脉冲当量小。但是脉冲当量越小，系统的运行速度越低。故应兼顾精度与速度的要求来选定系统的脉冲当量。在脉冲当量确定以后，又可以此为依据来选择步进电动机的步距角和传动机构的传动比。

步进电动机的步距角从理论上说是固定的，但实际上还是有误差的。另外，负载转矩也将引起步进电动机的定位误差。我们应将步进电动机的步距误差、负载引起的定位误差和传动机构的误差全部考虑在内，使总的误差小于数控机床允许的定位误差。

步进电动机有起动矩频特性（反映起动频率与负载转矩之间关系）和工作矩频特性（反映转矩与连续运行频率之间关系）两条重要的特性曲线，这两条曲线是选用步进电动机的重要依据。

已知负载转矩，可以在起动矩频特性曲线中查出起动频率。这是起动频率的极限值，实际使用时，只要起动频率小于或等于这一极限值，步进电动机就可以直接带负载起动。

若已知步进电动机的连续运行频率f，就可以从工作矩频特性曲线中查出转矩M_{dm}，这也是转矩的极限值（失步转矩）。

数控机床的运行可分为两种情况：快速进给和切削进给。在这两种情况下，对转矩和进给速度有不同的要求。我们选用步进电动机时，应注意使在两种情况下都能满足要求。

若要求进给驱动装置有如下性能：在切削进给时的转矩为T_e，最大切削进给速度为v_e；在快速进给时的转矩为T_k，最大快进速度为v_k。根据这些性能指标，我们可按下面的步骤来检查步进电动机能否满足要求。

首先，依据下式，将进给速度值转变成电动机的工作频率。

$$f=\frac{1000v}{60\delta}$$

式中　v——进给速度，单位为 m/min；

δ——脉冲当量，单位为 mm；

f——步进电动机工作频率，单位为 Hz。

在上式中，若将最大切削进给速度 v_e代入，可求得在切削进给时的最大工作频率f_e；若将最大快速进给速度 v_k代入，就可求得在快速进给时的最大工作频率f_k。

然后，根据f_e和f_k在工作矩频特性曲线上找到与其对应的失步转矩值 T_{dme}和 T_{dmk}，若有 $T_e<T_{dme}$和 $T_k<T_{dmk}$，就表明电动机是能满足要求的，否则就是不能满足要求的。

表 6-7 和表 6-8 分别给出了一些常用的反应式步进电动机和混合式步进电动机的型号和简单的性能指标，若想了解这些电动机的起动矩频特性曲线和工作矩频特性曲线可参阅有关技术手册。

表 6-7　常用反应式步进电动机性能参数

项目 / 型号	相数	步距角（°）	电压/V	相电流/A	最大静转矩 /N·m	空载起动频率/Hz	运行频率 /Hz
75BF001	3	1.5/3	24	3	0.392	1750	12000
75BF003	3	1.5/3	30	4	0.882	1250	12000
90BF001	4	0.9/1.8	80	7	3.92	2000	8000
90BF006	5	0.18/0.36	24	3	2.156	2400	8000
110BF003	3	0.75/1.5	80	6	7.84	1500	7000
110BF004	3	0.75/1.5	30	4	4.9	500	7000
130BF001	5	0.38/0.76	80	10	9.3	3000	16000
150BF002	5	0.38/0.76	80	13	13.7	2800	8000
150BF003	5	0.38/0.76	80	13	15.64	2600	8000

表 6-8　常用混合式步进电动机性能参数

步进电动机型号	相数	步距角（°）	静态相电流 /A	相电阻 /Ω	相电感 /mH	保持转矩 /N·m	定位转矩 /N·m	空载起动频率（半步方式）/kHz	重量 /kg	转动惯量 /g·cm²
90BYG550A-SAKRML-0301	5	0.36/0.72	3.0	0.25	2.0	2	0.1	3	2.2	2300
90BYG550B-SAKRML-0301	5	0.36/0.72	3.0	0.4	4.0	4	0.2	2.7	3.4	4500
90BYG550C-SAKRML-0301	5	0.36/0.72	3.0	1.6	7.9	6	1.0	2.4	4.6	8000
90BYG5200B-SAKRML-0301	5	0.09/0.18	3.0	0.4	4.0	5	0.5	5	3.4	4500
90BYG5200D-SAKRML-0301	5	0.09/0.18	3.0	0.8	8.0	10	1.0	2	5.9	9000

（6）步进电动机绕组的接法

1）步进电动机绕组的串联接法。串联接法比较简单，也容易理解。分别把四相绕组相邻的两相串联在一起，然后接到电源上。具体接法为：将 A 相和 C 相绕组的末端（A－与 C－）

接在一起，然后将A相绕组的首端A+与电源的A+相连；C相绕组的首端C+与电源的A-相连；同理，将B相绕组的首端B+与电源的B+相连；D相绕组的首端D+与电源的B-相连。这样即将两相四绕组的步进电动机绕组接成了串联形式。两相电源四相绕组的串联接法如图6-38a所示。

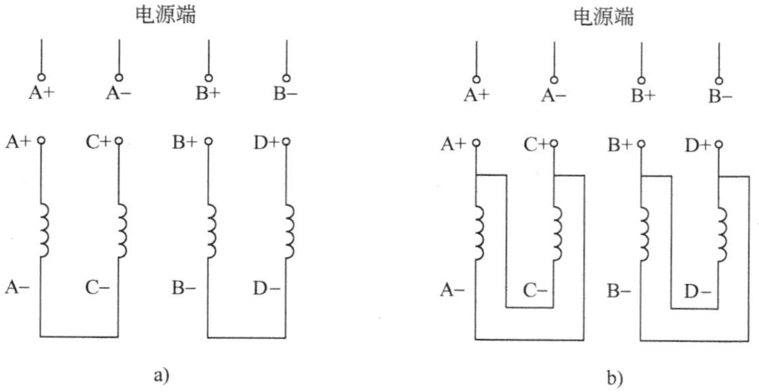

图6-38　步进电动机绕组的接法

a）两相电源四相绕组的串联接法　b）两相电源四相绕组的并联接法

2）步进电动机绕组的并联接法。并联接法稍复杂些，需将四相绕组相邻的两相分别并联在一起，然后与电源相连接。两相电源四相绕组的并联接法如图6-36b所示，具体接法为：

① 将电动机绕组端子A+、C-并联在一起接到驱动器电源A+端子上。

② 将电动机绕组端子A-、C+并联在一起接到驱动器电源A-端子上。

③ 将电动机绕组端子B+、D-并联在一起接到驱动器电源B+端子上。

④ 将电动机绕组端子B-、D+并联在一起接到驱动器电源B-端子上。

3）步进电动机的绕组串联接法和并联接法的比较。串联连接的电动机，由于每一相绕组电阻增大，电流较小，一般将驱动器的电流设定为电动机相电流的0.7倍，这种接法的电动机发热量小，低频力矩较大；并联连接的电动机，电感较小，一般将驱动器的电流设定为电动机相电流的1.4倍，所以起动、停止速度较快，高频力矩有所增大，但电动机发热量大。步进电动机的温度稍高是正常的，只要低于电动机的消磁温度就行，一般步进电动机的消磁温度在105°左右。

2. 步进驱动系统

（1）步进驱动器的组成与工作原理　步进电动机的运行性能不仅与电动机本身的特性、负载有关，而且与其配套使用的驱动器有着密切的关系。步进电动机的运行性能是步进电动机和驱动器的综合结果，选择性能良好的驱动器对于发挥步进电动机的性能是十分重要的。

图6-39所示为步进机电动机驱动原理图。图中脉冲信号源是一个脉冲发生器，脉冲的频率可以连续调整，送出的脉冲个数和脉冲频率由数控装置根据程序进行控制。脉冲分配器是将脉冲信号按一定顺序分配，然后送到驱动电路中并进行功率放大，驱动步进电动机工作。

1）脉冲分配器。脉冲分配器是用于控制步进电动机的通电运行方式的，其作用是将数控装置送来的一系列指令脉冲按照一定的顺序和分配方式处理，控制励磁绕组的导通或关断。由于电动机有正反转要求，所以脉冲分配器的输出不仅是周期性的，而且是可逆的。

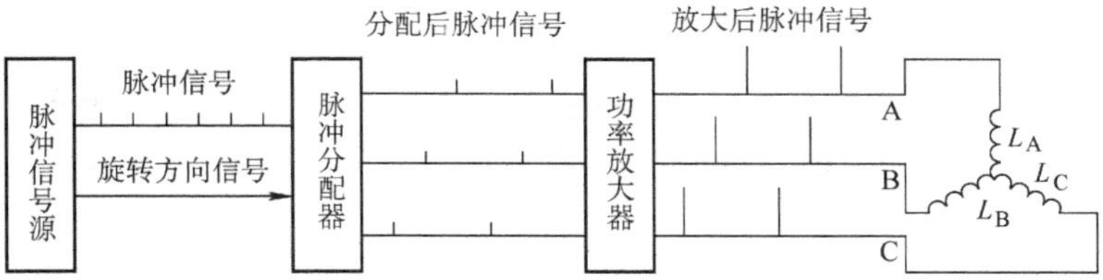

图 6-39　步进电动机驱动原理图

脉冲分配器的功能可以由硬件实现（如 D 触发器组成的电路），也可由软件实现。用软件实现时，将每相绕组的控制信号定义为某一输出口信号，其状态输出可以用逻辑表达式或列表等方式来实现，比硬件逻辑电路要简单。

环形脉冲分配器的主要功能是将数控装置送来的一系列进给脉冲指令按一定规律加到功率放大器上，使相应的定子绕组通电或断电，以实现步进电动机按确定的运动方式工作。环形脉冲分配器可分为硬件环分器和软件环分器两类。

① 硬件环分器。图 6-40 所示为硬环分驱动与数控装置的连接图。图中环形脉冲分配器的输入、输出信号一般为 TTL 电平，若输出信号为高电平，则表示相应的绕组通电，反之则失电。CLK 为数控装置所发脉冲信号，每个脉冲信号的上升沿或下降沿到来时，输出则改变一次绕组的通电状态；DIR 为数控装置发出的方向信号，其电平的高低即对应电动机绕组通电顺序的改变（转向的改变）；FULL/HALF 用于控制电动机的整步或半步（即三拍或六拍）运行方式，一般情况下，根据需要将其接在固定电平上即可。

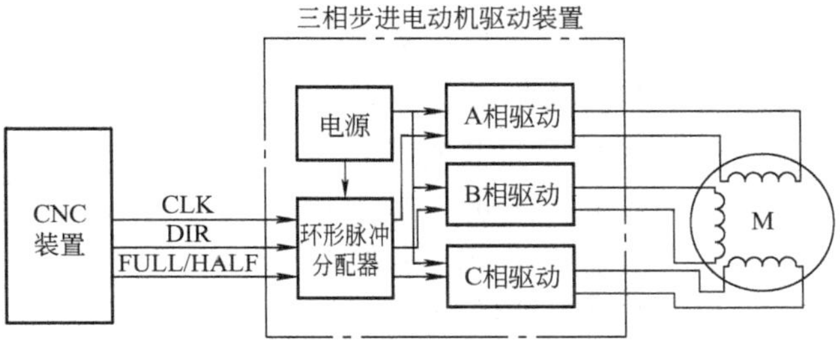

图 6-40　硬环分驱动与数控装置的连接图

硬件环分器是一种特殊的可逆循环计数器，可以由门电路及逻辑电路构成。按其电路构成的不同，可分为 TTL 脉冲分配器和 CMOS 脉冲分配器。

图 6-41 所示为国产 CMOS 脉冲分配器 CH250 集成芯片的引脚图和三相六拍接线图。在图 6-41a 中，引脚 A、B、C 为相输出端。引脚 R、R^* 用于确定初始励磁相：若为 10，则为 A 相；若为 01，则为 A、B 相；若为 00，则为环形分配器工作状态。引脚 CL、EN 为进给脉冲输入端：若 EN＝1，进给脉冲接 CL，脉冲上升沿使环形分配器工作；若 CL＝0，进给脉冲接 EN，脉冲下降沿使环形分配器工作，否则环形分配器状态锁定。引脚 J_{3r}、J_{3L}、J_{6r}、J_{6L} 为三拍或六拍工作方式的控制端。引脚 U_D、U_g 为电源端。

图 6-41b 所示为三相六拍工作方式，进给脉冲 CP 的上升沿有效。方向信号为 1 则电动机正转，为 0 则电动机反转。

② 软件环分器。图 6-42 所示为软环分驱动与数控装置的连接图。由图可知，软环分驱动是由 CNC 装置中的计算机软件来完成，即 CNC 装置直接控制步进电动机各绕组的通、断

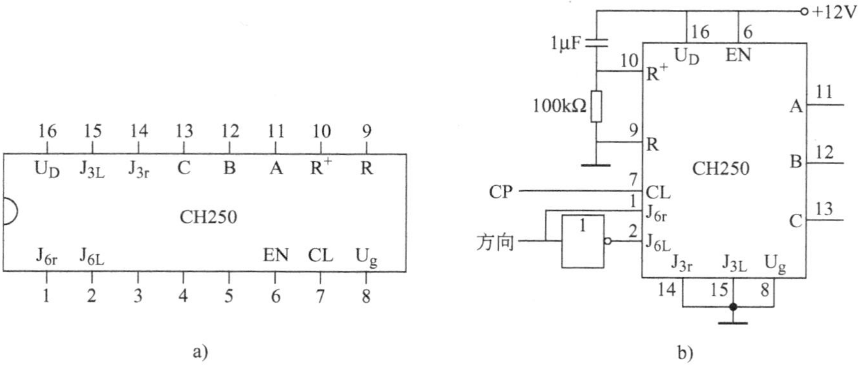

图6-41 集成芯片的引脚图和三相六拍接线图

a）引脚图 b）接线图

电。不同种类、不同相数、不同通电方式的步进电动机，用软环分只需编制不同的程序，将其存入CNC装置的EPROM中即可。

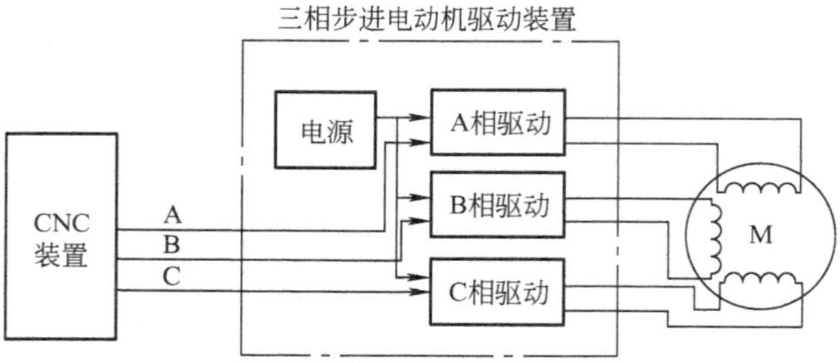

图6-42 软环分驱动与数控装置的连接图

2）功率驱动器。功率驱动器又称功率放大电路，其作用是将来自环形分配器的脉冲信号进行功率放大。功率驱动器一般由两部分组成，即前置放大器和大功率放大器。前者是为了放大环形脉冲分配器送来的进给控制信号并推动大功率驱动部分而设置的。它一般由几级反相器、射极跟随器或带脉冲变压器的放大器等组成。后者是进一步将前置放大器送来的电平信号放大，得到步进电动机各相绕组所需用的电流。

功率放大电路的控制方式种类较多，常使用单电压驱动、高低压切换驱动、恒流斩波驱动、调频调压驱动等。所采用的功率半导体元件可以是大功率晶体管（GTR），也可以是功率场效应晶体管（MOSFET）或可关断晶闸管（GTO）。

① 单电压驱动。如图6-43a所示，仅采用单极性脉冲电压供电，这种方式电路简单，但是效率低。

② 双电压驱动。如图6-43b所示，根据使用的频段分别采用高低电压控制步进电动机，高频段运行时采用高电压控制，低频段运行时采用低电压控制。

③ 高低电压驱动。如图6-43c所示，在电动机导通相的脉冲前沿施加高电压，提高脉冲前沿的电流上升率。前沿过后，电压迅速下降为低电压，用以维持绕组中的电流。这种控制方式能够提高步进电动机的效率和运行频率。为补偿脉冲后沿的电流下凹，可断续施加高电压，它能够明显改善电动机的机械特性。

④ 调频调压驱动。如图6-43d所示，根据电动机运行时的脉冲频率变化自动调节电压值。高频时，采用高电压加快脉冲前沿的电流上升速度，提高驱动系统的高频响应；低频时，低电压使绕组电流上升平缓，可以减少转子的振荡幅度，防止过冲。

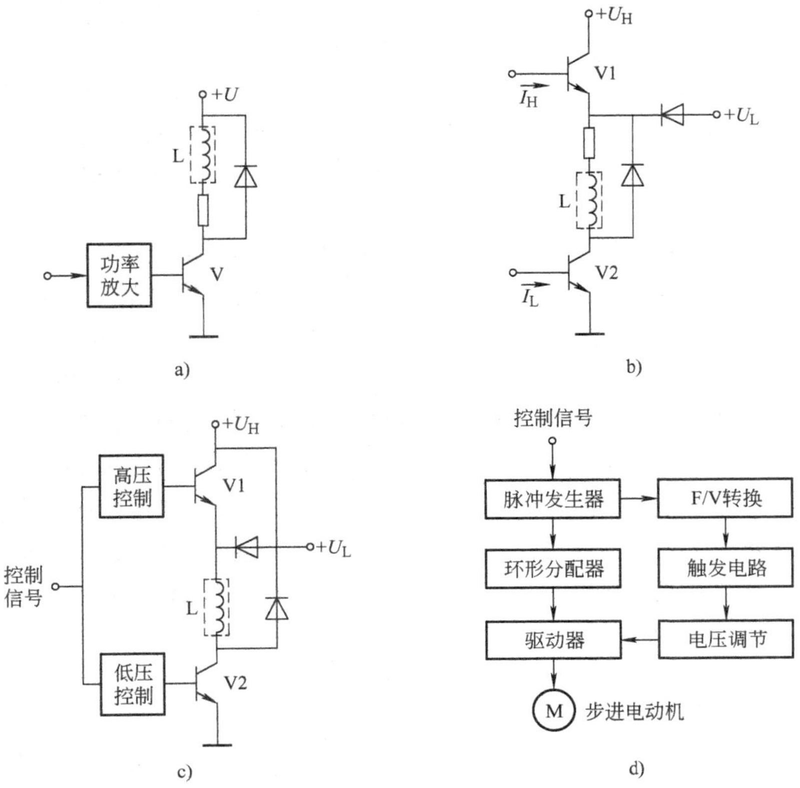

图 6-43　步进电动机的驱动（L 为步进电动机绕组）

a）单电压驱动　b）双电压驱动　c）高低压驱动　d）调频调压驱动

⑤ 图 6-44a 所示为恒流斩波驱动电路。它使用带电流反馈的恒流斩波控制装置，能够使导通相在各种工作方式下保持额定值，电动机效率高，运行特性好。

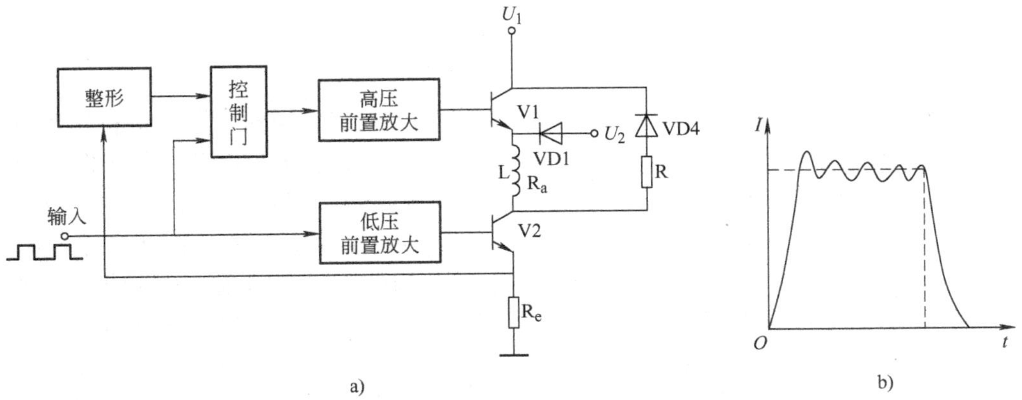

图 6-44　恒流斩波驱动电路及电流波形图

a）恒流斩波驱动电路　b）电流波形图

它的工作原理是：将环形脉冲分配器输出的脉冲作为输入信号，若为正脉冲，则 V1、V2 导通，由于 U_1 电压较高，绕组回路又没串联电阻，所以绕组中的电流迅速上升。当绕组中的电流上升到额定值以上某个数值时，由于采样电阻 R_e的反馈作用，经整形、放大后送至 V1 的基极，使 Vl 截止。接着绕组由 U_2低压供电，绕组中的电流立即下降，但刚降到额定值以下时，由于采样电阻 R_e的反馈作用，使整形电路无信号输出，此时高压前置放大电路又使 V1 导通，电流又上升。如此反复进行，形成一个在额定电流值上下波动呈锯齿状的绕组电流波形，近似恒流，如图 6-44b 所示。锯齿波的频率可通过调整采样电阻 R_e和整形电路的电位器来改变。

恒流斩波驱动电路具有绕组的脉冲电流前、后沿陡，快速响应好，功耗小，效率高，输出恒定转矩等特点。但它的电路较复杂，实际应用时，常将它集成化。

SLA7026M 是集成恒流斩波功率放大芯片之一，图 6-45 所示为四相步进电动机驱动电路图。其中，A、B、C、D 是相控制信号输入端；经分压电阻 R2、R3 得到的控制信号 V_{REF}由芯片的 REFA、REFB 端输入；R5、R6 是绕组电流采样电阻（1Ω），分别接在 RSA、RSB 端，控制绕组电流；功率输出端 OUTA、$\overline{\text{OUTA}}$、OUTB、$\overline{\text{OUTB}}$分别接到步进电动机的 A、B、C、D 四极上：VZ 是稳压管，用来防止输入的电流超过额定值而损坏芯片和电动机。该芯片的最大输出电流为 2A，可直接连接并驱动小功率电动机。对于数控机床所用的较大功率的步进电动机，可在芯片输出端接大功率晶体管以扩展输出电流和功率。

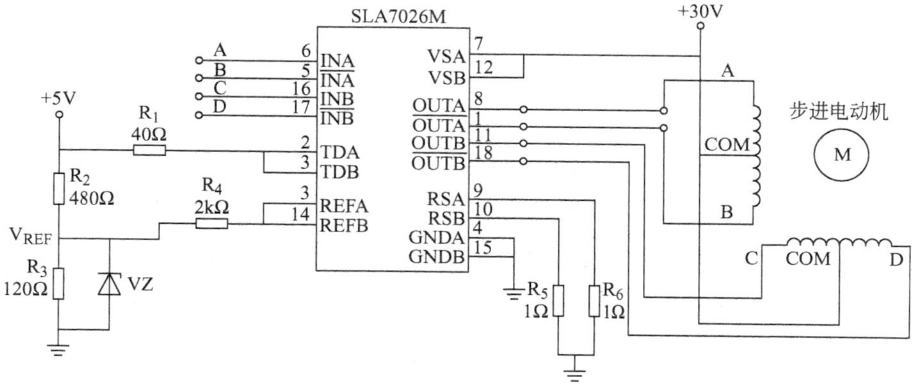

图 6-45 四相步进电动机驱动电路图

⑥ 细分功效电路。以上介绍的各种步进电动机功放电路，当输入脉冲进行切换时，要么是使绕组完全导通至额定电流值，要么是使绕组完全截止。步进电动机的步距角只有两种，单拍制的步距角（可称为整步工作）和双拍制的步距角（可称为半步工作）。细分功放电路的特点是：在每次输入脉冲进行切换时，并不是将绕组额定电流全部加入或完全切除，而每次改变的电流数值只是额定电流数值的一部分。这样绕组中的电流是台阶式地逐渐增加至额定值，切除电流时也是从额定值开始台阶式地逐渐切除。电流波形不是方波，而是阶梯波。因此，每来一次脉冲时，绕组合成磁动势的位置在空中旋转的角度是原步距角的一部分。电流分成多少个台阶，转子转一个原步距角就需要多少个脉冲。因此，一个脉冲所对应的电动机步距角要比其他功放电路小得多。这种电路可以将一个步距角细分成若干步，故称为细分功放。采用细分功放电路步进可以使步进电动机获得更小的步距角（角分级）、更高的分辨率、更小的脉冲当量（一个脉冲对应的位移），也可以明显减小电动机的振动、噪声，改善步进电动机的低频性能。

以三相磁阻式步进电动机为例，采用磁动势转换图来分析细分功放的原理。对应于双拍工作制，分配方式为A—AB—B—BC—C—CA—…，如果将每一步细分成4步走完，可将电动机每相绕组的电流分4个台阶投入或切除。

图6-46所示为四细分时各相电流的变化情况，横坐标上标出的数字为切换输入CP脉冲的序号，同时也表示细分后的状态号。初始状态为A相通额定电流I_e，即$I_A=I_e$。当第一个CP脉冲到来时，B相不是马上通额定电流，而只是通额定电流的1/4，即$I_B=I_e/4$。此时，电动机的合成磁动势由A相中的I_e与B相中的$I_e/4$共同产生，由图6-47a可看出合成磁动势的旋转情况。状态2时A相电流未变，而B相电流增加到$I_B=I_e/2$。状态3时$I_A=I_e$，而$I_B=3I_e/4$。状态4时$I_A=I_e$，而$I_B=I_e$。未加细分时，从A状态到AB状态只需一步，而在四细分时经4步才由A状态到AB状态，这4步的步距角为θ_1、θ_2、θ_3和θ_4，如图6-47所示，且$\theta_1+\theta_2+\theta_3+\theta_4=\theta_s$。图6-47b所示为从AB－B细分的情况。

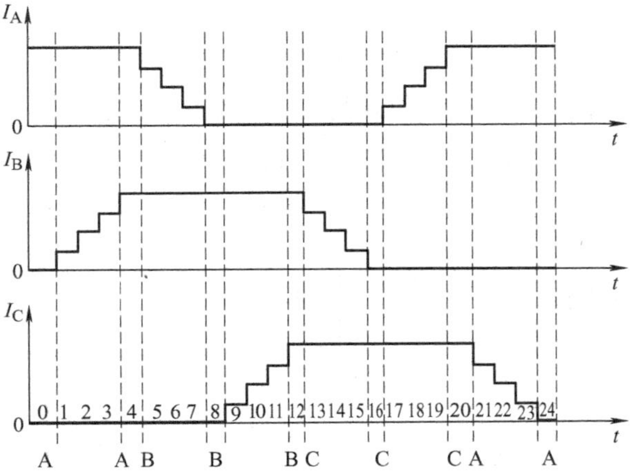

图6-46　三相六拍四细分各相电流波形

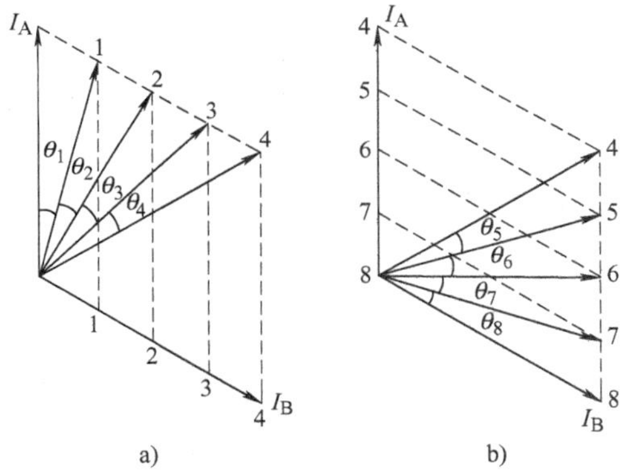

图6-47　细分时合成磁动势的旋转情况

a) A—AB　b) AB—B

不细分时，步进电动机每步的步距角理论上是相等的，但细分后每一步的步距角不一定相等。如上述四细分时，步距角（电角度）有13.9°和16.1°两个数值。步距角不均匀容易引起电动机的振动和失步。如果要使细分后的步距角仍然一致，通电流的台阶就不应是均匀的。

3. 步进驱动系统的应用

当数控机床进给伺服系统的负载不大，加工精度要求不高时，可采用开环控制。数控机床开环进给伺服系统的执行器件多采用步进电动机，系统中没有位置检测反馈回路和速度检测反馈回路，结构简单、成本低，且易于与机床联调。

步进电动机的驱动装置由环形分配器、步进电动机功率放大器、步进电动机和减速传动机构组成，如图6-48所示。

随着步进电动机在各方面的广泛应用，步进驱动装置也从分立元件电路发展到集成元件电路，目前已发展系列化、模块化的步进驱动器。虽然各生产厂家的驱动器标准不统一，但其接口定义基本相同，只要了解接口中接线端子、标准接口及拨动开关的定义和使用，即可熟练应用步进驱动控制系统。

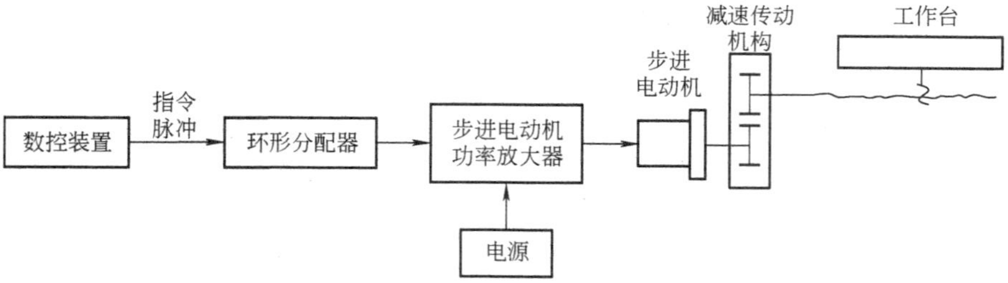

图 6-48 步进电动机驱动装置示意图

以五相混合式步进驱动器 SH－50806B、步进电动机 90BYG550C 为例，步进电动机型号含义如下。

90 BYG 5 50 A-S A K R M L-030 1

设计代码			
相电流	030：3A		
接线形式	L：引出线，5相5线		
尺寸制式	M：公制	B：英制	H：特殊尺寸
机壳形式	R：圆形	S：方形	
轴键形式	K：平键	S：光轴	
轴伸长度	A：标准	B：加长	
轴伸形式	S：单	B：双	
机身长度			
转子齿数	50：50齿	200：200齿	
相数	5：五相		
结构形式	BYG：混合式		
机座号			

如图 6-49 所示，正面的十针插拔接口与数控系统连接。

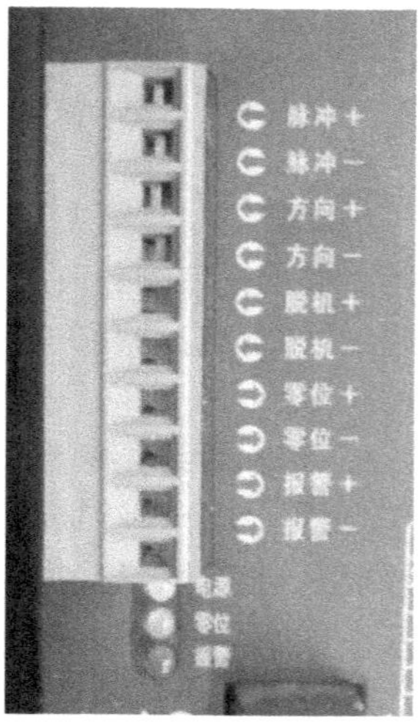

图 6-49 十针插拔接口

1）“脉冲＋”和“脉冲－”是脉冲信号输入端子，用于接收数控系统发出的脉冲信号。单脉冲控制时为脉冲信号输入端，双脉冲控制方式时为正转脉冲信号输入端。为了确保脉冲信号的可靠响应，脉冲低电平的持续时间不应少于 10μs。

2）“方向＋”和“方向－”是方向信号输入端子。单脉冲模式下该端子的内部光耦的通断被解释为电动机运行的两个方向，方向信号的改变将使电动机运行的方向发生变化，该端子的悬空被等效认为输入高电平。为了确保脉冲信号的可靠响应，脉冲低电平的持续时间不应少于 10μs。当不需换向时，方向信号端子可悬空。双脉冲模式下本端子接收反转脉冲，接口逻辑要求与脉冲输入端子一致，输入信号脉冲为沿有效方式。

3）“脱机＋”和“脱机－”是脱机信号输入端子。当该端子内部光耦导通时，电动机相电流被切断，转子处于自由状态（脱机状态）而失去锁定力矩。该功能可显著减少驱动器和电动机的损耗。当该端子内部光耦截止时，电动机转子处于上电锁定状态。不需要此功能时，该端子可以悬空。

4）“零位＋”和“零位－”是零位信号输出端子，整步运行方式时驱动器每十拍输出一个脉冲给控制机，半步运行方式时驱动器每二十拍输出一个脉冲给控制机，同时零位指示灯亮一次。不需要此功能时，该端子可以悬空。

5）“报警+”和“报警-”是故障输出信号端子，当驱动器出现过电压或过电流时，驱动器切断电动机电流，此接口电路闭合，向控制机输出信号，提示控制机驱动器出现故障。

图6-50所示为电源接头，电源接头有8个接线柱。A、B、C、D、E分别接电动机五相，AC1、AC2接80V交流电源，最后一个接线柱为接地。

在驱动器的侧面有8个拨码开关，如图6-51所示。每个拨码开关拨到ON的一侧才有效。每个拨码开关的作用可参照驱动器正面的说明。

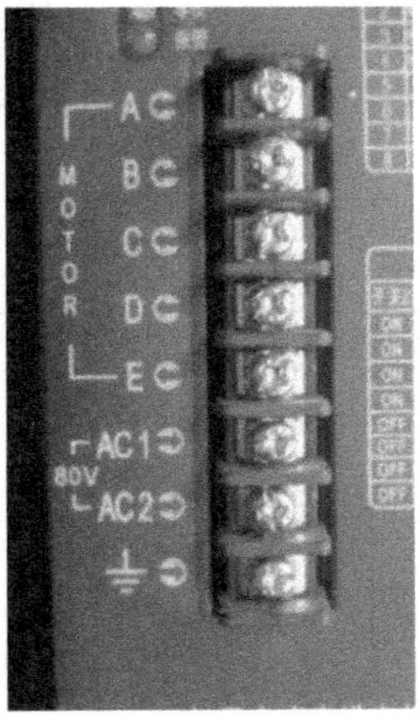

图6-50　电源接头

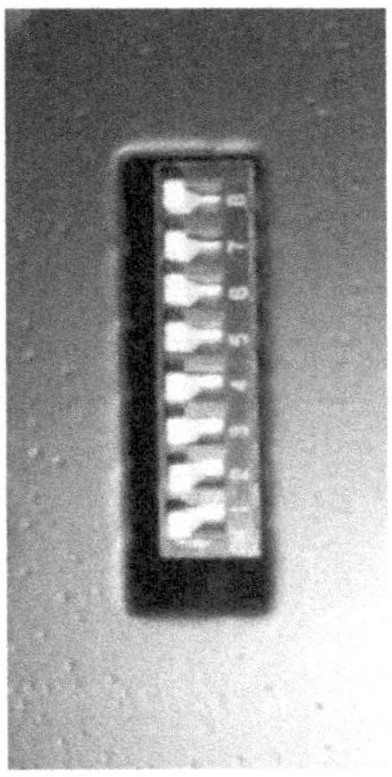

图6-51　拨码开关

表6-9为侧面拨码开关定义，方便操作者在使用时查看。

表6-9　侧面拨码开关定义

位　置	定　义	OFF	ON
1	保留		
2	电动机选择2		
3	电动机选择3		
4	电动机选择4		
5	半流控制	半流有效	半流无效
6	整步/半步	整步	半步
7	双/单脉冲	双脉冲	单脉冲
8	试机	试机无效	试机有效

第1位拨码开关保留，第2、3、4位拨码开关配合，可选择适配不同型号的电动机。第5位拨码开关可选择是否开启自动半流，置于“OFF”时为半流有效，此时驱动器若连续1s没有接收到新的脉冲信号，则驱动器自动进入半流状态，相电流降低为标准值的50%，达到降低功耗的目的，在收到新的脉冲时驱动器自动退出半流状态。第6位拨码开关可进行整步/半步的设置，实现电动机半步及整步运行模式的切换。“OFF”时设为整步，“ON”时设为半步。第7位拨码开关可实现单脉冲或双脉冲控制模式的切换，置于“ON”时为单脉冲

控制方式，脉冲信号端子输入的脉冲信号控制电动机运行，方向信号端子输入的电平信号的高低控制电动机转向，置于“OFF”时为双脉冲控制方式，脉冲信号端子输入正转脉冲信号，方向信号端子输入反转脉冲信号。第8位拨码开关为试机功能，当置于“ON”时，驱动器在无外部脉冲输入的情况下，由驱动器内部脉冲发生器产生恒定频率的脉冲，实现电动机低速恒速试运转。

表6-10为电动机选择开关定义表。

表6-10　电动机选择开关定义表

开关2	开关3	开关4	适配电动机
ON	ON	ON	110BYG550D
ON	ON	OFF	110BYG550C
ON	OFF	ON	110BYG550B
ON	OFF	OFF	110BYG5200C
OFF	ON	ON	90BYG550C
OFF	ON	OFF	90BYG550B
OFF	OFF	ON	90BYG5200B
OFF	OFF	OFF	保留

图6-52所示为步进驱动器接线图。

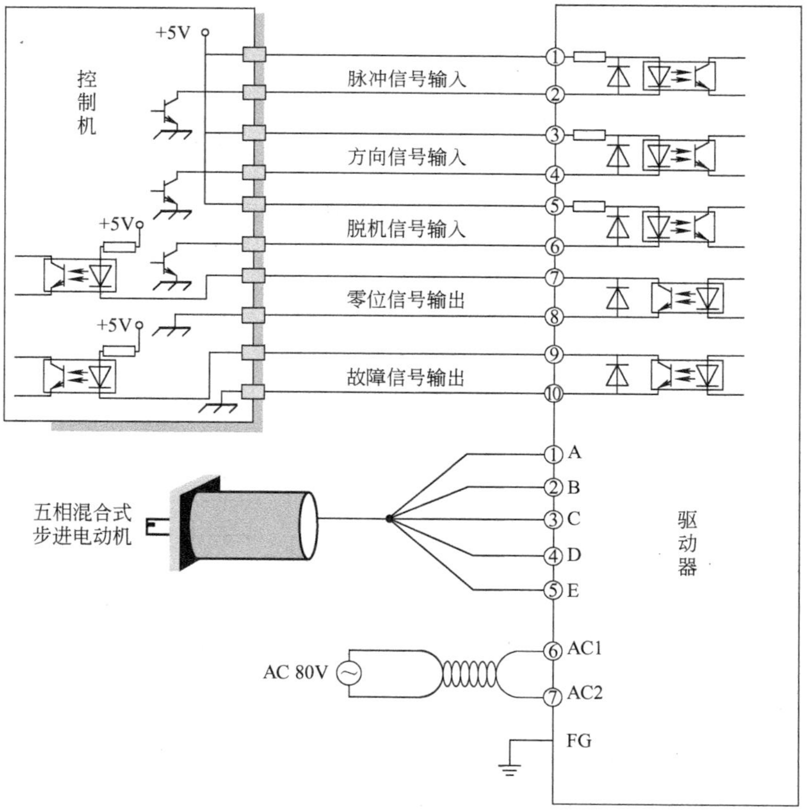

图6-52　步进驱动器接线图

五、HED－21S数控实训台步进控制系统的分析

HED－21S数控实训台的*X*轴使用雷赛M535步进驱动器、57HS13步进电动机及华中数控系统HNC－18i/19i。

步进电动机型号57HS13的含义：57代表机座号，HS代表两相混合式，HS后若是字母M则代表步距角为0.9°，若此处为空白则代表步距角为1.8°，13代表电动机的转矩为1.3N·m；步进驱动器型号M535的含义：M代表细分驱动器，5代表电压等级为50V，35代表电流峰值为3.5A。

（1）雷赛57HS13步进电动机　步进电动机上有四个接线头，分别接两相电源。

（2）雷赛M535步进驱动器

1）P1弱电接线信号。P1为六线接口，与数控系统连接。

①“PUL＋”和“PUL－”接收数控系统发出的脉冲信号。单脉冲控制方式时为脉冲控制信号，此时脉冲上升沿有效；双脉冲控制方式时为正转脉冲信号，仍是脉冲上升沿有效。

② 方向输入端子接收数控系统发出的方向信号。单脉冲控制方式时为高/低电平信号，双脉冲控制时为反转脉冲信号。脉冲上升沿有效。电动机的初始运行方向与电动机的接线有关，互换任一相绕组（如A＋、A－交换）可以改变电动机初始运行方向。

③ 使能信号端子。高电平使能，低电平时驱动器不能工作。

2）P2强电接线信号。GND是直流电源地；＋V是直流电源正极，＋24～＋46V均可，但推荐使用＋40V左右。A＋、A－接电动机A相，B＋、B－接电动机B相，同相正负互调可更换一次电动机运转方向。

3）在驱动器的侧面有8个拨码开关，每个拨码开关拨到ON的一侧才有效。每个拨码开关的作用可参照驱动器正面的说明，如图6-53所示。

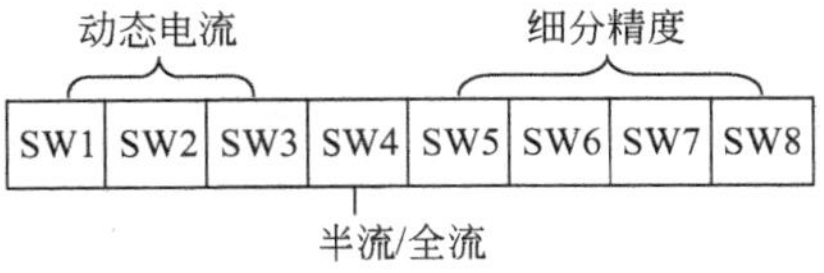

图6-53　拨码开关作用

第1、2、3位拨码开关配合用于设定电动机运动时的8个电流级别，第4位拨码开关用于设定电动机静止时的电流，即静态电流。OFF表示静态电流设为动态电流的一半，ON表示静态电流与动态电流一样。第5、6、7、8位拨码开关用于设定细分精度。

表6-11为拨码开关第5～8位的使用说明，不同的设置选择适配不同的细分精度。方便操作者在使用时查看。

表6-11　拨码开关第5～8位的使用说明

细分倍数	步数/圈（1.8°/整步）	SW5	SW6	SW7	SW8
2	400	ON	ON	ON	ON
4	800	ON	OFF	ON	ON
8	1600	ON	ON	OFF	ON

（续）

细分倍数	步数/圈（1.8°/整步）	SW5	SW6	SW7	SW8
16	3200	ON	OFF	OFF	ON
32	6400	ON	ON	ON	OFF
64	12800	ON	OFF	ON	OFF
128	25600	ON	ON	OFF	OFF
256	51200	ON	OFF	OFF	OFF
5	1000	OFF	ON	ON	ON
10	2000	OFF	OFF	ON	ON
25	5000	OFF	ON	OFF	ON
50	10000	OFF	OFF	OFF	ON
125	25000	OFF	ON	ON	OFF
250	50000	OFF	OFF	ON	OFF

表6-12为拨码开关第1～3位的使用说明，不同的设置选择适配不同的电流级别。

表6-12 拨码开关第1～3位的使用说明

电流值/A	SW1	SW2	SW3
1.3	ON	ON	ON
1.6	OFF	ON	ON
1.9	ON	OFF	ON
2.2	OFF	OFF	ON
2.5	ON	ON	OFF
2.9	OFF	ON	OFF
3.2	ON	OFF	OFF
3.5	OFF	OFF	OFF

HED－21S数控实训台的X轴使用雷赛M535步进驱动器、57HS13步进电动机，伺服电路如图6-54所示。SDM－MX是步进驱动器，M－MX是步进电动机。步进驱动器由直流电源驱动，驱动器使能ENA由PLC输出Y1.7通过中间继电器KA10控制。“PUL＋”“PUL－”“DIR＋”“DIR－”通过通信电缆XS30接收数控系统发出的脉冲信号，步进驱动器的输出接步进电动机。

控制电路如图6-55所示，当按下急停按钮或X轴正负超程时，信号由中间继电器KA9传递给PLC，PLC输出Y1.7即可通过中间继电器KA10断开伺服电路。

PLC的输入/输出电路如图6-56所示，输入信号包括X轴正限位、X轴负限位、X轴回零以及外部允许。输出信号是X轴驱动使能。

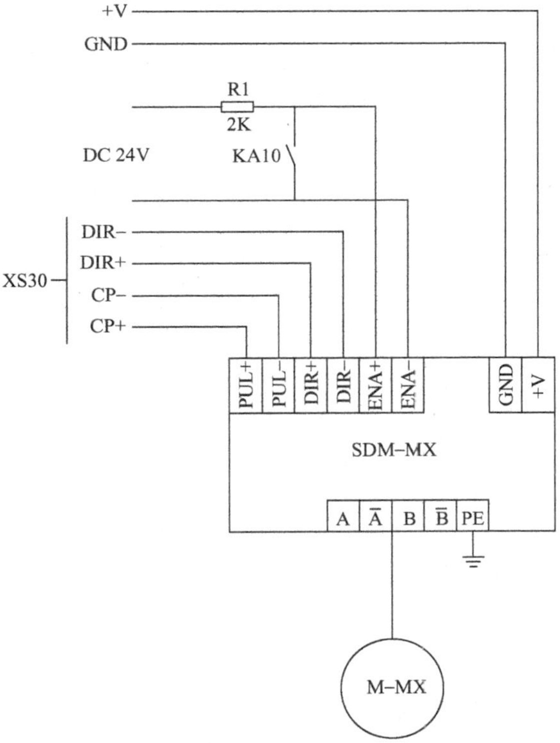

图 6-54　伺服电路

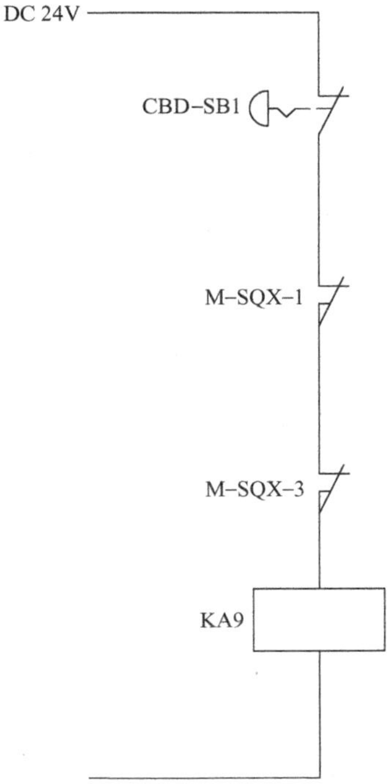

图 6-55　控制电路

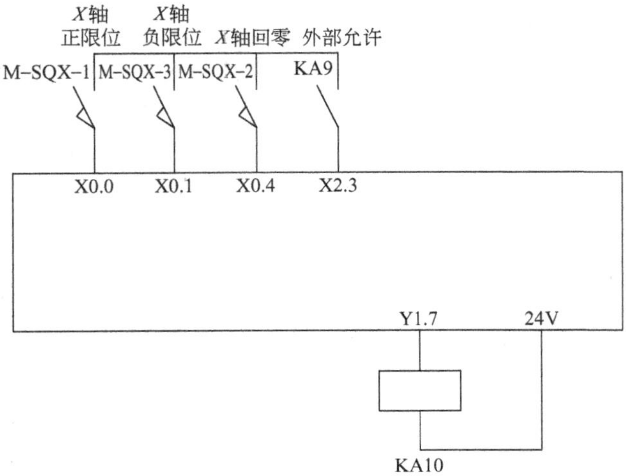

图 6-56　PLC 输入/输出电路

六、HED－21S 数控实训台步进控制系统安装与调试

1. 接线

1）按照图 6-57 所示，连接系统、步进驱动器和步进电动机。

2）调整拨动开关，将细分数设置为 2。

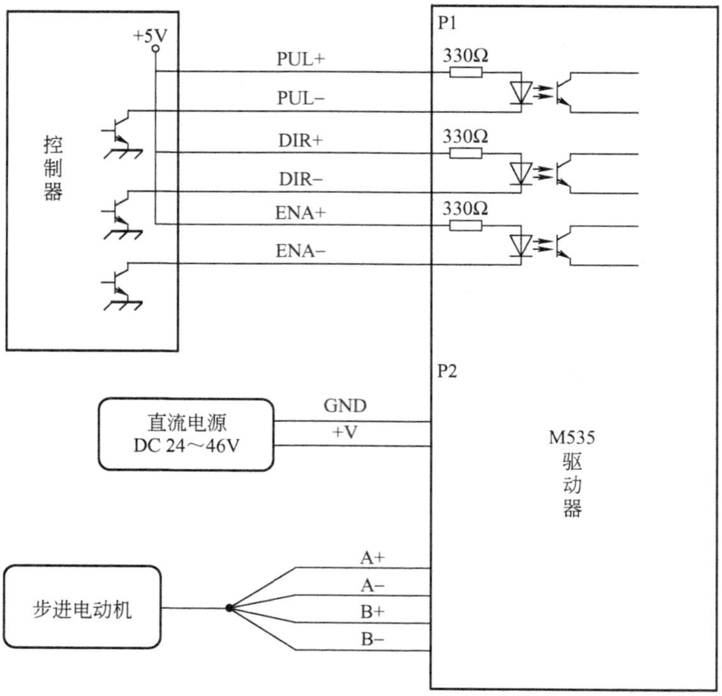

图 6-57 步进驱动器接线图

3）看电动机的铭牌，再看驱动器面板上拨码开关的说明，将电动机电流设置为 57HS13 步进电动机的额定电流。

2. 参数设置

1）首先确认步进驱动单元接收脉冲信号的类型与数控系统所发脉冲类型的设置是否一致，再确认步进电动机拍数。

2）设置系统参数。华中数控系统 HNC－18i/19i 中与步进电动机相关的参数有 3 个，详见表 6-13。

表 6-13 步进电动机相关参数—伺服参数

参 数 名	参 数 说 明	参 数 范 围
是否带反馈（45：带反馈，46：不带反馈）	46：步进电动机不带反馈	45/46
步进电动机拍数	步进电动机实际拍数	4、6、10、…
是否是步进电动机（1：是，0：否）	1：是步进电动机	0/1

在面板上，单击"扩展菜单"，再按"参数"，输入正确的口令后，就可以修改参数了。单击参数索引中的伺服参数，找到对应参数。

参数查看与设置的具体操作步骤如下：

① 用↑、↓键选择要查看或设置的选项，需要翻页时按 Pgup、Pgdn 键。

② 按 Enter 键，进入参数设置状态（在参数值处出现闪烁的光标）。

③ 输入当前希望的数值。

④ 按 Enter 键确认。

请注意：修改参数前，必须理解参数的功能和熟悉原设定值，不正确的参数设置与更改，可能造成严重的后果。另外，参数修改后，必须重新启动数控装置方能生效。

3. 在电路和电源检查无误后，进行通电试运行

以手动或手摇脉冲发生器方式发送脉冲，控制电动机慢速转动和正、反转，在没有异常情况下，逐渐提高电动机转速。若电动机转动时，有异常声音或堵转现象，应适当增加快移加减速时间常数、快移加速度时间常数、加工加减速时间常数、加工加速度时间常数。

4. 测定步进电动机的步距角

以手动方式发送单脉冲，从数控系统显示屏上记录工件实际坐标值，计算步进电动机的步距角。

5. 测定步进电动机的静转矩特性

步进电动机处于锁定状态（即不发送脉冲给驱动器）时，用测力扳手或悬挂砝码给步进电动机施加转矩 T，并读取对应的转子轴偏转角 θ（根据记录的工件实际坐标值换算），记录一组转矩 T 与偏转角 θ 的数据，直至最大转矩点，并计算步进电动机的静态刚度 K。

$$K=\frac{\mathrm{d}T}{\mathrm{d}\theta}=\frac{\Delta T}{\Delta\theta}$$

注意：由于在锁定状态时，驱动器电流自动减半，实际静态刚度还可能增大一倍。

6. 测定步进电动机的空载起动频率

让步进电动机空载。在步进电动机轴伸处做一标记，由数控系统设置步进电动机整数转的移位和速度，且将加、减速时间常数也设置为零。步进电动机在锁定状态下，执行上述命令。当步进电动机突然起动并突然停止后，根据轴伸处标记判断步进电动机是否失步。若起动成功，则提高速度参数再测试，直至某一临界速度，并由此速度换算步进电动机的空载起动频率。

7. 任务总结

步进驱动系统是开环进给系统中最常选用的伺服驱动系统，由于其结构特点，在一般精度要求不高的机床上得到广泛的应用。其常见故障、故障原因及其维修方法见表 6-14。

表 6-14　步进驱动系统常见故障、故障原因及其维修方法

故障现象	故障原因	维修方法
电动机不转	动力电路有故障	检查电路并保障电源正常
	驱动器电路故障	用替换法确定是否是驱动器本身故障，必要时更换驱动器
	驱动器报警	按相关报警参数处理
	系统参数设置不当	依据参数说明书重新设置
	接口信号线接触不良或无信号输出	检查信号线并重新连接，用示波器观察是否有脉冲指令
	电动机有故障	检查电动机，必要时更换

（续）

故障现象	故障原因	维修方法
工作中出现尖叫声后停转	输入频率过高	降低输入脉冲频率
	输入脉冲的突调频率过高，引起堵转	降低输入脉冲的突调频率
	输入脉冲的升速曲线不够理想	调整输入脉冲的升速曲线
工作中突然停转	驱动器有故障	用万用表测量驱动电源，检查脉冲是否正常，必要时更换驱动器
	电动机故障	修理或更换电动机
	机械故障	检查机械有无卡阻并排除
步进电动机失步或多步	负载过大	调整加工中的切削参数，调整加工条件等
	传动间隙过大	检查机械传动的精度，进行螺距误差补偿
	电动机有故障	修理或更换电动机
	驱动器有故障	检查输入脉冲是否正常，修理或更换驱动器
	干扰	检查接地，并做好屏蔽处理

七、考核与评价

在自觉遵守安全文明生产规程的前提下，根据学习情境的能力目标，确定不同阶段的考核方式及分数权重，具体评定标准见表6-15。

表6-15　考核标准

教学内容	评价要点	评价标准	评价方式	考核方式	分数权重
学习情境六任务四	电路分析	正确分析电路原理	教师评价	答辩	0.2
	电路连接	按图接线正确、规范、合理		操作	0.3
	调试运行	按照要求和步骤正确调试电路		操作	0.3
	工作态度	认真、主动参与学习	小组成员互评	口试	0.1
	团队合作	具有与团队成员合作的精神		口试	0.1

八、习题与思考题

1. 选择题

（1）步进电动机多相通电可以（　　）。

A. 减小步距角　　　　B. 增大步距角

C. 提高电动机转速　　　　D. 提高输出转矩

(2) 步进电动机主要用于（　　）。

A. 经济型数控机床的进给驱动　B. 加工中心的进给驱动

C. 大型数控机床的进给驱动　D. 数控机床的主轴驱动

(3) 在步进电动机性能中，矩频特性是指（　　）。

A. 输出转矩与起动频率的关系

B. 输出转矩与运行频率的关系

C. 输入脉冲频率与电动机运行频率的关系

D. 步进电动机运行平稳性与频率的关系

(4) 正常情况下步进电动机的转速取决于（　　）。

A. 控制绕组通电频率　B. 绕组通电方式

C. 负载大小　D. 绕组的电流

(5) 某三相反应式步进电动机的转子齿数为50，其齿距角为（　　）。

A. 7.2°　B. 30°　C. 360°　D. 120°

(6) 某四相反应式步进电动机的转子齿数为60，若步进电动机工作在四拍状态，其步距角为（　　）。

A. 1.5°　B. 0.75°　C. 45°　D. 90°

(7) 某三相反应式步进电动机的初始通电顺序为A→B→C，下列可使电动机反转的通电顺序为（　　）。

A. C→B→A　B. B→C→A　C. A→C→B　D. B→A→C

(8) 下列关于步进电动机的描述正确的是（　　）。

A. 抗干扰能力强　B. 带负载能力强

C. 功能是将电脉冲转化成角位移　D. 误差不会积累

(9) 三相步进电动机的步距角是1.5°，若步进电动机通电频率为2000Hz，则步进电动机的转速为（　　）r/min。

A. 3000　B. 500　C. 1500　D. 1000

(10) 步进电动机的转角、转速、旋转方向分别与（　　）有关。

A. 输入脉冲的个数、频率、通电顺序　B. 输入脉冲频率、个数、通电顺序

C. 输入脉冲频率、通电顺序、个数　D. 通电顺序、输入脉冲频率、个数

2. 判断题

(1) 步进电动机的最大缺点是容易失步，特别是在大负载和速度较高的情况下。（　　）

(2) 步进电动机驱动电路是直流稳压电源。（　　）

(3) 步进电动机是将电脉冲信号转变为步进电动机的角位移输出的电器元件。（　　）

(4) 步进电动机驱动装置由环形脉冲分配器、功率放大驱动电路两大部分组成。（　　）

(5) 步进电动机的选用要考虑系统的精度和速度的要求，应兼顾精度和速度的要求来选定系统的脉冲当量。（　　）

(6) 步进电动机的选用要考虑考虑负载转矩引起的定位误差、传动机构的误差以及步进电动机的步进误差，使总的误差小于数控机床允许的定位误差。（　　）

(7) 步进电动机工作时的步数或转速既不受电压波动和负载变化的影响，也不受环境条件变化的影响。（　　）

(8) 步进电动机在输入一个脉冲时所转过的角度称为步距角。( )

(9) 步进电动机的三相单三拍控制指电动机有三相定子绕组，每次有一相绕组通电，每三次通电为一个循环。( )

(10) 步进电动机的三相双三拍控制指电动机有三相定子绕组，每次有二相绕组通电，每三次通电为一个循环。( )

3. 简答题

(1) 步进电动机有哪些基本类型？分别有什么特点？

(2) 步进电动机的三相单三拍运行含义是什么？三相单双六拍呢？它们的步距角有怎样的关系？

(3) 什么是步进电动机的静态运行状态？什么是步进运行状态？什么是连续运行状态？

任务五 CK160 型数控车床伺服电路的分析、安装与调试

一、学习目标

1) 认识伺服驱动系统，了解其组成与特性。

2) 正确分析数控车床伺服控制电路，并能说出其控制原理。

3) 按照数控车床伺服原理图进行接线、调试。

二、任务

本任务是数控车床伺服控制电路的分析、安装与调试。电路要求：FANUC 0i Mate TC 数控系统带全数字交流伺服装置；伺服电动机为 βi2/4000。

三、设备

主要设备是数控车床或数控实验台。

四、知识储备

(1) 速度控制　速度控制系统是伺服驱动系统中的重要组成部分，它由速度控制单元、伺服电动机、速度检测装置等构成。速度控制单元是用来控制电动机转速的，为速度控制系统的核心。

数控机床的运动系统主要是由主运动和进给运动组成。主运动的驱动电动机功率较大，进给运动的驱动电动机的功率虽然小，但是数控机床加工零件的尺寸精度主要靠进给运动的准确性来保证，所以对驱动进给电动机的技术要求更为严格。无论是进给运动还是主运动，都有调速的要求。调速的方法很多，有机械的、液压的和电气的，电气调速最有利于实现自动化，并可简化机械结构。

在进给运动系统中，要求电动机的转矩恒定，不随转速改变而改变，其功率随转速增加而增加，所以对进给电动机调速应保证进给电动机具有恒转矩输出特性。

数控机床中的伺服驱动系统可分为直流伺服驱动系统和交流伺服驱动系统，直流电动机调速的应用历史最长。随着电力电子技术的发展，出现了许多新的调速方法，如脉冲宽度调

制（PWM）等。交流电动机的无级调速近年来发展很快，产生了许多新的技术，如变频调速、矢量变换控制等，其应用日益广泛。交流伺服驱动系统有逐渐取代直流伺服驱动系统的趋势。

1）交流伺服电动机的分类。依据电动机运行原理的不同，交流伺服电动机分为永磁同步式、永磁直流无刷式、异步（又称感应）式等。这些电动机具有相同的三相绕组的定子结构。

永磁同步式交流伺服电动机常用于进给驱动系统；异步式交流伺服电动机常用于主轴驱动系统。两种伺服电动机的工作原理都是由定子绕组产生旋转磁场，使转子跟随定子旋转磁场一起运行。不同点是永磁同步式交流伺服电动机的转速与外加交流电源的频率存在着严格的同步关系，即电动机的转速等于同步转速；而异步式伺服电动机由于需要转速差才能产生电磁转矩，所以电动机的转速低于同步转速，转速差随外负载的增大而增大。

直流无刷伺服电动机，其结构与永磁同步伺服电动机相似，借助较简单的位置传感器的信号，控制电枢绕组的换向，控制最为简单。由于每个绕组的换向都需要一套功率开关电路，电枢绕组的数目通常只采用三相，相当于只有3个换向片的直流电动机，因此运行时电动机的脉动转矩大，造成速度的脉动，需要采用速度闭环控制才能以低速运行。

目前应用较为广泛的交流伺服电动机是以永磁同步式为主，永磁无刷直流式次之，下面以永磁同步式交流伺服电动机为对象，介绍其工作原理。

2）交流伺服电动机工作原理。

①永磁直流无刷伺服电动机的工作原理。三相永磁直流无刷伺服电动机主要由电动机本体、位置传感器和电子开关电路三部分组成。它的工作原理图如图6-58所示。位置传感器采用3只光敏器件VP1、VP2、VP3，其位置均匀分布，相差120°。电动机轴上的旋转遮光板，使得从光源射来的光线依次照射在各个光敏器件上。首先光敏器件VP1被照射，从而使光敏晶体管V1呈导通状态，电流流入A相绕组，该绕组电流产生定子磁势 F_s 与转子磁势 F_m 作用后产生的转矩使转子顺时针方向转动，如图6-59a所示。当转子磁极转到图6-59b所示的位置时，转子轴上的旋转遮光板遮住VP1而使VP2受光照射，从而使晶体管V1截止，晶体管V2导通，电流流入绕组B，使得转子磁极继续顺时针方向转动。当转子磁极转至图6-59c所示的位置时，旋转遮光板遮住VP2，使VP3被光照射，导致晶体管V2截止，晶体管V3导通，因而电流流入绕组C，于是驱动转子继续顺时针方向旋转，并重新回到图6-59a中的位置。此时VP3被遮住，VP1被照射，导致晶体管V3截止，晶体管V1导通，开始新一轮的通电循环，转子便能顺时针方向继续旋转。

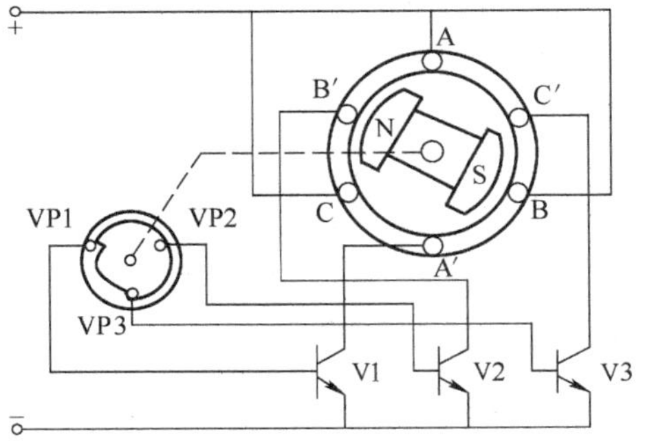

图6-58　三相永磁直流无刷电动机工作原理图

②永磁同步式交流伺服电动机。交流伺服电动机具有无刷、响应快、过载能力强等优点，其中永磁同步电动机因响应快、控制简单而被广泛地应用。永磁同步式交流伺服电动机的定子绕组产生的空间旋转磁场和转子磁场相互作用，使定子带动转子一起旋转。所不同的是转子磁极不是由转子的三相绕组产生，而是由永久磁铁产生。其工作过程是：当定子三相

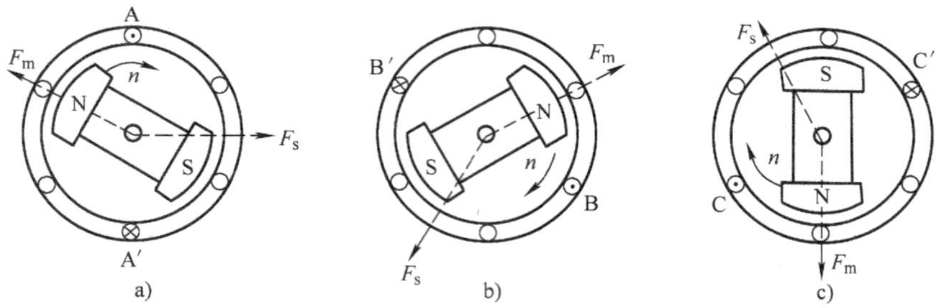

图 6-59　开关顺序及定子磁场旋转示意图

绕组通以交流电后，产生一旋转磁场，这个旋转磁场以同步转速 n_s旋转，如图 6-60 所示。根据磁极的同性相斥、异性相吸的原理，定子旋转磁场与转子永久磁场磁极相互吸引，并带动转子一起旋转。因此转子也将以同步转速 n_s旋转。当转子轴加上外负载转矩时，转子磁极的轴线将与定子磁极的轴线相差一个 θ 角，负载增大，差角 θ 也随之增大。只要外负载不超过一定限度，转子就会与定子旋转磁场一起旋转。若设其转速为 n_r，则

$$n_r = n_s = 60f/p$$

式中　f——电源交流电的频率，单位为 Hz；

p——定子和转子的极对数；

n_r——转子速度，单位为 r/min。

交流伺服电动机的性能可用特性曲线和数据表来表示，最主要的是转矩-速度特性曲线，如图 6-61 所示。

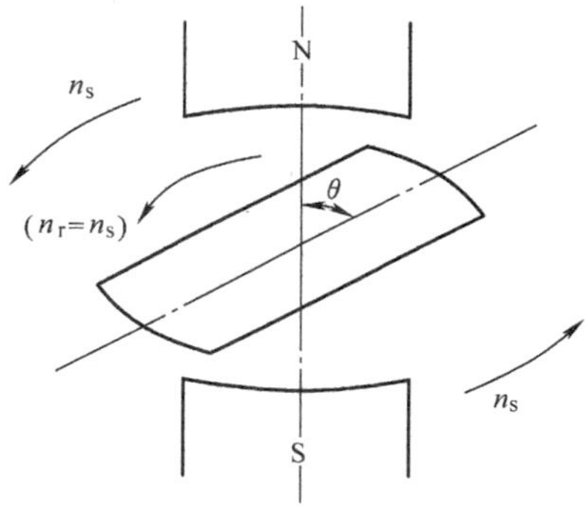

图 6-60　永磁同步交流电动机工作原理图

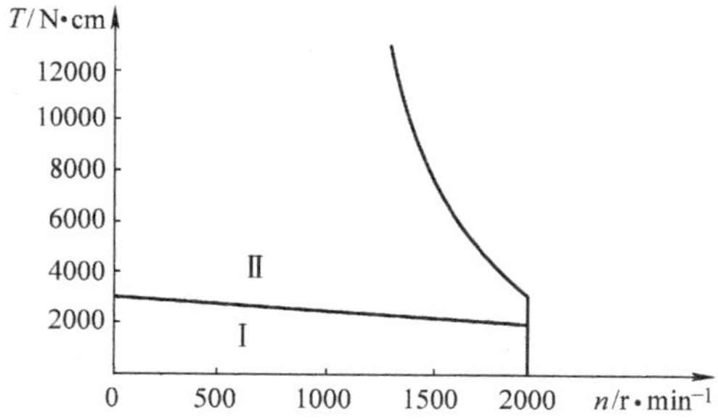

图 6-61　永磁同步交流伺服电动机工作曲线

Ⅰ—连续工作区　Ⅱ—断续工作区

在连续工作区，速度和转矩的任何组合都可连续工作。连续工作区划定的条件有两个：一是供给电动机的电流是理想的正弦波；二是电动机工作在某一特定温度下。断续工作区的极限一般受到电动机的供电限制。交流伺服电动机的机械特性比直流伺服电动机的机械特性要硬，断续工作区的范围更大（尤其在高速区），这有利于提高电动机的加、减速能力。

3）进给系统中交流伺服电动机的调速方法。新型大功率电力电子器件、新型变频技术的发展以及现代控制理论、微机的数字控制技术等在实际应用中取得的重要进展，促进了交流伺服驱动技术的发展，使得交流伺服驱动逐渐在代替直流伺服驱动。

交流伺服电动机调速主要是变频调速。变频调速的主要环节是为交流伺服电动机提供变频电源的变频器，变频器可分为交—直—交变频器和交—交变频器两大类。交—直—交变频器是先将电网电源输入到整流器，经整流后变为直流，再经电容、电感或由两者组合的电路滤波后供给逆变器（直流变交流）部分，输出电压和频率可变的交流电。交—交变频器不经过中间环节，直接将一种频率的交流电变换为另一种频率的交流电。

目前用得最多是交—直—交变频器。变频器中的逆变器可分为电压型和电流型两种。在电压型逆变器中，控制单元的作用是将直流电压切换成一串方波电压。所用的器件多为大功率晶体管 GTR（Giant Transistor）或可关断晶闸管 GTO（Gate Turn-Off Thyristor）。电压型逆变器有两种最基本的形式：PWM 型和电压源变换器 VSI 型（Voltage Source Inverter）。PWM 型通常采用二极管桥式整流器，其输出的直流电压是恒定的，然后经脉宽调制得到可调的输出电压，而 VSI 型则在整流部分就变为一可变的直流电压。在电流型逆变器中，直流电流被切换成一串方波电流供给交流伺服电动机，由于电感影响，功率元件一般采用晶闸管，适用于大功率场合。

过去的变频器采用的功率开关元件是晶闸管，利用相控原理进行控制。这种方法产生电压谐波分量大，功率因数差，转矩脉动大，动态响应慢。现在变频调速大量采用 PWM 型变频器，它是采用脉宽调制原理，克服或改善了相控原理中的一些缺点。

PWM 型变频器发展很快，出现了许多调制方法，如 SPWM、电流跟踪 PWM 等。

SPWM 为正弦波 PWM，其调制的基本特点是等距、等幅，而不等宽。它的规律总是中间脉冲宽而二边脉冲窄，且各个脉冲面积和正弦波下面积成比例。脉宽按正弦分布，这是一种应用于最广的基本调速方法。

电流跟踪 PWM 调制方法按实际电流值时刻跟踪给定电流值的原则进行调制。

目前，交流伺服电动机还采用矢量控制技术，这里不作详细介绍。

(2) 位置控制　位置控制是伺服系统的重要组成部分，是保证位置控制精度的重要环节。在闭环和半闭环伺服系统中，按位置反馈和比较方式不同，分为相位比较、幅值比较、脉冲比较和全数字伺服驱动系统。

1) 相位伺服驱动系统。相位伺服驱动系统是采用相位比较方法实现位置闭环（及半闭环）控制的伺服驱动系统，是数控机床常用的一种位置控制系统。

图 6-62 所示为相位比较伺服驱动系统的方框图，它由基准信号发生器、脉冲调相器（或称为脉冲–相位变相器）、鉴相器、伺服控制单元、伺服放大器、检测元件及信号处理电路和执行元件等组成。

① 基准信号发生器。基准信号发生器输出的是一列具有一定频率的脉冲信号，其作用是为伺服系统提供一个相位比较基准。

② 脉冲调相器。它的作用是将来自数控装置的进给脉冲信号转换为相位变换的信号，该相位变换信号可用正弦信号或方波信号表示。若数控装置没有进给脉冲输出，脉冲调相器的输出与基准信号发生器的基准信号同相位，即两者没有相位差。若数控装置有脉冲输出，数控装置每输出一个正向或反向进给脉冲，脉冲调相器的输出将超前或滞后基准信号一个相应的相位角 ϕ_1。若 CNC 装置输出 N 个正向进给脉冲，则脉冲调相器的输出就超前基准信号一个相位角 $\phi = N\phi_1$。

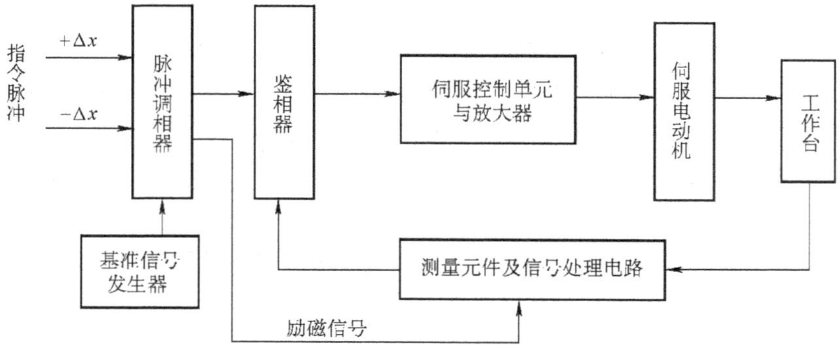

图 6-62　相位比较伺服驱动系统框图

③ 测量元件及信号处理电路。该电路和元件的作用是将工作台的位移量检测出来，并表示成与基准信号之间的相位差。

④ 鉴相器。鉴相器的输入信号有两路，一路是来自脉冲调相器的指令信号；另一路是来自测量元件及信号处理电路的反馈信号，它代表了工作台的实际位移量。这两路信号都是用它们与基准信号之间的相位差来表示，且同频率、同周期。当工作台实际移动的距离小于进给脉冲要求的距离时，这两个信号之间便存在一个相位差，这个相位差的大小就代表了工作台实际移动距离与进给脉冲要求的距离之差，鉴相器就是鉴别这个误差的电路，它的输出是与此相位差成正比的电压信号。

⑤ 伺服控制单元与放大器。鉴相器的输出信号一般比较微弱，需要放大，经过控制单元驱动电动机带动工作台运动。

用于相位伺服驱动系统的测量元件为旋转变压器、光栅等。相位伺服驱动系统利用相位比较的原理进行工作。当数控机床的数控装置要求工作台沿一个方向进给时，插补器或插补软件产生一系列进给脉冲，该进给脉冲作为指令脉冲，其数量代表了工作台的指令进给量，其频率代表了工作台的进给速度，其方向代表了工作台的进给方向。进给脉冲首先送入伺服驱动系统位置环的脉冲调相器。假定送入伺服驱动系统200个X轴正向脉冲，进给脉冲经脉冲调相器变为超前基准信号相位角$\phi=200\phi_1$的信号（ϕ_1为一个脉冲超前的相位角），它作为指令信号将送入鉴相器进行相位比较的一个量。在工作台运动以前，因工作台没有位移，故测量元件及信号处理电路的输出与基准信号同相位，即两者相位差$\theta=0$，该信号作为反馈信号也被送入鉴相器。在鉴相器中，指令信号与反馈信号进行比较。由于指令信号和反馈信号都是相对于基准信号的相位变化的信号，因此它们两者之间的相位差就等于指令信号相对于基准信号的相位差ϕ减去反馈信号相对基准信号的相位差θ，即$\phi-\theta$。此时，因指令信号相对于基准信号超前了$200\phi_1$，而反馈信号与基准信号同相位，因而指令信号超前反馈信号$200\phi_1$，即$\phi-\theta=200\phi_1$。鉴相器将该相位差检测出来，并作为跟随误差信号，经伺服控制单元与放大器，驱动电动机带动工作台运动，使工作台正向进给。工作台正向进给后，检测元件马上检测出此进给位移，并经过信号处理电路转变为超前基准信号一个相位角的信号。该信号被送入鉴相器与指令信号进行比较，若$\theta\neq\phi$，说明工作台实际移动的距离不等于指令信号要求的移动距离，鉴相器将ϕ和θ的差检测出来，送入伺服控制单元，驱动电动机转动带动工作台进给；若$\theta=\phi$，说明工作台移动距离等于指令信号要求的移动距离。此时，鉴相器的输出为0，即 $\phi-\theta=0$，工作台停止进给。如果数控装置又发出新的进给脉冲，按上述循环过程继续工作。从伺服系统的工作过程可以看出，它实际上是一个自动调节系统。如果多个坐标进给，原理一样，只是每个坐标都配备一套这样的系统即可。

2）幅值伺服驱动系统。幅值伺服驱动系统是以位置检测信号的幅值大小来反映机械位移的数值，并以此作为位置反馈信号与指令信号进行比较构成的闭环控制系统。该系统的特点之一是所用位置检测元件应工作在幅值工作方式。

① 幅值伺服驱动系统的组成。幅值伺服驱动系统的组成如图6-63所示。该系统由测量元件及信号处理电路、比较器、D－A转换器、位置调节器和速度控制单元等组成。用于幅值伺服驱动系统的测量元件为工作在幅值方式的旋转变压器。

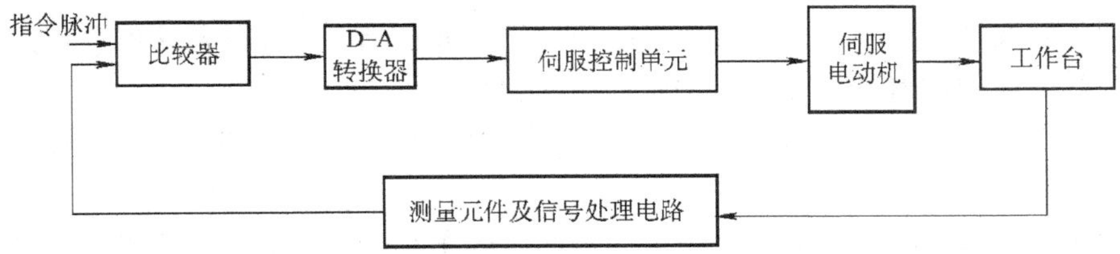

图6-63　幅值伺服驱动系统的组成

② 幅值伺服驱动系统的工作原理。进入比较器的信号有两路，一路是来自数控装置插补器或插补软件的进给脉冲（或叫指令脉冲），它代表了数控装置要求机床工作台移动的位移量；另一路是来自测量元件及信号处理电路的数字脉冲信号，它是由代表工作台位移的幅值信号转换来的。幅值系统工作前，数控装置和测量信号处理电路都没有脉冲输出，比较器输出为0，执行元件不能带动工作台移动。出现进给脉冲信号之后，比较器的输出不再为0，执行元件开始带动工作台移动，同时以幅值方式工作的测量元件又将工作台的位置检测出来，经信号处理电路转换成相应的数字脉冲信号，该数字脉冲信号作为反馈信号进入比较器与进给脉冲进行比较。若二者相等，比较器输出为0，说明工作台实际移动的距离等于指令信号要求工作台移动的距离，执行元件停止带动工作台移动；若二者不等，说明工作台实际移动的距离还不等于指令信号要求工作台移动的距离，执行元件继续带动工作台移动，直到比较器输出为0时停止。

3）脉冲（数字）比较伺服驱动系统。随着数控机床的发展，在位置控制伺服驱动系统中，采用脉冲（数字）比较的方法构成位置闭环控制，受到了普遍的重视。这种系统的主要优点是结构比较简单，目前采用光电编码器作位置检测装置，以半闭环的控制结构形式构成的脉冲比较伺服驱动系统应用比较普遍。

① 脉冲比较系统的构成。由数控装置提供的指令信号可以是数码信号，也可以是脉冲数字信号。该系统（见图6-64）由下面几部分组成。

a. 反馈测量装置。由反馈测量装置提供的反馈信号可以是数码信号，也可以是脉冲数字信号。

b. 比较器。完成指令信号与测量反馈信号比较。

c. 脉冲数字数码转换。脉冲数字信号与数码的相互转换部件。依据比较器的功能、指令信号与反馈信号的性质而决定是否采用。

d. 伺服控制单元与电动机。根据比较器的输出带动工作台移动。

在脉冲比较伺服驱动系统中，常用的测量装置是光栅、光电编码器。光栅和光电编码器能提供脉冲数字量。

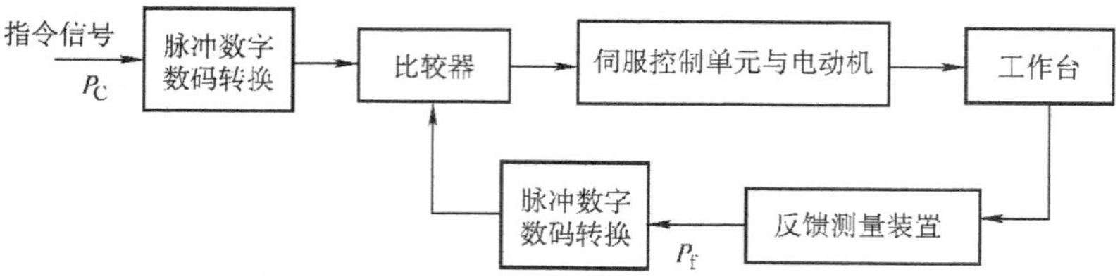

图6-64 脉冲比较伺服驱动系统的组成

常用的数字比较器大致有三类：数码比较器、脉冲数字比较器和数码与脉冲数字比较器。

由于指令和反馈信号不一定适合比较的需要，因此在指令和比较器之间，以及反馈和比较器之间有时需增加“脉冲数字–数码转换”的电路。

比较器的输出反映了指令信号与反馈信号的差值以及差值的方向，将这一输出信号放大后，控制工作台。

②脉冲比较伺服驱动系统的工作原理。下面以采用光电脉冲编码器为测量元件的系统为例说明脉冲比较伺服驱动系统的工作原理。

光电编码器与伺服电动机的转轴连接，随着电动机的转动产生脉冲序列输出，其脉冲的频率将随着转速的快慢而升降。现设工作台处于静止状态，指令脉冲 $P_C=0$，这时反馈脉冲 P_f 也为0，经比较环节可知偏差 $e=P_C-P_f=0$，则伺服电动机的速度给定为0，工作台静止不动。随着指令脉冲的输出，$P_C\neq0$，在工作台尚未移动之前，反馈脉冲 P_f 仍为0。在比较器中，P_C 和 P_f 比较，得偏差 $e=P_C-P_f\neq0$，若设指令脉冲为正向进给脉冲，则 $e>0$，由控制单元驱动电动机带动工作台正向进给。随着电动机运转，光电脉冲编码器将输出反馈脉冲 P_f 送入比较器，与指令脉冲 P_C 进行比较，如 $e=P_C-P_f\neq0$，继续运动，不断反馈，直到 $e=P_C-P_f=0$，即反馈脉冲数等于指令脉冲数时，$e=0$，工作台停在指令规定的位置上。如果继续给正向运动指令脉冲，工作台继续运动。当指令脉冲为反向运动脉冲时，控制过程与 P_C 为正时基本上类似。只是此时 $e<0$，工作台作反向进给。最后也应在指令所规定的反向某个位置时，$e=0$，准确停止。

4）全数字伺服驱动系统的特点。数字伺服驱动系统利用计算机技术，在专用硬件数字电路支持下，全部用软件实现数字控制。它具有以下特点：

① 采用现代控制理论，通过计算机软件实现最佳最优控制。

② 数字伺服驱动系统是一种离散系统，它是由采样器和保持器两个基本环节组成。离散系统的校正环节的比例（P）、积分（I）、微分（D）控制，即PID控制可由软件实现。由位置、速度和电流构成的三环反馈实现全部数字化，由计算机处理。控制参数 K_P、K_I 和 K_D 可以自由设定，并自由改变，非常灵活方便。

③ 数字伺服驱动系统具有较高的动、静态精度。在检测灵敏度、时间、温度漂移、噪声及外部干扰等方面都优于模拟伺服驱动系统和模拟数字混合伺服驱动系统。

数控机床伺服驱动系统是根据反馈控制原理工作的。这种传统伺服驱动系统必然会产生滞后误差。数字伺服驱动系统可以利用计算机和软件技术采用以下新的控制方法改善系统性能。

a. 前馈控制（Feedforward Control）。引入前馈控制，实际上构成了具有反馈和前馈的复合控制的系统结构。这种系统在理论上可以完全消除系统的静态位置误差，即实现“无差调节”。微分环节的前馈控制可以补偿积分环节的相位滞后，从而提高控制精度。

b. 预测控制（Predictive Control）。这是目前用来减小伺服误差的另一方法。通过预测整个机床的伺服传递函数，改变伺服系统的输入量，产生符合要求的输出。

c. 学习控制（Learning Control）或重复控制（Repetitive Control）。这种控制方法适用于周期性重复操作指令情况下的数控加工，可以获得高速、高精度的效果。它的工作原理是：对于第一个加工过程中产生的伺服系统滞后误差，系统经过“学习”，能记住这个误差，在第二次重复这个加工过程中做到精确、无滞后的跟踪指令。“学习控制”是一种智能型的伺服驱动系统。

五、CK160 型数控车床伺服电路的分析

CK160 型数控车床结构为斜床身，两轴联动，*X* 轴、*Z* 轴采用直线滚动导轨。CK160 型数控车床采用了 FANUC 0i Mate TC 数控系统，进给采用 FANUC 公司全数字交流伺服装置，伺服电动机为 βi2/4000。该伺服系统为半闭环系统，CNC 将位置、速度控制指令以数字量的形式输出至数字伺服系统，数字伺服驱动单元本身具有位置反馈和位置控制功能。CNC 和数字伺服驱动单元采用串行通信的方式，可极大地减少连接电缆，便于机床安装和维护，提高了系统的可靠性。

CNC 与伺服系统之间传递的信息有：位置指令和实际位置、速度指令和实际速度、伺服驱动及伺服电动机参数、伺服状态和报警、控制方式命令。

电源电路如图 6-28 所示。系统电路如图 6-5 所示。

1. 伺服电路

伺服电路如图 6-65 所示。*X* 轴、*Z* 轴伺服单元 K1－K1、K1－K2 上的 L1、L2、L3 端子接三相交流电源 200V（50/60Hz），作为伺服单元的主电路的输入电源，其中 K1－K1 为伺服交流接触器；K1－TC1 为伺服变压器，一次侧为三相 AC 380V，二次侧为三相 AC 200V；K1－QM1 为伺服动力电源保护开关，其辅助触点输入到 PLC，作为其状态信号；K1－K2 为伺服单元 MCC 接触器；K1－Z1 为伺服灭弧器，当相应的电路断开后，吸收伺服单元中的能量，避免产生过电压而损坏器件。外部 24V 直流稳压电源连接到 *X* 轴伺服单元的 CX19B，*X* 轴伺服单元的 CX19A 连接到 *Z* 轴伺服单元的 CX19B，作为伺服单元的控制电路的输入电源。CX29 为主电源 MCC 控制信号接口。CZ7－3 为伺服电动机的动力线接口。JF1 连接到相应的伺服电动机 K1－M1、－M2 内装编码器的接口上，作为 *X* 轴、*Z* 轴的速度和位置反馈信号控制。*X* 轴伺服单元上的伺服高速串行总线接口 COP10A 与 *Z* 轴伺服单元的 COP10B 连接（光缆）。CX30 为急停信号（＊ESP）接口，M1－K2 为急停继电器，当按下急停按钮或 *X* 轴、*Z* 轴超程时，断开伺服电路。

2. 强电控制电路（M1）

强电控制电路如图 6-66 所示。当未压下急停按钮 M1－SB1 或 *X/Z* 轴超程开关 M1－SQ1（－SQ2、－SQ3、－SQ4）时，M1－K2 接通。打开电源钥匙开关 M1－SA1，接通中间接触器 M1－K1，AC 220V 上电，接通伺服动力电源接触器 K1－K1。－SB2、－SB3 为 CNC 接通/断开按钮，M1－K3 继电器控制 CNC 上电。通电的顺序为先接通伺服单元，后接通 CNC，断电的顺序正好相反。M1－Z1、－Z2 为灭弧器。

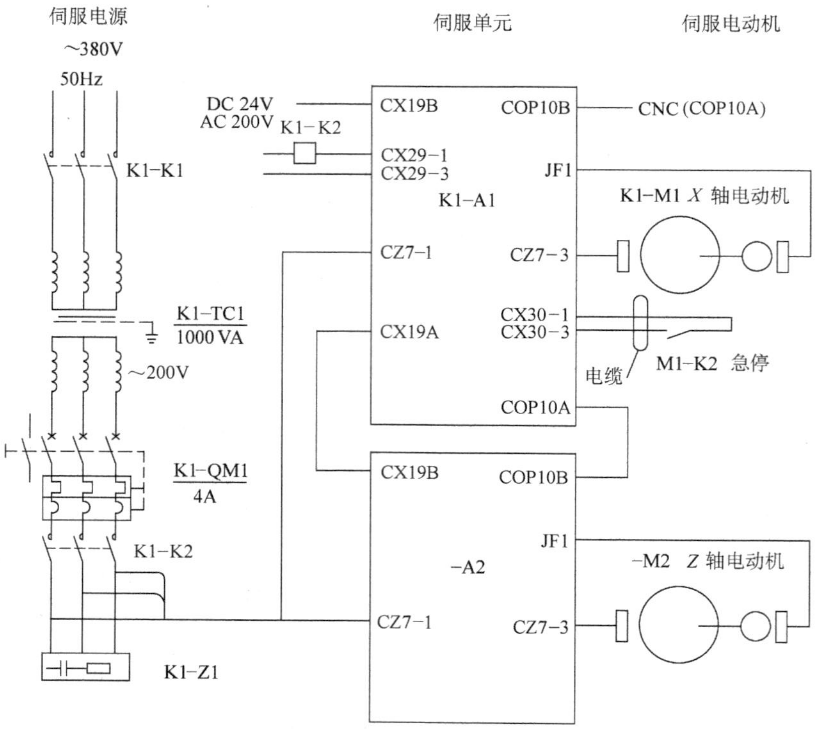

图 6-65 伺服电路

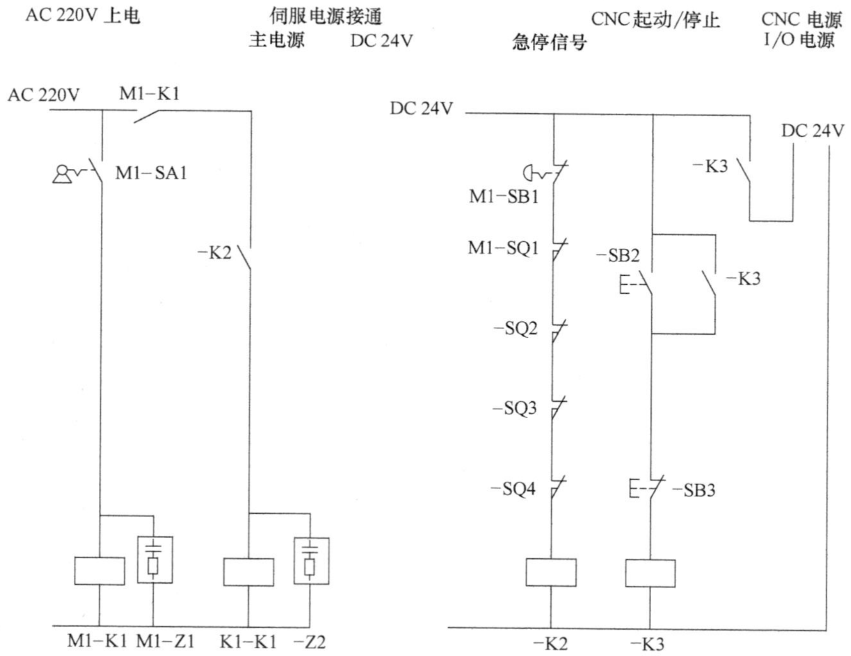

图 6-66 强电控制电路

3. PLC 的输入电路（M2）

PLC 的输入电路如图 6-67 所示。按下急停按钮时或超程时发出急停信号 M1 - K2，机床立即停止工作；M2 - SB5、- SB6、- SB7、- SB8、- SB9 为进给（ + *X*、 - *X*、 + *Z*、 - *Z*）点动和快移按钮，按下其中一个方向键时，相应轴拖板移动，同时按下一个方向键和一个快移键时，相应轴拖板快速移动；M2 - SQ2、- SQ3 为基准点行程开关，拖板沿着 + *X* 轴、 + *Z* 轴方向返回基准点时，压下 M2 - SQ2、- SQ3，基准点灯亮；伺服断路器 K1 - QM1 的辅助触点接入 PLC 进行控制。

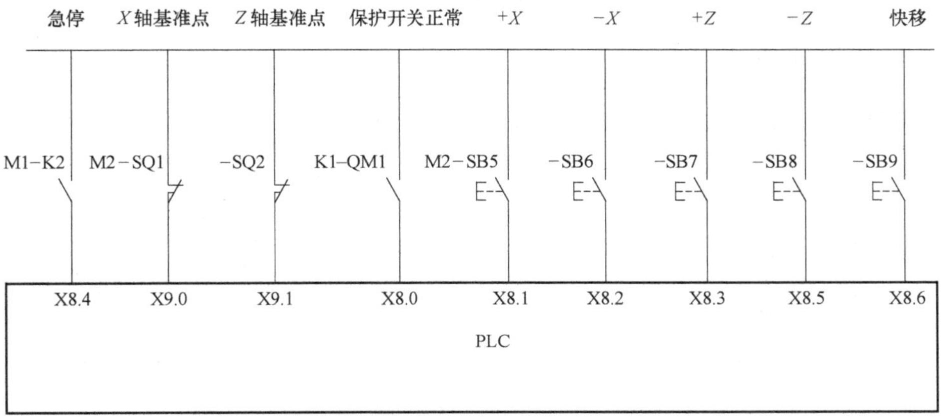

图 6-67　PLC 输入电路

4. PLC 的输出电路（M3）

PLC 的输出电路如图 6-68 所示。M3 - HL1 、M3 - HL2 分别为 *X* 轴、*Z* 轴基准点灯。

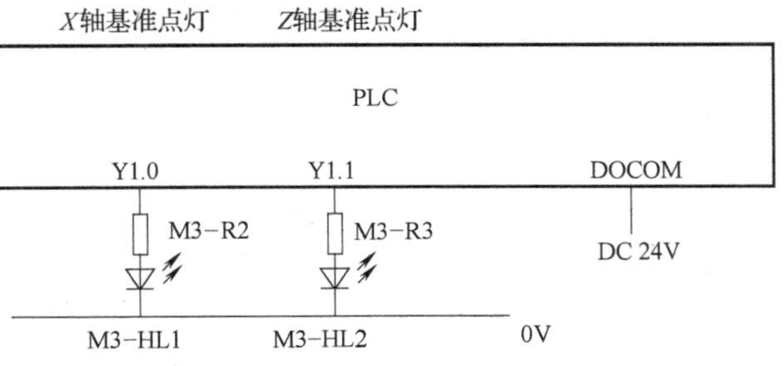

图 6-68　PLC 输出电路

六、CK160 型数控车床主轴电路的安装与调试

1）认识伺服驱动系统，了解其组成与功能。

2）检查元器件的质量是否完好，按照图 6-5、图 6-26、图 6-55、图 6-56、图 6-57、图 6-58 进行接线。

3）对照电路图检查是否掉线、错线，接线是否牢固。学生自行检查和互检后，经指导老师检查后方可通电操作。

4）依次合上断路器 M1 - QF1、- QF2、- QF3、- QF4、- QF5、- QF6、K1 - QM1，然后

接通钥匙开关 M1－SA1，按下 NC 起动按钮。

5）手动操作方向按钮 M2－SB5（或－SB6、－SB7、－SB8、－SB9），观察电动机或拖板移动的方向。

6）在返回参考点方式，按下按钮 M2－SB5 或－SB7，观察电动机或拖板运行情况，查看基准点灯是否亮。

7）按下紧停按钮 M1－SB1，观察面板上的报警灯。此时，手动方式按下方向键，观察电动机是否运行。

8）进行断电操作，断电顺序与通电顺序相反。

七、考核与评价

在自觉遵守安全文明生产规程的前提下，根据学习情境的能力目标，确定不同阶段的考核方式及分数权重，具体评定标准见表6-16。

表6-16　考核标准

教学内容	评价要点	评价标准	评价方式	考核方式	分数权重
学习情境六任务五	电路分析	正确分析电路原理	教师评价	答辩	0.2
	电路连接	按图接线正确、规范、合理		操作	0.3
	调试运行	按照要求和步骤正确调试电路		操作	0.3
	工作态度	认真、主动参与学习	小组成员互评	口试	0.1
	团队合作	具有与团队成员合作的精神		口试	0.1

八、习题与思考题

1. 开环、闭环和半闭环控制的原理和特性是什么？
2. 简述永磁同步式交流伺服电动机的工作原理。

学习情境七　数控机床电气控制系统的设计、安装与调试

任务一　CK160 型数控车床刀架控制系统的设计、安装与调试

一、学习目标

1）了解数控机床中的可编程序控制器的形式、特点和功能。

2）理解 FANUC PMC 的软器件特点、信号地址的含义，掌握其指令系统的功能以及编程的方法。

3）能够根据数控车床刀架控制系统的要求，设计其硬件电路及软件程序。

4）调试、运行数控车床的刀架控制系统。

二、任务

本任务是数控车床刀架控制系统的设计、安装与调试。电路控制要求：采用 FANUC 0i Mate TC 数控系统，数控刀架为八工位，刀架后置，可双向旋转，任意刀位就近换刀。

三、设备

主要设备是数控车床或数控实验台。

四、知识储备

1. 数控机床的 PLC

在数控机床中，除了对各坐标轴的位置进行连续控制外，还需要对主轴正/反转、刀架换刀、卡盘夹紧/松开、切削液开/关、排屑等动作进行控制。现代数控机床均采用 PLC 来完成上述功能。

（1）数控机床 PLC 的形式　数控机床用 PLC 可分为两类：一类是专为实现数控机床顺序控制而设计制造的内装型 PLC；另一类是那些 I/O 接口技术规范，并且 I/O 点数、程序存储容量以及运算和控制功能等均能满足数控机床控制要求的独立型 PLC。

1）内装型 PLC。内装型 PLC 从属于 CNC 装置，PLC 与 CNC 间的信号传送在 CNC 装置内部实现，PLC 与机床（Machine Tool，即 MT）之间则通过 CNC 装置输入/输出接口电路实现信号传送，如图 7-1 所示。

内装型 PLC 有以下特点：

① 在系统的结构上，内装型 PLC 可与 CNC 共用 CPU，也可单独使用一个 CPU；内装型 PLC 一般单独制成一块附加板，插装到 CNC 主板插座上，不单独配备 I/O 接口，而使用 CNC 装置本身的 I/O 接口；PLC 所用电源由 CNC 装置提供，不需另备电源。

② 内装型 PLC 实际上是 CNC 装置带有的 PLC 功能，一般是作为一种基本的功能提供给用户。内装型 PLC 的性能指标（如：I/O 点数、程序最大步数、每步执行时间、程序扫描时间、功能指令数目等）是根据所从属的 CNC 系统的规格、性能、适用机床的类型等确定的，其硬件和软件部分是被作为 CNC 系统的基本功能或附加功能与 CNC 系统统一设计制造的。

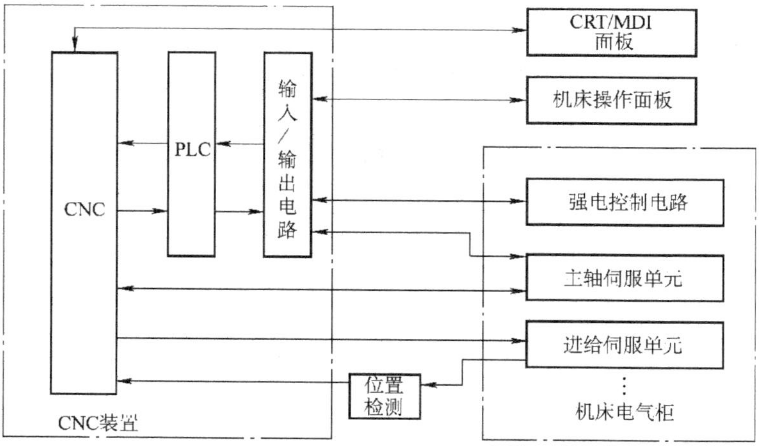

图 7-1　内装型 PLC 的 CNC 系统

③ 采用内装型 PLC 结构，扩大了 CNC 系统内部直接处理数据的能力，CNC 系统具有某些高级控制功能，如梯形图编辑和传送功能等。又因为其造价低，从而提高了 CNC 系统的性能价格比。

目前世界上知名的 CNC 系统厂家在其生产的 CNC 系统中，大多开发了内装型 PLC 功能。

2）独立型 PLC。独立型 PLC 又称通用型 PLC。独立型 PLC 独立于 CNC 装置，是具有完备的硬件和软件功能，能够独立完成规定控制任务的装置。采用独立型 PLC 的数控机床系统框图如图 7-2 所示。

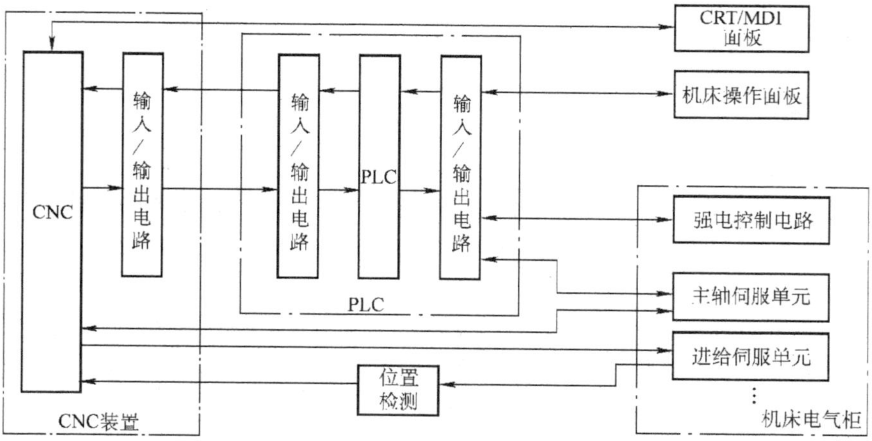

图 7-2　采用独立型 PLC 的数控机床系统框图

独立型 PLC 有以下特点。

① 独立型 PLC 不但要进行 MT 侧的 I/O 连接，还要进行 CNC 装置侧的 I/O 连接，因此 CNC 和 PLC 均具有自己的输入/输出接口电路。

② 独立型 PLC 的基本功能结构与前述的通用型 PLC 完全相同。

③ 数控机床应用的独立型 PLC 一般采用中型或大型 PLC，所以多采用积木式模块化结

构，具有安装方便、功能易于扩展和变换等优点。

④ 独立型 PLC 的 I/O 点数可以通过 I/O 模块的增减灵活配置。有的独立型 PLC 还可通过多个远程终端连接器构成有大量 I/O 点的网络，以实现大范围的集中控制。

通用型 PLC 应用较多的有 SIEMENS 公司 SIMATIC S5、S7 系列，日本三菱公司 FX 系列等。

独立型 PLC 的造价较高，所以其性价比不如内装型 PLC。一般内装型 PLC 多用于单微处理器的 CNC 系统，而独立型 PLC 主要用于多微处理器的 CNC 系统，但它们的作用是一样的，都是配合 CNC 系统实现刀具轨迹控制和机床顺序控制。

（2）PLC 与外部信息交换　在讨论 PLC、CNC 和机床各机械部件、机床辅助装置、机床强电电路之间的关系时，常把数控机床分为“CNC 侧”和“MT 侧”两大部分。“CNC 侧”包括 CNC 的硬件和软件。“MT 侧”包括机床机械部分、机床辅助装置、机床操纵台、机床强电电路等。PLC 处于 CNC 侧和 MT 侧之间，对 CNC 侧和 MT 侧的输入、输出信号进行处理。

MT 侧顺序控制的对象随数控机床的类型、结构、辅助装置等的不同而有很大差别。机床机构越复杂，辅助装置越多，受控对象也越多。

PLC、CNC 侧和 MT 侧三者之间的信息交换包括如下四部分：

1）MT 侧至 PLC。MT 侧的开关量信号主要是机床操作面板上各开关、按钮以及床身上的限位开关等信息，其中包括主轴正/反转、切削液的开/关、各坐标的点动和卡盘的松/夹等信号。这些信号通过 I/O 单元接口输入至 PLC 中，除了极少数信号外绝大多数信号的含义及所占用 PLC 的地址均可由 PLC 程序设计者自行定义。

2）PLC 至 MT 侧。PLC 控制机床的信号主要是控制机床执行件的执行信号，如电磁铁、接触器、继电器的动作信号以及确保机床各运动部件状态的信号及故障指示。这些信号通过 PLC 的开关量输出接口送到 MT 侧，所有开关量输出信号的含义及所占用 PLC 的地址均可由 PLC 程序设计者自行定义。

3）CNC 侧至 PLC。CNC 侧送至 PLC 的信息主要是 M、S、T 功能信息以及其他的状态信号，所有 CNC 侧送至 PLC 信号的含义及 PLC 的地址均由系统制造商确定，PLC 编程者只可使用，不可改变和增删。

4）PLC 至 CNC 侧。PLC 送至 CNC 侧的信息主要是经 PLC 处理后的逻辑信息，所有 PLC 送至 CNC 侧的信号的含义及地址均由系统制造商确定，PLC 编程者只可使用，不可改变和增删。

（3）PLC 的功能

1）操作面板的控制。操作面板分机床操作面板和系统操作面板。系统操作面板上控制信号由 CNC 侧送到 PLC，机床操作面板上的控制信号直接送入 PLC，从而控制机床的运行。

2）机床侧开关输入信号。将机床侧的开关信号送入 PLC，进行逻辑运算。这些控制开关包括限位开关、接近开关、压力开关等。

3）机床侧输出信号控制。PLC 输出的信号经强电柜中的继电器、接触器，输出给控制对象。

4）T 功能实现。CNC 送出 T 代码信号给 PLC，PLC 将 T 代码指定的目标刀位与当前刀位进行比较，如果不符，发出换刀指令，刀架就近换刀，到位停止，CNC 发出完成信号。

5）M 功能实现。M 功能是辅助功能，CNC 送出不同的 M 代码信号给 PLC，经过译码，输出控制信号，控制主轴正反转、主轴齿轮箱的换档变速、主轴准停、卡盘的夹紧和松开、切削液的开关等。M 功能完成时，CNC 发出完成信号。

6）S 功能实现。主轴转速可以用 S2 位代码或 4 位代码直接指定，CNC 送出 S 代码信号给 PLC，经过译码、数据转换和 D/A 变换，最后送到主轴驱动系统。

2. FANUC 0i 系统 PMC 性能简介

（1）FANUC 0i 系统 PMC 的性能及规格　FANUC 数控系统将 PLC 记为 PMC，称作可编程机床控制器，即专门用于控制机床的 PLC。目前 FANUC 系统中的 PLC 均为内装型 PMC。

FANUC 0i 系统有 0iA 系列、0iB 系列和 0iC 系列等。FANUC 0iA 系统的 PMC 可采用 SA1 或 SA3 两种类型，FANUC 0iB/0iC 系统的 PMC 可采用 SA1 或 SB7 两种类型。

FANUC 0i 系统的输入/输出信号是来自机床侧的直流信号，直流输入信号接口如图 7-3 所示。漏极型（共 24V）和有源型（共 0V）是可以切换的非绝缘型的接口，接点容量为 DC 30V，16mA 以上。直流输出信号为有源型输出信号，如图 7-4 所示。输出信号可驱动机床侧的继电器线圈或白炽指示灯负载，驱动器 ON 时最大负载电流 200mA，电源电压为 DC 24V。输出负载为感性负载（如继电器）时，应在继电器线圈反向并联续流二极管；输出负载为白炽指示灯负载时，应接入限流电阻。

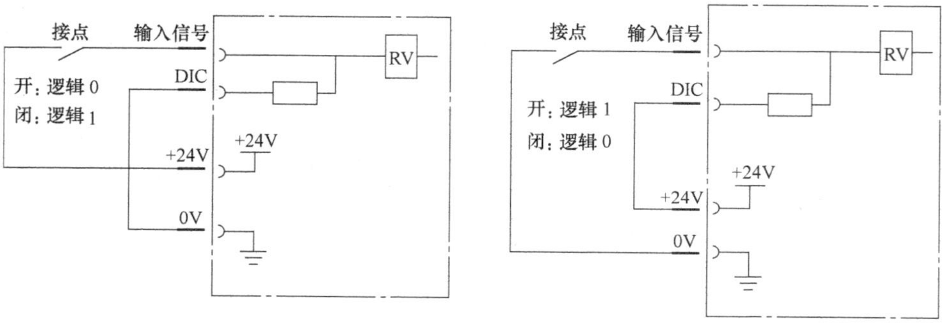

a)　　b)

图 7-3　FANUC 0i 系统的直流输入信号接口

a）漏极型输入的接线　b）有源型输入的接线

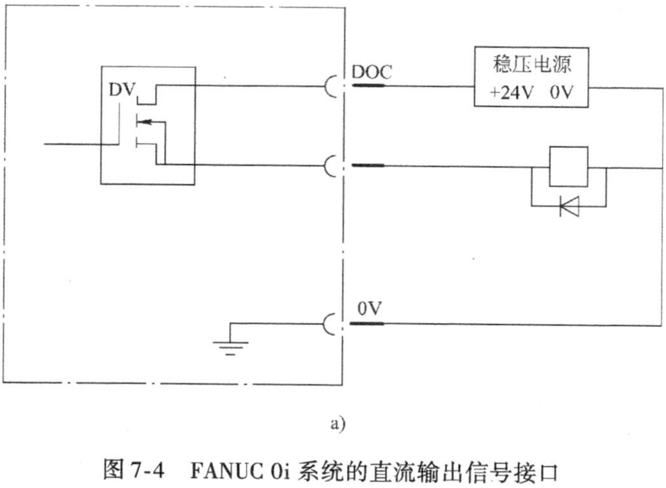

a)

图 7-4　FANUC 0i 系统的直流输出信号接口

a）输出信号驱动继电器负载

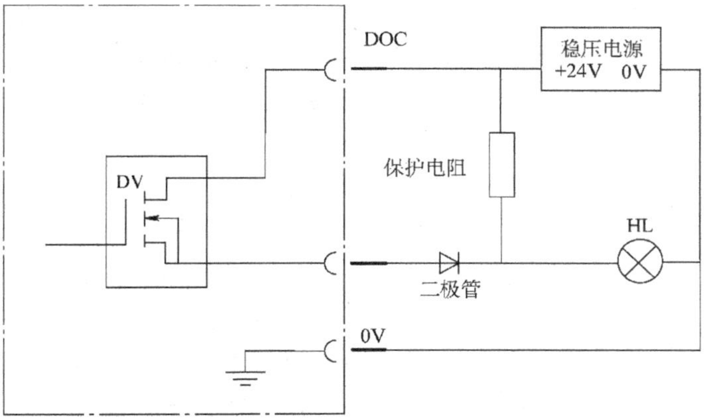

b)

图 7-4　FANUC 0i 系统的直流输出信号接口（续）
b）输出信号驱动白炽指示灯负载

FANUC 0i 系统 PMC 的性能和规格见表 7-1。

表 7-1　FANUC 0i 系统 PMC 的性能和规格

系　　统	FANUC 0i 系统		
PMC 类型	SA1	SA3	SB7
编程方法	梯形图	梯形图	梯形图
程序级数	2	2	3
第一级程序扫描周期	8ms	8ms	8ms
基本指令执行时间	5.0μs/步	1.5μs/步	0.033μs/步
程序容量 - 梯形图	大约 5000 步	大约 12000 步	大约 64000 步
符号和注释	1 ~ 128KB	1 ~ 128KB	不限制
信息显示	0.1 ~ 64KB	0.1 ~ 64KB	不限制
基本指令数	12	14	14
功能指令数	49	66	69
内部继电器（R）	1100 字节	1118 字节	8500 字节
信息显示请求位（A）	25 字节	25 字节	500 字节
数据表（D）	1860 字节	1860 字节	10000 字节
可变定时器（T）	40 个（80 字节）	40 个（80 字节）	250 个（1000 字节）
固定定时器（T）	100 个	100 个	500 个
计数器（C）	20 个（80 字节）	20 个（80 字节）	100 个（400 字节）
保持继电器（K）	20 字节	20 字节	120 字节
子程序（P）	无	512	2000
标号（L）	无	999	9999
I/O Link 输入/输出	最大 1024 点/最大 1024 点	最大 1024 点/最大 1024 点	最大 2048 点/最大 2048 点
内装输入/输出模块	最大 96 点/最大 72 点	最大 96 点/最大 72 点	无
顺序程序存储	Flash ROM 64KB	Flash ROM 128KB	Flash ROM 128KB ~ 768KB

（2）FANUC 0i 系统 PMC 器件地址 PLC 的信号地址表明了信号的位置。这些地址信号包括机床的输入/输出信号和 CNC 的输入/输出信号、内部继电器、非易失性存储器等。其信号地址由地址号（字母和其后四位之内的数）和位号（0~7）组成，信号地址的格式如图 7-5 所示。

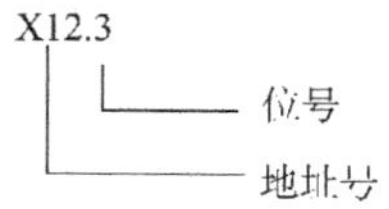

图 7-5 信号地址的格式

FANUC 0i 系统的输入/输出信号控制有两种形式，一种是来自系统内装 I/O 卡的输入/输出信号；另一种是来自外装 I/O 卡（I/O Link）的输入/输出信号。如果内装 I/O 卡控制信号与 I/O Link 控制信号同时（相同控制功能）作用，内装 I/O 卡信号有效。

1）机床到 PMC 的输入信号地址（MT→PMC）。如果采用 I/O Link 时，其输入信号地址为 X0~X127。如果采用内装 I/O 卡时，FANUC 0iA 系统的输入信号地址为 X1000~X1011，FANUC 0iB 系统的输入信号地址为 X0~X11。

有些输入信号不需要通过 PMC 而直接由 CNC 监控。这些信号的输入地址是固定的，CNC 运行时直接引用这些地址信号。FANUC 0i 系统的固定输入地址及信号功能见表 7-2。

表 7-2 FANUC 0i 系统的固定输入地址及信号功能

信号		符号	地址	
			当使用 I/O Link 时	当使用内装 I/O 卡时
T 系列	X 轴测定位置到达信号	XAE	X4.0	X1004.0
	Z 轴测定位置到达信号	ZAE	X4.1	X1004.1
	刀具补偿测量直接输入功能 B（+X 方向信号）	+NIT1	X4.2	X1004.2
	刀具补偿测量直接输入功能 B（-X 方向信号）	-MIT1	X4.3	X1004.3
	刀具补偿测量直接输入功能 B（+Z 方向信号）	+MIT2	X4.4	X1004.4
	刀具补偿测量直接输入功能 B（-Z 方向信号）	-MIT2	X4.5	X1004.5
M 系列	X 轴测定位置到达信号	XAE	X4.0	X1004.0
	Y 轴测定位置到达信号	YAE	X4.1	X1004.1
	Z 轴测定位置到达信号	ZAE	X4.2	X1004.2
公共（T、M）系列	跳跃信号	SKIP	X4.7	X1004.7
	系统急停信号	*ESP	X8.4	X1008.4
	第 1 轴返回参考点减速信号	*DEC1	X9.0	X1009.0
	第 2 轴返回参考点减速信号	*DEC2	X9.1	X1009.1
	第 3 轴返回参考点减速信号	*DEC3	X9.2	X1009.2
	第 4 轴返回参考点减速信号	*DEC4	X9.3	X1009.3

2）从 PMC 到机床侧的输出信号地址（PMC→MT）。如果采用 I/O Link 时，其输出信号地址为 Y0~Y127。如果采用内装 I/O 卡时，FANUC 0iA 系统的输入信号地址为 Y1000~Y1008，FANUC 0iB 系统的输入信号地址为 Y0~Y8。

3）从 PMC 到 CNC 的输出信号地址（PMC→CNC）。从 PMC 到 CNC 的输出信号的地址号为 G0~G255，这些信号的功能是固定的，用户通过梯形图实现 CNC 各种控制功能。

4）从 CNC 到 PMC 的输入信号地址（CNC→PMC）。从 CNC 到 PMC 的输入信号的地址号为 F0 ~ F255，这些信号的功能也是固定的，用户通过梯形图确定 CNC 系统的状态。

5）定时器地址（T）。定时器分为可变定时器（用户可以修改时间）和固定定时器（定时时间存储到 F－ROM 中）两种。可变定时器有 40 个（T01 ~ T40），其中 T01 ~ T08 时间设定最小单位为 48ms，T09 ~ T40 时间设定最小单位为 8ms。固定定时器有 100 个（PMC 为 SB7 时，固定定时器有 500 个），时间设定最小单位为 8ms。

6）计数器地址（C）。系统共有 20 个计数器，其地址为 C1 ~ C20（PMC 为 SB7 时，计数器有 100 个）。

7）保持型继电器地址（K）。FANUC 0iA 系统的保持型继电器地址为 K0 ~ K19，其中 K16 ~ K19 是系统专用继电器，不能另作他用。FANUC 0iB/0iC 系统（PMC 为 SB7）的保持型继电器地址为 K0 ~ K99（用户使用）和 K900 ~ K919（系统专用）。

8）内部继电器地址（R）。FANUC 0iA 系统内部继电器的地址为 R0 ~ R999，PMC－SA1 的 R9000 ~ R9099 为系统专用，PMC－SA3 的 R9000 ~ R9117 为系统专用。FANUC 0iB/0iC 系统内部继电器有 8500 个。

9）信息继电器地址（A）。信息继电器通常用于报警信息显示请求，FANUC 0iA 系统有 200 个信息继电器（占用 25 个字节），其地址为 A0 ~ A24。FANUC 0iB/0iC 系统的信息继电器占用 500 个字节。

10）数据表地址（D）。FANUC 0iA 系统数据表共有 1860 字节，其地址为 D0 ~ D1859。FANUC 0iB/0iC 系统数据表（PMC 为 SB7）共有 10000 字节。

11）子程序号地址（P）。子程序号用来指定 CALL（子程序有条件调用）或 CALLU（子程序无条件调用）功能指令中调用的目标子程序标号。在整个顺序程序中子程序号应当是唯一的。FANUC 0iA 系统（PMC 为 SA3）的子程序数为 512 个，其地址为 P1 ~ P512。FANUC 0iB/0iC 系统（PMC 为 SB7）的子程序数为 2000 个。

12）标号地址（L）。标号地址用来指定标号跳转 JMPB 或 JMPC 功能指令中跳转目标标号（顺序程序中的位置）。FANUC 0iA 系统（PMC 为 SA3）的标号数有 999 个，其地址为 L1 ~ L999。FANUC 0iB/0iC 系统（PMC 为 SB7）的标号数有 9999 个。

在 PMC 顺序程序的编制过程中，应注意到输入触点 X 不能用作线圈输出，系统状态输出 F 也不能作为线圈输出。对于输出线圈而言，输出地址不能重复，否则该地址的状态不能确定。

PMC 的地址中保持型存储区数据断电后可以保存。保持型存储区包括可变定时器、计数器、保持继电器、数据表。

不同型号的系统地址范围不一样，详细内容可查阅相应的系统连接手册。

3. FANUC 系统 PMC 的主要信号功能

从 PMC 到 CNC 的输出信号以及从 CNC 到 PMC 的输入信号的功能是固定的，用户通过梯形图实现 CNC 各种控制功能或确定 CNC 系统的状态。本节以 FANUC 0i 系统为例说明 PMC 的主要信号功能。

（1）运行准备信号

1）急停信号 * ESP（X8.4，G008.4）。急停信号 * ESP 变为“0”时，CNC 被复位并使机床处于急停状态。这一信号由急停按钮控制。急停信号使伺服准备信号（SA）变为“0”。

CNC 通过软限位功能进行超程检测，因此可以不需要行程限位开关。但是若伺服反馈回路出现故障，机床移动有可能超越软限位范围。因此，通常将行程限位开关与急停按钮串联作为急停信号。

2）CNC 就绪信号 MA（F001.7）。CNC 上电就绪后，该信号置为 1。如果出现系统报警，该信号即为 0。但是，当执行急停或类似操作，该信号保持为 1。

3）伺服就绪信号 SA（F000.6）。伺服系统就绪后，SA 信号变为 1。对于带制动器的轴，用此信号置 1 解除制动，该信号为 0 时电动机制动。

4）报警信号 AL（F001.0）。系统出现报警如：TH 报警、TV 报警、P/S 报警、超程报警、过热报警、伺服报警时，报警显示于屏幕上，且报警信号置为 1。CNC 复位清除报警后，信号 AL 置为 0。

5）电池报警信号 BAL（F001.2）。若用于在电源断开期间保持存储器内容的电池的电压低于规定值时，该信号变为 1。一般为了引起操作者的注意，用指示灯显示此报警。

6）方式选择信号 MD1、MD2、MD4（G043.0 ~ G043.2），DNC1（G043.5）、ZRN（G043.7）。方式选择信号为格雷码（即代码中仅有 1 位与相邻位不同），见表 7-3。为防止方式切换错误，使用回转式触电切换开关以确保相邻方式间仅有 1 位发生变化。

表 7-3 方式选择信号

序号	方式	信号状态				
		MD4	MD2	MD1	DNC1	ZRN
1	编辑（EDIT）	0	1	1	0	0
2	存储器运行（MEM）	0	0	1	0	0
3	手动数据输入（MDI）	0	0	0	0	0
4	手轮/增量进给（HANDLE/INC）	1	0	0	0	0
5	手动连续进给（JOG）	1	0	1	0	0
6	手轮示教（TEACH IN HANDLE）	1	1	1	0	0
7	手动连续示教（TEACH IN JOG）	1	1	0	0	0
8	DNC 运行（RMT）	0	0	1	1	0
9	手动返回参考点（REF）	1	0	1	0	1

（2）手动操作信号

1）进给轴方向选择信号 +J1 ~ +J4（G100.0 ~ G100.3）、-J1 ~ -J4（G102.0 ~ G102.3）。在 JOG 进给或增量进给方式下选择所需的进给轴和方向。信号名称中的 +/- 表示进给方向，J 后面的数字表示控制轴的序号。

2）手动进给倍率信号 *JV0 ~ *JV15（G010 ~ G011）。选择 JOG 进给或增量进给方式的速率。这些信号是 16 位的二进制编码信号，它对应的倍率见表 7-4。当所有的信号（*JV0 ~ *JV15）全部为“1”或“0”时，倍率值为 0，在这种情况下，进给停止。倍率可以 0.01% 的单位在 0% ~655.34% 的范围内定义。

表 7-4　手动进给倍率信号

* JV0 ~ * JV15				倍率值（%）
第 15 位 ~0 位				
1111	1111	1111	1111	0
1111	1111	1111	1110	0.01
1111	1111	1111	0101	0.10
1111	1111	1001	1011	1.00
1111	1100	0001	0111	10.00
1101	1000	1110	1111	100.00
0110	0011	1011	1111	400.00
0000	0000	0000	0001	655.34
0000	0000	0000	0000	0

3）手动快速移动选择信号 RT（G019.7）。在 JOG 进给或增量进给方式下选择快速移动速度，快速移动倍率有效。

4）手轮进给轴选择信号 HS1A ~ HS1D（G018.0 ~ G018.3）、HS2A ~ HS2D（G018.4 ~ G018.7）、HS3A ~ HS3D（G019.0 ~ G019.3）（M 系列）。这些信号选择手轮进给作用于哪个坐标轴。每个手摇脉冲发生器（M 系列最多 3 台，T 系列最多 2 台）与一组信号相对应，每组包括 4 个信号，分别是 A、B、C、D，信号名中的数字表示所用的手摇脉冲发生器的编号。编码信号 A、B、C、D 与进给轴的对应关系见表 7-5。

表 7-5　手轮进给轴选择信号

手轮进给轴选择				进给轴
HS*n*D	HS*n*C	HS*n*B	HS*n*A	
0	0	0	0	无轴选择
0	0	0	1	第 1 轴
0	0	1	0	第 2 轴
0	0	1	1	第 3 轴
0	1	0	0	第 4 轴

5）手轮进给倍率选择信号 MP1、MP2（G019.4、G019.5）。该信号选择手轮进给期间，手摇脉冲发生器每个脉冲对应的移动距离，也可选择增量进给每步的移动距离。表 7-6 为信号和位移量的对应关系，表中比例系数 m、n 由参数设定。

表 7-6　手轮进给倍率选择信号

手轮进给量的选择信号		移　动　量	
MP1	MP2	手轮进给	增量进给
0	0	最小设定单位 ×1	最小设定单位 ×1
0	1	最小设定单位 ×10	最小设定单位 ×10
1	0	最小设定单位 ×m	最小设定单位 ×100
1	1	最小设定单位 ×n	最小设定单位 ×1000

（3）建立参考点信号

1）手动返回参考点信号 ZRN（G043.7）。该信号用于选择手动返回参考点方式。手动返回参考点实际上是工作在 JOG 进给方式，其次将手动返回参考点选择信号 ZRN 置为 1。

2）参考点返回减速信号 * DEC1 ~ DEC4（X009.0 ~ X009.3）。这些信号在手动参考点返回操作中，使移动速度减速到 FL 速度，每个坐标轴对应一个减速信号。减速信号后的数字代表坐标轴号。

3）参考点返回结束信号 ZP1 ~ ZP4（F094.0 ~ F094.3）。该信号通知机床已经处于该轴的参考点上。每个坐标轴对应一个信号。信号名称的数字代表控制轴号。

当满足以下条件时，这些信号变为“0”：

① 机床移出参考点位置。

② 急停信号有效时。

③ 出现伺服报警。

（4）自动运行信号

1）循环启动信号 ST（G007.2）。在存储器方式（MEM）、DNC 运行方式（RMT）或手动数据输入方式（MDI）中，信号 ST 置 1，然后置为 0 时，CNC 进入循环启动状态并开始运行。

2）进给暂停信号 * SP（G008.5）。自动运行期间，若 * SP 信号置为 0，CNC 将进入进给暂停状态且运行停止。* SP 信号置为 0 时，不能启动自动运行。

3）循环启动灯信号 STL（F000.5）。通知 PMC 已经启动了自动运行。

4）进给暂停灯信号 SPL（F000.4）。通知 PMC 已经进入进给暂停状态。

5）外部复位信号 ERS（G008.7）。将复位信号 ERS 置为 1，CNC 复位并且进入复位状态。CNC 复位时，复位信号 RST 变为 1。

6）复位信号 RST（F001.1）通知 PMC，CNC 已被复位。该信号用于 PMC 侧的复位处理。在下列情况下，该信号被置为 1。

① 急停信号（* ESP）为 0 时。

② 外部复位信号（ERS）为 1 时。

③ 复位和倒回信号（RRW）为 1 时。

④ 按下 MDI 上的 RESET 键时。

7）所有轴机床锁住信号 MLK（G044.1）。在手动运行或自动运行时，若该信号置 1，则不向所有控制轴的伺服电动机输出脉冲（移动指令），机床工作台不移动，处于锁住状态。

8）各轴机床锁住信号 MLK1 ~ MLK4（G108.0 ~ G108.3）。将相应的轴置于机床锁住状态。该信号用于各控制轴，信号后的数字与各控制轴号相对应。

9）空运行信号 DRN（G046.7）。该信号置为 1，机床以设定的空运行进给速度移动。

10）单程序段信号 SBK（G046.1）。该信号置为 1，执行单程序段操作。

11）跳过任选程序段信号 BDT1（G044.0）。在自动运行期间，当相应的跳过任选程序段信号为 1 时，包含“/n”的程序段被忽略。

12）DNC 运行选择信号 DNC1（G043.5）。选择 DNC 运行方式（RMT）。为进行 DNC（RMT）操作，必须选择存储器运行方式（MEM）且将 DNC 运行选择信号置为 1。

（5）进给速度控制信号

1）快速移动倍率信号 ROV1、ROV2（G014.0、G014.1）。快速移动倍率信号与倍率值见表 7-7。F0 在参数中设定。

表 7-7　快速移动倍率信号与倍率值

快速移动倍率信号		倍　率　值
ROV1	ROV2	
0	0	100%
0	1	50%
1	0	25%
1	1	F0%

2）进给速度倍率信号 * FV0 ~ * FV7（G012.0 ~ G012.7）。切削进给速度倍率信号共有 8 个二进制编码信号与以下倍率值相对应。

$$倍率值 = \sum_{i=0}^{7}(2^i \times Vi)\%$$

当 * FVi 为 1 时，Vi = 0；当 * FVi 为 0 时，Vi = 1。

这些信号的权值为：* FV0：1%；* FV1：2%；* FV2：4%；* FV3：8%；* FV4：16%；* FV5：32%；* FV6：64%；* FV7：128%。

所有的信号都为“0”和所有的信号都为“1”时，倍率都被认为是 0%。因此，倍率可在 0 ~ 254% 的范围内以 1% 为单位进行选择。

（6）辅助功能信号

1）辅助功能代码信号 M00 ~ M31（F010 ~ F013）、辅助功能选通信号 MF（F007.0）。当指定了 M 代码地址（M 后最多有 8 位数）时，代码信号和选通信号被送给机床。机床用这些信号启动或关断辅助功能。

2）结束信号 FIN（G004.3）。该信号表示辅助功能、主轴速度功能、刀具功能的结束，并且该信号在所有功能结束后必须置为 1。

3）分配结束信号 DEN（F001.3）。分配结束信号（DEN）在自动运行或手动数据输入时，各轴移动指令执行完毕而 M、S、T 功能完成信号还没来时，变为“1”，而且即使在没有轴移动指令的程序段中，M、S、T 功能完成信号返回前，均为“1”。M、S、T 功能完成信号来了，且动作一结束，则分配结束信号就变为“0”。

当辅助功能（M、S、T 功能）与移动指令在同一程序段中时，此信号用来区分辅助功能与移动指令是同时开始执行，还是在移动指令完成后再执行辅助功能。

（7）主轴串行输出/主轴模拟输出信号

1）主轴代码信号 S00 ~ S31（F022 ~ F025）、主轴选通信号 SF（F007.2）。CNC 的主轴控制功能将 S 指令值转换为控制主轴电动机转速的输出值，并输出选通信号 SF。在不使用齿轮换挡和恒表面切削速度控制时，S 代码/SF 信号输出规定如下。

对于 M 系列，输出 S 代码，仅当 CNC 指令 PMC 换挡时才输出 SF 信号。

对于 T 系列，S 代码和 SF 信号都不输出。

当使用恒表面切削速度控制时，S代码并不总是主轴转速。

2）主轴停止信号 * SSTP（G029.6）。如果由CNC指定主轴输出，该信号设定主轴速度指令为0。如果不使用主轴停止信号功能，该信号必须设定为逻辑1，以使CNC执行主轴速度控制。

3）主轴定向信号 SOR（G029.5）。如果主轴定向信号逻辑为1且主轴停止信号为逻辑0，则主轴以参数指定的速度及参数指定的方向回转。

因为主轴以固定速度旋转而不考虑齿轮挡位，所以在机械式主轴定位时，该信号可用于低速旋转主轴，用机械挡块或定位销定位主轴。

4）主轴速度倍率信号 SOV0 ~ SOV7（G030）。主轴速度倍率信号使指令的主轴速度 S 值乘以0~254%的倍率，倍率单位为1%。

当执行主轴速度控制但不使用主轴速度倍率时，设定倍率值为100%。若倍率为0，禁止主轴旋转。

5）主轴速度到达信号 SAR（G029.4）。该信号用于通知CNC，主轴已经达到指定的主轴速度。SAR信号控制切削进给的起动。

6）主轴使能信号 ENB（F001.4）。表示是否有主轴指令输出。当输出到主轴的指令为0时，ENB信号为逻辑0；否则，为逻辑1。

在模拟主轴控制时，由于主轴电动机控制放大器中存在漂移电压，所以S0无法使主轴完全停止。此时可用ENB控制电动机停止。ENB信号也可用于串行主轴。

7）齿轮选择信号 GR10、GR20、GR30（F034.0 ~ F034.2）（M型），GR1、GR2（G028.1 ~ G028.2）（T型）。S指令是设定主轴转速的，实际控制是主轴电动机。为此，CNC需要确定主轴电动机速度和齿轮档位之间的对应关系。

对于M型，通过在自动运行方式或MDI操作中指定S0 ~ S99999，CNC依据事先在参数中定义的各齿轮档的速度范围来选择齿轮档，并且通过使用齿轮档GR30（高）、GR20（中）、GR10（低）通知PMC选择相应的齿轮档。同时，CNC根据选择的齿轮档位输出主轴电动机速度。

对于T型，由齿轮档选择信号GR1、GR2确定机床当前使用的齿轮档（GR1、GR2设为00、01、10、11，共4个齿轮档）。由加工者决定如何使用各齿轮档位。CNC输出与齿轮档位相对应的速度指令。M系列既可使用M型也可使用T型。T系列只能使用T型。

（8）刀具功能信号　刀具功能代码信号 T00 ~ T31（F026 ~ F029），刀具功能选通信号TF（F007.3）。

在地址T后，使用最多8位数字指定刀具号和偏置号，偏置号由T代码最后的1或2位数定义，刀具号由定义偏置号的1或2位数之外的剩余位数定义。

当指定了T代码时，产生与所定义的刀具相对应的代码信号和选通信号，机床依据所产生的信号选择刀具。

（9）显示/设定信号

1）软操作面板信号。软操作面板功能是用软开关替代机床操作面板的部分控制开关。如表7-8中的功能控制开关可用软开关替代，这其中还有8个通用的软开关，可由用户分配使用。这8个通用软开关可由用户任意命名。对于1到7组控制开关，用参数选择是使用机床操作面板上的控制开关还是控制单元MDI上的软开关。

表 7-8　软操作面板功能

组	功　能	输出信号	相关的输入信号
1	方式选择	MD1O（F073.0） MD2O（F073.1） MD4O（F073.2） ZRNO	MD1 MD2 MD4 ZRN
2	JOG 进给轴选择	+J1O～+J4O -J1O～-J4O （F081）	+J1～+J4 -J1～-J4
	手动快速移动	RTO（F077.6）	RT
3	手轮进给	HS1AO（F077.0） HS1BO（F077.1） HS1CO（F077.2） HS1DO（F077.3）	HS1A HS1B HS1C HS1D
	手轮进给倍率	MP1O（F076.0） MP2O（F076.1）	MP1 MP2
4	JOG 进给倍率	* JV0O～* JV15O （F079，F080）	* JV0～* JV15
	切削进给倍率	* FV0O～* FV7O （F078）	* FV0～* FV7
	快速移动倍率	ROV1O（F076.4） ROV2O（F076.5）	ROV1 ROV2
5	选择程序段跳过	BDTO（F075.2）	BDT
	单程序段	SBKO（F075.3）	SBK
	机床锁住	MLKO（F075.4）	MLK
	空运行	DRNO（F075.5）	DRN
6	保护键	KEYO（F075.6）	KEY
7	进给暂停	* SPO（F075.7）	* SP
8	通用（从第 1 行到第 8 行的开关）	OUT0～OUT7（F072）	

所有软开关的状态用输出信号通知 PMC。根据这些输出信号，PMC 将与软开关功能有关的输入信号置为“1“或“0”。

2）存储器保护信号 KEY1、KEY2、KEY3、KEY4（G046.3～G046.6）。允许用 MDI 操作来修改存储器的内容，根据参数的不同设定，可修改存储器中的不同内容。

4. FANUC 系统 PMC 的指令系统

PMC 的指令有两类：基本指令和功能指令两种指令。在设计顺序程序时使用最多的是基本指令。由于数控机床执行的顺序逻辑往往较为复杂，仅用基本指令编程会十分困难或规模庞大，因此必须借助功能指令以简化程序。PMC 型号不同，功能指令的数目也有所不同，但指令系统是完全一样的。

基本指令只是对二进制位进行逻辑操作，而功能指令是对二进制字节或字进行一些特定功能的操作。

（1）基本指令　基本指令格式如图 7-6 所示。

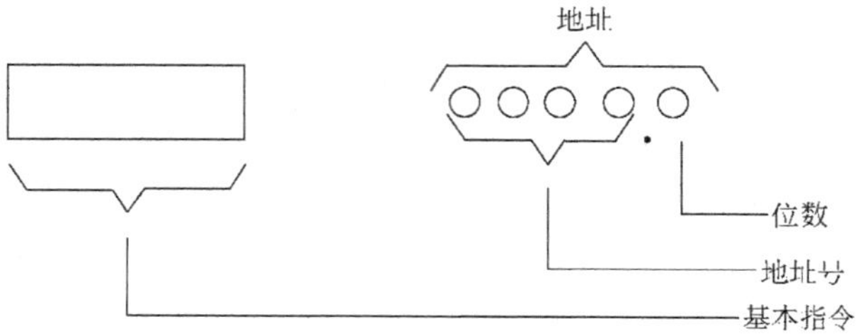

图 7-6　基本格式指令

常用的基本指令见表 7-9。

表 7-9　基本指令

No	指　　令	处 理 内 容
1	RD	读出指定信号状态，在一个梯级开始的触点是常开触点时使用
2	RD. NOT	读出指定信号的“非”状态，在一个梯级开始的触点是常闭触点时使用
3	WRT	将运算结果写入到指定的地址
4	WRT. NOT	将运算结果的“非”状态写入到指定的地址
5	AND	执行触点逻辑“与”操作
6	AND. NOT	以指定信号的“非”状态进行逻辑“与”操作
7	OR	执行触点逻辑“或”操作
8	OR. NOT	以指定信号的“非”状态进行逻辑“或”操作
9	RD. STK	电路块的起始读信号，指定信号的触点是常开触点时使用
10	RD. NOT. STK	电路块的起始读信号，指定信号的触点是常闭触点时使用
11	AND. STK	电路块的逻辑“与”操作
12	OR. STK	电路块的逻辑“或”操作

（2）功能指令　数控机床用 PMC 的指令满足数控机床信息处理和动作控制的特殊要求。由 CNC 输出的二进制代码信号的译码，机械运动状态的延时确认，刀架最短路径旋转和当前位置至目标位置步数的计算，以及比较、代码转换、四则运算、信息显示等控制功能，如果仅用基本指令编程，实现起来将会十分困难。因此要增加一些具有专门控制功能的指令，解决基本指令无法解决的那些控制问题。这些专门指令就是功能指令，应用功能指令就是调用了相应的子程序。指令数目视 PMC 型号不同而不同。在此将以 FANUC 0i 系统的 PMC—SA1/SA3 为例，介绍 FANUC 系统常用 PMC 功能指令的功能、指令格式及数控机床的具体应用。

FANUC 的 PMC—SA1/SA3 型部分功能指令见表 7-10。

表 7-10　PMC—SA1/SA3 型部分功能指令

序号	指令助记符	SUB 号	处理内容	序号	指令助记符	SUB 号	处理内容
1	END1	1	第一级程序结束	21	COMP	15	比较
2	END2	2	第二级程序结束	22	COMPB	32	二进制数比较
3	TMR	3	定时器	23	COIN	16	一致性检测
4	TMRB	24	固定定时器	24	SFT	33	寄存器移位
5	DEC	4	译码	25	DSCH	17	数据检索
6	DECB	25	二进制译码	26	DSCHB	34	二进制数据检索
7	CTR	5	计数器	27	XMOV	18	变址数据传送
8	ROT	6	旋转控制	28	XMOVB	35	二进制变址数据传送
9	ROTB	26	二进制旋转控制	29	ADD	19	加法
10	COD	7	代码转换	30	ADDB	36	二进制加法
11	CODB	27	二进制代码转换	31	SUB	20	减法
12	MOVE	8	逻辑乘后的数据传送	32	SUBB	37	二进制减法
13	MOVOR	28	逻辑或后的数据传送	33	MUL	21	乘法
14	COM	9	公共线控制	34	MULB	38	二进制乘法
15	COME	29	公共线控制结束	35	DIV	22	除法
16	JMP	10	跳转	36	DIVB	39	二进制除法
17	JMPE	30	跳转结束	37	NUME	23	常数定义
18	PARI	11	奇偶检查	38	NUMEB	40	二进制常数定义
19	DCNV	14	数据转换	39	DISPB	41	扩展信息显示
20	DCNVB	31	扩展数据转换				

功能指令格式如图 7-7 所示，格式中包括控制条件、指令、参数和输出几部分，它们必须无一遗漏地按固定的顺序编写。

① 控制条件。每条功能指令控制条件的数量和含义各不相同。以 RST 为控制条件的功能指令中，RST 有最高的优先级别，当 RST = 1 时，尽管 ACT = 1，但是仍进行 RST 处理。

② 指令。部分功能指令的种类见表 7-10。

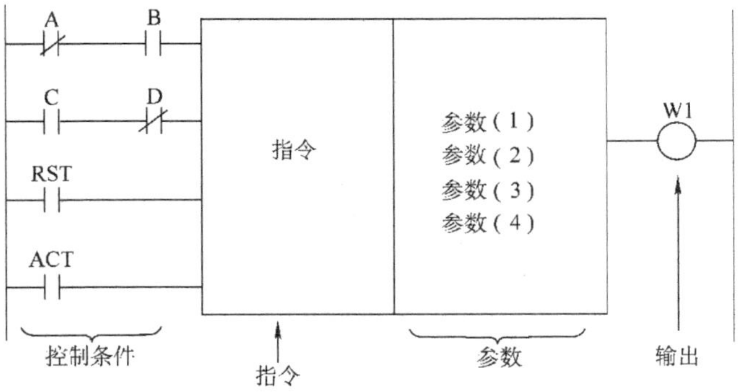

图 7-7　功能指令格式

③ 参数。与基本指令不同，功能指令可处理数据。数据或存有数据的地址可作为参数写入功能指令。参数数目和含义随指令不同而异。

④ 输出。功能指令的操作结果用逻辑“1”和“0”状态输出到 W1，W1 地址由编程者任意指定。

但有些功能指令不用 W1，如 MOVE、COM、JMP 等。

功能指令具有基本指令所没有的数据处理功能。功能指令处理的数据包括 BCD 代码数据和二进制代码数据。

BCD 代码数据由 1 字节（0~99）或相邻的 2 字节（0~9999）组成。二进制代码由 1 字节、2 字节或 4 字节数据组成。不论 BCD 数据或二进制数据是几个字节，在功能指令中指定的地址都应是最小地址。

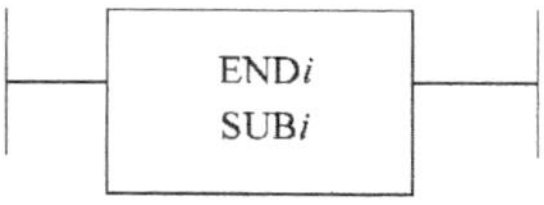

图 7-8 程序结束指令

1）程序结束指令 END1 和 END2。END1：第一级程序结束指令；END2：第二级程序结束指令。程序结束指令如图 7-8 所示。

图 7-8 中 $i=1$ 和 2，分别表示第一级和第二级程序结束指令。END1 在程序中必须指定一次，其位置在第一级程序的末尾，当无第一级程序时，则在第二级程序的开头指定。END2 在第二级程序末尾指定。

PLC 程序按优先级别分为两部分：第一级和第二级程序。划分优先级别是为了处理要求响应快的信号（如脉冲信号），这些信号包括紧急停止信号以及进给保持信号等。第一级程序每 8ms 执行一次，这 8ms 中的其他时间用来执行第二级程序。如果第二级程序很长的话，就必须对它进行划分，划分得到的每一部分与第一级程序共同构成 8ms 的时间段。梯形图的循环周期（即扫描周期）是指将 PLC 程序完整执行一次所需要的时间，循环周期等于 8ms 乘以第二级程序划分所得的数目，如果第一级程序很长的话，相应的循环周期也要增加。

图 7-9 所示为某数控车床应用 PMC 程序结束指令实例，其中 X8.4 为急停按钮，X12.1 为暂停按钮，X10.0、X10.1、X10.2、X10.3 为 X 轴、Z 轴正负向超程限位开关，X11.0 为解除超程按钮，X8.0 为机床锁住按钮，A0.0 为报警显示信息。

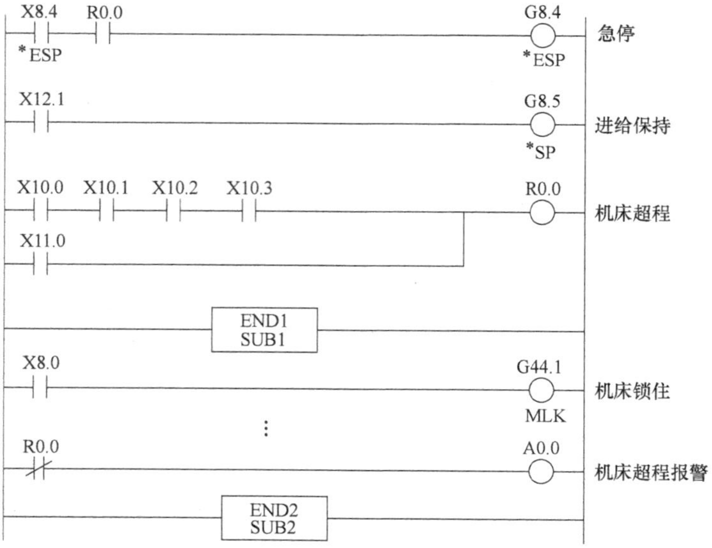

图 7-9 某数控车床应用 PMC 程序结束指令实例

2）定时器指令。在数控机床梯形图中，定时器是不可缺少的指令，其功能相当于时间继电器。

① 定时器 TMR。TMR 是设定时间可以更改的通电延时型定时器，如图 7-10 所示，在保

持型存储器的 T 区设定时间，T 区共有 80 字节，2 个字节为一个定时器，对于 1 ~ 8 号定时器，设定时间的单位为 48ms，最大为 1572.8s；对于 9 ~ 40 号定时器，设定时间的单位为 8ms，最大为 262.1s。

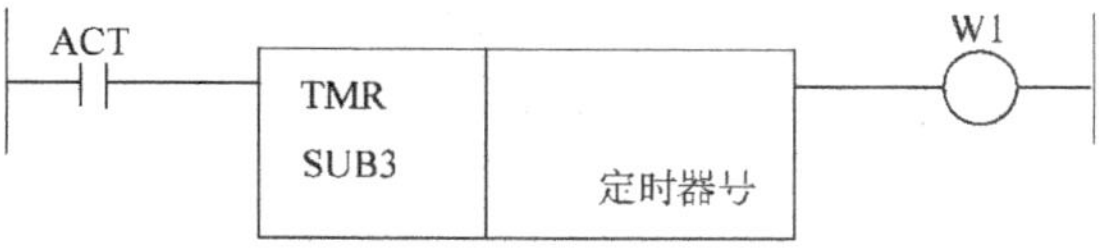

图 7-10　定时器 TMR

控制原理：当 ACT = 0 时，定时器关断，输出 W1 = 0；当 ACT = 1 时，定时器开始计时，到达预定的时间后，输出 W1 = 1。

图 7-11 所示为某数控机床利用定时器实现机床报警灯闪烁控制实例。图中 X8.4 为机床急停报警，R0.3 为主轴报警，R0.2 为自动开关保护报警，R0.1 为自动换刀装置故障报警，R0.0 为自动加工中机床的防护门打开报警，当上面任何一个报警信号输入时，机床报警灯 Y1.5 都闪烁（间隔时间为 5s）。通过 PMC 参数的定时器设定画面分别输入 T01、T02 的时间设定值（5000ms）。

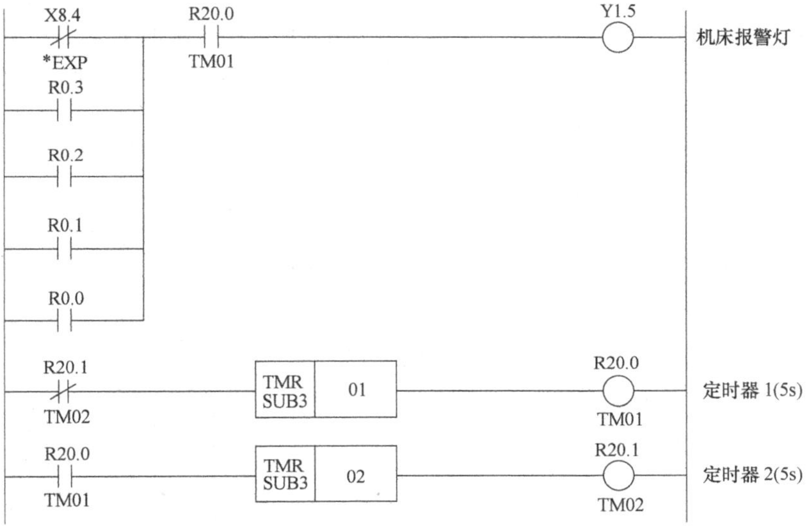

图 7-11　某数控机床利用定时器实现机床报警灯闪烁控制实例

② 固定定时器 TMRB。TMRB 是设定时间固定的通电延时型定时器，如图 7-12 所示，其通过功能指令参数来指定所需的延时时间。预设定时间以十进制表示，设定时间的最小单位为 8ms，最大值为 262136ms。定时器号为 1 ~ 100。

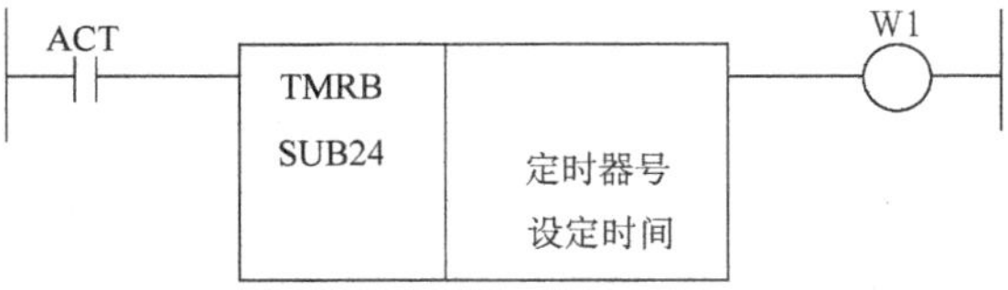

图 7-12　固定定时器 TMRB

TMRB 控制原理同 TMR。

3）译码指令。数控机床在执行加工程序中规定的 M、S、T 功能时，CNC 装置以 BCD 或二进制代码形式输出 M、S、T 代码信号。这些信号需要经过译码才能从 BCD 或二进制状态转换成具有特定功能含义的一位逻辑状态。

① DEC 指令。DEC 指令的功能是对由 CNC 至 PLC 的两位 BCD 代码译码。DEC 指令主要用于数控机床的 M 码、T 码的译码。一条 DEC 译码指令只能译一个 M 代码。

图7-13所示为DEC译码指令和应用实例。

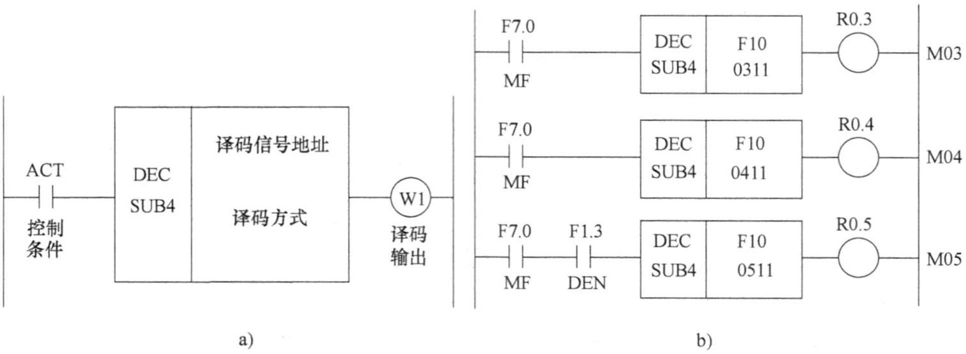

图7-13　DEC译码指令和应用实例

a）DEC译码指令　b）应用实例

DEC指令如图7-13a所示。译码信号地址为指定包含两位BCD代码信号的地址。译码方式包括译码数值和译码位数两部分。译码数值为要译码的两位BCD代码；译码位数01为只译低4位数、10为只译高4位数、11为高低位均译。

当ACT=0时，不执行译码指令；当ACT=1时，执行译码指令，若两位BCD代码与给定数值一致时，W1为1，否则为0。

图7-13b中，F7.0为M码选通信号，F1.3为移动指令分配结束信号，F10为M码输出信号地址。当执行加工程序的M03、M04、M05时，R0.3、R0.4、R0.5分别为1，从而实现主轴正转、反转及主轴停止自动控制。

② DECB指令。DECB指令是对由CNC至PLC的1字节、2字节或4字节的二进制代码译码，如图7-14所示。DECB指令主要用于数控机床的M码、T码的译码。一条DECB译码指令可译8个连续M代码或8个连续T代码。

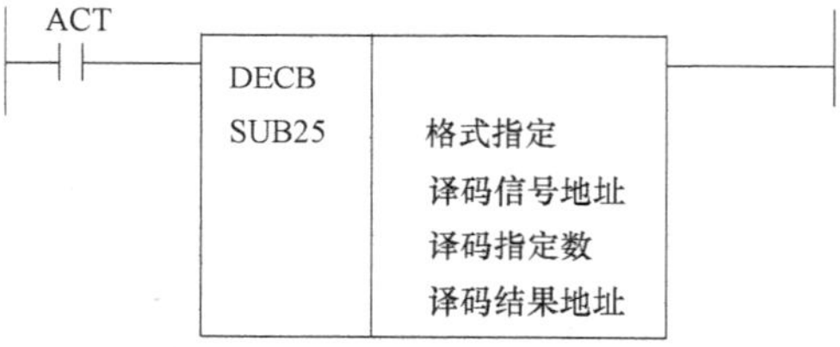

图7-14　DECB指令

图7-14中，格式指定为1（或2、4）指定了1字节（或2字节、4字节）的二进制代码数据；译码信号地址是指给定一个存储器代码数据的地址；译码指定数是指给定要译码的8个连续数字的第一位；译码结果地址是指给定一个输出译码结果的地址。

当控制条件ACT=0时，将所有输出位复位；当ACT=1时，对二进制代码数据进行译码，所指定的8位连续数据之一与代码数据相同时，对应的输出数据位为1，没有相同的数时，输出数据为0。

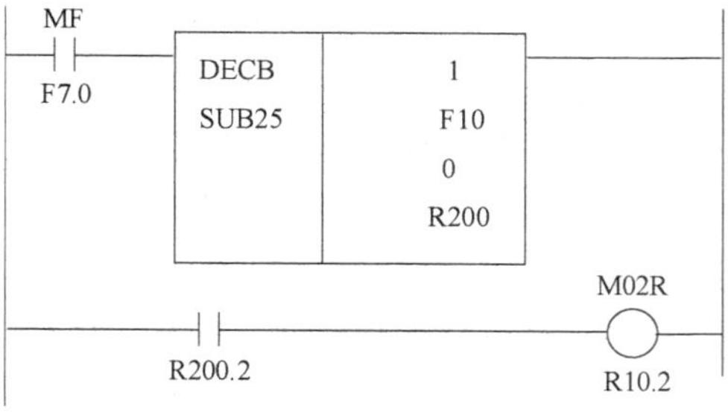

图7-15　DECB指令应用实例

图7-15所示为DECB指令应用实例。当F7.0=1时，开始对F10起始地址的1个字节二进制代码（M代码）进行译码，当译码后的数据与0～7共8个数中任意一个数符合时，对应R200中相应的位被置为1，否则，相应的位被置

为0。如译码数据为2，则R200.2=1，R10.2（M02译码M02R）=1。

4）计数器指令。计数器主要功能是进行计数，可以是加计数器，也可以是减计数器，在保持型存储器的C区设定预定值，C区共有80字节，4个字节为一个计数器，计数器号为1～20。

① 计数器CRT。CRT的预置值或计数值是BCD代码或二进制代码形式由系统参数设定，CRT指令格式如图7-16所示。

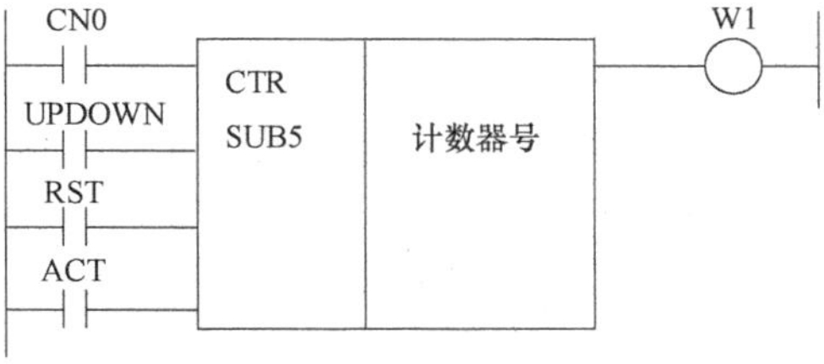

图7-16　CRT指令格式

a. 指定初始值。CN0=0，初始值为0；CN0=1，初始值为1。

b. 指定加或减计数器。UPDOWN=0，加计数器，初始值取决于CN0。当UPDOWN=1，减计数器，计数器由预定值开始。

c. 复位。RST=0，复位解除；RST=1，W1=0，计数器当前值恢复为初始值。

d. 计数信号。ACT=0，计数器不工作，W1不变化；ACT为上升沿，计数器计数。当加计数器的当前值加到预定值或减计数器的当前值减为初始值时，W1=1。

计数器可以实现自动计数加工工件的件数；作为分度工作台的自动分度控制及加工中心自动换刀装置中的换刀位置自动检测控制等。

图7-17所示为自动计数加工件数的PMC控制。计数器的初始值CN0为0（R1.0为逻辑1），加工件数从0开始计数；加减计数形式UPDOWN为0，即指定计数器为加计数。通过PMC参数画面设定计数器1的预置值为100（设定加工零件100件）。每加工一个工件，通过加工程序结束指令M30（R10.0）进行计数器加1累计，当加工100件时，计数器的计数值累计到100，计数器输出Y0.0为1，通知操作者加工结束，并通过Y0.0的常闭触点切断计数器的计数控制。如果重新进行计数，可通过机床面板的复位开关X8.0进行复位，计数器重新计数。

② 计数器CTRC。此计数器中的数据都是二进制数。CTRC指令格式如图7-18所示。

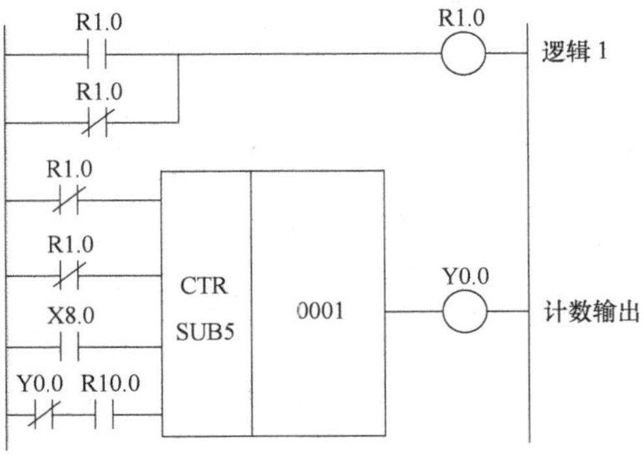

图7-17　自动计数加工件数的PMC控制

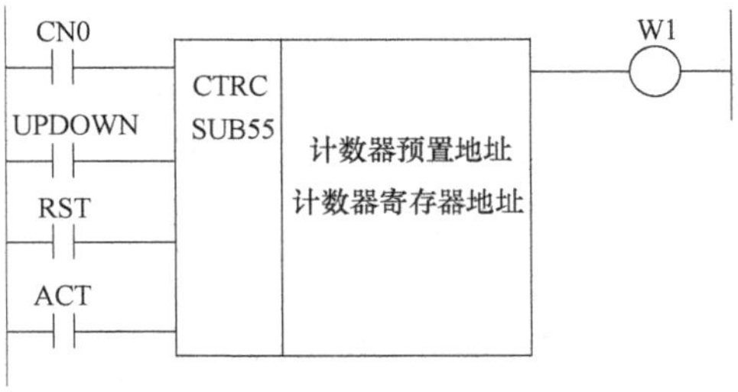

图7-18　CTRC指令格式

计数器预置值地址为计数器预置值的第一个地址，此区域需要从第一个地址开始的连续2个字节的存储空间，一般使用D域，计数器预置值为二进制，其范围为0～32767；计数器寄存器地址为计数器寄存器区域的首地址，此区域需要自首地址开始的连续4个字节的存储空间，一般使用D域。

CTRC指令控制条件与工作原理与CTR指令相同。

5）旋转指令。主要用于控制旋转体，如刀架、旋转工作台等，实现沿着较短的路径选择旋转方向；计算当前位置到目标位置的步数；计算当前位置到目标位置前一位的位置数。

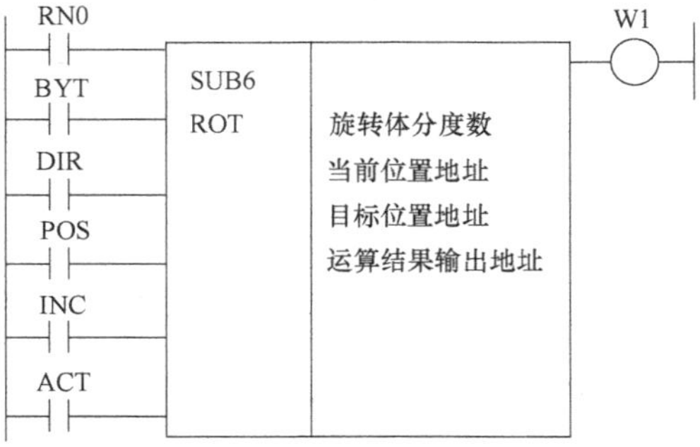

图7-19　ROT指令

① ROT指令。如图7-19所示，该指令有6项控制条件。

a. 指定旋转体起始位置号。RN0 =0，旋转体位置号从0开始；RN0 =1，旋转体位置号从1开始。

b. 指定处理数据（位置数据）的位数。BYT =0，两位BCD码（1字节）；BYT =1，四位BCD码（2字节）。

c. 最短路径的旋转方向选择与否。DIR =0，无方向选择，旋转方向只有正向；DIR =1，可选择方向，由旋转方向输出（W1）决定。

d. 指定运算条件。POS =0，计算目标位置；POS =1，计算目标位置前一位置。

e. 指定位置或步数。INC =0，计算位置数；INC =1，计算步数。如果计算当前位置到目标位置前一位的位置数，指定INC =0和POS =1；如果计算当前位置到目标位置的步数，指定INC =1和POS =0。

f. 执行命令。ACT =0，ROT指令不执行，W1不变；ACT =1，ROT指令执行。

旋转体分度数为旋转体旋转一周的分度数；当前位置地址为存储当前位置的起始地址；目标位置地址为存储目标位置（或命令值）的起始地址，如存储CNC输出T代码的地址；运算结果输出地址为所计算的位置数或步数的地址。

通过较短路径控制旋转，旋转方向信号输出到W1，当W1 =0时，方向为正；当W1 =1时，方向为负。

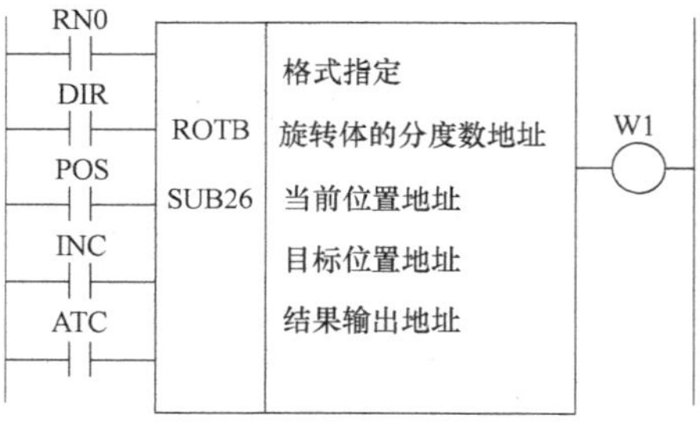

图7-20　ROTB指令

② ROTB指令。可用地址指定旋转体的分度数，所处理数据的形式均为二进制形式。其他内容与ROT指令基本相同，如图7-20所示。

格式指定为1（或2、4）表示处理的数据长度为1字节（或2字节、4字节）。

6）代码转换指令

① COD指令。该指令是把BCD代码（0 ~ 99）转换成2位或4位BCD数据的指令。即把2位BCD代码指定的数据表地址内数据输出到转换数据的输出地址中。一般用于数控机床面板的倍率开关的控制，比如进给倍率、主轴倍率等的PMC控制。COD指令如图7-21所示。

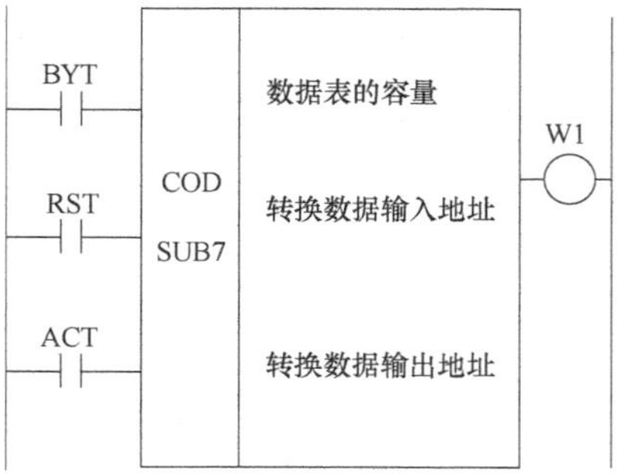

图7-21　COD指令

a. 指定数据形式：BYT =0，将数据表的数据转换为 2 位 BCD 代码；BYT = 1，将数据表的数据转换为 4 位 BCD 代码。

b. 错误输出复位：RST = 0，不复位；RST = 1，将错误输出 W1 复位。

c. 执行条件：ACT = 0，不执行 COD 指令；ACT = 1，执行 COD 指令。

数据表的容量指定转换数据表地址的范围 0 ~ 99，数据表的开头为 0 号，数据表的最后单元为 n 号，则数据表的大小为 $n+1$；转换数据输入地址为转换数据所在数据表的表号地址，一般可通过机床面板的开关来设定该地址的内容；转换数据输出地址为数据表内指定的 2 位或 4 位 BCD 代码数据的输出地址。

在执行 COD 指令时，如果转换输入地址出错（如转换地址数据超过了数据表的容量），则 W1 为 1。

② CODB 指令。该指令将二进制格式的数据（0 ~ 255）转换为 1 个字节、2 个字节或 4 个字节的二进制数据，即二进制数据指定的数据表地址内的二进制数据输出到转换数据的输出地址中。CODB 指令控制条件与工作原理与 COD 指令基本相同，如图 7-22 所示。

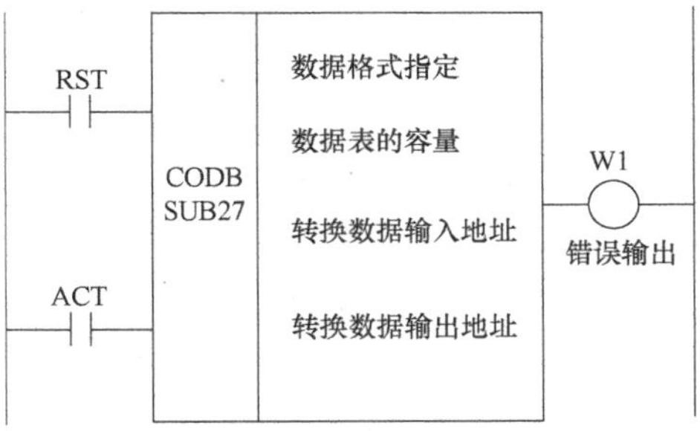

图 7-22　CODB 指令

数据格式指定为 1（或 2、4）表明转换数据表中二进制数据的字节数为 1 字节（或 2 字节、4 字节）；数据表的容量指定转换表数据地址的范围为 0 ~ 255。

注：转换表与 PMC 程序一起写入 ROM。

图 7-23 所示为某数控机床主轴倍率（50% ~ 200%）的 PMC 控制梯形图，其中 X8.0 ~ X8.3 是机床面板主轴倍率开关的输入信号（4 位二进制代码格式输入控制），F1.1 为系统复位信号，R9091.1 为逻辑 1，G30 为 FANUC 0i 系统的主轴倍率信号（二进制形式），R7.0 为转换出错。

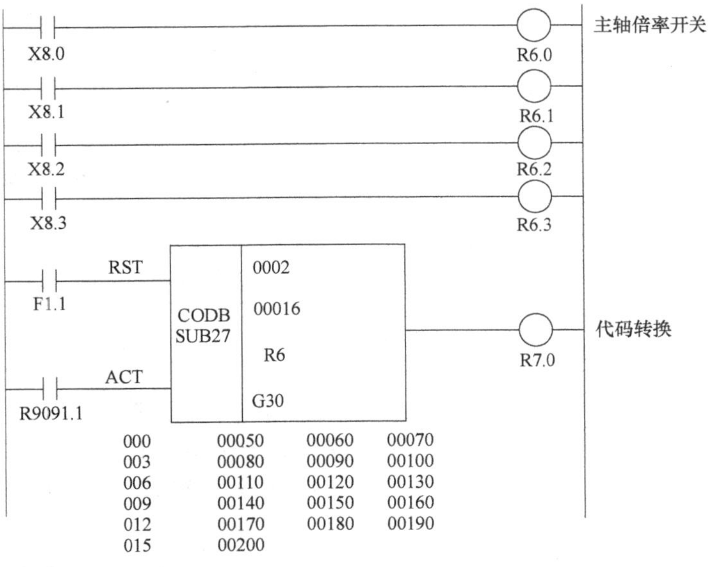

图 7-23　某数控机床主轴倍率（50% ~ 200%）的 PMC 控制梯形图

7）逻辑乘数据传送指令MOVE。该指令的作用是把比较数据和输入数据进行逻辑与，其结果传送到指定的输出数据地址中，还可以利用此功能从一个8位信号中抹掉不必要的位数。MOVE指令如图7-24所示。

设置比较数据时，将比较数据中对应于输入数据要传送的那些位的位置1，其余位置0。

ACT=0，不执行MOVE指令；ACT=1，执行MOVE指令。

8）数据转换指令DCNV。该指令的作用是将1字节或2字节的二进制数（输入数据）转换成BCD码数（输出数据），或反之。DCNV指令如图7-25所示。

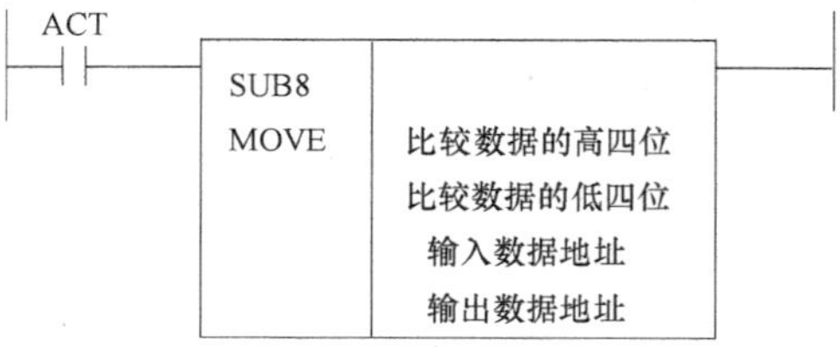

图7-24　MOVE指令

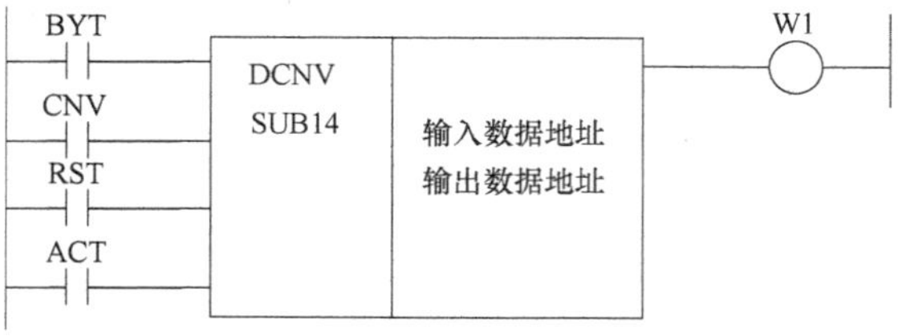

图7-25　DCNV指令

① 指定数据的位数。BYT=0，转换1字节长的数据；BYT=1，转换2字节长的数据。

② 定义转换的类型。CNV=0，二进制数转换成BCD码数；CNV=1，将BCD码数转换成二进制数。

③ 复位。RST=0，复位解除；RST=1，W1（错误输出）复位。

④ 执行命令。ACT=0，指令不执行；ACT=1，执行数据转换。

W1=0，转换正常；W1=1，转换出错。如果转换数据应是BCD码数时，输入的数据为二进制数，W1=1；或二进制数转换成BCD码数时，数据字节长已超过事先规定的数据字节长，W1=1。

9）比较指令。比较指令用于比较参考值与比较值的大小。主要用于数控机床编程的T码与实际刀号的比较。

① COMP指令。该指令的作用是将2位或4位BCD码表示的比较数据与参考数据进行比较，比较结果输出到W1。COMP指令如图7-26所示。

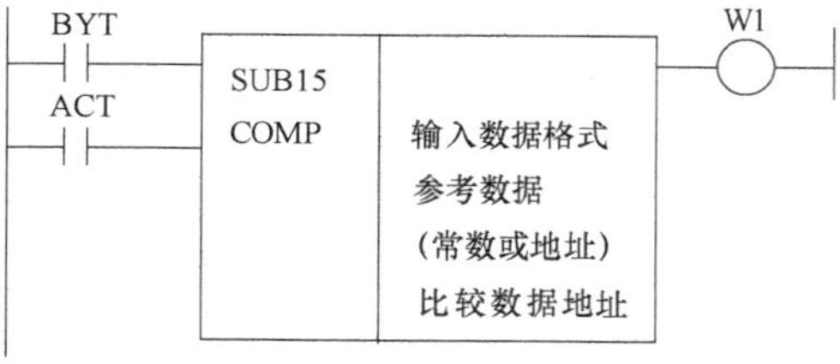

图7-26　COMP指令

图7-26中，输入数据格式为0，参考数据是一个常数；输入数据格式为1，参考数据是一个地址。

a. 指定数据的位数。BYT=0，比较数据和参考数据是2位BCD码数；BYT=1，比较数据和参考数据是4位BCD码数。

b. 执行命令。ACT=0，指令不执行；ACT=1，执行比较指令。

W1=0，参考数据>比较数据；W1=1，参考数据≤比较数据。

图7-27所示为某数控车床自动换刀（8工位）的T码检测PMC控制梯形图，其中F7.3为T码选通信号，F26为系统T代码信号址，R9091.0为逻辑0。加工程序中的T码大于或等于9时，R1.1为1，并发出T码错误报警。

② COMPB指令。该功能是比较1个、2个或4个字节长的二进制数据之间的大小，比较的结果存放在运算结果寄存器（R9000）中，COMPB指令如图7-28所示。

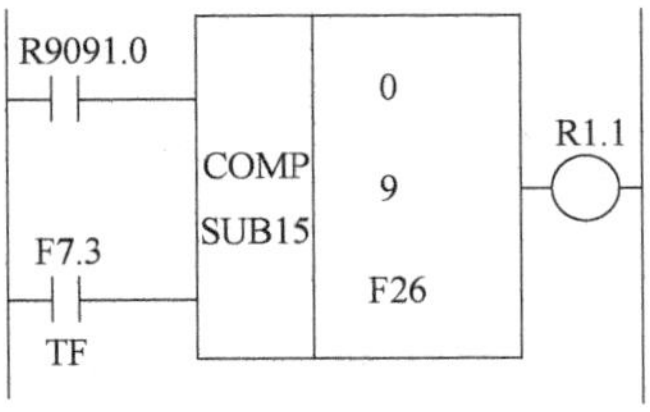

图 7-27　某数控车床自动换刀（8 工位）的 T 码检测 PMC 控制梯形图

图 7-28　COMPB 指令

输入数据格式（ * 00 * ）：首位 * 为 0 表示参考数据是常数，为 1 表示参考数据是常数所在的地址，末位 * 表示数据的长度，1 为一个字节，2 为两个字节，4 为四个字节。

当参考数据 = 比较数据时，R9000. 0 = 1；当参考数据 < 比较数据时，R9000. 1 = 1。

10）符合检查指令 COIN。该指令的作用是检查用 BCD 码表示的比较数据和参考数据是否符合。COIN 指令如图 7-29 所示。

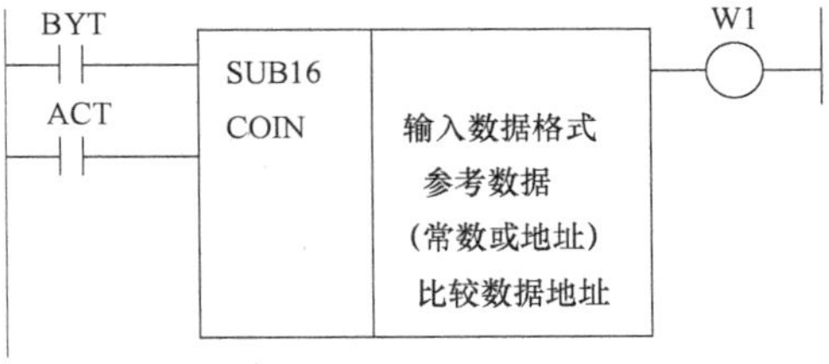

图 7-29　COIN 指令

图 7-28 中，输入数据格式为 0，参考数据是一个常数；输入数据格式说明为 1，参考数据是一个地址。

① 指定数据的位数 BYT = 0，比较数据是 2 位 BCD 码数；BYT = 1，比较数据是 4 位 BCD 码数。

② 执行命令 ACT = 0，不执行指令，W1 不改变；ACT = 1，执行符合检查指令，结果输出到 W1。

W1 = 0，参考数据 ≠ 比较数据；W1 = 1，参考数据 = 比较数据。

11）数据检索指令。

① DSCH 指令。该指令的功能是在数据表中搜索指定的数据（2 位或 4 位 BCD 代码），并且输出其表内号，常用于刀具 T 码的检索。DSCH 指令如图 7-30 所示。

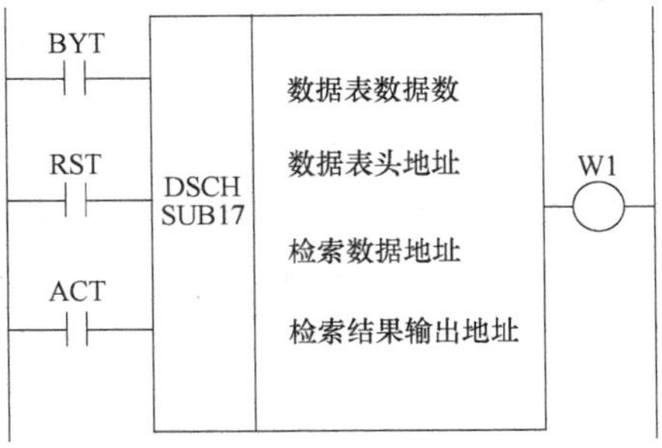

图 7-30　DSCH 指令

a. 指定处理数据的位数：BTY = 0，指定 2 位 BCD 码；BTY = 1，指定 4 位 BCD 码。

b. 复位信号：RST = 0，解除复位；RST = 1，复位 W1 = 0。

c. 执行命令：ACT = 0，不执行 DSCH 指令，W1 不变；ACT = 1，执行 DSCH 指令，输出指定数据的表内号，没有检索到数据时，W1 = 1。

数据表数据数指定数据表的大小。如果数据表的表头为 0，数据表的表尾为 n，则数据表的个数为 $n+1$；数据表头地址指定数据表的表头的地址；检索数据地址：指定检索数据所在的地址；检索结果输出地址：把被检索数据所在的表内号输出到该地址。

② DSCHB 指令。该指令的功能与 DSCH 指令一样，也是用来检索数据表中的数据。但与 DSCH 指令的不同有两点：该指令中处理的所有的数据都是二进制形式；数据表的数据数

(表的容量) 用地址指定。DSCHB 指令如图 7-31 所示。

格式指定为1(或2、4)表明数据的字节数为1字节(或2字节、4字节);数据表数据地址指定数据表容量存储地址。

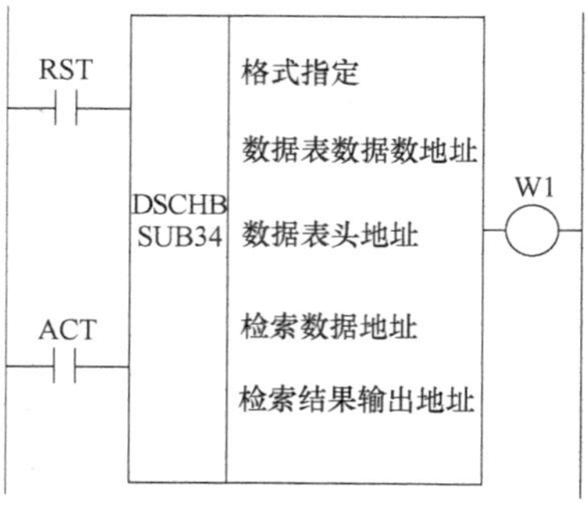

图 7-31 DSCHB 指令

图 7-32 所示为 DSCHB 指令应用实例,图中 F1.1 为系统复位信号,F7.3 为 T 代码选通信号。D100 用来存储数据表的容量,如果是 12 把刀的刀库,将主轴作为刀库中的一个刀号,则数据表容量为 13。数据表的表头地址为 D200。F26 为系统 T 代码的信号。如果从数据表中检索到程序所需要的刀号,则把该刀号所在的地址即表内号(刀库中所要用的刀座号)传送到 D300 中。如果在数据表中没有检索到程序的刀号,则 R300.1 为 1,并发出 T 码错误报警信息。

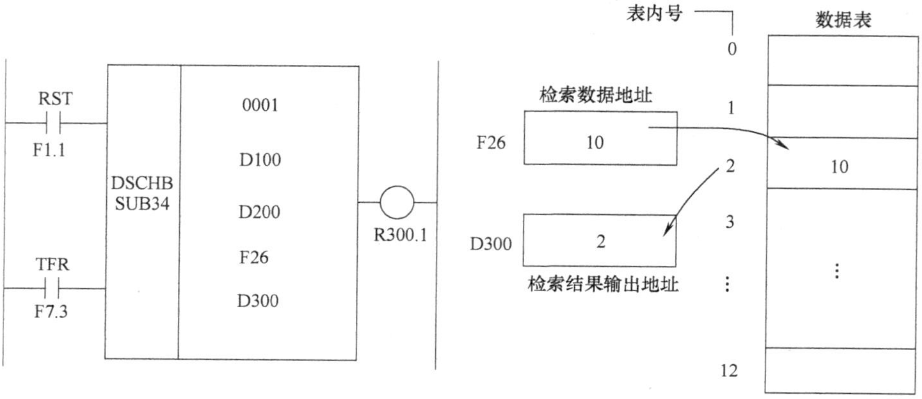

图 7-32 DSCHB 指令应用实例

12) 变地址传输指令

① XMOV 指令。用该指令可读取数据表的数据或写入数据表的数据,处理的数据为 2 位 BCD 代码或 4 位 BCD 代码。该指令常用于加工中心的随机换刀控制,如图 7-33a 所示。

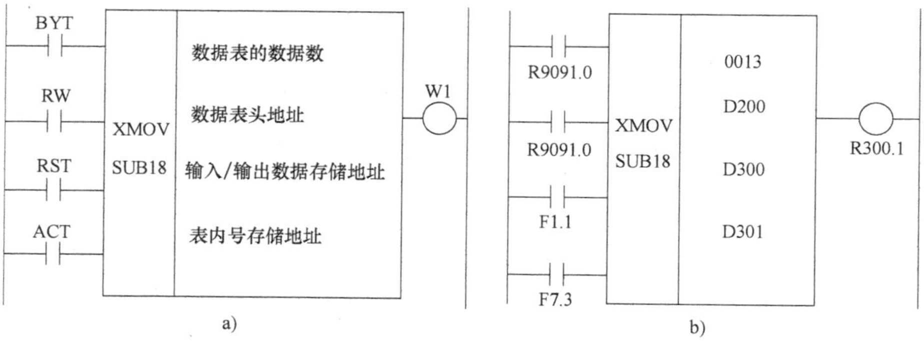

图 7-33 XMOV 指令与应用实例

a) XMOV 指令 b) 应用实例

a. 指定数据的位数：BYT =0，数据表中的数据为 2 位 BCD 代码；BTY =1，数据表中的数据为 4 位 BCD 代码。

b. 指定读或写操作：RW =0，从数据表读出数据；RW =1，向数据表写入数据。

c. 复位：RST =0，W1 不进行复位；RST =1，复位 W1 =0。

d. 执行命令：ACT =0，不执行 XMOV 指令，W1 不变；ACT =1，执行 XMOV 指令。

数据表的数据数指定数据表的大小，如果数据表头为 0，表尾为 n，则数据表的大小为 $n+1$；数据表头地址指定数据表的表头地址；输入/输出数据地址是在数据表以外指定的用于存放输入/输出数据的地址；表内号存储地址用于存储被读出或写入数据的表内号。

如果表内号超过了编程时指定的数据表容量，产生错误，W1 =1。

图 7-33b 所示为数控加工中心的自动换刀 PMC 程序。其中，R9091.0 为逻辑 0，F1.1 为系统复位信号，F7.3 为刀具功能选通信号。刀库有 12 把刀，数据表头地址 D200 存储主轴当前的刀号，数据表 D201 ~ D212 分别为刀库的刀座号（1 ~ 12 号刀座），D301 为要换刀的刀座号，D300 为要换刀所在刀座的刀号。如图 7-34 所示，通过 XMOV 指令后，把刀库中 2 号刀座的 10 号刀输出到 D300 中。

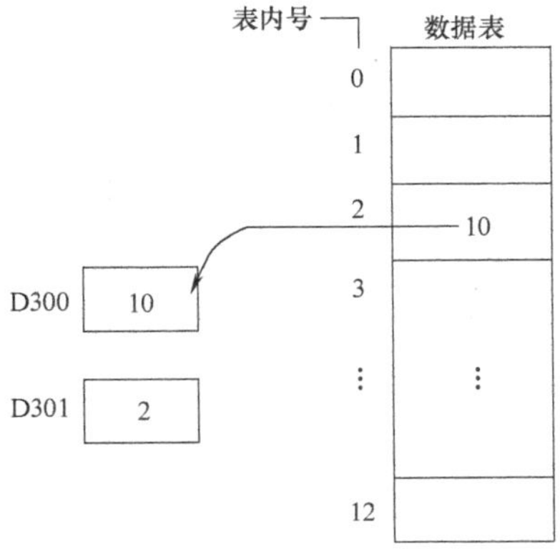

图 7-34　XMOV 指令执行过程

② XMOVB 指令。该指令的功能与 XMOV 一样，也是用来读出或改写数据表的数据。它们之间有两点区别：XMOVB 指令中处理的所有数据都是二进制形式；数据表的数据数（数据表的容量）用地址形式指定，如图 7-35 所示。

数据格式指定为 1（或 2、4）表明数据的字节数为 1 字节（或 2 字节、4 字节）；数据表数据地址指定数据表容量存储地址。

13）常数定义指令。在需要时可指定常数，此时用该指令来定义常数。数控机床中常用该指令来实现自动换刀的实际刀号定义，以及采用附加伺服轴（PMC 轴）控制的换刀装置数据等控制。

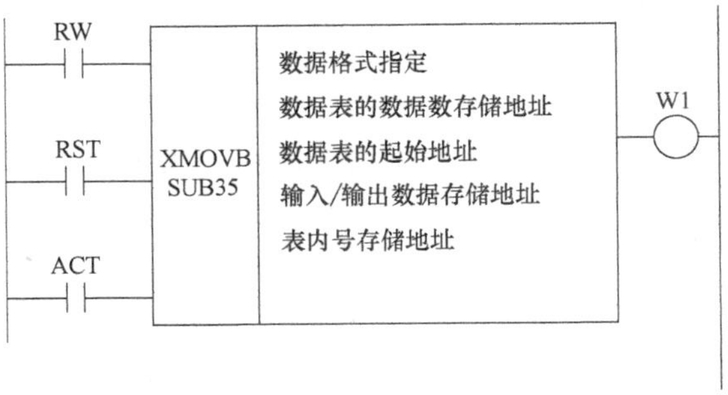

图 7-35　XMOVB 指令

① NUME 指令。该指令是 2 位或 4 位 BCD 代码常数定义指令。如图 7-36a 所示。

a. 常数的位数指定：BYT =0，常数为 2 位 BCD 代码；BYT =1，常数为 4 位 BCD 代码。

b. 控制条件：ACT =0，不执行 NUME 指令；ACT =1，执行 NUME 指令。

常数输出地址设定所定义常数的输出地址。

② NUMEB 指令。该指令是 1 个字节、2 个字节或 4 个字节长二进制数的常数定义指令，如图 7-36b 所示。在编制顺序程序中输入的十进制数据在顺序程序执行时转换为二进制数据，存放在指定的存储地址中。

格式指定为 1（或 2、4）表明数据的字节数为 1 字节（或 2 字节、4 字节）。

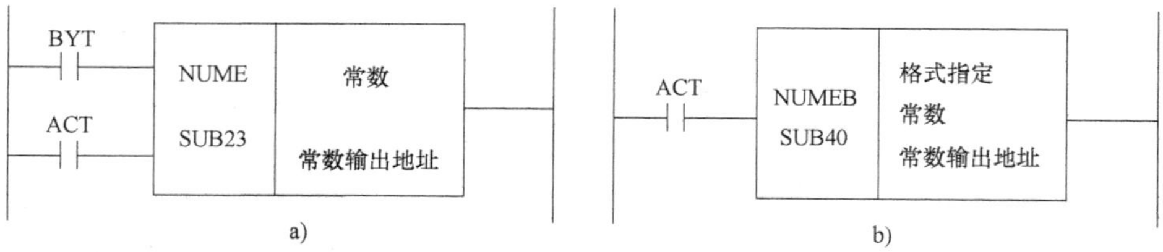

图 7-36 NUME 指令和 NUMEB 指令
a) NUME 指令 b) NUMEB 指令

用十进制形式指定常数，设定的常数应在格式指定中确定的字节长度所包含的有效数据范围内。

14) 信息显示指令 DISPB。该指令用于在 CRT 或 LCD 上显示外部信息。可以在指定信息号编制相应的报警，如图 7-37a 所示。

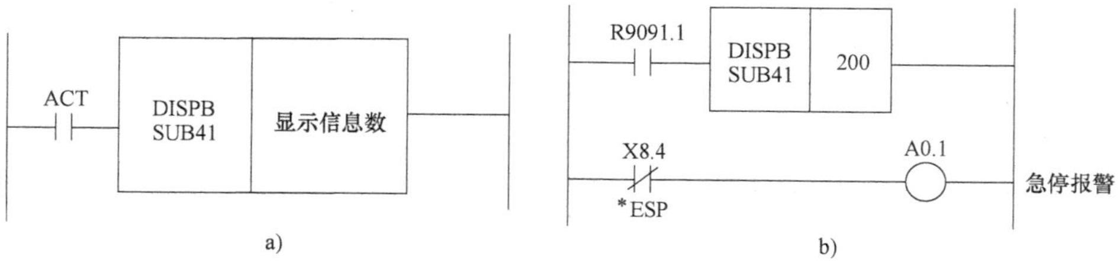

图 7-37 DISPB 指令与应用实例
a) DISPB 指令 b) 应用实例

当 ACT = 0 时，系统不显示任何信息，当 ACT = 1 时，依据各信息显示请求地址位（地址 A0.0 ~ A24.7）的状态显示信息数据表中设定的信息。

显示信息数设定显示信息的个数。

信息显示功能指令的编制方法如下。

① 编制信息显示请求地址。从地址 A0 ~ A24 总共 200 位，对应于 200 个信息显示请求位，每位都对应一条信息。如果要在系统显示装置上显示某一条信息，将对应的信息请求位置为“1”；如果将该信息请求位置为“0”，则清除相应的显示信息。

② 编制信息数据表。信息数据表中存储的信息分别对应于相应的信息显示请求位。每条信息最多为 255 个字符，在此范围内编制信息。每条信息数据内容包括信息号和该信息号的信息两部分，信息号为 1000 ~ 1999 时，在系统报警画面显示信息号和信息数据；信息号为 2000 ~ 2999 时，在系统操作信息画面只显示信息数据而不显示信息号。信息数据表与 PMC 梯形图一起存储到系统的 F - ROM 中。

图 7-37b 所示为某数控机床报警信息显示的 PMC 梯形图，其中，X8.4 为机床面板的急停信号，R9091.1 为逻辑 1。表 7-11 为该机床报警信息表。

表 7-11 机床报警信息表

信息显示请求位	信 息 号	信 息 内 容
A0.1	1001	EMERGENCY STOP!

5. FANUC PMC 画面及具体操作

按系统功能键<SYSTEM>，再按系统操作软键［PMC］就会显示系统 PMC 功能画面，如图 7-38 所示。通过系统操作软键来选择相应的 PMC 画面，其中，［PMCLAD］为系统梯形图显示画面，［PMCDGN］为系统 PMC 诊断画面，［PMCPRM］为系统 PMC 参数画面，［RUN/STOP］为起动或停止系统 PMC 运行操作画面，EDIT 为编辑系统梯形画面，I/O 为系统梯形图和 PMC 参数输入/输出操作画面，SYSPRM 为系统参数设定画面。FANUC 0iA 系统需插入梯形图编辑卡才能显示 EDIT 的系统 PMC 编辑画面，如果 FANUC 0iB/0iC 系统还会有 PMC 在线监控画面 MONIT（在线传输和在线监控）。

```
PMC DIAGNOSIS FUNCTIONS                         MONIT RUN

 SELECT ONE OF FOLLOWING SOFT KEYS

 PMCLAD     :DYNAMIC  LADDER  DISPLAY
 PMCDGN     :DIAGNOSIS  FUNCTION
 PMCPRM     :PARAMETER(T/C/K/D)
 RUN/STOP   :RUN/STOP  SEQUENCE  PROGRAM
 EDIT       :EDIT  SEQUENCE  PROGRAM
 I/O        :I/O  SEQUENCE  PROGRAM
 SYSPRM     :SYSTEM  PARAMETER

[PMCLAD]  [PMCDGN]  [PMCPRM]  [        ]  [        ]
```

图 7-38　系统 PMC 功能画面

（1）梯形图的动态显示画面（PMCLAD）　按下系统操作软键［PMCLAD］就会出现如图 7-39 所示的梯形图显示画面。图 7-39 中系统软键［TOP］为返回梯形图开始位置的操作软键。［BOTTOM］为转到梯形图结尾的操作软键。［SRCH］为搜索梯形图中信号触点的操作软键，如要搜索信号 F7.3 时，输入 F7.3，再按［SRCH］软键即可。［W－SRCH］为搜索梯形图中信号线圈的操作软键。［N－SRCH］为搜索系统梯形图行号的操作软键。［F－SRCH］（需要按系统扩展键）为搜索系统梯形图中功能指令的操作软键。

（2）梯形图的诊断画面（PMCDGN）　按下系统操作软键［PMCDGN］就会显示如图 7-40 所示的梯形图诊断画面。图 7-40 中［TITLE］显示 PMC 的标题画面，该画面可以显示系统梯形图的名称、PMC 的类型、存储器的使用空间、梯形图程序所占的空间、信号注解所占的空间及信息注解所占的空间。［STATUS］显示输入/输出信号、内部继电器等的开、关状态。［ALARM］显示 PMC 中发生的报警。

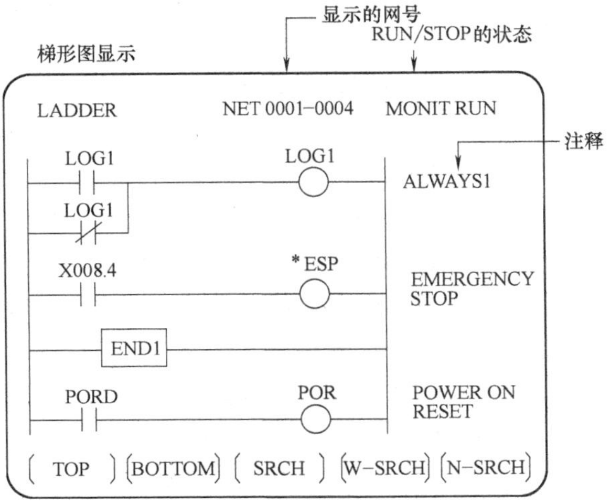

图 7-39　梯形图显示画面

[TRACE] 显示 PMC 的信号变化的状态，当指定信号变化时，记录信号状态并将其存储在跟踪存储器中。

```
PMC TITLE DATA # 1                                  MONIT RUN

  PMC PROGRAM NO.     :1234
  EDITION NO.         :12
  PMC CONTROL PROGRAM
       SERIES:4063 EDITION:08
      (SERIES:4065 EDITION:08)
  PMC TYPE CONTROL:SA3  PROGRAM:SA3
       MEMORY USED:007.8KB
       LADDER     :007.0KB
       SYMBOL     :000.0KB
       MESSAGE    :000.8KB

  [TITLE]     [STATUS]     [ALARM]     [TRACE]     [      ]
```

图 7-40 梯形图诊断画面

（3）PMC 参数画面（PMCPRM） 按下系统操作软键 [PMCPRM] 就会显示 PMC 诊断画面。在 PMCPRM 界面中可以分别显示 TIMER（定时器）界面、COUNTR（计数）界面、DATA（数据表）界面、KEEPRL（保持继电器）界面、SETTING（设定）界面。

将方式开关置于 MDI 方式或紧急停止方式，将界面的“PWE”设为 1，或将程序保护信号“KEY4”设为 1，此时即可设定 PMC 参数。

1）定时器设定画面（TIMER）。该画面显示 PMC 控制中的功能指令（SUB3）定时器的设定时间，定时器的时间设定单位为 ms（十进制形式显示），每个定时器占用系统内部两个字节（系统内部为二进制形式控制）。

2）计数器画面（COUNTR）。该画面显示 PMC 控制中的计数器指令（SUB5）的计数器号、计数器的存储地址（每个计数器占用系统内部 4 个字节）、计数器的预置值和当前计数器的数值。

3）保持型继电器画面（KEEPRL）。FANUC 0i 系统的 PMC 保持型继电器 K00 ~ K19，其中 K00 ~ K15 为用户使用，机床厂家可根据机床的具体要求来设定。K16 ~ K19 为系统专用区，不能另作他用。

4）数据表画面（DATA）。系统 PMC 的数据表用于刀具号记忆、分度工作台分度角度的记忆等。数据表画面包括数据表设定画面和数据设定画面两种。

在数据表设定画面中，可以进行数据表组的首地址、参数、类型及数据个数的设定，如图 7-41 所示。

① ADDRESS：设定各组数据表的首地址，如数据表组 1 的首地址为 D0000、数据表组 2 的首地址为 D0020。

② PARAMETER：数据表中的参数用来指定数据表中数据的格式和设定输入保护。该参数的位 0 为数据格式制定：设定“0”表示数据格式为二进制形式（系统内部为二进制形

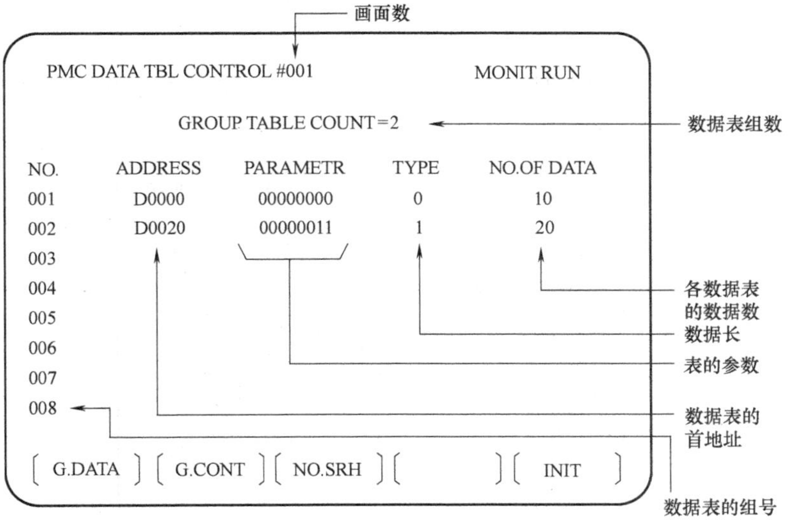

图 7-41　数据表设定画面

式，画面显示十进制形式)，设定“1”表示数据格式为 BCD 代码形式。该参数的位 1 为输入数据的数据保护功能：设定“0”表示没有输入保护（可以修改数据)，设定为“1”表示有输入保护（不可以修改数据)。该参数的位 2 为数据格式选择：设定“0”表示数据格式为二进制或 BCD 代码（位 0 有效)，设定“1”表示数据格式为 16 进制（位 1 无效)。

③ TYPE：设定数据的长度。设定“0”表示数据长度为 1 个字节，设定“1”表示数据长度为 2 个字节，设定“2”表示数据长度为 4 个字节。

④ NO. OF DATA：设定每组数据表的数据个数。如数据表组 1 中数据的个数为 10，则分别存储在 D0000 ~ D0009 中。

操作软键说明如下：[G. DATA] 选择数据表的数据设定画面，如输入 1 后，按该软键就会显示数据表组 1 的具体内容；［G. CONT］设定数据表的组数，如输入 005 后，按该键就建立一个新的数据表组，并可以对该组数据进行设定；[NO. SRH] 为数据表组的搜索操作；［INT］为数据表设定画面的初始化操作。

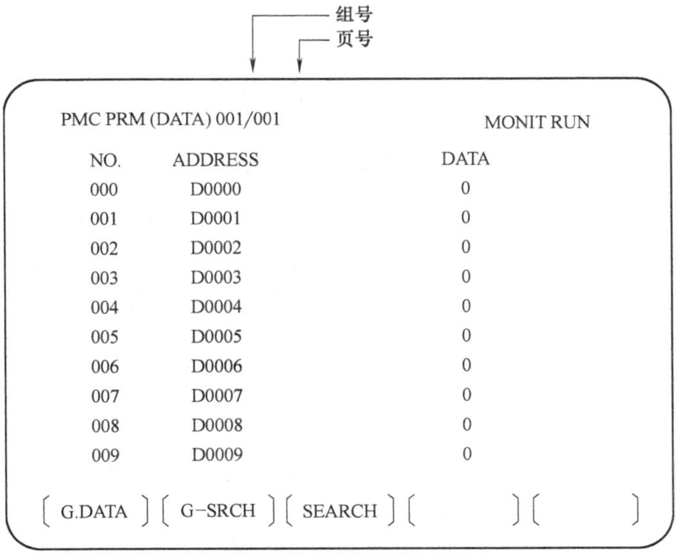

图 7-42　数据设定画面

图 7-42 所示为数据设定画面，显示每组数据表中的具体数据，可以显示该组数据的地址及地址内的数据。

操作软键说明如下：[G. DATA] 为数据表设定画面显示操作；[G - SRCH] 为移动光标

到指定组的开头；[SEARCH] 为搜索当前所选组的地址。

5）设定画面（SETING）。部分 PMC 参数可在设定画面显示（见图7-43），其中“WRITE TO F-ROM”设置为1时，在编辑完梯形图后，按⊲软键出现提示“WRITE DATA TO F-ROM?”，按“EXEC”，梯形图存入 F-ROM 中。

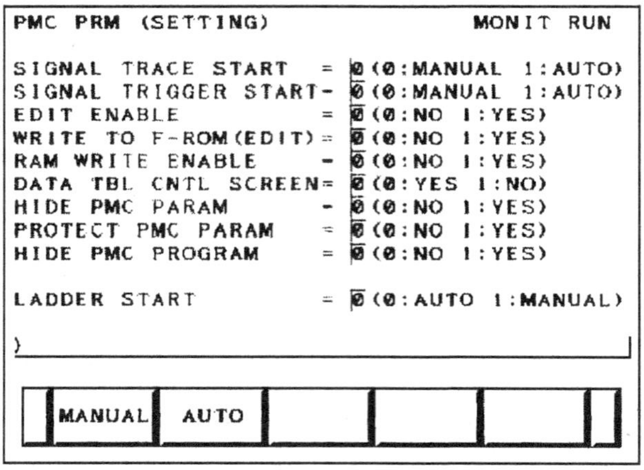

图7-43　设定画面

（4）PMC 数据的输入/输出

1）启动内装 PMC 编程器。当通过输入/输出接口用 I/O 设备输入/输出参数时，必须按下列步骤启动内装 PMC 编程器。

① 按 <SYSTEM> 键，再按 [PMC] 软件，选择 PMC 画面。

② 当显示“RUN/STOP，EDIT，I/O，SYSPRM 和 MONIT”时，则内装 PMC 编程器已经启动，如图 7-44 所示。

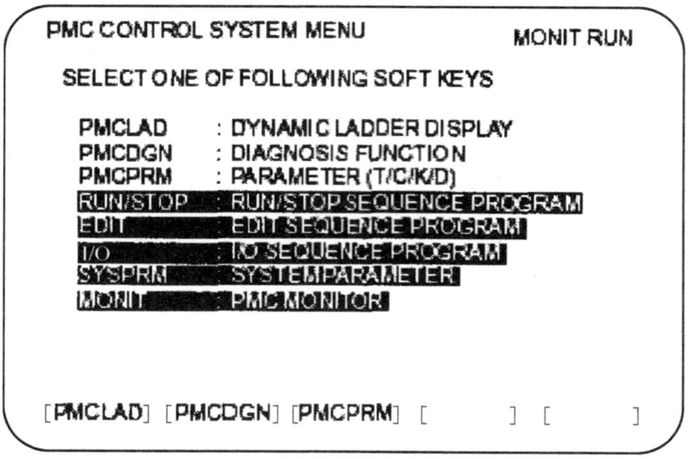

图7-44　PMC 画面

③ 如果 PMC 编程器还没有启动，FANUC 0iA 系统必须将保持型继电器 K17.1 设定为“1”。FANUC 0iB/0iC 系统必须将保持型继电器 K900.1 设定为“1”。

2）输入/输出方法

① 按［I/O］软键显示 PMC 输入/输出画面，如图 7-45 所示。

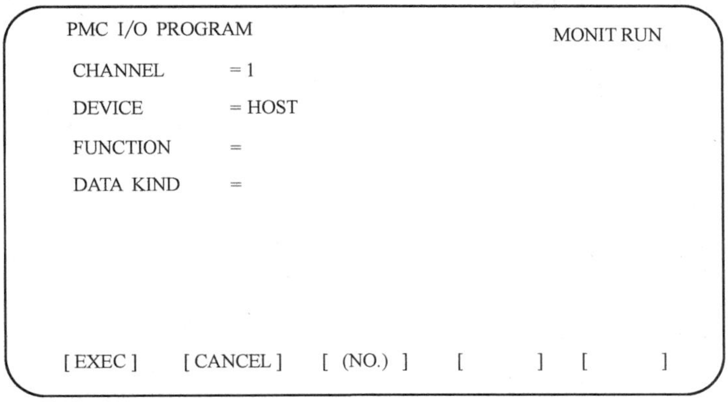

图 7-45　PMC 输入/输出画面

② 设定 I/O 通道号（CHANNEL）。将主 CPU 板上的 JD5A 设为“1”，JD5B 设为“2”。

③ 指定 I/O 单元使用的设备号（DEVICE）。

HOST：I/O 通过 FAPTLADDER 软件（在 P－G，P－GMate，个人电脑上）输入/输出。

FDCAS：I/O 通过软盘适配器输入/输出。

F－ROM：I/O 通过闪存 EEPROM 输入/输出。

M－CARD：I/O 通过存储卡输入/输出。

OTHERS：I/O 通过其他 I/O 单元输入/输出。

④ 通过 FUNCTION 指定功能。

WRITE：输出数据。

READ：输入数据。

COMPARE：将内存中的数据与外部设备中的数据进行比较。

DELETE：删除存储卡中或外部设备中的文件。

LIST：将存储卡中或外部设备中的文件列表显示出来。

BLANK：检查闪存 EEPROM 中是否为空。

ERASE：清除闪存 EEPROM 中的数据。

FORMAT：格式化存储卡（所有存储卡中的数据都被删除）。

⑤ 在 KINDDATA 中指定要输出的数据种类。

LADDER：梯形图程序。

PARAM：PMC 参数。

⑥ 当指定设备为 FDCAS 或 M－CARED，可以通过 FILE NO. 指定一个文件名或文件号。

⑦ 通过 SPEED 指定 RS－232C 接口的每个设备的传送速度。

⑧ 检查所有设定是否正确，然后按［EXEC］软键。

6. FANUC PMC 程序编辑、保存操作

分别按下 MDI 键盘上的 <SYSTEM> 键和［PMC］软键后，再按下▷软键（最右边的键），编辑基本菜单便显示出来。再按下▷软键，显示编辑命令菜单，在命令菜单中按下

[COMAND] 软键，显示编辑子菜单，通过按◁软键（最左边的键）返回上一级菜单（见图 7-46）。

(1) 输入梯形图　按下 [LADDER] 软键后就可以输入梯形图。如果梯形图还没有被输入，在 CRT 上只显示梯形图的左右两条纵线，按下光标键将光标移动至指定的输入位置处后就可以输入梯形图。

1) 基本指令输入。输入梯形图符号后，再按下相应的地址键和数字键，按下 <INPUT> 键。

2) 功能指令输入。在键入指定的功能指令号后按下 [FUNCTN] 软键就可以输入相应功能指令。如果在按下 [FUNCTN] 软键之前没有输入功能指令号，屏幕显示出功能指令表，键入指定的功能指令号，按下 <INPUT> 键输入相应的功能指令。如果功能指令有参数，则依次输入相应参数。

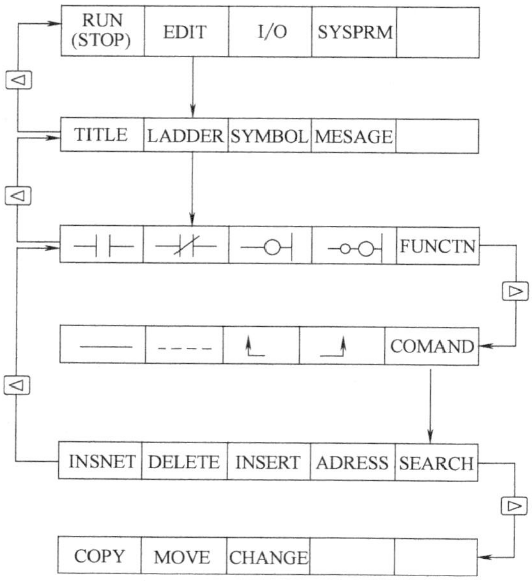

图 7-46　梯形图编辑菜单

(2) 修改梯形图　移动光标到要修改的位置处，然后输入修改数据。

(3) 插入梯形图　可以通过以下四种方式进行插入操作，如图 7-47 所示。

1) 在水平线空位上插入。移动光标至插入位置处，输入相应的梯形图符号、地址键和数字键。

2) 插入空行。将光标移至要插入的位置后按下 [INSNET] 软键，画面就会空出一行。若在按下 [INSNET] 软键前键入数值，画面将插入相应的行数。

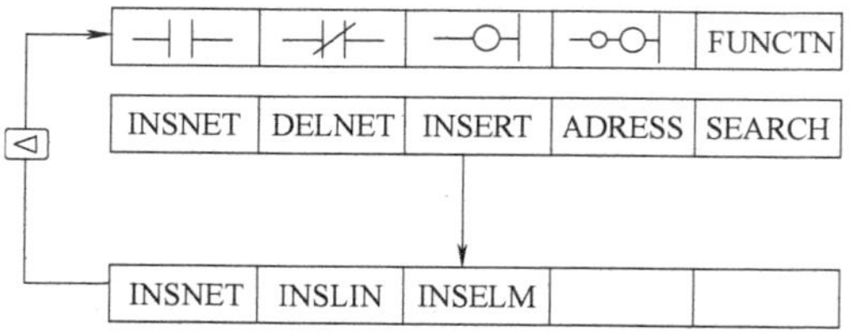

图 7-47　插入梯形图

3) 垂直插入空位。键入需要插入的空行数后按下 [INSLIN] 软键，就会插入所需的空位。

4) 水平插入空位。键入需要插入的空行数后按下 [INSELM] 软键，就会插入所需的空位。

(4) 删除梯形图　如图 7-48 所示。

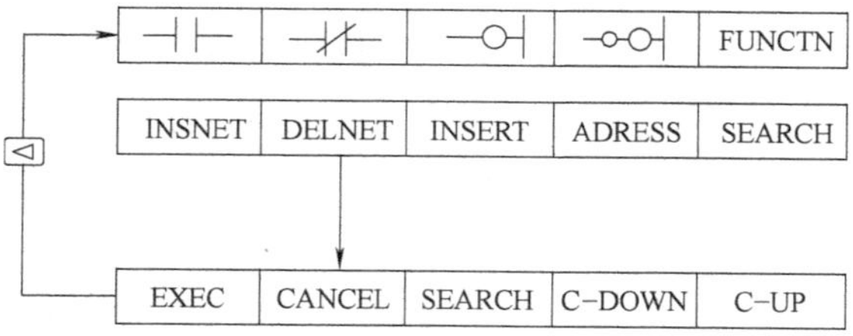

图 7-48　删除梯形图

1）删除一行。移动光标至所需删除行后按下［DELNET］软键，被选择行高亮度显示。若按下［EXEC］软键，删除一行；否则按下［CANCEL］软键，取消删除。

2）删除多行。光标移到删除第一行后键入需删除的行数，按下［DELNET］软键，被选择行高亮度显示。若按下［EXEC］软键，删除多行；否则按下［CANCEL］软键，取消删除。

（5）搜索梯形图　［TOP］软键用于搜索程序的开头部分，［BOTTOM］软键用于搜索程序的结尾部分，［SRCH］软键用于搜索指定地址，［W－SRCH］软键用于搜索指定线圈，［N－SRCH］软键用于搜索指定行号的梯形图，［F－SRCH］软键用于搜索功能指令，如图7-49所示。

（6）复制梯形图　如图7-50所示。

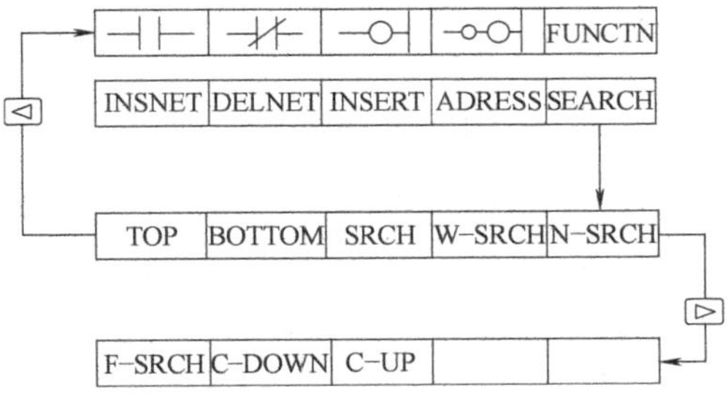

图7-49　搜索梯形图

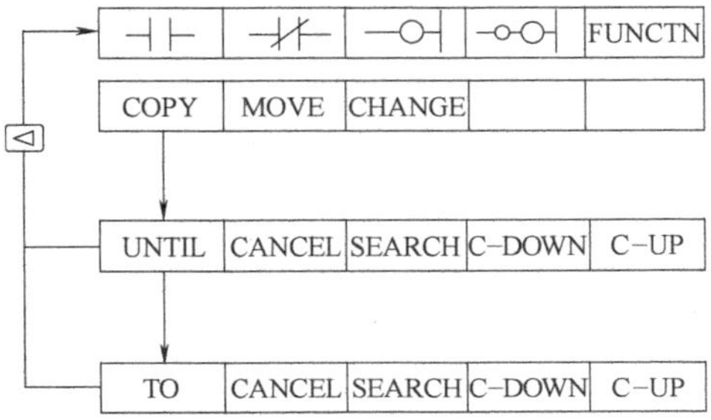

图7-50　复制梯形图

1）复制。移动光标至所需复制行后按下［COPY］软键，被选择行高亮度显示。

2）选择要复制的行。连续按下［UNTIL］软键，选择要复制的行。

3）指定复制位置。光标移到复制位置，按下［TO］软键后开始复制。

（7）移动梯形图

1）移动。移动光标至所需移动行后按下［MOVE］软键，被选择行高亮度显示。

2）选择要移动的行。按下［UNTIL］软键，选择要移动的行。

3）指定移动位置。光标移到移动位置，按下［TO］软键后开始移动。

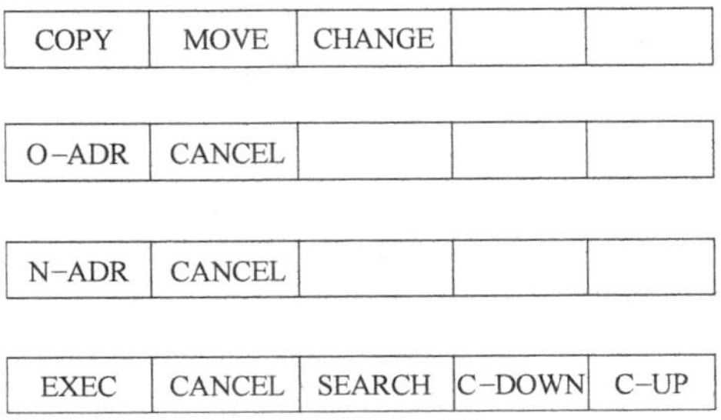

图7-51　改变梯形图地址

（8）改变梯形图地址　如图7-51所示，按下［CHANGE］，输入原地址后按下［O－ADR］，输入新地址后按下［N－ADR］，按下［EXEC］后开始替换。

（9）清除梯形图　如图7-52所示，［CLRTTL］：清除标题数据；［CLRLAD］：清除梯形图；［CLRSYM］：清除符号和注释数据；［CLRMEG］：清除信息数据；［CLRALL］清除所有数据；［CLRMDL］：清除I/O模块数据；［CLRPRM］：清除参数；［CLRTMR］：清除定时器数据；［CLRCNT］：清除计数器数据；［CLRKPR］：清除保持型继电器数据；［CLRDT］：清除数据表。

（10）保存、启动梯形图　梯形图编辑完后，存入F－ROM中，按下［RUN］软键使程序运行，按下［STOP］软键使程序停止。

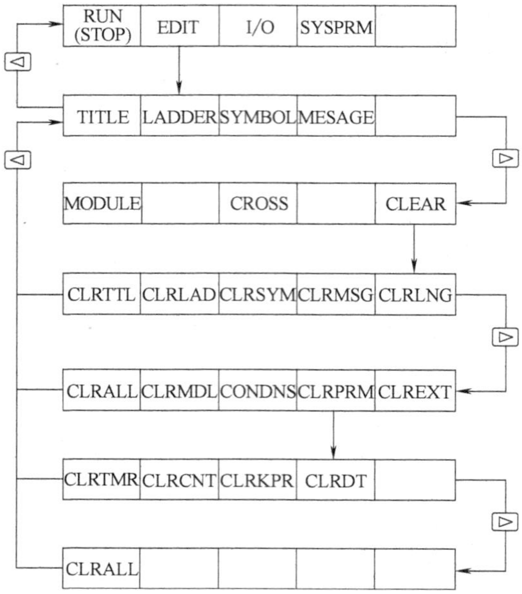

图7-52 清除梯形图

五、CK160型数控车床刀架控制系统的设计

1. 分析控制要求，确定输入输出设备

CK160型数控车床上采用FANUC 0i数控系统，数控刀架为八工位，它可双向旋转，任意刀位就近换刀。该刀架的锁紧开关、角度编码器作为输入设备，该刀架的制动器、电动机作为输出设备。

2. 硬件线路设计

图7-53所示为数控车床刀架控制系统主电路。

在图7-53中，继电器M3－K1为通过PLC接通的电动机信号，M3－K5、M3－K6为PLC输出的刀架正反转信号，M3－K7为PLC输出的刀架制动信号。

图7-54所示为数控车床刀架控制系统I/O电路。

在图7-54中，机床侧的角度编码器用于检测刀架的当前刀位，它将当前刀位BCD码信号（X10.0～X10.3）输入至PLC；CNC送出T代码信号给PLC，PLC将T代码指定的目标刀位与当前刀位进行比较，如果不符，发出换刀指令，就近换刀，PLC输出信号Y0.4（或Y0.5）至强电柜中的正转继电器M3－K5（或反转继电器M3－K6）；刀架到位后，锁紧开关M2－SP1发出信号X10.6输入至PLC，PLC输出信号Y0.6至制动继电器M3－K7，刀架制动，CNC发出完成信号。E1－QM1为刀盘电动机的断路器，其辅助触点接入PLC进行控制。

3. 软件编程

刀架控制梯形图如图7-55所示。在梯形图中，系统送出T代码信号（T00～T31二进制代码），然后发出T功能选通信号TF，PLC读入T代码；功能指令DCNV（数据转换）把二

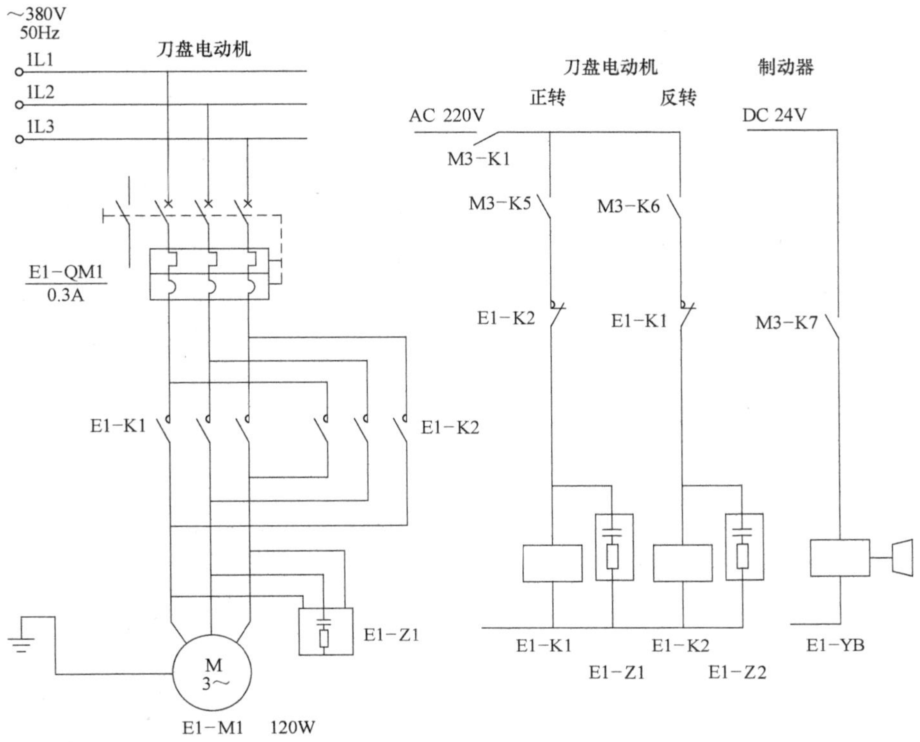

图 7-53　数控车床刀架控制系统主电路

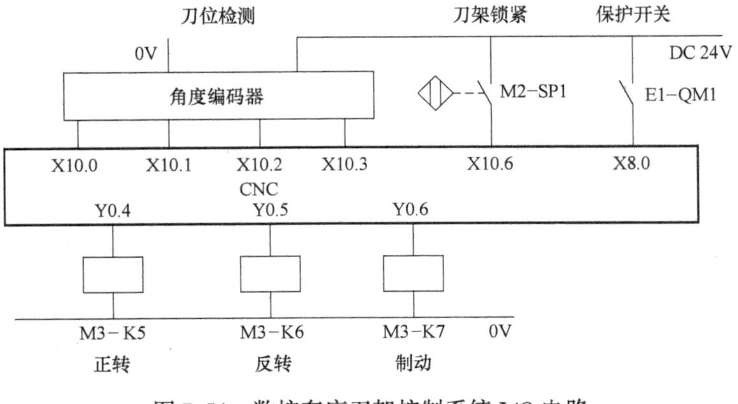

图 7-54　数控车床刀架控制系统 I/O 电路

进制 T 代码转换成 BCD 码，MOVE（逻辑与数据传送）传送当前刀位，屏蔽 BCD 码数据的高四位；功能指令 COIN（符合检查）完成目标刀位与当前刀位的比较；如果不符，功能指令 ROT（旋转控制）使刀架就近换刀，到位锁紧开关动作；功能指令 TMRB（定时）使制动器通电制动 1s，换刀停止，CNC 发出完成信号 FIN。

如果要在移动指令执行完后再执行 T 功能，则要在梯形图中使用分配结束信号 DEN。

梯形图中的信号地址见表 7-12。

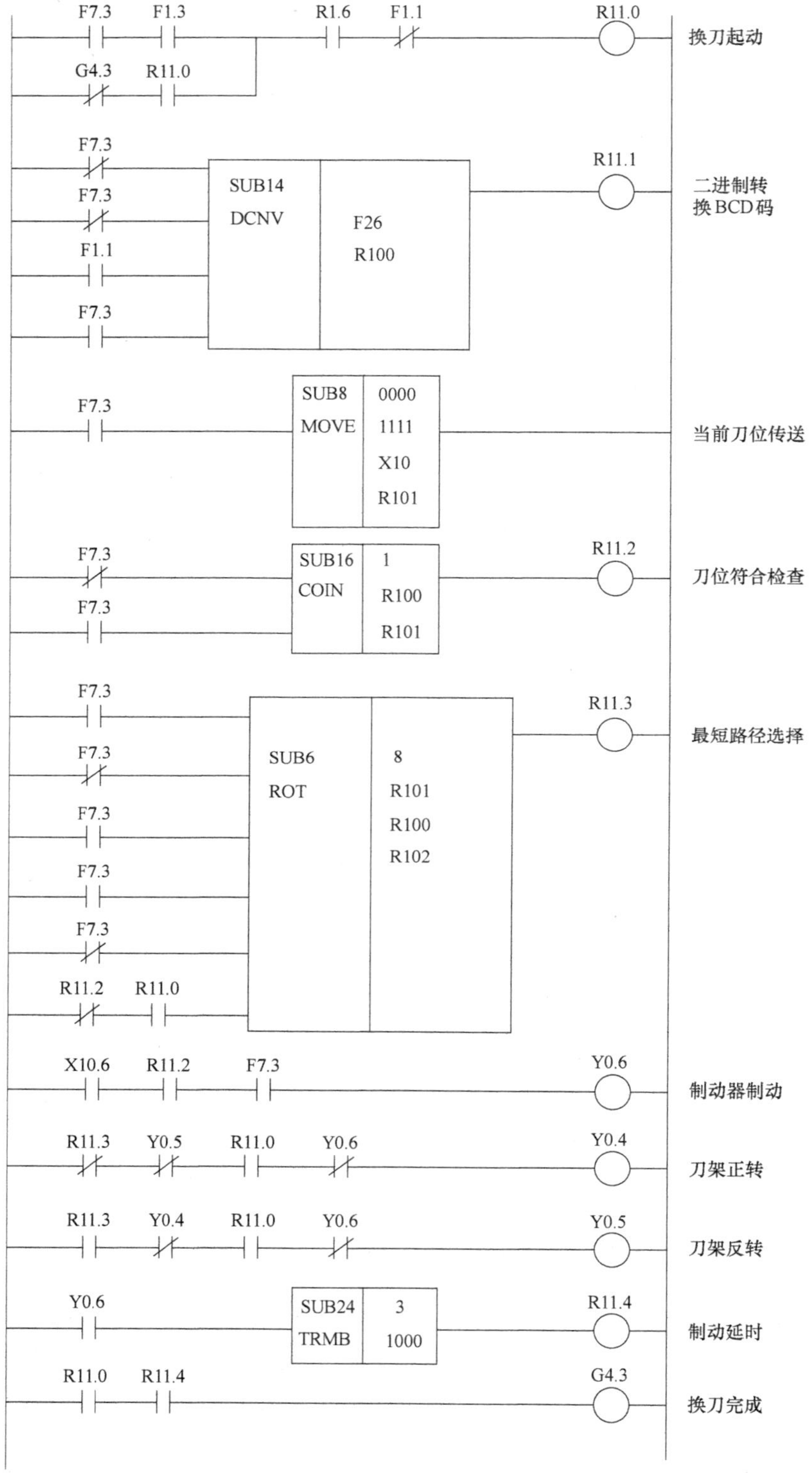

图7-55 刀架控制梯形图

表 7-12　梯形图中的信号地址

序　号	信号名称	符号（地址）
1	复位信号	RST（F1.1）
2	分配结束信号	DEN（F1.3）
3	T 功能选通信号	TF（F7.3）
4	T 代码信号	T00～T31（F26～F29）
5	换刀完成信号	FIN（G4.3）
6	MDI 或 AUTO 方式信号	R1.6
7	目标刀位信号	R100
8	当前刀位信号	R101
9	刀具位置计算结果输出信号	R102

内部继电器 R10.0～R10.4 的作用在梯形图中已说明，故表 7-12 中不再列出。

六、CK160 型数控车床刀架控制系统的安装与调试

1）检查元器件的质量是否完好，按照图 7-53、图 7-54 进行接线。

2）对照线路图检查是否有掉线、错线，接线是否牢固。学生自行检查和互检，经指导老师检查后方可通电操作。

3）在 FANUC 系统显示器上，按系统功能键 <SYSTEM>，再按系统操作软键［PMC］就会显示系统 PMC 功能画面，通过系统操作软键来选择相应的 PMC 画面。

4）按照图 7-55 输入梯形图，并保存。

5）合上断路器 E1－QM1，在显示器上输入换刀指令，观察换刀结果，调试刀架控制系统。在调试过程中，若要重新接线，切记切断电源。

6）调试完成后进行断电操作，断电顺序与通电顺序相反。

七、考核与评价

在自觉遵守安全文明生产规程的前提下，根据学习情境的能力目标，确定不同阶段的考核方式及分数权重，考核标准见表 7-13。

表 7-13　考核标准

教学内容	评价要点	评价标准	评价方式	考核方式	分数权重
学习情境七 任务一	电路设计	正确设计电气电路	教师评价	答辩	0.2
	电路连接	按图接线正确、规范、合理		操作	0.3
	调试运行	按照要求和步骤正确调试电路		操作	0.3
	工作态度	认真、主动参与学习	小组成员互评	口试	0.1
	团队合作	具有与团队成员合作的精神		口试	0.1

八、习题与思考题

1. 数控机床中 PLC 控制的对象有哪些？

2. 比较内装式 PLC 和独立式 PLC 的异同点。

3. 某数控车床工作方式主要有 EDIT、MEM、MDI、MPG、JOG、REF 方式，利用四层六档转换开关选择机床工作方式。试分析图 7-56 所示的机床工作方式选择控制 PMC 程序，其中 X9.4、X9.5、X9.6、X9.7 分别对应 MD1、MD2、MD4、ZRN 信号。

4. 试分析图 7-57 所示的某数控车床方向键控制 PMC 程序，其中，X8.0、X8.1、X8.2、X8.3 分别为 $+X$、$-X$、$+Z$、$-Z$ 四个方向键，X9.0、X9.1 为 $+X$、$+Z$ 方向参考点返回减速信号。

5. 试分析如图 7-58 所示的某数控车床主轴控制 PMC 程序，其中，X8.5 为液压电动机起动，X8.6 为液压电动机停止（常闭输入按钮），R0.5 为报警（包括自动开关、急停、主传动报警），R3.0 为机床准备好，R20.3、R20.4、R20.5 分别为辅助功能 M 代码译码后生成的主轴正转、反转、停信号。

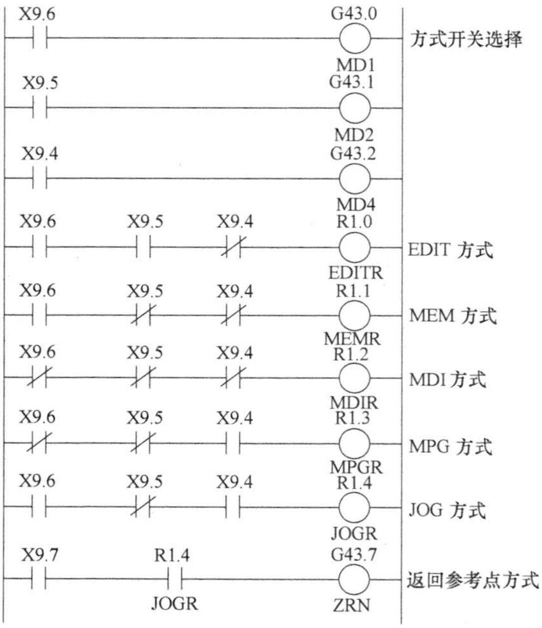

图 7-56 机床工作方式选择控制 PMC 程序

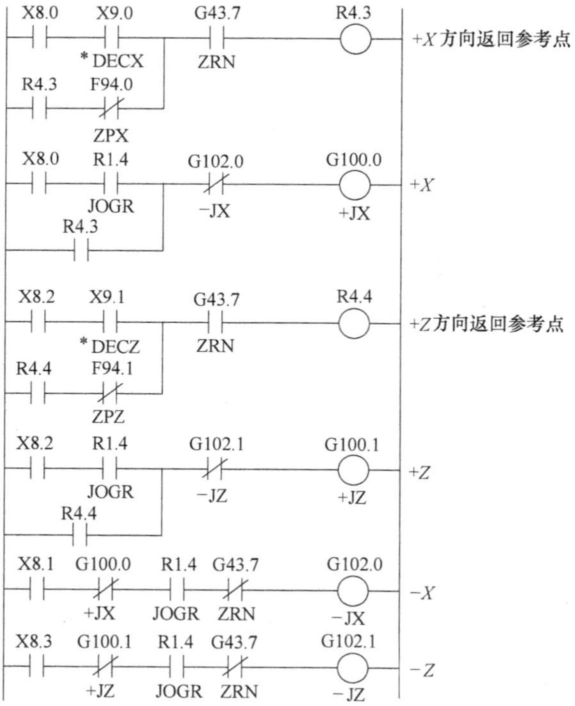

图 7-57 某数控车床方向键控制 PMC 程序

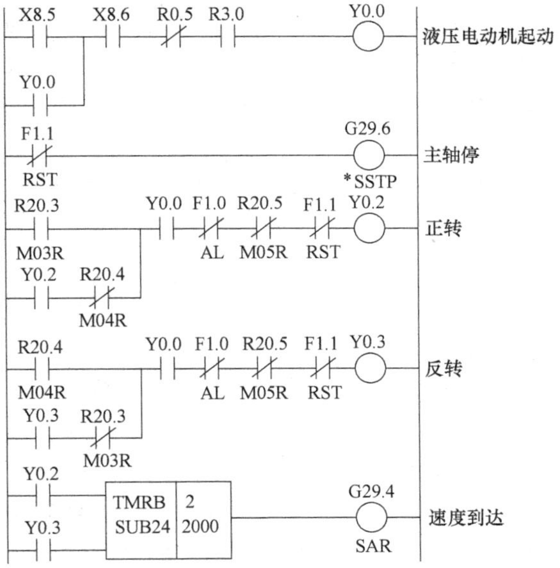

图 7-58 某数控车床主轴控制 PMC 程序

任务二 全功能数控车床主轴、卡盘控制系统的设计与调试

一、学习目标

1）理解 FANUC 系统串行主轴的工作原理。

2）能够根据全功能数控车床主轴、卡盘控制系统的要求，设计其硬件电路及软件程序。

3）调试、运行全功能数控车床主轴、卡盘控制系统。

二、任务

本任务是设计与调试全功能数控车床主轴、卡盘控制系统。系统要求：FANUC 0i 系统带串行主轴；能够自动控制卡盘夹紧与松开。

三、设备

主要设备是全功能数控车床或数控实验台。

四、知识储备

1. 全功能数控车床

为了提高主轴系统的性能，全功能数控车床一般需要选配交流主轴驱动器。交流主轴驱动器既可选择独立型结构，也可集成在紧凑型、模块化结构的驱动器上，使得伺服/主轴驱动集成一体。

交流主轴驱动器虽也属于变频器的范围，但由于它所配套的电动机为专门设计与生产，因此，可建立矢量控制所需要的精确数学模型，实现大范围、高精度变频调速控制。此外，交流主轴驱动器采用的是闭环矢量控制技术，不但调速性能大大优于通用变频器，而且还能实现准确转矩与位置控制，因此，可以实现精确位置控制等现代数控机床所需要的功能。

全功能数控机床通常采用液压或气动控制卡盘（或套筒）的自动夹紧/松开（向前/向后），提高加工的效率。

2. 伺服主轴电动机

伺服主轴电动机一般采用低惯量高动态设计和转矩特性设计，使动态响应速度大大提升，使全速度范围内加减速性能优越。电动机配备了高精度的编码器，可实现伺服主轴系统的转矩控制、速度控制、位置控制、电子齿轮减速箱、单轴定位、多点定位、刚性攻螺纹、分度盘功能等。采用独立通风的轴流风扇，使电动机产生的热量能迅速离开机床，在电动机内部还有热敏电阻，防止电动机超温。伺服主轴电动机调速范围更广，一般工作在额定转速和最高转速之间的恒功率区，由于要达到很大的调速范围。主轴电动机的额定转速一般都很低，伺服主轴电动机过载能力强，而且可以通过参数设置进行转矩保护。

FANUC 主轴电动机主要有 αi、βi 系列产品。αi 系列为高性能主轴电动机，其产品规格多、性能好。βi 为实用型主轴电动机，采用的是标准结构，产品的性价比较高，但各方面性能均低于 αi 系列，且规格较少。βi 系列标准型的主轴电动机的额定输出功率为 3.7 ~ 15kW；小规格电动机的最高转速可达 100000r/min；恒功率调速范围为 1∶2 左右。βi 系列可与 βiSVSP 伺服/主轴一体紧凑型驱动器配套，用于一般数控机床的主轴驱动。

五、全功能数控车床主轴、液压卡盘控制系统的设计

1. 分析控制要求，确定控制方案

全功能数控车床要求 FANUC 0i 系统，带串行主轴，故选用 βiSVSP 伺服/主轴一体紧凑型驱动器和 βi 系列主轴电动机，通过液压电动机控制卡盘夹紧与松开。

2. 硬件电路设计

图 7-59 所示为全功能数控车床 FANUC 0i 系统与串行主轴的连接。CNC 上的 JA7A 与串行主轴模块 SPM 的 JA7B 连接，串行主轴模块 SPM 的 TB2 与串行主轴电动机连接，主轴电动机的编码器反馈与串行主轴模块 SPM 的 JYA2 连接。

图 7-59 FANUC 0i 系统与串行主轴的连接

（1）串行主轴的主电路（H1） 全功能数控车床采用 βiSVSP 伺服/主轴一体紧凑型驱动器，其主电路图如图 7-60 所示。

① 主电源。三相交流电源 200V（50Hz）电源接在驱动器 H1 – A1 的连接端 TB1（L1、

L2、L3）上，作为驱动器主电路的输入电源。其中，H1－K1 为交流接触器；H1－TC1 为变压器，一次侧电压为三相 AC 380V，二次侧电压为三相 AC 200V；H1－QM1 为动力电源保护开关，其辅助触点输入到 PMC，作为其状态信号；H1－Z1 为伺服灭弧器，当相应的电路断开后，吸收伺服单元中的能量，避免产生过电压而损坏器件。

② 控制电源。外部 24V 直流稳压电源连接到驱动器 H1－A1 的控制电源输入端 CXA2C（A1－24V，A2－0V），作为驱动器控制电路的输入电源，输入容量为 DC 24V/1.5A。

③ 主接触器通/断控制。驱动器 H1－A1 上的 CX3 为主电源 MCC 控制信号接口，H1－K2 为 MCC 接触器，触点驱动能力为 AC 250V/2A。

④ 急停控制。驱动器 H1－A1 上的 CX4 为急停信号（＊ESP）接口。主接触器通/断控制输出触点的连接器为 CX3，M1－K2 为急停继电器，当按下急停按钮或 X 轴、Z 轴超程时，断开驱动电路。

⑤ 主轴电动机连接。驱动器 H1－A1 上 TB2 为主轴电动机的动力线接口，其 U/V/W/PE 端应与电动机的 U/V/W/PE 连接端一一对应。

⑥ 编码器连接。驱动器 H1－A1 上 JYA2 连接到相应主轴电动机 H1－M1 内装编码器的接口上，作为速度和位置反馈信号控制。

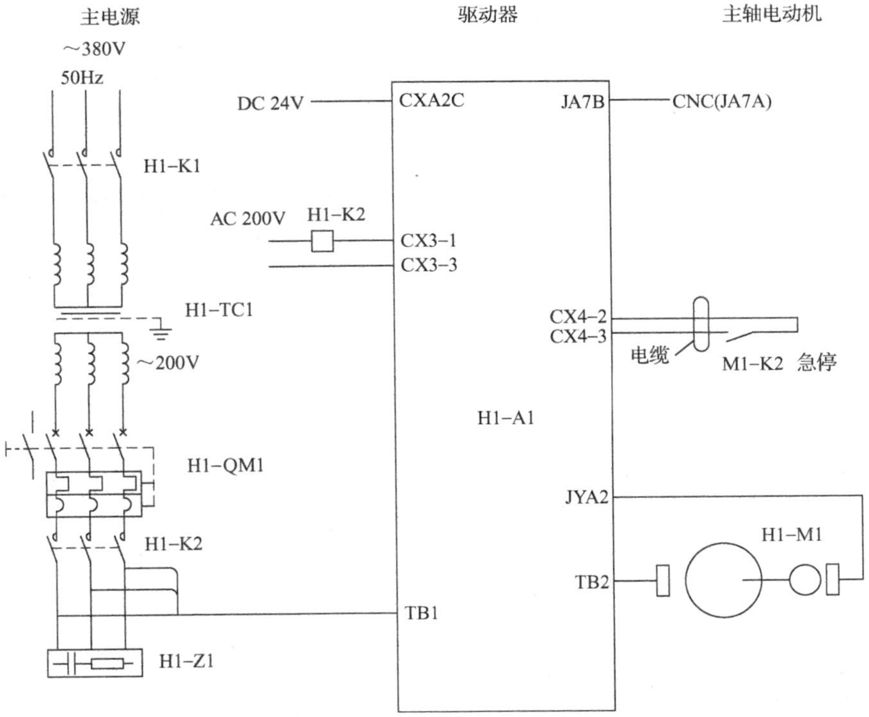

图 7-60　串行主轴的主电路

（2）串行主轴的控制电路（M1）　串行主轴的控制电路如图 7-61 所示。

① AC 220V 上电。打开电源钥匙开关 M1－SA1，接通中间接触器 M1－K1，AC 220V 上电。

② CNC 上电。M1－SB2、M1－SB3 为 CNC 接通/断开按钮，M1－K3 继电器控制 CNC 上电。

③ 主电源接通。通过 PMC 检测机床有无故障，无故障则接通继电器 M3 - K1；当未压下急停按钮 M1 - SB1 或 *X/Z* 轴超程开关 M1 - SQ1（- SQ2、- SQ3、- SQ4）时，继电器 M1 - K2 接通；驱动器无故障，接通接触器 H1 - K2，从而接通主电源接触器 H1 - K1；M1 - Z1、M1 - Z2 为灭弧器。

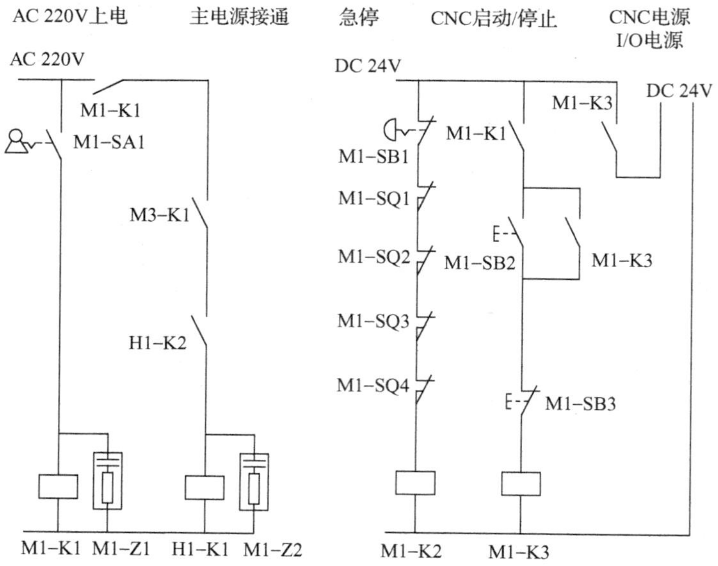

图 7-61 串行主轴的控制电路

（3）液压电路（E1） 全功能数控车床采用液压电动机控制卡盘夹紧与松开，其电路如图 7-62 所示。

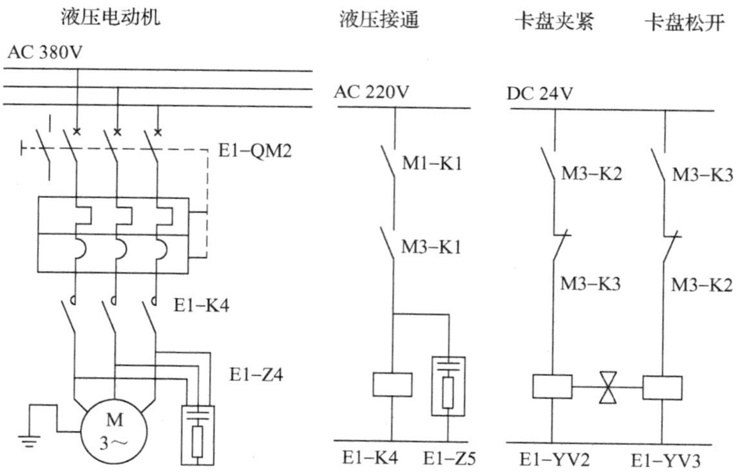

图 7-62 液压控制卡盘的电路

① 液压电动机运行。AC 220V 上电后接触器 M1 - K1 接通，通过 PLC 检测机床无故障，接通继电器 M3 - K1；接触器 E1 - K4 接通，液压电动机运行，E1 - Z4、E1 - Z5 为灭弧器，E1 - QM2 为断路器。

② 卡盘夹紧与松开。通过 PMC 输出接通 M3 - K2（或 M3 - K3），电磁阀 E1 - YV2（或 E1 - YV3）接通，控制卡盘夹紧（或松开）。

（4）PMC 的输入电路（M2）　PMC 的输入电路如图 7-63 所示。M2 - SB1、M2 - SB2 分别为液压电动机接通、断开按钮。M2 - SF1、M2 - SF2 为脚踏开关，分别控制卡盘夹紧与松开。M2 - P1 为压力开关，检测卡盘压力。M1 - K2 为急停信号。E1 - QM2 为液压保护开关。H1 - QM1 为主轴保护开关。

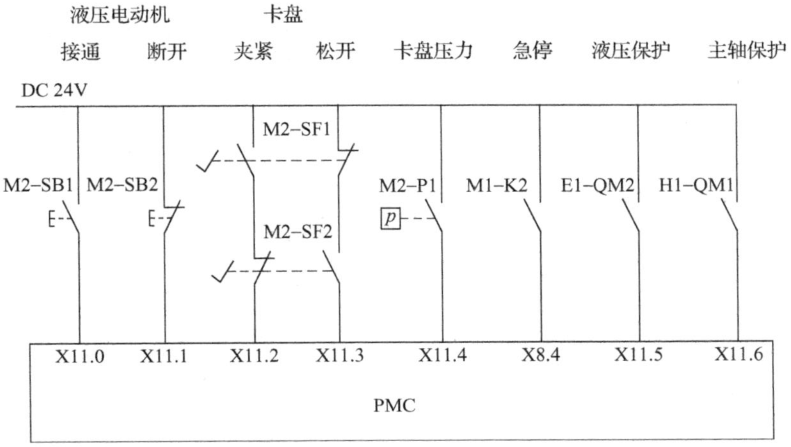

图 7-63　PMC 输入电路

（5）PMC 的输出电路（M3）　PMC 的输出电路如图 7-64 所示。M3 - K1 为液压电动机接通继电器。M3 - K2、M3 - K3 分别为卡盘夹紧、松开继电器。M3 - HL1 为卡盘夹紧灯，M3 - HL2 为卡盘报警灯。

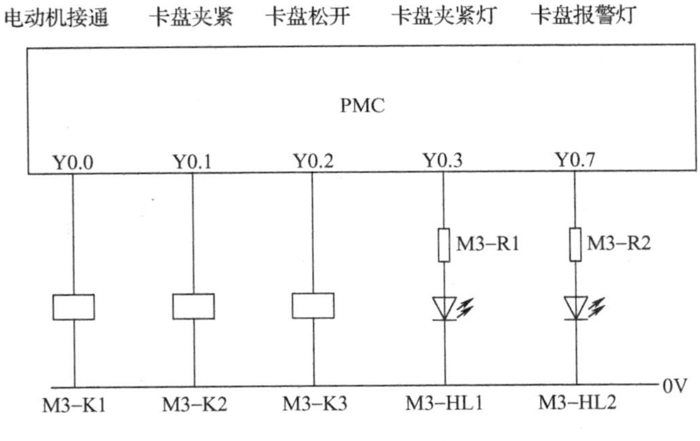

图 7-64　PMC 输出电路

3. 软件编程

根据全功能数控车床主轴、卡盘控制系统的硬件电路以及功能要求编写软件程序。CNC、PMC 之间的信号见表 7-14。

表7-14 CNC、PMC之间的信号

序号	信号名称	符号	地址
1	复位	RST	F1.1
2	分配结束	DEN	F1.3
3	M代码选通	MF	F7.0
4	M代码	M00~M31	F10~F13
5	主轴使能	ENB	F1.4
6	主轴转速到达	SARA	F45.3
7	主轴停止	SSTA	F45.1
8	主轴报警	ALMA	F45.0
9	主轴转速到达	SAR	G29.4
10	指令转速选择	SIND	G33.7
11	主轴转向选择	SSIN	G33.6
12	主轴驱动使能	MRDYA	G70.7
13	主轴正转	SRVA	G70.4
14	主轴反转	SFRA	G70.5
15	主轴停止	*SSTP	G29.6
16	主轴急停	*ESPA	G71.1
17	辅助功能结束	FIN	G4.3
18	M03译码	RM03	R200.3
19	M04译码	RM04	R200.4
20	M05译码	RM05	R200.5
21	M指令执行延时		R20.1
22	主轴正转		R20.2
23	主轴反转		R20.3
24	JOG方式		R1.5
25	MDI或AUTO方式		R1.6
26	M10译码	RM10	R201.2
27	M11译码	RM11	R201.3
28	压力延时		R20.6

主轴、液压控制系统梯形图如图7-65所示。

（1）串行主轴　在正常状态下，在JOG方式，通过按钮X11.0（或X11.1）接通（或断开）液压电动机；在液压电动机接通、卡盘夹紧的状态下，主轴处于使能状态，G70.7为1；CNC控制主轴，设置转向选择信号SSIN（G33.6）和转速选择信号SIND（G33.7）为0；通过译码指令DECB指令（SUB25）对加工程序中的M03~M05指令译码，控制主轴正转、反转及停止；在有 M05 指令或有报警情况下，主轴停止信号 ＊SSTP 为 0；主轴急停时，＊ESPA 信号 G71.1 为 0。

（2）卡盘　在液压电动机接通、主轴停止的状态下，在 JOG 方式，通过按钮 X11.2（或 X11.3）使卡盘夹紧（或松开）；通过译码指令 DECB 指令（SUB25）对加工程序中的 M10、M11 指令译码，在 MDI 方式或 AUTO 方式，通过 M10（或 M11）指令使卡盘夹紧（或松开）；当卡盘夹紧并达到一定压力时，卡盘夹紧灯亮，Y0.3 为 1，；若卡盘未夹紧，系统发出 M03（或 M04）指令，卡盘报警灯亮，Y0.7 为 1。

（3）完成应答　对于主轴，M03/M04/M05 指令执行后，延时 1s 检测主轴速度到达或停止信号，再发出完成信号 FIN（G4.3）。对于卡盘，M10/M11 指令执行后，延时 1s 卡盘夹紧或松开，再发出完成信号 FIN（G4.3）。

如果要使移动指令执行完后再执行 M 功能，可在梯形图中使用分配结束信号 DEN。

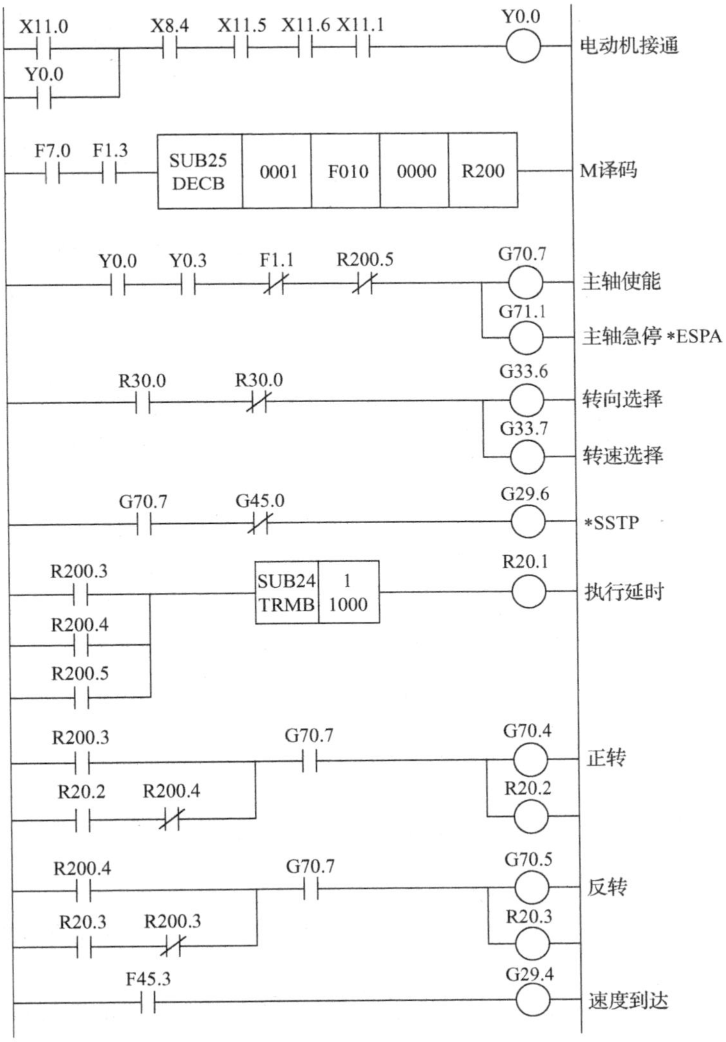

图 7-65　主轴、液压控制系统梯形图

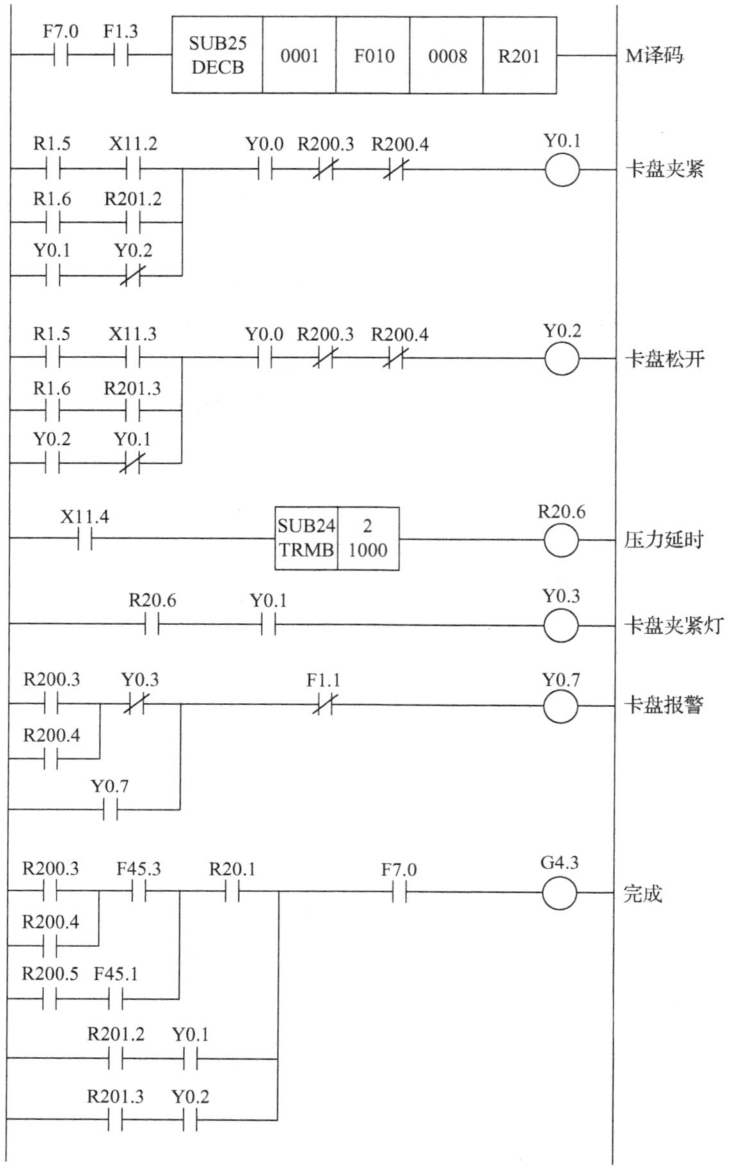

图7-65　主轴、液压控制系统梯形图（续）

六、CK160型数控车床刀架控制系统的安装与调试

1）检查元器件是否完好，按照图7-60～图7-64进行接线。

2）对照电路图检查是否掉线、错线，接线是否牢固。学生自行检查和互检后，经指导老师检查后方可通电操作。

3）在FANUC系统显示器上，按系统功能键<SYSTEM>，再按系统操作软键［PMC］就会显示系统PMC功能画面，通过系统操作软键来选择相应的PMC画面。

4）按照图7-65输入梯形图，并保存。

5）合上断路器 H1－QM1、E1－QM2，通过手动方式，控制卡盘夹紧/松开，观察卡盘动作结果，调试卡盘控制系统；通过 MDI/AUTO 方式，在显示器上输入 M10/M11 指令，控制卡盘夹紧/松开，观察卡盘动作结果，调试卡盘控制系统；在显示器上输入 M03/M04/M05 指令，控制主轴正转/反转/停止，观察主轴动作结果，调试主轴控制系统。在调试过程中，若要重新接线，切记切断电源。

6）调试完成进行断电操作，断电顺序与通电顺序相反。

七、考核与评价

在自觉遵守安全文明生产规程的前提下，根据学习情境的能力目标，确定不同阶段的考核方式及分数权重，具体考核标准见表 7-15。

表 7-15　考核标准

教学内容	评价要点	评价标准	评价方式	考核方式	分数权重
学习情境七任务二	电路设计	正确设计电路	教师评价	答辩	0.2
	电路连接	按图接线正确、规范、合理		操作	0.3
	调试运行	按照要求和步骤正确调试电路		操作	0.3
	工作态度	认真、主动参与学习	小组成员互评	口试	0.1
	团队合作	具有与团队成员合作的精神		口试	0.1

八、习题与思考题

1. 试述串行主轴控制系统的工作原理。
2. 试述卡盘控制系统的工作原理。

任务三　CK160 型数控车床参数的设置与调整

一、学习目标

1）了解数控机床中参数的分类。

2）理解 FANUC 系统参数的含义，掌握其设置的方法。

3）能够根据数控机床的具体要求，设置其系统参数、伺服参数、主轴参数。

二、任务

本任务是 CK160 型数控车床参数的设置与调整。

三、设备

主要设备是数控车床或数控实验台。

四、知识储备

1. 常用的参数

CNC系统为一通用的数控机床控制装置，某一型号的CNC系统适用于同类各种型号及规格的机床。对于某种具体规格的机床，必须将机床的规格及控制等参数输入CNC系统，CNC系统将根据输入的参数进行相应的控制，使所选配的CNC系统适用于该机床的控制。

CNC系统控制参数涉及CNC系统功能的各个方面，它使系统与机床的配接更加灵活、方便，适用范围更广，不同系统控制参数的数量不同，CNC系统制造厂对每一个参数的含义均有严格的定义，并在其安装与调试手册中详细说明，这些参数由机床厂在机床与系统机电联调时设置，一般不允许机床使用厂家改变，这些参数存放在CNC系统的掉电保护RAM区中，机床使用者应将所有参数的设置抄录下来，作为备份。

系统控制参数大致可分为以下几类。

（1）伺服控制参数

1）检测倍乘比的设定。

2）指令倍乘比的设定。

3）最大切削进给速度的设定。

4）快速移动（G00）速度的设定。

5）手动进给速度的设定。

6）位置增益的设定。

7）速度增益的设定。

8）积分时间常数的设定。

9）到位定位范围的设定。

10）最大跟随误差的设定。

11）加减速时间常数设定。

12）返回机床参考点的速度和方向设定。

（2）主轴控制参数

1）分段无级调速各档最高主轴转速设定。

2）换档时主轴转动的方式、大小及方向设定。

3）主轴编码器每转脉冲数设定。

4）恒转速控制时最低主轴转速设定。

5）主轴最高转速的设定。

6）主轴准停时的速度与方向设定。

7）准停时主轴控制的增益设定。

8）主轴准停的定位范围设定。

9）当执行S功能时，CNC送给PLC的S代码设定。

(3) 机床行程与坐标参数

1) 参考点相对机床零点坐标值的设定。

2) 各坐标轴存储行程极限的设定。

3) 坐标系零点偏值的设定。

(4) 补偿参数

1) 刀具的长度、半径以及磨损量设定。

2) 各轴反向间隙补偿值的设定。

3) 各轴螺距误差补偿的设定。

(5) 通信参数

1) RS-232c 串行通信波特率、数据位、停止位、奇偶校验位的设定。

2) 形成网络时 CNC 占用的网络地址及其他网络参数的设定。

不同数控系统的参数设定差别很大，用户应详细阅读其手册。

2. 重要参数的调整

(1) 增益参数的调整　全数字交流伺服系统由于其卓越的性能，在当今工业界正得到越来越广泛的应用。但要想把交流伺服与机械的匹配调整到最佳状态并不是件很容易的事，其中最重要的也是最难调整的就是位置环和速度环的增益。下面主要分析位置控制中增益的调整。

伺服系统包含三个闭环反馈：位置环、速度环、电流环。其中电流环参数用户不能调整，设计中已保证电流环有足够的增益响应。用户需根据机器的刚性及负载情况调整位置环增益和速度环增益、速度环积分时间常数等参数。位置环和速度环必须同时被调整以取得平衡的响应，如果仅增加位置环增益，速度参考值将产生波动，其结果是产生振荡。因此，位置环和速度环的参数是互相影响、互相制约的，根据整机的性能及负载的状况将伺服性能调整好，是用好全数字交流伺服的关键。

1) 增益调整的基本准则。

① 位置环增益 K_p。位置环增益主要影响伺服系统的响应，设定值越大，动态响应越快，跟踪误差越小，定位时间越短，但过大有可能引起振动。因此，在整机稳定的前提下，尽量设定得较大些。

② 速度环的增益 K_v。此参数决定速度环的响应性，在机械系统不产生振动的范围内，尽可能设定较大值，此外，速度环的增益 K_v 的设定与负载惯量有密切联系，一般来说，负载惯量越大，K_v 应设定得越大。

③ 速度环积分时间常数 T_i。在允许范围内，尽量设定较小值。

2) 各环路增益调整的分析。

① 位置环增益 K_p 的调整。位置环增益 K_p 与整机的机械刚性有关，高刚性的连接时位置环增益 K_p 值可设定得较大，但不能超过机械系统的固有频率，此时，可得到较高的动态响应，中刚性和低刚性的连接时 K_p 的设定值不能太高，否则会产生振荡。一般情况下，机械刚性可按下面几种情况分类：

a. 电动机与滚珠丝杠直连，丝杠长度较短，可认为是高刚性的连接，如精密加工机床等，其机械系统的固有频率通常能达到70Hz，此时位置环增益 K_p 最大值可设定为 70 (1/s)。

b. 用齿轮或同步带耦合则为中刚性的连接，用齿条、链条或谐波齿轮减速机来传动则为低刚性的连接，其固有频率约在5～30Hz之间，此时位置环增益 K_p 通常只能在10～30（1/s）间设定。为增加机械刚性，电动机负载必须牢固地固定在坚硬的基础上，电动机轴与负载间的耦合必须是高刚性的，如果用同步带传动，同步带必须有较大宽度，必须尽量减小耦合齿轮的间隙。

② 速度环的增益 K_v 调整。在交流伺服选型时，有些情况下用户往往只考虑电动机的功率和转矩，忽略了负载惯量这个很重要的参数。通常全数字交流伺服电动机分为大、中、小惯量三种类别，以满足用户不同需求的选型。一般情况下，折合到电动机轴上的负载惯量在电动机惯量的30倍以内，全数字交流伺服均能正常工作，但负载惯量过大，其传动系统的性能指标将变差。

遵循速度环增益 K_v 在允许的范围内越大越好的原则，对于高刚性机械，如精密加工机床等，随着负载惯量与电动机惯量比值的增加，速度环的增益 K_v 设定值应加大，以保证整个系统具有较高的响应，但在负载惯量比 >10 时，位置环增益 K_p 和速度环增益 K_v 增加量不能太大，同时需加大速度环积分时间常数 T_i，以保证机械系统的稳定。对于中刚性和低刚性的机械，在相同的负载惯量比时，K_v 值要酌情减小，同时将速度环积分时间常数值增大。

③ 速度环积分时间常数 T_i 调整。速度环积分环节的主要作用是使系统对微小的输入有响应。由于此积分环节的延时作用，积分时间常数 T_i 的增加将使定位时间增加，响应将变慢，因此，此时应尽量减小 T_i 的值。然而，如果负载惯量很大或机械系统刚性较差时，为防止振动，必须加大速度环积分时间常数 T_i。

3）位置控制时增益的设定方法。由于各参数间的相互制约，整机刚性及负载惯量的不明确，增益调整时往往使人感觉无从下手，通常可按如下顺序进行：

① 将位置环增益 K_p 先设在较低值，然后在不产生异常响声和振动的前提下逐渐增加速度环的增益 K_v 至最大值。在此三个参数中只有 K_v 与负载惯量的关系最密切，调整 K_v 时可参考传动链的结构方式和负载惯量的大小预定设置范围。

② 逐渐降低 K_v 的值，加大位置环增益 K_p 的值，在整个响应无超调、无振动的前提下将 K_p 的值设至最大。

③ 速度环积分时间常数 T_i 取决于定位时间的长短，在机械系统不振动的前提下应尽量减小此设定值。

④ 最后，在取得单步响应后，对位置环增益 K_p、速度环增益 K_v 及积分时间常数 T_i 进行微调，找到最佳的匹配点。

在调整高刚性机械传动性能时，为进一步改善动态响应速度，减小跟随误差，可设定前馈增益，但此值过大将出现速度超调及振动现象。

现在，全数字交流伺服系统中已采用自动调整的方式来设定增益，但在很多场合，如刚性较差、间隙较大、行程过长的场合均无法完成自动调整，此时调试人员必须在掌握各环路增益相互关系及调整方法的情况下才能完成机床的调试工作。

（2）补偿参数的调整　数控机床在加工时，从加工程序的计算到控制机床进行加工都是由数控系统自动控制的，因而避免了人为误差。但是由于操作者无法介入，也就不能对一些误差进行人为的补偿，因此对数控机床的一些误差进行自动补偿，以提高机床的运动精度和加工精度。目前常使用的补偿功能有下述两种：

1）间隙补偿。数控机床刀具与工件的相对运动（即进给运动）是依靠驱动电动机带动齿轮、丝杠转动，从而移动工作台或刀架，作为传动部件的齿轮、丝杠等尽管制造精度很高，但总免不了存在传动间隙，由于在开环或半闭环数控机床中，数控装置仅准确地控制电动机的转动，那么当运动方向改变时，会产生电动机的空转，即电动机已转过一个角度，但工作台或刀架并没有移动，从而形成指令位置与实际位置的误差。

为克服由此产生的误差，数控系统均有间隙补偿功能，各轴的间隙值由实测确定，并作为参数输入给数控系统，每当运动改变方向时，系统会自动控制电动机补足空走的距离，即进行间隙补偿。数控系统各轴的间隙补偿范围一般为 0 ~2.55mm。

2）螺距误差补偿。在开环和半闭环数控机床上，定位精度主要取决于进给丝杠的精度，所以数控机床常使用高精度滚珠丝杠。但丝杠总存在制造误差，并且长期使用还会产生磨损，因此要想进一步提高精度，则需采用螺距误差补偿（也称轴向校准）。

螺距误差补偿的基本思想就是将数控机床控制某轴运动的指令位置与高精度位置测量系统所测得的实际位置相比较，计算出在全行程上的误差分布曲线，将误差以表格的形式输入至 CNC 系统中，以后 CNC 系统在控制该轴运动时，会自动考虑到该误差值并以补偿。由于滚珠丝杠本身是精密传动部件，要测量其误差分布，必须采用更高精度级别的测量仪器，目前大多采用激光干涉仪进行测量。

其实施步骤如下：

① 安装和调整激光干涉仪。

② 在整个行程范围内，用数控指令使工作台定位在一些位置点，这些点的数目按需要来决定。

③ 记录激光干涉仪所测得这些点的实际位置。

④ 将各点偏差值计算出来，并输入数控系统中。

例如，图 7-66a 所示为测得的偏差变化曲线，在绝对位置 30.00mm 处有 0.006mm 的误差，进行螺距误差补偿时，当 CNC 系统需将该轴定位于 30.00mm 时，计算机查找误差表，自动改为实际的定位点 29.994mm。可见通过此项校正，误差可大大减小，如图 7-66b所示。

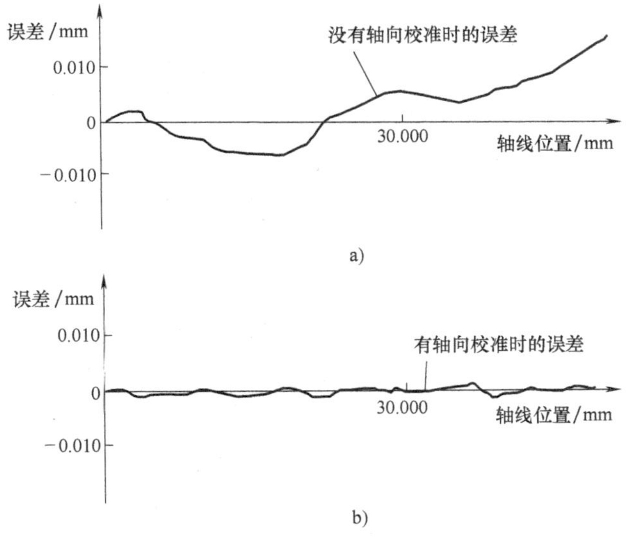

图 7-66　螺距误差补偿

a）校准前误差曲线　b）校准后误差曲线

值得指出的是，间隙与螺距误差补偿并不是万能的。首先间隙值分为反转间隙与弹性间隙，通常所测量和补偿的只是反转间隙，而由传动部件的扭曲变形所引起的弹性间隙与负载力有关，无法用固定的值精确补偿。其次由传动系统刚性和制造的不精确性所造成的重复定位误差是不能补偿的，丝杠的螺距误差也与环境温度有较大的关系，因此进一步提高机床的精度，只有采用全闭环数控系统。在全闭环系统中，由于上述误差均处在位置闭环之内，可以得到闭环校正，因此全闭环系统的定位与重复定位精度较高，这时位置检测装置（如光栅）的误差是影响精度的主要原因。

3. FANCU 0i TC 系统参数设置

（1） CNC 参数

有关控制轴/设定单位的参数定义如下：

1） NO. 1001#0：设定直线轴的最小移动单位制式。

0：公制（机床为公制）。

1：英制（机床为英制）。

2） NO. 1002#0：手动运转时，同时控制的轴数。

0：1 个轴。

1：3 个轴。

3） No. 1002#2：是否使用参考点偏移功能。

0：不使用。

1：使用。

4） No. 1004#1：设定最小输入单位和最小指令增量。

0：0.001mm（公制）。

1：0.0001mm（公制）。

5） No. 1006#3：设定各轴移动量的指定是直径指定还是半径指定。

0：半径。

1：直径。

注意：变更此参数后，要关断电源。

6） No. 1006#5：返回参考点方向及电源接通时反向间隙初始方向。

0：＋方向。

1：－方向。

注意：变更此参数后，要关断电源。

7） No. 1020：各轴的程序轴。

各控制轴的程序名称按表 7-16 设定。

表 7-16　各控制轴的程序名称

轴名称	设定值	轴名称	设定值	轴名称	设定值
X	88	*U*	85	*A*	65
Y	89	*V*	86	*B*	66
Z	90	*W*	87	*C*	67

注意：不能将同一轴名称设定给几个轴。第一轴必须设定为 *X*(88)，第二轴设定为*Z*(90)。

8） No. 1022：各轴在基本坐标系中的设定。

要设定各控制轴是基本坐标系的 3 个基本轴 *X*、*Y*、*Z*，还是它的平行轴。设定值与其意义见表 7-17。

表 7-17　各轴设定值及其意义

设定值	意义
0	既不是 3 个基本轴，也不是平行轴
1	3 个基本轴的 X 轴
2	3 个基本轴的 Y 轴
3	3 个基本轴的 Z 轴
5	X 轴的平行轴
6	Y 轴的平行轴
7	Z 轴的平行轴

9）No. 1023：各轴的伺服轴号。

设定数据范围：1，2，3，…控制轴数。

设定各控制轴所对应的伺服轴，通常将控制轴号与伺服轴号设定成相同的值。

注意：设定了此参数后，要关断电源。

有关坐标系的参数定义如下：

1）No. 1221 ~ No. 1226：设定工件坐标系 1 ~ 6（G54 ~ G59）的工件原点偏移量。

设定范围：-99999999 ~ 99999999（参数 No. 1004#1 为 0 时，单位为 0. 001mm；参数 No. 1004#1 为 1 时，单位为 0. 0001mm）。

注意：工件原点偏移量也可在工件坐标系画面上设定。

2）No. 1240 ~ No. 1243：各轴第 1 ~ 第 4 参考点的机床坐标系上的坐标值。

设定范围：-99999999 ~ 99999999（参数 No. 1004#1 为 0 时，单位为 0. 001mm；参数 No. 1004#1 为 1 时，单位为 0. 0001mm）。

注：设定此参数后，要切断一次电源。

有关行程极限参数定义如下：

1）No. 1300#6：通电以后，在手动返回参考点以前，是否进行存储行程极限的检查。

0：检查。

1：不检查。

2）No. 1300#7：指令值超过了存储行程极限时报警。

0：超过行程极限后报警。

1：超过行程极限前报警。

3）No. 1320：各轴存储行程极限的“+”方向坐标值。No. 1321：各轴存储行程极限的“-”方向坐标值。

设定范围：-99999999 ~ 99999999（参数 No. 1004#1 为 0 时，单位为 0. 001mm；参数 No. 1004#1 为 1 时，单位为 0. 0001mm）。

设定每个轴在机床坐标系中存储行程极限的 + 方向及 - 方向的坐标值。在参考设定的区域之外为禁止区域。

有关进给速度的参数定义如下：

1）No. 1402#4：设定手动进给或增量进给是执行每分进给还是执行每转进给。

0：执行每分进给。

1：执行每转进给。

2）No. 1410：设定 JOG 进给速度倍率 100% 时的空运转速度。

参数 No. 1004#1 为 0 时，设定范围为 6～15000mm/min。

参数 No. 1004#1 为 1 时，设定范围为 6～12000mm/min。

3）No. 1421：设定每个轴的快速进给倍率的 F0 速度。

参数 No. 1004#1 为 0 时，设定范围为 30～15000mm/min。

参数 No. 1004#1 为 1 时，设定范围为 30～12000mm/min。

4）No. 1423：各轴手动进给速度（JOG 进给速度）。

参数 No. 1004#1 为 0 时，设定范围为 6～15000mm/min。

参数 No. 1004#1 为 1 时，设定范围为 6～12000mm/min。

5）No. 1424：设定每个轴在快速进给速率为 100% 时的手动快速进给速度。

参数 No. 1004#1 为 0 时，设定范围为 30～240000mm/min。

参数 No. 1004#1 为 1 时，设定范围为 30～100000mm/min。

6）No. 1425：设定每个轴返回参考点减速后的速度（FL 速度）。

参数 No. 1004#1 为 0 时，设定范围为 6～15000mm/min。

参数 No. 1004#1 为 1 时，设定范围为 6～12000mm/min。

7）No. 1430：设定各轴允许的最大切削进给速度。

参数 No. 1004#1 为 0 时，设定范围为 6～240000mm/min。

参数 No. 1004#1 为 1 时，设定范围为 6～100000mm/min。

有关加减速控制的参数定义如下：

1）No. 1610#0：切削进给（含空运转进给）的加减速形式。

0：指数函数形加减速。

1：插补后直线形加减速。

2）No. 1610#4：手动进给（JOG 进给）的加减速形式。

0：指数函数形加减速。

1：插补后直线形加减速。

3）No. 1620：每个轴的快速进给的直线形加减速时间常数。

设定范围：0～4000ms。

设定快速进给倍率 100% 时的值。当倍率在 100% 以下时，总的时间要缩短。

4）No. 1622：设定每个轴切削进给的指数函数形加减速/直线形加减速的时间常数。

设定范围：0～4000ms（切削进给指数形加减速）。

0～512ms（切削进给插补后直线形加减速）。

5）No. 1624：设定每个轴手动进给的指数函数形加减速/直线形加减速的时间常数。

设定范围：0～4000ms（手动进给指数形加减速）。

0～512ms（手动进给插补后直线形加减速）。

有关伺服的参数定义如下：

1）No. 1800#1：位置控制准备信号 PRDY 接通以前，接通了速度控制准备信号 VRDY 时，伺服是否报警。

0：伺服报警。

1：伺服不报警。

2）No. 1815#4：设定使用绝对位置检测器时，机械位置与绝对位置检测器的位置是否一致。

0：不一致。

1：一致。

3）No. 1815#5：设置位置检测器是否使用绝对位置检测器。

0：不使用绝对位置检测器。

1：使用绝对位置检测器。

4）No. 1825：设定各轴位置控制环增益。

设定范围：1～9999（单位：0.01/s）。

5）No. 1826：设定各轴的到位宽度。

设定范围：0～32767（单位：检测单位）。

当机械位置和指令位置的偏差（位置偏差的绝对值）比到位宽度还小时，视为已到达指令位置。

6）No. 1828：设定各轴移动中的位置偏差极限值。

设定范围：0～99999999（单位：检测单位）。

7）No. 1829：设定各轴停止中的位置偏差极限值。

设定范围：0～32767（单位：检测单位）。

8）No. 1850：设定各轴栅格偏移量或参考点偏移量。

如果参数 No. 1002#2 =1，设定各轴参考点偏移量。设定范围为0～99999999（单位：检测单位）。

如果参数 No. 1002#2 =0，设定各轴栅格偏移量。设定范围小于参考计数器的容量（单位：检测单位）。

偏移参考点时，偏移量为该参数的设定值。可设定的栅格偏移量应小于参考计数器容量的最大值。

注意：设定此参数时，需将电源关断一下。

9）No. 1851：设定各轴的间隙补偿量。

设定范围：－9999～＋9999（单位：检测单位）。

接通电源后，向返回参考点方向移动时，可进行最初的间隙补偿。

有关 DI/DO 的参数定义如下：

1）No. 3003#0：互锁信号是否有效。

0：有效。

1：无效。

2）No. 3003#2：各轴互锁信号是否有效。

0：有效。

1：无效。

3）No. 3003#3：各轴方向互锁信号是否有效。

0：有效。

1：无效。

4）No. 3003#4：当参数 No. 3003#3 设为0，各轴方向互锁信号是否有效。

0：仅手动操作有效，自动操作无效。

1：手动操作和自动操作都有效。

5）No. 3003#5：设定手动返回参考点的减速信号是低电平有效还是高电平有效。

0：信号为低电平时减速。

1：信号为高电平时减速。

6）No. 3004#5：超程信号检查与否。

0：进行检查。

1：不进行检查。

关于 CRT/MDI 及 EDIT 的参数定义如下：

1）No. 3102#3：选择 CRT 的显示语言，如果没有设定的话为英语显示。

0：不使用中文。

1：使用中文。

注意：设定此参数后，需要关断电源。

2）No. 3105#0：CRT 的现在位置显示画面和程序检查画面是否显示实际速度。

0：不显示。

1：显示。

3）No. 3105#2：在 CRT 画面上是否显示主轴实际转速及 T 代码。

0：不显示。

1：显示。

4）No. 3111#0：在 CRT 上是否显示伺服设定画面。

0：不显示。

1：显示。

5）No. 3111#1：在 CRT 上是否显示主轴调整画面。

0：不显示。

1：显示。

6）No. 3203#7：用复位操作，是否清除在 MDI 方式下编制的程序。

0：不清除。

1：清除。

7）No. 3290#7：存储器保护键。

0：可使用 KEY1 ~ KEY4 信号。

1：只可使用 KEY1 信号。

有关螺距误差补偿的参数定义如下：

1）No. 3620：设定各轴对应于参考点的螺距误差补偿点的号码。

设定范围：0 ~ 1023。

2）No. 3621：设定各轴负方向最远一端的螺距误差补偿点的号码。

设定范围：0 ~ 1023。

3）No. 3622：设定各轴正方向最远一端的螺距误差补偿点的号码。

设定范围：0 ~ 1023。

4）No. 3623：设定各轴螺距误差补偿倍率。

设定范围：0～100（单位：倍数）。

当螺距误差补偿倍率设定为1时，补偿数据的单位与检测单位相同。

5）No. 3624：各轴螺距误差补偿点的间隔。

设定范围：0～99999999（参数No. 1004#1为0时，单位为0.001mm；参数No. 1004#1为1时，单位为0.0001mm）。

等间隔地设置螺距误差补偿的补偿点。

误差补偿点间隔的最小值＝最大进给速度（快速进给速度）/7500。

主轴控制的参数定义如下：

1）No. 3701#1：是否使用第1、第2主轴串行接口。

0：使用。

1：不使用。

2）No. 3701#4：在串行主轴控制中，是否使用第2主轴。

0：不使用。

1：使用。

3）No. 3705#4：带主轴控制功能（模拟主轴模块）时，对于S指令是否输出S代码及SF信号。

0：不输出。

1：输出。

4）No. 3706#0～No. 3706#1：主轴和位置编码器的齿轮比。

倍率＝主轴转速/位置编码器转速。

参数与倍率之间的关系见表7-18。

表7-18　参数与倍率之间的关系

倍　　率	No. 3706#0	No. 3706#1
×1	0	0
×2	0	1
×4	1	0
×8	1	1

5）No. 3706#5：主轴定向时电压的极性。

0：正向。

1：负向。

6）No. 3706#6～No. 3706#7：主轴速度输出时，电压极性。

参数与电压极性之间的关系见表7-19。

表7-19　参数与电压极性之间的关系

No. 3706#6	No. 3706#7	电压极性
0	0	M03、M04都为正
0	1	M03、M04都为负
1	0	M03为正，M04为负
1	1	M03为负，M04为正

7）No. 3708#0：是否检查主轴速度到达信号。

0：不检查。

1：检查。

8）No. 3730：设定主轴速度模拟输出的增益调整数据。

设定范围：700～1250（单位：0.1%）。

标准设定值为1000。

9）No. 3732：设定主轴定向时的主轴转速。

设定范围：0～20000r/min。

10）No. 3741～No. 3744：设定对应于各档主轴的最高转速。

设定范围：0～32767r/min。

11）No. 3771：设定恒转速控制状态（G96）的主轴最低转速。

设定范围：0～32767r/min。

进行恒转速控制时，当主轴的转速低于参数设定的转速时，箝制在用参数设定的转速上。

12）No. 3772：设定主轴上限转速。

设定范围：0～32767r/min。

当主轴的转速超过了主轴的上限转速时，或者主轴速度倍率修调后，超过了主轴的上限转速时，则限制主轴实际转速使其不超过用参数设定的上限值。

注意：G96、G97中的任意一种都可限制主轴的上限转速。当设定值为“0”时，转速不受限制。

有关刀具补偿的参数定义如下：

1）No. 5013：刀具补偿的最大值。

参数No. 1004#1为0时，设定范围为0～999999，单位为0.001mm。

参数No. 1004#1为1时，设定范围为0～9999999，单位为0.0001mm。

2）No. 5014：刀具补偿量增量输入的最大值。

参数No. 1004#1为0时，设定范围为0～999999，单位为0.001mm。

参数No. 1004#1为1时，设定范围为0～9999999，单位为0.0001mm。

有关手动手轮进给的参数定义如下：

1）No. 7113：手轮进给倍率m。

设定范围：1～127（单位：1倍）。

2）No. 7114：手轮进给倍率n。

设定范围：1～1000（单位：1倍）。

有关软操作面板的参数定义如下：

1）No. 7200#0：是否用软操作面板选择方式。

0：不使用。

1：使用。

2）No. 7200#1：是否用软操作面板选择JOG进给轴和JOG快速进给按钮。

0：不使用。

1：使用。

3）No. 7200#2：是否用软操作面板选择手轮及手摇脉冲发生器的倍率开关。

0：不使用。

1：使用。

4）No. 7200#3：是否用软操作面板选择 JOG 倍率、快速倍率开关。

0：不使用。

1：使用。

5）No. 7200#4：是否用软操作面板选择任选程序段、单程序段、机床锁住、空运行开关。

0：不使用。

1：使用。

6）No. 7200#5：是否用软操作面板选择保护键。

0：不使用。

1：使用。

7）No. 7200#6：是否用软操作面板进行进给暂停。

0：不使用。

1：使用。

8）No. 7220 ~ No. 7227：软操作面板通用开关的名称。

（2）主轴参数　使用模拟主轴时，需根据主轴加工的特性和要求，预先在变频器上进行一系列参数的设定，如加减速时间等。设定的方法与步骤前面已介绍。

（3）伺服参数

1）INITIAL SET BIT：初始化设定，设为 0。

2）MOTOR ID NO：选择所使用的电动机 ID 代码，常用电动机 ID 代码见表 7-20。

表 7-20　常用电动机 ID 代码

ID 代码	伺服电动机	ID 代码	伺服电动机
153	β2/4000 is	162	α2/5000is
156	β4/4000 is	165	α4/5000is
158	β8/3000 is	185	α8/4000is
172	β12/3000 is	188	α12/4000is

3）AMR：检测倍乘比，一般设为 0。

4）CMR：指令倍乘比。当 CMR 为 1/2 ~ 1/27 时，设定值 = 1/CMR + 100；当 CMR 为 0.5 ~ 48 时，设定值 = 2 × CMR。

5）FEED GEAR N/M：柔性进给齿轮比。F = N/M = 电动机每转一转的脉冲数/1000000。

6）DIRECTION SET：电动机旋转方向。如设置值为“111”：电动机旋转为正方向；如设置值为“－111”：电动机旋转为负方向。

7）VELOCITY PULSE NO.：速度检测反馈脉冲数。POSITION PULSE NO.：位置检测反馈脉冲数。

用半闭环反馈时按表 7-21 设定。

表 7-21 半闭环反馈时反馈脉冲数设定

参数名称	参数号	半闭环反馈（分辨率：1/1000mm）
速度反馈脉冲数	2023	8192
位置反馈脉冲数	2024	12500

8）REF. COUNTER：参考计数器容量。用于在栅格方式下返回参考点的控制，参考计数器容量＝脉冲编码器每转一转的移动量/检测单位。

注意：设定伺服参数后，需要关断电源。

4. 调试

（1）输入参数、梯形图　首先根据机床的配置输入正确的参数和梯形图。

（2）通电试车

1）在接通电源的同时，作好按压急停按钮的准备，以备随时切断电源。

2）逐一检查面板上各个电器元件功能是否正常。根据各个电器元件信号的输入、输出地址进行检查。若面板上出现报警，根据信号地址查原理图。若信号灯不亮，调诊断画面检查是否有输入、输出信号。

3）检查机床各轴的运转情况。用手动连续进给移动各轴，通过 CRT 的显示值检查机床部件移动方向是否正确。然后检查各轴移动距离是否与移动指令相符，如不符合检查有关指令、反馈参数以及位置控制环增益等参数设定是否正确。

4）限位保护设定。首先将软件限位参数设为最大极限值与最小极限值，按验收技术文件规定的位置设限位撞块。用手动方式以低速移动各轴，并使它们碰到行程开关，用以检查超程限位是否有效，CNC 系统是否在超程时报警。设定软保护参数，检查 CNC 系统软限位功能是否有效。

5）检查主轴转速。用 MDI 方式，在主轴的转速范围内分别设置 10～15 种不同的正反转速度，要求主轴从低速到高速性能稳定，并调整参数，使主轴零漂最小。要求实际转速与指令转速差在允许范围内（一般为转速差值的 ±5% 内）。

6）设定参考点。设定 X 轴参考点时，在刀架上装上检验刀块，在卡盘端面装上丝表，移动 X 轴并转动主轴，使检验刀块与主轴同轴，先预设定 X 轴回参考点撞块，然后将 X 轴回一次基准点，到达基准点后再使检验刀块与主轴同轴，通过屏幕上显示的位置值，来调整 X 轴参考点撞块的大概距离。经过上述方法反复进行几次，微小距离可由 X 轴参考点补偿参数调整，直至调准为止。设定 Z 轴参考点时，将精密块放在卡盘与刀盘端面之间（不可太紧），先预设定 Z 轴回参考点撞块，然后将 Z 轴回一次参考点，到达参考点后，再移动刀架使精密块恰好放在卡盘与刀盘端面之间，检查屏幕显示的 Z 轴坐标值是否等于精密块厚度与卡盘厚度之和，二者差值即为调整 Z 轴参考点撞块的大概距离。经过上述方法反复进行几次，微小距离可由 Z 轴参考点补偿参数调整，直至调准为止。

7）调试刀架动作是否正确，刀号选择是否正确。

8）检查辅助功能及其附件是否正常工作。

（3）试运行　机床经过上述装配、调试及检查，若各项目正确无误后，可以输入试车程序进行规定时间的空运行试车和负荷切削试验以及各项出厂试验项目。

五、CK160 型数控车床参数设置与调整

1）按照正确通电顺序接通数控机床。

2）将方式开关置于 MDI 方式和急停状态。

3）打开存储器保护开关。

4）按 < OFS/SET > 键，再按［SETTING］软键，可显示 SETTING 画面。将 PARAMETER WRITE 置为 1（允许参数写入）。

5）按 < SYSTEM > 键，显示参数设置画面。

6）输入 CNC 参数。

7）输入伺服初始化参数。

8）输入变频器参数。

9）参数设置完，需将设定画面的“PARAMETER WRITE”置为 0，禁止参数设定。

10）断电后，重新使数控机床上电。

11）试运行主轴，并对参数进行调整。

12）试运行伺服，并对参数进行调整。

13）调试完成，按照正确的断电顺序，使机床断电。

六、考核与评价

在自觉遵守安全文明生产规程的前提下，根据学习情境的能力目标，确定不同阶段的考核方式及分数权重，考核标准见表 7-22。

表 7-22　考核标准

教学内容	评价要点	评价标准	评价方式	考核方式	分数权重
学习情境七 任务三	参数设置	正确设置参数	教师评价	操作	0.2
	参数调整	合理调整参数		操作	0.3
	调试运行	机床运行正常		操作	0.3
	工作态度	认真、主动参与学习	小组成员互评	口试	0.1
	团队合作	具有与团队成员合作的精神		口试	0.1

七、习题与思考题

1. 数控机床系统控制参数大致分为哪几类？
2. 数控机床电气调试的步骤是什么？

附录　电气图常用文字、图形符号

附录 A　电气图常用文字符号

文字符号	名　　称	文字符号	名　　称
A	激光器，调节器	GF	旋转或固定式变频器
AD	晶体管放大器	GS	同步发电机
AJ	集成电路放大器	H	信号器件
AM	磁放大器	HA	声响信号器件
AV	电子管放大器	HL	光信号器件、指示灯
AP	印制电路板	K	继电器、接触器
AT	抽屉柜	KA	瞬时接触继电器、瞬时通断继电器（交流继电器）
B	光电池、测功计、晶体换能器、送话器、拾音器、扬声器	KL	闭锁接触继电器、双稳态继电器
BP	压力变换器	KM	接触器
BQ	位置变换器	KP	极化继电器
BR	旋转变换器（测速发电机）	KR	簧片继电器
BT	温度变换器	KT	延时通断继电器
BV	速度变换器	L	电感器、电抗器
C	电容器	M	电动机
D	数字集成电路和器件、延迟线、双稳态元件、单稳态元件、寄存器、磁心存储器、磁带或磁盘记录机	MG	发电或电动两用电机
		MS	同步电动机
		MT	力矩电动机
E	未规定的器件	N	模拟器件、运算放大器、混合模拟/数字器件
EH	发热器件		
EL	照明灯	P	测量设备、试验设备信号发生器
EV	空气调节器	PA	电流表
F	保护器件、过电压放电器件、避雷器	PC	脉冲计数器
FA	瞬时动作限流保护器件	PJ	电度表
FR	延时动作限流保护器件	PS	记录仪
FS	延时和瞬时动作限流保护器件	PT	时钟、操作时间表
FU	熔断器	PV	电压表
FV	限电压保护器件	Q	动力电路的机械开关器件
G	发生器、发电机、电源	QF	断路器
GA	异步发电机	QM	电动机的保护开关
GB	蓄电池	QS	隔离开关

（续）

文字符号	名　称	文字符号	名　称
R	电阻器、变阻器	V	电子管、气体放电管、二极管、晶体管、晶闸管
RP	电位器		
RS	测量分路表	VC	控制电路电源的整流器
RT	热敏电阻器	W	导线、电缆、汇流条、波导管、方向耦合器、偶极天线、抛物型天线
RV	压敏电阻器		
S	控制、记忆、信号电路开关器件选择器	X	接线端子、插头、插座
SA	控制开关	XB	连接片
SB	按钮	XJ	测试插孔
SL	液体标高传感器	XP	插头
SP	接近开关	XS	插座
SQ	限位开关	XT	端子板
SR	转数传感器	Y	电气操作的机械器件
ST	行程开关	YA	电磁铁
T	互感器、变压器	YB	电磁制动器
TA	电流互感器	YC	电磁离合器
TC	控制电路电源变压器	YH	电磁吸盘（电磁卡盘）
TM	电力变压器	YM	电动阀
TS	磁稳压器	YV	电磁阀
TV	电压互感器	Z	电缆平衡网络、压伸器、晶体滤波器、（补偿器）、（限幅器）、（终端装置）、（混合变压器）
U	鉴频器、解调器、变频器、编码器、变换器、逆变器、电报译码器		

附录B　电气图常用图形符号

（摘自GB/T 4728.2～GB/T 4728.5—2005、GB/T 4728.6～GB/T 4728.13—2008）

符号名称及说明	图形符号	符号名称及说明	图形符号
直流电	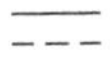	功能等电位联结	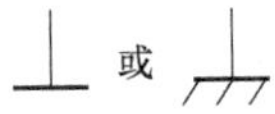
交流电			
交直流	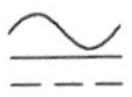	电阻一般符号	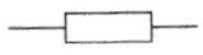
		可调电阻器	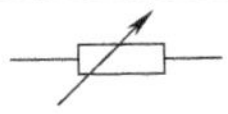
导线的连接	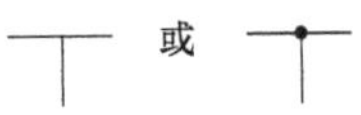	带滑动触点的电阻器	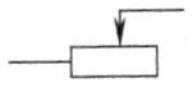
导线的多线连接		带滑动触点的电位器	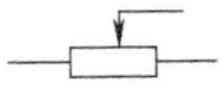
导线的不连接		电容器一般符号	
接地一般符号		极性电容器	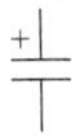

（续）

符号名称及说明	图 形 符号	符号名称及说明	图 形 符号
可调电容器		PNP 型光敏晶体管	
电感器、线圈、绕组		换向或补偿绕组	
		串励绕组	
带磁芯的电感器	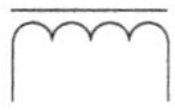	并励或他励绕组	
有两个抽头的电感器		电刷	
具有两个电极的压电晶体	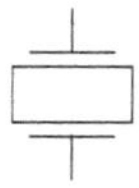	串励直流电动机（M）或发电机（G）	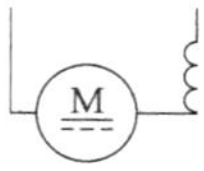
半导体二极管一般符号	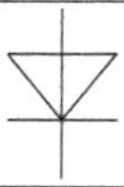	他励直流电动机（M）或发电机（G）	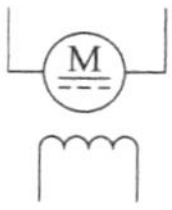
光敏二极管	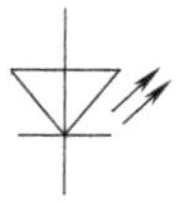		
三极闸流晶体管	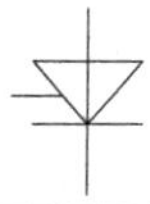	并励直流电动机（M）或发电机（G）	
反向阻断三极晶闸管 P 型门极（阴极端受控）	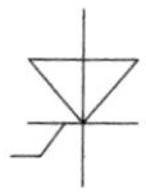	复励直流电动机（M）或发电机（G）	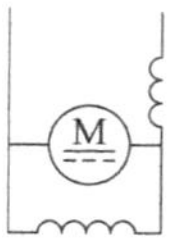
反向阻断三极晶闸管 N 型门极（阳极端受控）	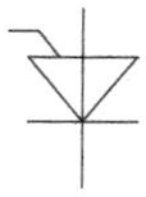	单相同步电动机	
PNP 晶体管			
NPN 晶体管集电极接管壳		三相笼型异步电动机	
P 型双基极单结晶体管	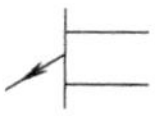	单相笼型有分相抽头的异步电动机	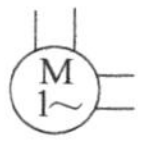
N 型双基极单结晶体管		三相笼型绕组三角形联结的电动机	
光敏电阻	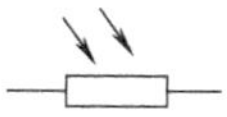	三相线绕转子异步电动机	

（续）

符号名称及说明	图形符号	符号名称及说明	图形符号
步进电动机		双向二极管（交流开关二极管）	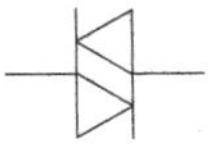
电抗器、扼流圈	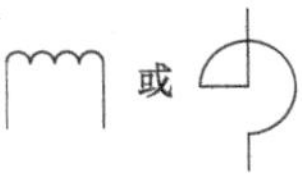	光耦合器（光隔离器）	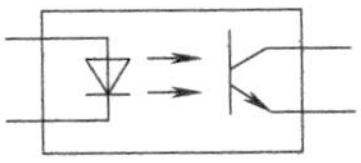
双绕组变压器		动合常开触点开关通用符号	
三绕组变压器		动断（常闭）触点	
自耦变压器	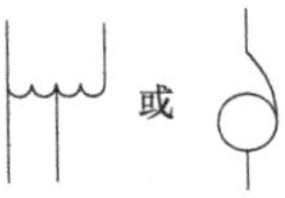	先断后合转换触点	
铁心变压器	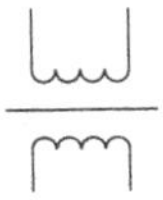	中间位置断开的双向触点	
有屏蔽的变压器	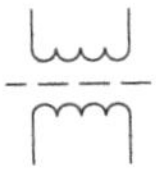	压力开关	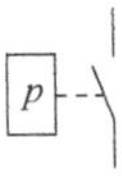
一个绕组有中间抽头的变压器	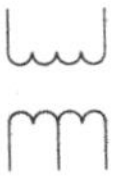	线圈通电时延时闭合的动合触点	
三相自耦变压器	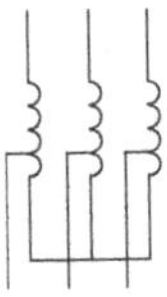	线圈通电时延时断开的动断触点	
直流/直流变换器	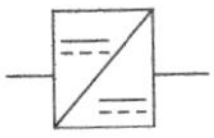	线圈断电时延时断开的动合触点	
整流设备、整流器	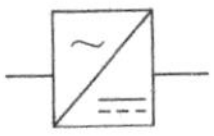	线圈断电时延时闭合的动断触点	
桥式全波整流器	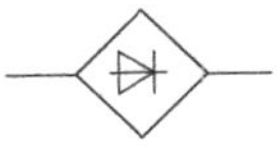	线圈通电和断电都延时的动合触点	

（续）

符号名称及说明	图形符号	符号名称及说明	图形符号
线圈通电和断电都延时的动断触点		接触器的动合触点	
手动开关一般符号		接触器的动断触点	
按钮（不闭锁）		热继电器的动断触点	
拉动开关（不闭锁）		断路器	
旋动开关（闭锁）		隔离开关	
脚踏开关		接近开关的动合触点	
钥匙开关		继电器线圈一般符号	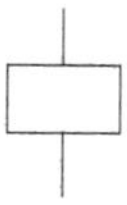
急停按钮		欠电压继电器线圈	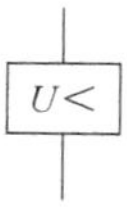
行程开关的动合触点		过电流继电器的线圈	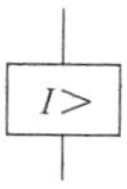
行程开关的动断触点		热继电器驱动元件	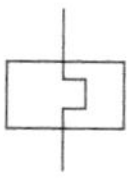
双向操作的行程开关	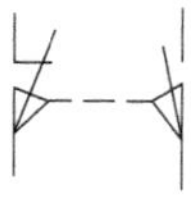	缓释放继电器的线圈	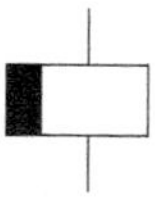
带动合和动断触点的按钮	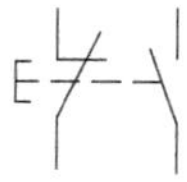	缓吸合继电器的线圈	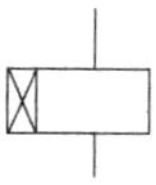

（续）

符号名称及说明	图 形 符号	符号名称及说明	图 形 符号
缓吸合和释放的继电器线圈	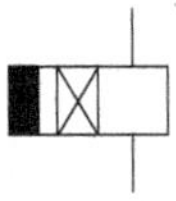	闪光型信号灯	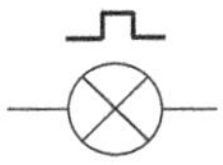
电磁效应		扬声器	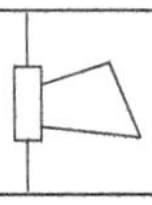
熔断器一般符号		电铃	
接插器件		报警器	
信号灯		蜂鸣器	

参考文献

[1] 齐占庆．电气控制技术［M］．北京：机械工业出版社，2002.
[2] 王兰军．机床电气控制［M］．5 版．北京：机械工业出版社，2015.
[3] 方承远．工厂电气控制技术［M］．3 版．北京：机械工业出版社，2006.
[4] 张运波．工厂电气控制技术［M］．4 版．北京：高等教育出版社，2014.
[5] 杨克冲，陈吉红，郑小年．数控机床电气控制［M］．2 版．武汉：华中科技大学出版社，2013.
[6] 吴中俊，黄永红．可编程序控制器原理及应用［M］．2 版．北京：机械工业出版社，2003.
[7] 廖常初．PLC 编程及应用［M］．4 版．北京：机械工业出版社，2013.
[8] 黄云龙，等．可编程控制器［M］．2 版．北京：科学出版社，2008.
[9] 三贵明，等．数控实用技术［M］．北京：机械工业出版社，2000.
[10] 李宏胜，等．机床数控技术及应用［M］．北京：高等教育出版社，2008.
[11] 彭晓南．数控技术［M］．北京：机械工业出版社，2001.
[12] 王侃夫．机床数控控制技术与系统［M］．2 版．北京：机械工业出版社，2007.
[13] 李善术．数控机床及其应用［M］．2 版．北京：机械工业出版社，2012.
[14] 王仁德，张耀满，赵春雨．机床数控技术［M］．沈阳：东北大学出版社，2007.
[15] 周建清．机床电气控制［M］．北京：机械工业出版社，2008.
[16] 张光跃．数控机床电气连接与调试［M］．北京：机械工业出版社，2011.
[17] 龚仲华．数控机床电气设计典例［M］．北京：机械工业出版社，2014.